环境监测水质样品采集、运输、保存标准方法实用手册

废水

辽宁省生态环境监测中心 编

中国环境出版集团·北京

图书在版编目（CIP）数据

环境监测水质样品采集、运输、保存标准方法实用手册. 废水/辽宁省生态环境监测中心编. —北京：中国环境出版集团，2020.7

ISBN 978-7-5111-4387-7

Ⅰ. ①环… Ⅱ. ①辽… Ⅲ. ①废水—水质监测—手册 Ⅳ. ①X832-62

中国版本图书馆 CIP 数据核字（2020）第 139896 号

出 版 人 武德凯
责任编辑 黄 颖 金捷霆
责任校对 任 丽
封面设计 宋 瑞

出版发行 中国环境出版集团
（100062 北京市东城区广渠门内大街 16 号）
网 址：http://www.cesp.com.cn
电子邮箱：bjgl@cesp.com.cn
联系电话：010-67112765（编辑管理部）
010-67147349（第四分社）
发行热线：010-67125803，010-67113405（传真）
印 刷 北京中科印刷有限公司
经 销 各地新华书店
版 次 2020 年 7 月第 1 版
印 次 2020 年 7 月第 1 次印刷
开 本 880×1230 1/16
印 张 23.75
字 数 600 千字
定 价 280.00 元（全四册）

编 委 会

主　　编　胥学鹏　刘　枢

副 主 编　张　峥　赵丽娟　刘景泰

编写人员　于　宁　王星蒙　王朝霞　王　璐　邓万丽　卢　雁　付友生

付　毓　朱广钦　朱　明　刘　畅　刘　茜　刘　雅　李延东

杨冬雷　张见昕　邵　亮　武　暕　赵　菲　赵婉桐　胡骏翔

姜永伟　姜秋俚　贾　蔓　高　跃　彭　跃　谢　轶　薛　程

目　录

一、相关标准和规范

（一）环境质量标准

序号	标准名称	标准编号	发布时间	实施时间
1	污水综合排放标准	GB 8978—1996	1996-10-04	1998-01-01
2	《污水综合排放标准》中石化工业 COD 标准值修改单	GB 8978—1996	1999-12-15	1999-12-15
3	船舶工业污染物排放标准	GB 4286—1984	1984-05-18	1985-03-01
4	海洋石油开发工业含油污水排放标准	GB 4914—1985	1985-01-18	1985-08-01
5	肉类加工工业水污染物排放标准	GB 13457—1992	1992-05-18	1992-07-01
6	航天推进剂水污染物排放与分析方法标准	GB 14374—1993	1993-05-22	1993-12-01
7	污水海洋处置工程污染控制标准	GB 18486—2001	2001-11-12	2002-01-01
8	畜禽养殖业污染物排放标准	GB 18596—2001	2001-12-28	2003-01-01
9	城镇污水处理厂污染物排放标准	GB 18918—2002	2002-12-24	2003-07-01
10	城镇污水处理厂污染物排放标准	GB 18918—2002 修改单	2006-05-08	2006-05-08
11	兵器工业水污染物排放标准 火炸药	GB 14470.1—2002	2002-11-18	2003-07-01
12	兵器工业水污染物排放标准 火工药剂	GB 14470.2—2002	2002-11-18	2003-07-01
13	弹药装药行业水污染物排放标准	GB 14470.3—2011	2011-04-29	2012-01-01
14	味精工业污染物排放标准	GB 19431—2004	2004-01-18	2004-04-01
15	啤酒工业污染物排放标准	GB 19821—2005	2005-07-18	2006-01-01
16	医疗机构水污染物排放标准	GB 18466—2005	2005-07-27	2006-01-01
17	煤炭工业污染物排放标准	GB 20426—2006	2006-09-01	2006-10-01
18	皂素工业水污染物排放标准	GB 20425—2006	2006-09-01	2007-01-01
19	杂环类农药工业水污染物排放标准	GB 21523—2008	2008-04-02	2008-07-01
20	制浆造纸工业水污染物排放标准	GB 3544—2008	2008-06-22	2008-08-01
21	生活垃圾填埋场污染控制标准	GB 16889—2008	2008-04-02	2008-07-01
22	电镀污染物排放标准	GB 21900—2008	2008-06-25	2008-08-01
23	羽绒工业水污染物排放标准	GB 21901—2008	2008-06-25	2008-08-01
24	合成革与人造革工业污染物排放标准	GB 21902—2008	2008-06-25	2008-08-01
25	发酵类制药工业水污染物排放标准	GB 21903—2008	2008-06-25	2008-08-01
26	化学合成类制药工业水污染物排放标准	GB 21904—2008	2008-06-25	2008-08-01
27	提取类制药工业水污染物排放标准	GB 21905—2008	2008-06-25	2008-08-01
28	中药类制药工业水污染物排放标准	GB 21906—2008	2008-06-25	2008-08-01
29	生物工程类制药工业水污染物排放标准	GB 21907—2008	2008-06-25	2008-08-01
30	混装制剂类制药工业水污染物排放标准	GB 21908—2008	2008-06-25	2008-08-01
31	制糖工业水污染物排放标准	GB 21909—2008	2008-06-25	2008-08-01
32	淀粉工业水污染物排放标准	GB 25461—2010	2010-09-27	2010-10-01
33	酵母工业水污染物排放标准	GB 25462—2010	2010-09-27	2010-10-01
34	油墨工业水污染物排放标准	GB 25463—2010	2010-09-27	2010-10-01
35	陶瓷工业污染物排放标准	GB 25464—2010	2010-09-27	2010-10-01
36	陶瓷工业污染物排放标准	GB 25464—2010 修改单	2014-12-12	2014-12-12

序号	标准名称	标准编号	发布时间	实施时间
37	铝工业污染物排放标准	GB 25465—2010	2010-09-27	2010-10-01
38	铝工业污染物排放标准	GB 25465—2010 修改单	2013-12-27	2013-12-27
39	铅、锌工业污染物排放标准	GB 25466—2010	2010-09-27	2010-10-01
40	铅、锌工业污染物排放标准	GB 25466—2010 修改单	2013-12-27	2013-12-27
41	铜、镍、钴工业污染物排放标准	GB 25467—2010	2010-09-27	2010-10-01
42	铜、镍、钴工业污染物排放标准	GB 25467—2010 修改单	2013-12-27	2013-12-27
43	镁、钛工业污染物排放标准	GB 25468—2010	2010-09-27	2010-10-01
44	镁、钛工业污染物排放标准	GB 25468—2010 修改单	2013-12-27	2013-12-27
45	硝酸工业污染物排放标准	GB 26131—2010	2010-12-30	2011-03-01
46	硫酸工业污染物排放标准	GB 26132—2010	2010-12-30	2011-03-01
47	稀土工业污染物排放标准	GB 26451—2011	2011-01-24	2011-10-01
48	稀土工业污染物排放标准	GB 26451—2011 修改单	2013-12-27	2013-12-27
49	磷肥工业水污染物排放标准	GB 15580—2011	2011-04-02	2011-10-01
50	钒工业污染物排放标准	GB 26452—2011	2011-04-02	2011-10-01
51	钒工业污染物排放标准	GB 26452—2011 修改单	2013-12-27	2013-12-27
52	汽车维修业水污染物排放标准	GB 26877—2011	2011-07-29	2012-01-01
53	发酵酒精和白酒工业水污染物排放标准	GB 27631—2011	2011-10-27	2012-01-01
54	橡胶制品工业污染物排放标准	GB 27632—2011	2011-10-27	2012-01-01
55	纺织染整工业水污染物排放标准	GB 4287—2012	2012-10-19	2013-01-01
56	纺织染整工业水污染物排放标准	GB 4287—2012 修改单	2015-03-27	2015-03-31
57	钢铁工业水污染物排放标准	GB 13456—2012	2012-06-27	2012-10-01
58	炼焦化学工业污染物排放标准	GB 16171—2012	2012-06-27	2012-10-01
59	铁矿采选工业污染物排放标准	GB 28661—2012	2012-06-27	2012-10-01
60	铁合金工业污染物排放标准	GB 28666—2012	2012-06-27	2012-10-01
61	缫丝工业水污染物排放标准	GB 28936—2012	2012-10-19	2013-01-01
62	毛纺工业水污染物排放标准	GB 28937—2012	2012-10-19	2013-01-01
63	麻纺工业水污染物排放标准	GB 28938—2012	2012-10-19	2013-01-01
64	合成氨工业水污染物排放标准	GB 13458—2013	2013-03-14	2013-07-01
65	柠檬酸工业污染物排放标准	GB 19430—2013	2013-03-14	2013-07-01
66	电池工业污染物排放标准	GB 30484—2013	2013-12-27	2014-03-01
67	制革及毛皮加工工业水污染物排放标准	GB 30486—2013	2013-12-27	2014-03-01
68	锡、锑、汞工业污染物排放标准	GB 30770—2014	2014-05-16	2014-07-01
69	石油炼制工业污染物排放标准	GB 31570—2015	2015-04-16	2015-07-01
70	石油化学工业污染物排放标准	GB 31571—2015	2015-04-16	2015-07-01
71	合成树脂工业污染物排放标准	GB 31572—2015	2015-04-16	2015-07-01
72	无机化学工业污染物排放标准	GB 31573—2015	2015-04-16	2015-07-01
73	再生铜、铝、铅、锌工业污染物排放标准	GB 31574—2015	2015-04-16	2015-07-01
74	烧碱、聚氯乙烯工业污染物排放标准	GB 15581—2016	2016-08-22	2016-09-01
75	船舶水污染物排放控制标准	GB 3552—2018	2018-01-16	2018-07-01
76	城市污水再生利用 城市杂用水水质	GB/T 18920—2002	2002-12-20	2003-05-01
77	污水排入城镇下水道水质标准	GB/T 31962—2015	2015-09-11	2016-08-01

（二）监测规范

序号	标准名称	标准编号	发布时间	实施时间
1	污水监测技术规范	HJ 91.1—2019	2019-12-24	2020-03-24
2	水污染物排放总量监测技术规范	HJ/T 92—2002	2002-12-25	2003-01-01
3	水污染源在线监测系统安装技术规范（试行）	HJ/T 353—2007	2007-07-12	2007-08-01
4	水污染源在线监测系统验收技术规范（试行）	HJ/T 354—2007	2007-07-12	2007-08-01
5	水污染源在线监测系统运行与考核技术规范（试行）	HJ/T 355—2007	2007-07-12	2007-08-01
6	水污染源在线监测系统数据有效性判别技术规范（试行）	HJ/T 356—2007	2007-07-12	2007-08-01
7	固定污染源监测质量保证与质量控制技术规范（试行）	HJ/T 373—2007	2007-11-12	2008-01-01
8	环境二噁英类监测技术规范	HJ 916—2017	2017-12-28	2018-04-01
9	环境中有机污染物遗传毒性检测的样品前处理规范	GB/T 15440—1995	1995-03-25	1995-08-01
10	陆域直排海污染源监测技术要求（试行）	中国环境监测总站海字〔2007〕152 号	2007-09-29	2007-09-29
11	国控污染源排放口污染物排放量计算方法	环保部环办〔2011〕8 号	2011-01-25	2011-01-25

（三）监测方法

1. 样品采集、运输与保存

序号	标准名称	标准编号	发布时间	实施时间
1	水质　样品的保存和管理技术规定	HJ 493—2009	2009-09-27	2009-11-01
2	水质　采样技术指导	HJ 494—2009	2009-09-27	2009-11-01
3	水质　采样方案设计技术规定	HJ 495—2009	2009-09-27	2009-11-01
4	水质　金属总量的消解　硝酸消解法	HJ 677—2013	2013-11-21	2014-02-01
5	水质　金属总量的消解　微波消解法	HJ 678—2013	2013-11-21	2014-02-01

2. 检测方法

序号	项目	标准名称	标准编号	发布时间	实施时间
1	1,1,1,2-四氯乙烷	水质　挥发性有机物的测定　吹扫捕集/气相色谱-质谱法	HJ 639—2012	2012-12-03	2013-03-01
		水质　挥发性有机物的测定　顶空/气相色谱-质谱法	HJ 810—2016	2016-07-26	2016-10-01
2	1,1,1-三氯乙烷	水质　挥发性有机物的测定　吹扫捕集/气相色谱-质谱法	HJ 639—2012	2012-12-03	2013-03-01
		水质　挥发性有机物的测定　顶空/气相色谱-质谱法	HJ 810—2016	2016-07-26	2016-10-01
3	1,1,2,2-四氯乙烷	水质　挥发性有机物的测定　吹扫捕集/气相色谱-质谱法	HJ 639—2012	2012-12-03	2013-03-01
		水质　挥发性有机物的测定　顶空/气相色谱-质谱法	HJ 810—2016	2016-07-26	2016-10-01

序号	项目	标准名称	标准编号	发布时间	实施时间
4	1,1,2-三氯乙烷	水质　挥发性有机物的测定　吹扫捕集/气相色谱-质谱法	HJ 639—2012	2012-12-03	2013-03-01
		水质　挥发性有机物的测定　顶空/气相色谱-质谱法	HJ 810—2016	2016-07-26	2016-10-01
5	1,1-二氯丙烯	水质　挥发性有机物的测定　吹扫捕集/气相色谱-质谱法	HJ 639—2012	2012-12-03	2013-03-01
		水质　挥发性有机物的测定　顶空/气相色谱-质谱法	HJ 810—2016	2016-07-26	2016-10-01
6	1,1-二氯乙烷	水质　挥发性有机物的测定　吹扫捕集/气相色谱-质谱法	HJ 639—2012	2012-12-03	2013-03-01
		水质　挥发性有机物的测定　顶空/气相色谱-质谱法	HJ 810—2016	2016-07-26	2016-10-01
7	1,1-二氯乙烯	水质　挥发性卤代烃的测定　顶空气相色谱法	HJ 620—2011	2011-09-01	2011-11-01
		水质　挥发性有机物的测定　吹扫捕集/气相色谱-质谱法	HJ 639—2012	2012-12-03	2013-03-01
		水质　挥发性有机物的测定　吹扫捕集/气相色谱法	HJ 686—2014	2014-01-13	2014-04-01
		水质　挥发性有机物的测定　顶空/气相色谱-质谱法	HJ 810—2016	2016-07-26	2016-10-01
8	1,2,3,4-四氯苯	水质　氯苯类化合物的测定　气相色谱法	HJ 621—2011	2011-09-01	2011-11-01
		水质　有机氯农药和氯苯类化合物的测定　气相色谱-质谱法	HJ 699—2014	2014-03-31	2014-07-01
		水质　氯苯的测定　气相色谱法	HJ/T 74—2001	2001-09-29	2002-01-01
9	1,2,3,5-四氯苯	水质　氯苯类化合物的测定　气相色谱法	HJ 621—2011	2011-09-01	2011-11-01
		水质　有机氯农药和氯苯类化合物的测定　气相色谱-质谱法	HJ 699—2014	2014-03-31	2014-07-01
		水质　氯苯的测定　气相色谱法	HJ/T 74—2001	2001-09-29	2002-01-01
10	1,2,3-三氯苯	水质　氯苯类化合物的测定　气相色谱法	HJ 621—2011	2011-09-01	2011-11-01
		水质　挥发性有机物的测定　吹扫捕集/气相色谱-质谱法	HJ 639—2012	2012-12-03	2013-03-01
		水质　有机氯农药和氯苯类化合物的测定　气相色谱-质谱法	HJ 699—2014	2014-03-31	2014-07-01
		水质　挥发性有机物的测定　顶空/气相色谱-质谱法	HJ 810—2016	2016-07-26	2016-10-01
		水质　氯苯的测定　气相色谱法	HJ/T 74—2001	2001-09-29	2002-01-01
11	1,2,3-三氯丙烷	水质　挥发性有机物的测定　吹扫捕集/气相色谱-质谱法	HJ 639—2012	2012-12-03	2013-03-01
		水质　挥发性有机物的测定　顶空/气相色谱-质谱法	HJ 810—2016	2016-07-26	2016-10-01
12	1,2,4,5-四氯苯	水质　氯苯类化合物的测定　气相色谱法	HJ 621—2011	2011-09-01	2011-11-01
		水质　有机氯农药和氯苯类化合物的测定　气相色谱-质谱法	HJ 699—2014	2014-03-31	2014-07-01
		水质　氯苯的测定　气相色谱法	HJ/T 74—2001	2001-09-29	2002-01-01
13	1,2,4-三甲基苯	水质　挥发性有机物的测定　吹扫捕集/气相色谱-质谱法	HJ 639—2012	2012-12-03	2013-03-01
		水质　挥发性有机物的测定　顶空/气相色谱-质谱法	HJ 810—2016	2016-07-26	2016-10-01

序号	项目	标准名称	标准编号	发布时间	实施时间
14	1,2,4-三氯苯	水质　氯苯类化合物的测定　气相色谱法	HJ 621—2011	2011-09-01	2011-11-01
		水质　挥发性有机物的测定　吹扫捕集/气相色谱-质谱法	HJ 639—2012	2012-12-03	2013-03-01
		水质　有机氯农药和氯苯类化合物的测定　气相色谱-质谱法	HJ 699—2014	2014-03-31	2014-07-01
		水质　挥发性有机物的测定　顶空/气相色谱-质谱法	HJ 810—2016	2016-07-26	2016-10-01
		水质　氯苯的测定　气相色谱法	HJ/T 74—2001	2001-09-29	2002-01-01
15	1,2-二氯苯	水质　氯苯类化合物的测定　气相色谱法	HJ 621—2011	2011-09-01	2011-11-01
		水质　挥发性有机物的测定　吹扫捕集/气相色谱-质谱法	HJ 639—2012	2012-12-03	2013-03-01
		水质　挥发性有机物的测定　顶空/气相色谱-质谱法	HJ 810—2016	2016-07-26	2016-10-01
		水质　氯苯的测定　气相色谱法	HJ/T 74—2001	2001-09-29	2002-01-01
16	1,2-二氯丙烷	水质　挥发性有机物的测定　吹扫捕集/气相色谱-质谱法	HJ 639—2012	2012-12-03	2013-03-01
		水质　挥发性有机物的测定　顶空/气相色谱-质谱法	HJ 810—2016	2016-07-26	2016-10-01
17	1,2-二氯乙烷	水质　挥发性卤代烃的测定　顶空气相色谱法	HJ 620—2011	2011-09-01	2011-11-01
		水质　挥发性有机物的测定　吹扫捕集/气相色谱-质谱法	HJ 639—2012	2012-12-03	2013-03-01
		水质　挥发性有机物的测定　吹扫捕集/气相色谱法	HJ 686—2014	2014-01-13	2014-04-01
		水质　挥发性有机物的测定　顶空/气相色谱-质谱法	HJ 810—2016	2016-07-26	2016-10-01
18	1,2-二溴-3-氯丙烷	水质　挥发性有机物的测定　吹扫捕集/气相色谱-质谱法	HJ 639—2012	2012-12-03	2013-03-01
		水质　挥发性有机物的测定　顶空/气相色谱-质谱法	HJ 810—2016	2016-07-26	2016-10-01
19	1,2-二溴乙烷	水质　挥发性有机物的测定　吹扫捕集/气相色谱-质谱法	HJ 639—2012	2012-12-03	2013-03-01
		水质　挥发性有机物的测定　顶空/气相色谱-质谱法	HJ 810—2016	2016-07-26	2016-10-01
20	1,3,5-三甲基苯	水质　挥发性有机物的测定　吹扫捕集/气相色谱-质谱法	HJ 639—2012	2012-12-03	2013-03-01
		水质　挥发性有机物的测定　顶空/气相色谱-质谱法	HJ 810—2016	2016-07-26	2016-10-01
21	1,3,5-三氯苯	水质　氯苯类化合物的测定　气相色谱法	HJ 621—2011	2011-09-01	2011-11-01
		水质　有机氯农药和氯苯类化合物的测定　气相色谱-质谱法	HJ 699—2014	2014-03-31	2014-07-01
		水质　氯苯的测定　气相色谱法	HJ/T 74—2001	2001-09-29	2002-01-01
22	1,3,5-三硝基甲苯	水质　氯苯类化合物的测定　气相色谱法	HJ 621—2011	2011-09-01	2011-11-01
23	1,3-二氯苯	水质　氯苯类化合物的测定　气相色谱法	HJ 621—2011	2011-09-01	2011-11-01
		水质　挥发性有机物的测定　吹扫捕集/气相色谱-质谱法	HJ 639—2012	2012-12-03	2013-03-01
		水质　挥发性有机物的测定　顶空/气相色谱-质谱法	HJ 810—2016	2016-07-26	2016-10-01
		水质　氯苯的测定　气相色谱法	HJ/T 74—2001	2001-09-29	2002-01-01

序号	项目	标准名称	标准编号	发布时间	实施时间
24	1,3-二氯丙烷	水质　挥发性有机物的测定　吹扫捕集/气相色谱-质谱法	HJ 639—2012	2012-12-03	2013-03-01
		水质　挥发性有机物的测定　顶空/气相色谱-质谱法	HJ 810—2016	2016-07-26	2016-10-01
25	1,4-二氯苯	水质　氯苯类化合物的测定　气相色谱法	HJ 621—2011	2011-09-01	2011-11-01
		水质　挥发性有机物的测定　吹扫捕集/气相色谱-质谱法	HJ 639—2012	2012-12-03	2013-03-01
		水质　挥发性有机物的测定　顶空/气相色谱-质谱法	HJ 810—2016	2016-07-26	2016-10-01
		水质　氯苯的测定　气相色谱法	HJ/T 74—2001	2001-09-29	2002-01-01
26	2-（2,4,5-三氯苯氧基)-丙酸(或 2,4,5-涕丙酸）	水质　苯氧羧酸类除草剂的测定　液相色谱/串联质谱法	HJ 770—2015	2015-11-20	2015-12-15
27	2-（2,4-二氯苯氧基）-丙酸（或 2,4-滴丙酸）	水质　苯氧羧酸类除草剂的测定　液相色谱/串联质谱法	HJ 770—2015	2015-11-20	2015-12-15
28	2-（2-甲基-4-氯苯氧基）丙酸	水质　苯氧羧酸类除草剂的测定　液相色谱/串联质谱法	HJ 770—2015	2015-11-20	2015-12-15
29	2,2′,3,4,4′,5,5′-七氯联苯	水质　多氯联苯的测定　气相色谱-质谱法	HJ 715—2014	2014-11-27	2015-01-01
30	2,2′,3,4,4′,5′,6-七溴二苯醚	水质　多溴二苯醚的测定　气相色谱-质谱法	HJ 909—2017	2017-12-29	2018-04-01
31	2,2′,3,4,4′,5′-六氯联苯	水质　多氯联苯的测定　气相色谱-质谱法	HJ 715—2014	2014-11-27	2015-01-01
32	2,2′,4,4′,5,5′-六氯联苯	水质　多氯联苯的测定　气相色谱-质谱法	HJ 715—2014	2014-11-27	2015-01-01
33	2,2′,4,4′,5,5′-六溴二苯醚	水质　多溴二苯醚的测定　气相色谱-质谱法	HJ 909—2017	2017-12-29	2018-04-01
34	2,2′,4,4′,5,6′-六溴二苯醚	水质　多溴二苯醚的测定　气相色谱-质谱法	HJ 909—2017	2017-12-29	2018-04-01
35	2,2′,4,4′,5-五溴二苯醚	水质　多溴二苯醚的测定　气相色谱-质谱法	HJ 909—2017	2017-12-29	2018-04-01
36	2,2′,4,4′,6-五溴二苯醚	水质　多溴二苯醚的测定　气相色谱-质谱法	HJ 909—2017	2017-12-29	2018-04-01
37	2,2′,4,4′-四溴二苯醚	水质　多溴二苯醚的测定　气相色谱-质谱法	HJ 909—2017	2017-12-29	2018-04-01
38	2,2′4,5,5′-五氯联苯	水质　多氯联苯的测定　气相色谱-质谱法	HJ 715—2014	2014-11-27	2015-01-01
39	2,2′5,5′-四氯联苯	水质　多氯联苯的测定　气相色谱-质谱法	HJ 715—2014	2014-11-27	2015-01-01
40	2,2′,6′,2″-三联吡啶	杂环类农药工业水污染物排放标准	GB/T 21523—2008	2008-04-02	2008-07-01
41	2,2-二氯丙烷	水质　挥发性有机物的测定　吹扫捕集/气相色谱-质谱法	HJ 639—2012	2012-12-03	2013-03-01
		水质　挥发性有机物的测定　顶空/气相色谱-质谱法	HJ 810—2016	2016-07-26	2016-10-01
42	2,3,3′,4,4′,5,5′-七氯联苯	水质　多氯联苯的测定　气相色谱-质谱法	HJ 715—2014	2014-11-27	2015-01-01

序号	项目	标准名称	标准编号	发布时间	实施时间
43	2,3,4,4′,5-六氯联苯	水质　多氯联苯的测定　气相色谱-质谱法	HJ 715—2014	2014-11-27	2015-01-01
44	2,3,3′,4,4′,6-六氯联苯	水质　多氯联苯的测定　气相色谱-质谱法	HJ 715—2014	2014-11-27	2015-01-01
45	2,3,3′,4,4′-五氯联苯	水质　多氯联苯的测定　气相色谱-质谱法	HJ 715—2014	2014-11-27	2015-01-01
46	2,3,4,4′,5-五氯联苯	水质　多氯联苯的测定　气相色谱-质谱法	HJ 715—2014	2014-11-27	2015-01-01
47	2,3,4,6-四氯苯酚	水质　酚类化合物的测定　气相色谱-质谱法	HJ 744—2015	2015-05-04	2015-07-01
48	2,3′,4,4′,5,5′-六氯联苯	水质　多氯联苯的测定　气相色谱-质谱法	HJ 715—2014	2014-11-27	2015-01-01
49	2,3′,4,4′,5-五氯联苯	水质　多氯联苯的测定　气相色谱-质谱法	HJ 715—2014	2014-11-27	2015-01-01
50	2,4,4′-三氯联苯	水质　多氯联苯的测定　气相色谱-质谱法	HJ 715—2014	2014-11-27	2015-01-01
51	2,4,4′-三溴二苯醚	水质　多溴二苯醚的测定　气相色谱-质谱法	HJ 909—2017	2017-12-29	2018-04-01
52	2,4,5-三氯苯胺	水质　苯胺类化合物的测定　*N*-（1-萘基）乙二胺偶氮分光光度法	GB/T 11889—1989	1989-12-25	1990-07-01
		水质　氰化物等的测定　真空检测管-电子比色法	HJ 659—2013	2013-09-18	2013-09-20
		水质　苯胺类化合物的测定　气相色谱-质谱法	HJ 822—2017	2017-03-30	2017-05-01
53	2,4,5-三氯苯酚	水质　酚类化合物的测定　气相色谱-质谱法	HJ 744—2015	2015-05-04	2015-07-01
54	2,4,5-三氯苯氧乙酸	水质　苯氧羧酸类除草剂的测定　液相色谱/串联质谱法	HJ 770—2015	2015-11-20	2015-12-15
55	2,4,6-三氯苯胺	水质　苯胺类化合物的测定　*N*-（1-萘基）乙二胺偶氮分光光度法	GB/T 11889—1989	1989-12-25	1990-07-01
		水质　氰化物等的测定　真空检测管-电子比色法	HJ 659—2013	2013-09-18	2013-09-20
		水质　苯胺类化合物的测定　气相色谱-质谱法	HJ 822—2017	2017-03-30	2017-05-01
56	2,4,6-三氯苯酚	水质　酚类化合物的测定　气相色谱-质谱法	HJ 744—2015	2015-05-04	2015-07-01
57	2,4,6-三氯酚	水质　酚类化合物的测定　液液萃取/气相色谱法	HJ 676—2013	2013-11-21	2014-02-01
58	2,4,6-三硝基苯甲酸	水质　硝基苯类化合物的测定　气相色谱法	HJ 592—2010	2010-10-21	2011-01-01
59	2,4,6-三硝基甲苯	水质　硝基苯类化合物的测定　气相色谱法	HJ 592—2010	2010-10-21	2011-01-01
		水质　硝基苯类化合物的测定　液液萃取/固相萃取-气相色谱法	HJ 648—2013	2013-06-03	2013-09-01
		水质　硝基苯类化合物的测定　气相色谱-质谱法	HJ 716—2014	2014-11-27	2015-01-01
60	2,4-二甲酚	水质　酚类化合物的测定　液液萃取/气相色谱法	HJ 676—2013	2013-11-21	2014-02-01
		水质　酚类化合物的测定　气相色谱-质谱法	HJ 744—2015	2015-05-04	2015-07-01

序号	项目	标准名称	标准编号	发布时间	实施时间
61	2,4-二氯苯酚	水质　酚类化合物的测定　气相色谱-质谱法	HJ 744—2015	2015-05-04	2015-07-01
62	2,4-二氯苯氧乙酸	水质　苯氧羧酸类除草剂的测定　液相色谱/串联质谱法	HJ 770—2015	2015-11-20	2015-12-15
63	2,4-二氯酚	水质　酚类化合物的测定　液液萃取/气相色谱法	HJ 676—2013	2013-11-21	2014-02-01
64	2,4-二硝基苯胺	水质　苯胺类化合物的测定　*N*-（1-萘基）乙二胺偶氮分光光度法	GB/T 11889—1989	1989-12-25	1990-07-01
		水质　氰化物等的测定　真空检测管-电子比色法	HJ 659—2013	2013-09-18	2013-09-20
		水质　苯胺类化合物的测定　气相色谱-质谱法	HJ 822—2017	2017-03-30	2017-05-01
65	2,4-二硝基酚	水质　酚类化合物的测定　液液萃取/气相色谱法	HJ 676—2013	2013-11-21	2014-02-01
66	2,4-二硝基甲苯	水质　硝基苯类化合物的测定　气相色谱法	HJ 592—2010	2010-10-21	2011-01-01
		水质　硝基苯类化合物的测定　液液萃取/固相萃取-气相色谱法	HJ 648—2013	2013-06-03	2013-09-01
		水质　硝基苯类化合物的测定　气相色谱-质谱法	HJ 716—2014	2014-11-27	2015-01-01
67	2,4-二硝基氯苯	水质　硝基苯类化合物的测定　液液萃取/固相萃取-气相色谱法	HJ 648—2013	2013-06-03	2013-09-01
		水质　硝基苯类化合物的测定　气相色谱-质谱法	HJ 716—2014	2014-11-27	2015-01-01
68	2,6-二氯-4-硝基苯胺	水质　苯胺类化合物的测定　*N*-（1-萘基）乙二胺偶氮分光光度法	GB/T 11889—1989	1989-12-25	1990-07-01
		水质　氰化物等的测定　真空检测管-电子比色法	HJ 659—2013	2013-09-18	2013-09-20
		水质　苯胺类化合物的测定　气相色谱-质谱法	HJ 822—2017	2017-03-30	2017-05-01
69	2,6-二氯苯酚	水质　酚类化合物的测定　气相色谱-质谱法	HJ 744—2015	2015-05-04	2015-07-01
70	2,6-二硝基甲苯	水质　硝基苯类化合物的测定　气相色谱法	HJ 592—2010	2010-10-21	2011-01-01
		水质　硝基苯类化合物的测定　液液萃取/固相萃取-气相色谱法	HJ 648—2013	2013-06-03	2013-09-01
		水质　硝基苯类化合物的测定　气相色谱-质谱法	HJ 716—2014	2014-11-27	2015-01-01
71	2,6-二溴-4-硝基苯胺	水质　苯胺类化合物的测定　*N*-（1-萘基）乙二胺偶氮分光光度法	GB/T 11889—1989	1989-12-25	1990-07-01
		水质　氰化物等的测定　真空检测管-电子比色法	HJ 659—2013	2013-09-18	2013-09-20
		水质　苯胺类化合物的测定　气相色谱-质谱法	HJ 822—2017	2017-03-30	2017-05-01
72	2′,3,4,4′,5-五氯联苯	水质　多氯联苯的测定　气相色谱-质谱法	HJ 715—2014	2014-11-27	2015-01-01
73	2-甲酚	水质　酚类化合物的测定　气相色谱-质谱法	HJ 744—2015	2015-05-04	2015-07-01
74	2-甲基-4,6-二硝基酚	水质　酚类化合物的测定　液液萃取/气相色谱法	HJ 676—2013	2013-11-21	2014-02-01

序号	项目	标准名称	标准编号	发布时间	实施时间
75	2-甲基-4-氯苯氧乙酸	水质　苯氧羧酸类除草剂的测定　液相色谱/串联质谱法	HJ 770—2015	2015-11-20	2015-12-15
76	2-氯-1,3-丁二烯	水质　挥发性卤代烃的测定　顶空气相色谱法	HJ 620—2011	2011-09-01	2011-11-01
		水质　挥发性有机物的测定　吹扫捕集/气相色谱-质谱法	HJ 639—2012	2012-12-03	2013-03-01
		水质　挥发性有机物的测定　吹扫捕集/气相色谱法	HJ 686—2014	2014-01-13	2014-04-01
77	2-氯-4,6-二硝基苯胺	水质　苯胺类化合物的测定　*N*-（1-萘基）乙二胺偶氮分光光度法	GB/T 11889—1989	1989-12-25	1990-07-01
		水质　氰化物等的测定　真空检测管-电子比色法	HJ 659—2013	2013-09-18	2013-09-20
		水质　苯胺类化合物的测定　气相色谱-质谱法	HJ 822—2017	2017-03-30	2017-05-01
78	2-氯-4-硝基苯胺	水质　苯胺类化合物的测定　*N*-（1-萘基）乙二胺偶氮分光光度法	GB/T 11889—1989	1989-12-25	1990-07-01
		水质　氰化物等的测定　真空检测管-电子比色法	HJ 659—2013	2013-09-18	2013-09-20
		水质　苯胺类化合物的测定　气相色谱-质谱法	HJ 822—2017	2017-03-30	2017-05-01
79	2-氯苯胺	水质　苯胺类化合物的测定　*N*-（1-萘基）乙二胺偶氮分光光度法	GB/T 11889—1989	1989-12-25	1990-07-01
		水质　氰化物等的测定　真空检测管-电子比色法	HJ 659—2013	2013-09-18	2013-09-20
		水质　苯胺类化合物的测定　气相色谱-质谱法	HJ 822—2017	2017-03-30	2017-05-01
80	2-氯苯酚	水质　酚类化合物的测定　气相色谱-质谱法	HJ 744—2015	2015-05-04	2015-07-01
81	2-氯酚	水质　酚类化合物的测定　液液萃取/气相色谱法	HJ 676—2013	2013-11-21	2014-02-01
82	2-氯甲苯	水质　挥发性有机物的测定　吹扫捕集/气相色谱-质谱法	HJ 639—2012	2012-12-03	2013-03-01
		水质　挥发性有机物的测定　顶空/气相色谱-质谱法	HJ 810—2016	2016-07-26	2016-10-01
83	2-硝基苯胺	水质　苯胺类化合物的测定　*N*-（1-萘基）乙二胺偶氮分光光度法	GB/T 11889—1989	1989-12-25	1990-07-01
		水质　氰化物等的测定　真空检测管-电子比色法	HJ 659—2013	2013-09-18	2013-09-20
		水质　苯胺类化合物的测定　气相色谱-质谱法	HJ 822—2017	2017-03-30	2017-05-01
84	2-硝基酚	水质　酚类化合物的测定　液液萃取/气相色谱法	HJ 676—2013	2013-11-21	2014-02-01
85	2-溴-4,6-二硝基苯胺	水质　苯胺类化合物的测定　*N*-（1-萘基）乙二胺偶氮分光光度法	GB/T 11889—1989	1989-12-25	1990-07-01
		水质　氰化物等的测定　真空检测管-电子比色法	HJ 659—2013	2013-09-18	2013-09-20
		水质　苯胺类化合物的测定　气相色谱-质谱法	HJ 822—2017	2017-03-30	2017-05-01

序号	项目	标准名称	标准编号	发布时间	实施时间
86	2-溴-6-氯-4-硝基苯胺	水质 苯胺类化合物的测定 *N*-（1-萘基）乙二胺偶氮分光光度法	GB/T 11889—1989	1989-12-25	1990-07-01
		水质 氰化物等的测定 真空检测管-电子比色法	HJ 659—2013	2013-09-18	2013-09-20
		水质 苯胺类化合物的测定 气相色谱-质谱法	HJ 822—2017	2017-03-30	2017-05-01
87	3,3′,4,4′,5,5′-六氯联苯	水质 多氯联苯的测定 气相色谱-质谱法	HJ 715—2014	2014-11-27	2015-01-01
88	3,3′,4,4′,5-五氯联苯	水质 多氯联苯的测定 气相色谱-质谱法	HJ 715—2014	2014-11-27	2015-01-01
89	3,3′4,4′-四氯联苯	水质 多氯联苯的测定 气相色谱-质谱法	HJ 715—2014	2014-11-27	2015-01-01
90	3,4,4′,5-四氯联苯	水质 多氯联苯的测定 气相色谱-质谱法	HJ 715—2014	2014-11-27	2015-01-01
91	3,4-二氯苯胺	水质 苯胺类化合物的测定 *N*-（1-萘基）乙二胺偶氮分光光度法	GB/T 11889—1989	1989-12-25	1990-07-01
		水质 氰化物等的测定 真空检测管-电子比色法	HJ 659—2013	2013-09-18	2013-09-20
		水质 苯胺类化合物的测定 气相色谱-质谱法	HJ 822—2017	2017-03-30	2017-05-01
92	3,4-二硝基甲苯	水质 硝基苯类化合物的测定 液液萃取/固相萃取-气相色谱法	HJ 648—2013	2013-06-03	2013-09-01
		水质 硝基苯类化合物的测定 气相色谱-质谱法	HJ 716—2014	2014-11-27	2015-01-01
93	3-甲酚	水质 酚类化合物的测定 液液萃取/气相色谱法	HJ 676—2013	2013-11-21	2014-02-01
		水质 酚类化合物的测定 气相色谱-质谱法	HJ 744—2015	2015-05-04	2015-07-01
94	3-氯苯胺	水质 苯胺类化合物的测定 *N*-（1-萘基）乙二胺偶氮分光光度法	GB/T 11889—1989	1989-12-25	1990-07-01
		水质 氰化物等的测定 真空检测管-电子比色法	HJ 659—2013	2013-09-18	2013-09-20
		水质 苯胺类化合物的测定 气相色谱-质谱法	HJ 822—2017	2017-03-30	2017-05-01
95	3-羟基克百威	水质 氨基甲酸酯类农药的测定 超高效液相色谱-三重四极杆质谱法	HJ 827—2017	2017-03-30	2017-05-01
96	3-硝基苯胺	水质 苯胺类化合物的测定 *N*-（1-萘基）乙二胺偶氮分光光度法	GB/T 11889—1989	1989-12-25	1990-07-01
		水质 氰化物等的测定 真空检测管-电子比色法	HJ 659—2013	2013-09-18	2013-09-20
		水质 苯胺类化合物的测定 气相色谱-质谱法	HJ 822—2017	2017-03-30	2017-05-01
97	4-（2,4-二氯苯氧）-丁酸	水质 苯氧羧酸类除草剂的测定 液相色谱/串联质谱法	HJ 770—2015	2015-11-20	2015-12-15
98	4-（2-甲基-4-氯苯氧基）丁酸	水质 苯氧羧酸类除草剂的测定 液相色谱/串联质谱法	HJ 770—2015	2015-11-20	2015-12-15
99	4-甲酚	水质 酚类化合物的测定 气相色谱-质谱法	HJ 744—2015	2015-05-04	2015-07-01

序号	项目	标准名称	标准编号	发布时间	实施时间
100	4-氯-2-硝基苯胺	水质　苯胺类化合物的测定　*N*-（1-萘基）乙二胺偶氮分光光度法	GB/T 11889—1989	1989-12-25	1990-07-01
		水质　氰化物等的测定　真空检测管-电子比色法	HJ 659—2013	2013-09-18	2013-09-20
		水质　苯胺类化合物的测定　气相色谱-质谱法	HJ 822—2017	2017-03-30	2017-05-01
101	4-氯-3-甲酚	水质　酚类化合物的测定　液液萃取/气相色谱法	HJ 676—2013	2013-11-21	2014-02-01
102	4-氯苯胺	水质　苯胺类化合物的测定　*N*-（1-萘基）乙二胺偶氮分光光度法	GB/T 11889—1989	1989-12-25	1990-07-01
		水质　氰化物等的测定　真空检测管-电子比色法	HJ 659—2013	2013-09-18	2013-09-20
		水质　苯胺类化合物的测定　气相色谱-质谱法	HJ 822—2017	2017-03-30	2017-05-01
103	4-氯酚	水质　酚类化合物的测定　液液萃取/气相色谱法	HJ 676—2013	2013-11-21	2014-02-01
104	4-氯甲苯	水质　挥发性有机物的测定　吹扫捕集/气相色谱-质谱法	HJ 639—2012	2012-12-03	2013-03-01
		水质　挥发性有机物的测定　顶空/气相色谱-质谱法	HJ 810—2016	2016-07-26	2016-10-01
105	4-硝基苯胺	水质　苯胺类化合物的测定　*N*-（1-萘基）乙二胺偶氮分光光度法	GB/T 11889—1989	1989-12-25	1990-07-01
		水质　氰化物等的测定　真空检测管-电子比色法	HJ 659—2013	2013-09-18	2013-09-20
		水质　苯胺类化合物的测定　气相色谱-质谱法	HJ 822—2017	2017-03-30	2017-05-01
106	4-硝基苯酚	水质　酚类化合物的测定　气相色谱-质谱法	HJ 744—2015	2015-05-04	2015-07-01
107	4-硝基酚	水质　酚类化合物的测定　液液萃取/气相色谱法	HJ 676—2013	2013-11-21	2014-02-01
108	4-溴苯胺	水质　苯胺类化合物的测定　*N*-（1-萘基）乙二胺偶氮分光光度法	GB/T 11889—1989	1989-12-25	1990-07-01
		水质　氰化物等的测定　真空检测管-电子比色法	HJ 659—2013	2013-09-18	2013-09-20
		水质　苯胺类化合物的测定　气相色谱-质谱法	HJ 822—2017	2017-03-30	2017-05-01
109	4-异丙基甲苯	水质　挥发性有机物的测定　吹扫捕集/气相色谱-质谱法	HJ 639—2012	2012-12-03	2013-03-01
		水质　挥发性有机物的测定　顶空/气相色谱-质谱法	HJ 810—2016	2016-07-26	2016-10-01
110	*N*-（1-萘基）乙二胺偶氮	水质　苯胺类化合物的测定　*N*-（1-萘基）乙二胺偶氮分光光度法	GB/T 11889—1989	1989-12-25	1990-07-01
		水质　氰化物等的测定　真空检测管-电子比色法	HJ 659—2013	2013-09-18	2013-09-20
		水质　苯胺类化合物的测定　气相色谱-质谱法	HJ 822—2017	2017-03-30	2017-05-01
111	*N*-亚硝基二苯胺	水质　亚硝胺类化合物的测定　气相色谱法	HJ 809—2016	2016-07-26	2016-10-01

序号	项目	标准名称	标准编号	发布时间	实施时间
112	*N*-亚硝基二甲胺	水质　亚硝胺类化合物的测定　气相色谱法	HJ 809—2016	2016-07-26	2016-10-01
113	*N*-亚硝基二乙胺	水质　亚硝胺类化合物的测定　气相色谱法	HJ 809—2016	2016-07-26	2016-10-01
114	*N*-亚硝基二正丙胺	水质　亚硝胺类化合物的测定　气相色谱法	HJ 809—2016	2016-07-26	2016-10-01
115	*o,p'*-DDE	水质　有机氯农药和氯苯类化合物的测定　气相色谱-质谱法	HJ 699—2014	2014-03-31	2014-07-01
116	*o,p'*-DDT	水质　有机氯农药和氯苯类化合物的测定　气相色谱-质谱法	HJ 699—2014	2014-03-31	2014-07-01
117	*o,p*-DDD	水质　有机氯农药和氯苯类化合物的测定　气相色谱-质谱法	HJ 699—2014	2014-03-31	2014-07-01
118	*p,p'*-DDD	水质　有机氯农药和氯苯类化合物的测定　气相色谱-质谱法	HJ 699—2014	2014-03-31	2014-07-01
119	*p,p'*-DDE	水质　有机氯农药和氯苯类化合物的测定　气相色谱-质谱法	HJ 699—2014	2014-03-31	2014-07-01
120	*p,p'*-DDT	水质　有机氯农药和氯苯类化合物的测定　气相色谱-质谱法	HJ 699—2014	2014-03-31	2014-07-01
121	pH 值	水质　pH 值的测定　玻璃电极法	GB/T 6920—1986	1986-10-10	1987-03-01
122	α-氯丹	水质　有机氯农药和氯苯类化合物的测定　气相色谱-质谱法	HJ 699—2014	2014-03-31	2014-07-01
123	γ-氯丹	水质　有机氯农药和氯苯类化合物的测定　气相色谱-质谱法	HJ 699—2014	2014-03-31	2014-07-01
124	阿特拉津	杂环类农药工业水污染物排放标准	GB 21523—2008	2008-04-02	2008-07-01
		水质　阿特拉津的测定　气相色谱法	HJ 754—2015	2015-10-22	2015-12-01
125	艾式剂	水质　有机氯农药和氯苯类化合物的测定　气相色谱-质谱法	HJ 699—2014	2014-03-31	2014-07-01
126	氨氮	水质　氨氮的测定　纳氏试剂分光光度法	HJ 535—2009	2009-12-31	2010-04-01
		水质　氨氮的测定　水杨酸分光光度法	HJ 536—2009	2009-12-31	2010-04-01
		水质　氨氮的测定　蒸馏-中和滴定法	HJ 537—2009	2009-12-31	2010-04-01
		水质　氨氮的测定　气相分子吸收光谱法	HJ/T 195—2005	2005-11-09	2006-01-01
		水质　氰化物等的测定　真空检测管-电子比色法	HJ 659—2013	2013-09-18	2013-09-20
		水质　氨氮的测定　连续流动-水杨酸分光光度法	HJ 665—2013	2013-10-25	2014-01-01
		水质　氨氮的测定　流动注射-水杨酸分光光度法	HJ 666—2013	2013-10-25	2014-01-01
		水质　可溶性阳离子（Li^+、Na^+、NH_4^+、K^+、Ca^{2+}、Mg^{2+}）的测定　离子色谱法	HJ 812—2016	2016-07-26	2016-10-01
127	胺苯磺隆	水质　磺酰脲类农药的测定　高效液相色谱法	HJ 1018—2019	2019-04-13	2019-09-01
128	胺菊酯	水质　百菌清及拟除虫菊酯类农药的测定　气相色谱-质谱法	HJ 753—2015	2015-08-21	2015-10-01
129	百草枯离子	废水中百草枯离子的测定　液相色谱法	GB 21523—2008 附录 E	2008-04-02	2008-07-01
		水质百草枯和杀草快的测定　固相萃取-高效液相色谱法	HJ 914—2017	2017-12-28	2018-04-01

序号	项目	标准名称	标准编号	发布时间	实施时间
130	百菌清	水质　百菌清和溴氰菊酯的测定　气相色谱法	HJ 698—2014	2014-03-31	2014-07-01
		水质　百菌清及拟除虫菊酯类农药的测定　气相色谱-质谱法	HJ 753—2015	2015-08-21	2015-10-01
131	苯	水质　苯系物的测定　气相色谱法	GB/T 11890—1989	1989-12-25	1990-07-01
		水质　挥发性有机物的测定　吹扫捕集/气相色谱-质谱法	HJ 639—2012	2012-12-03	2013-03-01
		水质　挥发性有机物的测定　吹扫捕集/气相色谱法	HJ 686—2014	2014-01-13	2014-04-01
		水质　挥发性有机物的测定　顶空/气相色谱-质谱法	HJ 810—2016	2016-07-26	2016-10-01
132	苯胺	水质　苯胺类化合物的测定　*N*-（1-萘基）乙二胺偶氮分光光度法	GB/T 11889—1989	1989-12-25	1990-07-01
		水质　氰化物等的测定　真空检测管-电子比色法	HJ 659—2013	2013-09-18	2013-09-20
		水质　苯胺类化合物的测定　气相色谱-质谱法	HJ 822—2017	2017-03-30	2017-05-01
133	苯并[*a*]蒽	水质　苯并[*a*]芘的测定　乙酰化滤纸层析荧光分光光度法	GB/T 11895—1989	1989-12-25	1990-07-01
		水质　多环芳烃的测定　液液萃取和固相萃取高效液相色谱法	HJ 478—2009	2009-09-27	2009-11-01
134	苯并[*a*]芘	水质　多环芳烃的测定　液液萃取和固相萃取高效液相色谱法	HJ 478—2009	2009-09-27	2009-11-01
		水质　苯系物的测定　气相色谱法	GB/T 11890—1989	1989-12-25	1990-07-01
135	苯并[*b*]荧蒽	水质　多环芳烃的测定　液液萃取和固相萃取高效液相色谱法	HJ 478—2009	2009-09-27	2009-11-01
136	苯并[*g,h,i*]苝	水质　多环芳烃的测定　液液萃取和固相萃取高效液相色谱法	HJ 478—2009	2009-09-27	2009-11-01
137	苯并[*k*]荧蒽	水质　多环芳烃的测定　液液萃取和固相萃取高效液相色谱法	HJ 478—2009	2009-09-27	2009-11-01
138	苯酚	水质　酚类化合物的测定　液液萃取/气相色谱法	HJ 676—2013	2013-11-21	2014-02-01
		水质　酚类化合物的测定　气相色谱-质谱法	HJ 744—2015	2015-05-04	2015-07-01
139	苯乙烯	水质　苯系物的测定　气相色谱法	GB/T 11890—1989	1989-12-25	1990-07-01
		水质　挥发性有机物的测定　吹扫捕集/气相色谱-质谱法	HJ 639—2012	2012-12-03	2013-03-01
		水质　挥发性有机物的测定　吹扫捕集/气相色谱法	HJ 686—2014	2014-01-13	2014-04-01
		水质　挥发性有机物的测定　顶空/气相色谱-质谱法	HJ 810—2016	2016-07-26	2016-10-01
140	吡虫啉	废水中吡虫啉农药的测定　液相色谱法	GB 21523—2008 附录 A	2008-04-02	2008-07-01
141	吡啶	水质　吡啶的测定　气相色谱法	GB/T 14672—1993	1993-09-18	1994-05-01
142	吡嘧磺隆	水质　磺酰脲类农药的测定　高效液相色谱法	HJ 1018—2019	2019-04-13	2019-09-01

序号	项目	标准名称	标准编号	发布时间	实施时间
143	铋	水质　汞、砷、硒、铋和锑的测定　原子荧光法	HJ 694—2014	2014-03-13	2014-07-01
		水质　65 种元素的测定　电感耦合等离子体质谱法	HJ 700—2014	2014-05-16	2014-07-01
		水质　32 种元素的测定　电感耦合等离子体发射光谱法	HJ 776—2015	2015-12-04	2016-01-01
144	苄嘧磺隆	水质　磺酰脲类农药的测定　高效液相色谱法	HJ 1018—2019	2019-04-13	2019-09-01
145	丙体六六六	水质　有机氯农药和氯苯类化合物的测定　气相色谱-质谱法	HJ 699—2014	2014-03-31	2014-07-01
146	丙酮	水质　甲醇和丙酮的测定　顶空/气相色谱法	HJ 895—2017	2017-12-21	2018-02-01
147	丙烯腈	水质　丙烯腈和丙烯醛的测定　吹扫捕集/气相色谱法	HJ 806—2016	2016-06-24	2016-08-01
		水质　丙烯腈的测定　气相色谱法	HJ/T 73—2001	2001-09-29	2002-01-01
148	丙烯菊酯	水质　百菌清及拟除虫菊酯类农药的测定　气相色谱-质谱法	HJ 753—2015	2015-08-21	2015-10-01
149	丙烯醛	水质　丙烯腈和丙烯醛的测定　吹扫捕集/气相色谱法	HJ 806—2016	2016-06-24	2016-08-01
150	丙烯酰胺	水质　丙烯酰胺的测定　气相色谱法	HJ 697—2014	2014-03-31	2014-07-01
151	彩色显影剂	水质　彩色显影剂总量的测定　169 成色剂分光光度法（暂行）	HJ 595—2010	2010-10-21	2011-01-01
152	残杀威	水质　氨基甲酸酯类农药的测定　超高效液相色谱-三重四极杆质谱法	HJ 827—2017	2017-03-30	2017-05-01
153	大肠埃希氏菌	水质　总大肠菌群、粪大肠菌群和大肠埃希氏菌的测定　酶底物法	HJ 1001—2018	2018-12-26	2019-06-01
154	狄式剂	水质　有机氯农药和氯苯类化合物的测定　气相色谱-质谱法	HJ 699—2014	2014-03-31	2014-07-01
155	敌百虫	水质　有机磷农药的测定　气相色谱法	GB/T 13192—1991	1991-08-31	1992-06-01
156	敌敌畏	水质　有机磷农药的测定　气相色谱法	GB/T 13192—1991	1991-08-31	1992-06-01
157	地恩梯（DNT）.	水质　梯恩梯、黑索今、地恩梯的测定　气相色谱法	HJ 600—2011	2011-02-10	2011-06-01
158	丁基黄原酸	水质　丁基黄原酸的测定　紫外分光光度法	HJ 756—2015	2015-10-22	2015-12-01
		水质　丁基黄原酸的测定　吹扫捕集/气相色谱-质谱法	HJ 896—2017	2017-12-21	2018-02-01
		水质　丁基黄原酸的测定　液相色谱-三重四极杆串联质谱法	HJ 1002—2018	2018-12-26	2019-06-01
159	丁体六六六	水质　有机氯农药和氯苯类化合物的测定　气相色谱-质谱法	HJ 699—2014	2014-03-31	2014-07-01
160	对二甲苯	水质　苯系物的测定　气相色谱法	GB/T 11890—1989	1989-12-25	1990-07-01
		水质　挥发性有机物的测定　吹扫捕集/气相色谱-质谱法	HJ 639—2012	2012-12-03	2013-03-01
		水质　挥发性有机物的测定　吹扫捕集/气相色谱法	HJ 686—2014	2014-01-13	2014-04-01
		水质　挥发性有机物的测定　顶空/气相色谱-质谱法	HJ 810—2016	2016-07-26	2016-10-01
161	对二硝基苯	水质　硝基苯类化合物的测定　液液萃取/固相萃取-气相色谱法	HJ 648—2013	2013-06-03	2013-09-01
		水质　硝基苯类化合物的测定　气相色谱-质谱法	HJ 716—2014	2014-11-27	2015-01-01

序号	项目	标准名称	标准编号	发布时间	实施时间
162	对硫磷	水质　有机磷农药的测定　气相色谱法	GB/T 13192—1991	1991-08-31	1992-06-01
163	对氯苯酚（4-氯苯酚）	水质　酚类化合物的测定　气相色谱-质谱法	HJ 744—2015	2015-05-04	2015-07-01
		废水中对氯苯酚的测定　液相色谱法	GB 21523—2008 附录 H	2008-04-02	2008-07-01
164	对硝基甲苯	水质　硝基苯类化合物的测定　气相色谱法	HJ 592—2010	2010-10-21	2011-01-01
		水质　硝基苯类化合物的测定　液液萃取/固相萃取-气相色谱法	HJ 648—2013	2013-06-03	2013-09-01
		水质　硝基苯类化合物的测定　气相色谱-质谱法	HJ 716—2014	2014-11-27	2015-01-01
		水质　二硝基甲苯的测定　示波极谱法	GB/T 13901—1992	1992-12-02	1993-09-01
165	对硝基氯苯	水质　硝基苯类化合物的测定　液液萃取/固相萃取-气相色谱法	HJ 648—2013	2013-06-03	2013-09-01
		水质　硝基苯类化合物的测定　气相色谱-质谱法	HJ 716—2014	2014-11-27	2015-01-01
166	多菌灵	废水中多菌灵的测定　气相色谱法	GB 21523—2008 附录 D	2008-04-02	2008-07-01
167	苊	水质　多环芳烃的测定　液液萃取和固相萃取高效液相色谱法	HJ 478—2009	2009-09-27	2009-11-01
168	恶虫威	水质　氨基甲酸酯类农药的测定　超高效液相色谱-三重四极杆质谱法	HJ 827—2017	2017-03-30	2017-05-01
169	蒽	水质　多环芳烃的测定　液液萃取和固相萃取高效液相色谱法	HJ 478—2009	2009-09-27	2009-11-01
170	二苯并[*a*,*h*]蒽	水质　多环芳烃的测定　液液萃取和固相萃取高效液相色谱法	HJ 478—2009	2009-09-27	2009-11-01
171	二噁英类	水质　二噁英类的测定　同位素稀释高分辨气相色谱-高分辨质谱法	HJ 77.1—2008	2008-12-31	2009-04-01
172	二硫化碳	水质　二硫化碳的测定　二乙胺乙酸铜分光光度法	GB/T 15504—1995	1995-03-15	1995-08-01
173	二氯甲烷	水质　挥发性卤代烃的测定　顶空气相色谱法	HJ 620—2011	2011-09-01	2011-11-01
		水质　挥发性有机物的测定　吹扫捕集/气相色谱-质谱法	HJ 639—2012	2012-12-03	2013-03-01
		水质　挥发性有机物的测定　吹扫捕集/气相色谱法	HJ 686—2014	2014-01-13	2014-04-01
		水质　挥发性有机物的测定　顶空/气相色谱-质谱法	HJ 810—2016	2016-07-26	2016-10-01
174	二氯乙酸	水质　卤代乙酸类化合物的测定　气相色谱法	HJ 758—2015	2015-10-22	2015-12-01
175	二氢苊	水质　多环芳烃的测定　液液萃取和固相萃取高效液相色谱法	HJ 478—2009	2009-09-27	2009-11-01
176	二溴甲烷	水质　挥发性有机物的测定　吹扫捕集/气相色谱-质谱法	HJ 639—2012	2012-12-03	2013-03-01
		水质　挥发性有机物的测定　顶空/气相色谱-质谱法	HJ 810—2016	2016-07-26	2016-10-01

序号	项目	标准名称	标准编号	发布时间	实施时间
177	二溴一氯甲烷	水质　挥发性卤代烃的测定　顶空气相色谱法	HJ 620—2011	2011-09-01	2011-11-01
		水质　挥发性有机物的测定　吹扫捕集/气相色谱-质谱法	HJ 639—2012	2012-12-03	2013-03-01
		水质　挥发性有机物的测定　顶空/气相色谱-质谱法	HJ 810—2016	2016-07-26	2016-10-01
178	二溴乙酸	水质　卤代乙酸类化合物的测定　气相色谱法	HJ 758—2015	2015-10-22	2015-12-01
179	二氧化氯	水质　二氧化氯和亚氯酸盐的测定　连续滴定碘量法	HJ 551—2016	2016-05-13	2016-08-01
180	二乙烯三胺	水质　二乙烯三胺的测定　水杨醛分光光度法	GB/T 14378—1993	1993-05-22	1993-12-01
181	反-1,3-二氯丙烯	水质　挥发性有机物的测定　吹扫捕集/气相色谱-质谱法	HJ 639—2012	2012-12-03	2013-03-01
		水质　挥发性有机物的测定　顶空/气相色谱-质谱法	HJ 810—2016	2016-07-26	2016-10-01
182	反-1,2-二氯乙烯	水质　挥发性卤代烃的测定　顶空气相色谱法	HJ 620—2011	2011-09-01	2011-11-01
		水质　挥发性有机物的测定　吹扫捕集/气相色谱-质谱法	HJ 639—2012	2012-12-03	2013-03-01
		水质　挥发性有机物的测定　吹扫捕集/气相色谱法	HJ 686—2014	2014-01-13	2014-04-01
		水质　挥发性有机物的测定　顶空/气相色谱-质谱法	HJ 810—2016	2016-07-26	2016-10-01
183	菲	水质　多环芳烃的测定　液液萃取和固相萃取高效液相色谱法	HJ 478—2009	2009-09-27	2009-11-01
184	粪大肠菌群	水质　粪大肠菌群的测定　滤膜法	HJ 347.1—2018	2018-12-26	2019-06-01
		水质　粪大肠菌群的测定　多管发酵法	HJ 347.2—2018	2018-12-26	2019-06-01
		水质　总大肠菌群、粪大肠菌群和大肠埃希氏菌的测定　酶底物法	HJ 1001—2018	2018-12-26	2019-06-01
		水质　总大肠菌群和粪大肠菌群的测定　纸片快速法	HJ 755—2015	2015-10-22	2015-12-01
		医疗机构污水和污泥中粪大肠菌群的检验方法	GB/T 18466—2005 附录 A	2005-07-27	2006-01-01
185	氟虫腈	废水中氟虫腈的测定　气相色谱法	GB 21523—2008 附录 I	2008-04-02	2008-07-01
186	氟化物	水质　氟化物的测定　离子选择电极法	GB/T 7484—1987	1987-03-14	1987-08-01
		水质　氟化物的测定　茜素磺酸锆目视比色法	HJ 487—2009	2009-09-27	2009-11-01
		水质　氟化物的测定　氟试剂分光光度法	HJ 488—2009	2009-09-27	2009-11-01
		水质　氰化物等的测定　真空检测管-电子比色法	HJ 659—2013	2013-09-18	2013-09-20
		水质　无机阴离子（F^-、Cl^-、NO_2^-、Br^-、NO_3^-、PO_4^{3-}、SO_3^{2-}、SO_4^{2-}）的测定　离子色谱法	HJ 84—2016	2016-07-26	2016-10-01
187	钙	水质　65 种元素的测定　电感耦合等离子体质谱法	HJ 700—2014	2014-05-16	2014-07-01
		水质　32 种元素的测定　电感耦合等离子体发射光谱法	HJ 776—2015	2015-12-04	2016-01-01
		水质　可溶性阳离子（Li^+、Na^+、NH_4^+、K^+、Ca^{2+}、Mg^{2+}）的测定　离子色谱法	HJ 812—2016	2016-07-26	2016-10-01

序号	项目	标准名称	标准编号	发布时间	实施时间
188	钴	水质　钴的测定　5-氯-2-(吡啶偶氮)-1,3-二氨基苯分光光度法	HJ 550—2015	2015-04-03	2015-07-01
		水质　65种元素的测定　电感耦合等离子体质谱法	HJ 700—2014	2014-05-16	2014-07-01
		水质　32种元素的测定　电感耦合等离子体发射光谱法	HJ 776—2015	2015-12-04	2016-01-01
		水质　钴的测定　火焰原子吸收分光光度法	HJ 957—2018	2018-07-29	2019-01-01
		水质　钴的测定　石墨炉原子吸收分光光度法	HJ 958—2018	2018-07-29	2019-01-01
189	黑索今（RDX）	水质　黑索今的测定　分光光度法	GB/T 13900—1992	1992-12-03	1993-09-01
		水质　梯恩梯、黑索今、地恩梯的测定　气相色谱法	HJ 600—2011	2011-02-10	2011-06-01
190	化学需氧量（COD）	水质　化学需氧量的测定　重铬酸盐法	HJ 828—2017	2017-03-30	2017-05-01
		高氯废水　化学需氧量的测定　氯气校正法	HJ/T 70—2001	2001-09-11	2001-12-01
		高氯废水　化学需氧量的测定　碘化钾碱性高锰酸钾法	HJ/T 132—2003	2003-09-30	2004-01-01
		水质　化学需氧量的测定　快速消解分光光度法	HJ/T 399—2007	2007-12-07	2008-03-01
		水质　氰化物等的测定　真空检测管-电子比色法	HJ 659—2013	2013-09-18	2013-09-20
191	环氧氯丙烷	水质　挥发性有机物的测定　吹扫捕集/气相色谱-质谱法	HJ 639—2012	2012-12-03	2013-03-01
		水质　挥发性有机物的测定　吹扫捕集/气相色谱法	HJ 686—2014	2014-01-13	2014-04-01
192	环氧七氯	水质　有机氯农药和氯苯类化合物的测定　气相色谱-质谱法	HJ 699—2014	2014-03-31	2014-07-01
193	黄磷	水质　黄磷的测定　气相色谱法	HJ 701—2014	2014-09-03	2014-11-01
194	挥发酚	水质　挥发酚的测定　溴化容量法	HJ 502—2009	2009-10-20	2009-12-01
		水质　挥发酚的测定　4-氨基安替比林分光光度法	HJ 503—2009	2009-10-20	2009-12-01
		水质　挥发酚的测定　流动注射-4-氨基安替比林分光光度法	HJ 825—2017	2017-03-30	2017-05-01
195	挥发性石油烃（C_{10}～C_{40}）	水质　可萃取性石油烃（C_{10}～C_{40}）的测定　气相色谱法	HJ 894—2017	2017-12-21	2018-02-01
196	挥发性石油烃（C_6～C_9）	水质　挥发性石油烃（C_6～C_9）的测定　吹扫捕集/气相色谱法	HJ 893—2017	2017-12-21	2018-02-01
197	蛔虫卵	水质　蛔虫卵的测定　沉淀集卵法	HJ 775—2015	2015-12-04	2016-01-01
198	混杀威	水质　氨基甲酸酯类农药的测定　超高效液相色谱-三重四极杆质谱法	HJ 827—2017	2017-03-30	2017-05-01
199	急性毒性	水质　急性毒性的测定　发光细菌法	GB/T 15441—1995	1995-03-25	1995-08-01
		水质　物质对蚤类（大型蚤）急性毒性测定方法	GB/T 13266—1991	1991-09-14	1992-08-01
		水质　物质对淡水鱼（斑马鱼）急性毒性测定方法	GB/T 13267—1991	1991-09-14	1992-08-01

序号	项目	标准名称	标准编号	发布时间	实施时间
200	甲苯	水质　苯系物的测定　气相色谱法	GB/T 11890—1989	1989-12-25	1990-07-01
		水质　挥发性有机物的测定　吹扫捕集/气相色谱-质谱法	HJ 639—2012	2012-12-03	2013-03-01
		水质　挥发性有机物的测定　吹扫捕集/气相色谱法	HJ 686—2014	2014-01-13	2014-04-01
		水质　挥发性有机物的测定　顶空/气相色谱-质谱法	HJ 810—2016	2016-07-26	2016-10-01
201	甲醇	水质　甲醇和丙酮的测定　顶空/气相色谱法	HJ 895—2017	2017-12-21	2018-02-01
202	甲磺隆	水质　磺酰脲类农药的测定　高效液相色谱法	HJ 1018—2019	2019-04-13	2019-09-01
203	甲基对硫磷	水质　有机磷农药的测定　气相色谱法	GB/T 13192—1991	1991-08-31	1992-06-01
204	甲基汞	环境　甲基汞的测定　气相色谱法	GB/T 17132—1997	1997-12-08	1998-05-01
		水质　烷基汞的测定　气相色谱法	GB/T 14204—1993	1993-02-23	1993-12-01
		水质　烷基汞的测定　吹扫捕集/气相色谱-冷原子荧光光谱法	HJ 977—2018	2018-11-13	2019-03-01
205	甲嘧磺隆	水质　磺酰脲类农药的测定　高效液相色谱法	HJ 1018—2019	2019-04-13	2019-09-01
206	甲萘威	水质　氨基甲酸酯类农药的测定　超高效液相色谱-三重四极杆质谱法	HJ 827—2017	2017-03-30	2017-05-01
207	甲氰菊酯	水质　百菌清及拟除虫菊酯类农药的测定　气相色谱-质谱法	HJ 753—2015	2015-08-21	2015-10-01
208	甲醛	水质　甲醛的测定　乙酰丙酮分光光度法	HJ 601—2011	2011-02-10	2011-06-01
209	甲体六六六	水质　有机氯农药和氯苯类化合物的测定　气相色谱-质谱法	HJ 699—2014	2014-03-31	2014-07-01
210	甲氧滴滴涕	水质　有机氯农药和氯苯类化合物的测定　气相色谱-质谱法	HJ 699—2014	2014-03-31	2014-07-01
211	钾	水质　65 种元素的测定　电感耦合等离子体质谱法	HJ 700—2014	2014-05-16	2014-07-01
		水质　32 种元素的测定　电感耦合等离子体发射光谱法	HJ 776—2015	2015-12-04	2016-01-01
		水质　可溶性阳离子（Li^+、Na^+、NH_4^+、K^+、Ca^{2+}、Mg^{2+}）的测定　离子色谱法	HJ 812—2016	2016-07-26	2016-10-01
212	间二甲苯	水质　苯系物的测定　气相色谱法	GB/T 11890—1989	1989-12-25	1990-07-01
		水质　挥发性有机物的测定　吹扫捕集/气相色谱-质谱法	HJ 639—2012	2012-12-03	2013-03-01
		水质　挥发性有机物的测定　吹扫捕集/气相色谱法	HJ 686—2014	2014-01-13	2014-04-01
		水质　挥发性有机物的测定　顶空/气相色谱-质谱法	HJ 810—2016	2016-07-26	2016-10-01
213	间二硝基苯	水质　硝基苯类化合物的测定　液液萃取/固相萃取-气相色谱法	HJ 648—2013	2013-06-03	2013-09-01
		水质　硝基苯类化合物的测定　气相色谱-质谱法	HJ 716—2014	2014-11-27	2015-01-01
214	间硝基甲苯	水质　二硝基甲苯的测定　示波极谱法	GB/T 13901—1992	1992-12-02	1993-09-01
		水质　硝基苯类化合物的测定　气相色谱法	HJ 592—2010	2010-10-21	2011-01-01
		水质　硝基苯类化合物的测定　液液萃取/固相萃取-气相色谱法	HJ 648—2013	2013-06-03	2013-09-01
		水质　硝基苯类化合物的测定　气相色谱-质谱法	HJ 716—2014	2014-11-27	2015-01-01

序号	项目	标准名称	标准编号	发布时间	实施时间
215	间硝基氯苯	水质　硝基苯类化合物的测定　液液萃取/固相萃取-气相色谱法	HJ 648—2013	2013-06-03	2013-09-01
		水质　硝基苯类化合物的测定　气相色谱-质谱法	HJ 716—2014	2014-11-27	2015-01-01
216	结核杆菌	医疗机构污水和污泥中结核杆菌的检验方法	GB/T 18466—2005 附录 E	2005-07-27	2006-01-01
217	肼	水质　肼和甲基肼的测定　对二甲氨基苯甲醛分光光度法	HJ 674—2013	2013-11-21	2014-02-01
218	凯氏氮	水质　凯氏氮的测定	GB/T 11891—1989	1989-12-25	1990-07-01
219	抗蚜威	水质　氨基甲酸酯类农药的测定　超高效液相色谱-三重四极杆质谱法	HJ 827—2017	2017-03-30	2017-05-01
220	可吸附有机卤化物（AOX）	水质　可吸附有机卤素（AOX）的测定　微库仑法	GB/T 15959—1995	1995-12-21	1996-08-01
		水质　可吸附有机卤素（AOX）的测定　离子色谱法	HJ/T 83—2001	2001-12-19	2002-04-01
221	克百威	水质　氨基甲酸酯类农药的测定　超高效液相色谱-三重四极杆质谱法	HJ 827—2017	2017-03-30	2017-05-01
222	乐果	水质　有机磷农药的测定　气相色谱法	GB/T 13192—1991	1991-08-31	1992-06-01
223	锂	水质　65 种元素的测定　电感耦合等离子体质谱法	HJ 700—2014	2014-05-16	2014-07-01
		水质　32 种元素的测定　电感耦合等离子体发射光谱法	HJ 776—2015	2015-12-04	2016-01-01
		水质　可溶性阳离子（Li^+、Na^+、NH_4^+、K^+、Ca^{2+}、Mg^{2+}）的测定　离子色谱法	HJ 812—2016	2016-07-26	2016-10-01
224	联苯胺	水质　联苯胺的测定　高效液相色谱法	HJ 1017—2019	2019-04-13	2019-09-01
225	联苯菊酯	水质　百菌清及拟除虫菊酯类农药的测定　气相色谱-质谱法	HJ 753—2015	2015-08-21	2015-10-01
226	邻苯二甲酸二丁酯	水质　邻苯二甲酸二甲（二丁、二辛）酯的测定　液相色谱法	HJ/T 72—2001	2001-09-29	2002-01-01
227	邻苯二甲酸二甲酯	水质　邻苯二甲酸二甲（二丁、二辛）酯的测定　液相色谱法	HJ/T 72—2001	2001-09-29	2002-01-01
228	邻苯二甲酸二辛酯	水质　邻苯二甲酸二甲（二丁、二辛）酯的测定　液相色谱法	HJ/T 72—2001	2001-09-29	2002-01-01
229	邻二甲苯	水质　苯系物的测定　气相色谱法	GB/T 11890—1989	1989-12-25	1990-07-01
		水质　挥发性有机物的测定　吹扫捕集/气相色谱-质谱法	HJ 639—2012	2012-12-03	2013-03-01
		水质　挥发性有机物的测定　吹扫捕集/气相色谱法	HJ 686—2014	2014-01-13	2014-04-01
		水质　挥发性有机物的测定　顶空/气相色谱-质谱法	HJ 810—2016	2016-07-26	2016-10-01
230	邻二硝基苯	水质　硝基苯类化合物的测定　液液萃取/固相萃取-气相色谱法	HJ 648—2013	2013-06-03	2013-09-01
		水质　硝基苯类化合物的测定　气相色谱-质谱法	HJ 716—2014	2014-11-27	2015-01-01
231	邻硝基甲苯	水质　硝基苯类化合物的测定　气相色谱法	HJ 592—2010	2010-10-21	2011-01-01
		水质　硝基苯类化合物的测定　液液萃取/固相萃取-气相色谱法	HJ 648—2013	2013-06-03	2013-09-01
		水质　硝基苯类化合物的测定　气相色谱-质谱法	HJ 716—2014	2014-11-27	2015-01-01
		水质　二硝基甲苯的测定　示波极谱法	GB/T 13901—1992	1992-12-02	1993-09-01

序号	项目	标准名称	标准编号	发布时间	实施时间
232	邻硝基氯苯	水质　硝基苯类化合物的测定　液液萃取/固相萃取-气相色谱法	HJ 648—2013	2013-06-03	2013-09-01
232	邻硝基氯苯	水质　硝基苯类化合物的测定　气相色谱-质谱法	HJ 716—2014	2014-11-27	2015-01-01
233	林丹（γ-六六六）	水质　六六六、滴滴涕的测定　气相色谱法	GB/T 7492—1987	1987-03-14	1987-08-01
234	磷酸盐	水质　氰化物等的测定　真空检测管-电子比色法	HJ 659—2013	2013-09-18	2013-09-20
234	磷酸盐	水质　磷酸盐和总磷的测定　连续流动-钼酸铵分光光度法	HJ 670—2013	2013-10-25	2014-01-01
234	磷酸盐	水质　磷酸盐和总磷的测定　流动注射-钼酸铵分光光度法	HJ 671—2013	2013-10-25	2014-01-01
234	磷酸盐	水质　无机阴离子（F^-、Cl^-、NO_2^-、Br^-、NO_3^-、PO_4^{3-}、SO_3^{2-}、SO_4^{2-}）的测定　离子色谱法	HJ 84—2016	2016-07-26	2016-10-01
235	硫丹 1	水质　有机氯农药和氯苯类化合物的测定　气相色谱-质谱法	HJ 699—2014	2014-03-31	2014-07-01
236	硫丹 2	水质　有机氯农药和氯苯类化合物的测定　气相色谱-质谱法	HJ 699—2014	2014-03-31	2014-07-01
237	硫丹硫酸酯	水质　有机氯农药和氯苯类化合物的测定　气相色谱-质谱法	HJ 699—2014	2014-03-31	2014-07-01
238	硫化物	水质　硫化物的测定　亚甲基蓝分光光度法	GB/T 16489—1996	1996-08-01	1997-01-01
238	硫化物	水质　硫化物的测定　直接显色分光光度法	GB/T 17133—1997	1997-12-08	1998-05-01
238	硫化物	水质　硫化物的测定　碘量法	HJ/T 60—2000	2000-12-07	2001-03-01
238	硫化物	水质　硫化物的测定　气相分子吸收光谱法	HJ/T 200—2005	2005-11-09	2006-01-01
238	硫化物	水质　氰化物等的测定　真空检测管-电子比色法	HJ 659—2013	2013-09-18	2013-09-20
238	硫化物	水质　硫化物的测定　流动注射-亚甲基蓝分光光度法	HJ 824—2017	2017-03-30	2017-05-01
239	硫氰酸盐	水质　硫氰酸盐的测定　异烟酸-吡唑啉酮分光光度法	GB/T 13897—1992	1992-12-02	1993-09-01
240	硫酸盐	水质　硫酸盐的测定　重量法	GB/T 11899—1989	1989-12-25	1990-07-01
240	硫酸盐	水质　无机阴离子（F^-、Cl^-、NO_2^-、Br^-、NO_3^-、PO_4^{3-}、SO_3^{2-}、SO_4^{2-}）的测定　离子色谱法	HJ 84—2016	2016-07-26	2016-10-01
241	六价铬	水质　六价铬的测定　二苯碳酰二肼分光光度法	GB/T 7467—1987	1987-03-14	1987-08-01
241	六价铬	水质　氰化物等的测定　真空检测管-电子比色法	HJ 659—2013	2013-09-18	2013-09-20
241	六价铬	水质　六价铬的测定　流动注射-二苯碳酰二肼光度法	HJ 908—2017	2017-12-29	2018-04-01
242	六六六	水质　六六六、滴滴涕的测定　气相色谱法	GB/T 7492—1987	1987-03-14	1987-08-01

序号	项目	标准名称	标准编号	发布时间	实施时间
243	六氯-1,3-丁二烯	水质 挥发性卤代烃的测定 顶空气相色谱法	HJ 620—2011	2011-09-01	2011-11-01
		水质 挥发性有机物的测定 吹扫捕集/气相色谱-质谱法	HJ 639—2012	2012-12-03	2013-03-01
		水质 挥发性有机物的测定 吹扫捕集/气相色谱法	HJ 686—2014	2014-01-13	2014-04-01
		水质 挥发性有机物的测定 顶空/气相色谱-质谱法	HJ 810—2016	2016-07-26	2016-10-01
244	六氯苯	水质 氯苯类化合物的测定 气相色谱法	HJ 621—2011	2011-09-01	2011-11-01
		水质 有机氯农药和氯苯类化合物的测定 气相色谱-质谱法	HJ 699—2014	2014-03-31	2014-07-01
		水质 氯苯的测定 气相色谱法	HJ/T 74—2001	2001-09-29	2002-01-01
245	氯苯	水质 氯苯类化合物的测定 气相色谱法	HJ 621—2011	2011-09-01	2011-11-01
		水质 有机氯农药和氯苯类化合物的测定 气相色谱-质谱法	HJ 699—2014	2014-03-31	2014-07-01
		水质 挥发性有机物的测定 顶空/气相色谱-质谱法	HJ 810—2016	2016-07-26	2016-10-01
		水质 氯苯的测定 气相色谱法	HJ/T 74—2001	2001-09-29	2002-01-01
246	氯氟氰菊酯	水质 百菌清及拟除虫菊酯类农药的测定 气相色谱-质谱法	HJ 753—2015	2015-08-21	2015-10-01
247	氯化物	水质 氯化物的测定 硝酸银滴定法	GB/T 11896—1989	1989-12-25	1990-07-01
		水质 无机阴离子（F^-、Cl^-、NO_2^-、Br^-、NO_3^-、PO_4^{3-}、SO_3^{2-}、SO_4^{2-}）的测定 离子色谱法	HJ 84—2016	2016-07-26	2016-10-01
248	氯磺隆	水质 磺酰脲类农药的测定 高效液相色谱法	HJ 1018—2019	2019-04-13	2019-09-01
249	氯嘧磺隆	水质 磺酰脲类农药的测定 高效液相色谱法	HJ 1018—2019	2019-04-13	2019-09-01
250	氯灭杀威	水质 氨基甲酸酯类农药的测定 超高效液相色谱-三重四极杆质谱法	HJ 827—2017	2017-03-30	2017-05-01
251	氯氰菊酯	水质 百菌清及拟除虫菊酯类农药的测定 气相色谱-质谱法	HJ 753—2015	2015-08-21	2015-10-01
252	氯乙烯	水质 挥发性有机物的测定 吹扫捕集/气相色谱-质谱法	HJ 639—2012	2012-12-03	2013-03-01
		水质 挥发性有机物的测定 顶空/气相色谱-质谱法	HJ 810—2016	2016-07-26	2016-10-01
253	马拉硫磷	水质 有机磷农药的测定 气相色谱法	GB/T 13192—1991	1991-08-31	1992-06-01
254	镁	水质 65 种元素的测定 电感耦合等离子体质谱法	HJ 700—2014	2014-05-16	2014-07-01
		水质 32 种元素的测定 电感耦合等离子体发射光谱法	HJ 776—2015	2015-12-04	2016-01-01
		水质 可溶性阳离子（Li^+、Na^+、NH_4^+、K^+、Ca^{2+}、Mg^{2+}）的测定 离子色谱法	HJ 812—2016	2016-07-26	2016-10-01
255	锰杀威	水质 氨基甲酸酯类农药的测定 超高效液相色谱-三重四极杆质谱法	HJ 827—2017	2017-03-30	2017-05-01
256	咪唑烷	废水中咪唑烷的测定 气相色谱法	GB 21523—2008 附录 B	2008-04-02	2008-07-01

序号	项目	标准名称	标准编号	发布时间	实施时间
257	醚苯磺隆	水质　磺酰脲类农药的测定　高效液相色谱法	HJ 1018—2019	2019-04-13	2019-09-01
258	灭虫威	水质　氨基甲酸酯类农药的测定　超高效液相色谱-三重四极杆质谱法	HJ 827—2017	2017-03-30	2017-05-01
259	灭多威	水质　灭多威和灭多威肟的测定　液相色谱法	HJ 851—2017	2017-08-28	2017-11-01
		水质　氨基甲酸酯类农药的测定　超高效液相色谱-三重四极杆质谱法	HJ 827—2017	2017-03-30	2017-05-01
260	灭多威肟	水质　灭多威和灭多威肟的测定　液相色谱法	HJ 851—2017	2017-08-28	2017-11-01
		水质　氨基甲酸酯类农药的测定　超高效液相色谱-三重四极杆质谱法	HJ 827—2017	2017-03-30	2017-05-01
261	钼	水质　65 种元素的测定　电感耦合等离子体质谱法	HJ 700—2014	2014-05-16	2014-07-01
		水质　32 种元素的测定　电感耦合等离子体发射光谱法	HJ 776—2015	2015-12-04	2016-01-01
		水质　钼和钛的测定　石墨炉原子吸收分光光度法	HJ 807—2016	2016-06-24	2016-08-01
262	钠	水质　65 种元素的测定　电感耦合等离子体质谱法	HJ 700—2014	2014-05-16	2014-07-01
		水质　32 种元素的测定　电感耦合等离子体发射光谱法	HJ 776—2015	2015-12-04	2016-01-01
		水质　可溶性阳离子（Li^+、Na^+、NH_4^+、K^+、Ca^{2+}、Mg^{2+}）的测定　离子色谱法	HJ 812—2016	2016-07-26	2016-10-01
263	萘	水质　多环芳烃的测定　液液萃取和固相萃取高效液相色谱法	HJ 478—2009	2009-09-27	2009-11-01
		水质　挥发性有机物的测定　吹扫捕集/气相色谱-质谱法	HJ 639—2012	2012-12-03	2013-03-01
		水质　挥发性有机物的测定　顶空/气相色谱-质谱法	HJ 810—2016	2016-07-26	2016-10-01
264	硼	水质　硼的测定　姜黄素分光光度法	HJ/T 49—1999	1999-08-18	2000-01-01
		水质　65 种元素的测定　电感耦合等离子体质谱法	HJ 700—2014	2014-05-16	2014-07-01
		水质　32 种元素的测定　电感耦合等离子体发射光谱法	HJ 776—2015	2015-12-04	2016-01-01
265	芘	水质　多环芳烃的测定　液液萃取和固相萃取高效液相色谱法	HJ 478—2009	2009-09-27	2009-11-01
266	偏二甲基肼	水质　偏二甲基肼的测定　氨基亚铁氰化钠分光光度法	GB/T 14376—1993	1993-05-22	1993-12-01
267	七氯	水质　有机氯农药和氯苯类化合物的测定　气相色谱-质谱法	HJ 699—2014	2014-03-31	2014-07-01
268	氰戊菊酯	水质　百菌清及拟除虫菊酯类农药的测定　气相色谱-质谱法	HJ 753—2015	2015-08-21	2015-10-01
269	䓛	水质　多环芳烃的测定　液液萃取和固相萃取高效液相色谱法	HJ 478—2009	2009-09-27	2009-11-01
270	全盐量	水质　全盐量的测定　重量法	HJ/T 51—1999	1999-08-18	2000-01-01
271	溶解氧	水质　溶解氧的测定　碘量法	GB/T 7489—1987	1987-03-14	1987-08-01
		水质　溶解氧的测定　电化学探头法	HJ 506—2009	2009-10-20	2009-12-01

序号	项目	标准名称	标准编号	发布时间	实施时间
272	噻吩磺隆	水质　磺酰脲类农药的测定　高效液相色谱法	HJ 1018—2019	2019-04-13	2019-09-01
273	三氯甲烷	水质　挥发性卤代烃的测定　顶空气相色谱法	HJ 620—2011	2011-09-01	2011-11-01
		水质　挥发性有机物的测定　吹扫捕集/气相色谱-质谱法	HJ 639—2012	2012-12-03	2013-03-01
		水质　挥发性有机物的测定　吹扫捕集/气相色谱法	HJ 686—2014	2014-01-13	2014-04-01
		水质　挥发性有机物的测定　顶空/气相色谱-质谱法	HJ 810—2016	2016-07-26	2016-10-01
274	三氯杀螨醇	水质　有机氯农药和氯苯类化合物的测定　气相色谱-质谱法	HJ 699—2014	2014-03-31	2014-07-01
275	三氯乙醛	水质　三氯乙醛的测定　吡啶啉酮分光光度法	HJ/T 50—1999	1999-08-18	2000-01-01
276	三氯乙酸	水质　卤代乙酸类化合物的测定　气相色谱法	HJ 758—2015	2015-10-22	2015-12-01
277	三氯乙烯	水质　挥发性卤代烃的测定　顶空气相色谱法	HJ 620—2011	2011-09-01	2011-11-01
		水质　挥发性有机物的测定　吹扫捕集/气相色谱-质谱法	HJ 639—2012	2012-12-03	2013-03-01
		水质　挥发性有机物的测定　吹扫捕集/气相色谱法	HJ 686—2014	2014-01-13	2014-04-01
		水质　挥发性有机物的测定　顶空/气相色谱-质谱法	HJ 810—2016	2016-07-26	2016-10-01
278	三溴甲烷	水质　挥发性卤代烃的测定　顶空气相色谱法	HJ 620—2011	2011-09-01	2011-11-01
		水质　挥发性有机物的测定　吹扫捕集/气相色谱-质谱法	HJ 639—2012	2012-12-03	2013-03-01
		水质　挥发性有机物的测定　吹扫捕集/气相色谱法	HJ 686—2014	2014-01-13	2014-04-01
		水质　挥发性有机物的测定　顶空/气相色谱-质谱法	HJ 810—2016	2016-07-26	2016-10-01
279	三溴乙酸	水质　卤代乙酸类化合物的测定　气相色谱法	HJ 758—2015	2015-10-22	2015-12-01
280	三乙胺	水质　三乙胺的测定　溴酚蓝分光光度法	GB/T 14377—1993	1993-05-22	1993-12-01
281	三唑酮	废水中三唑酮的测定　气相色谱分析法	GB 21523—2008 附录 C	2008-04-02	2008-07-01
282	色度	水质　色度的测定	GB/T 11903—1989	1989-12-25	1990-07-01
283	杀草快	水质　百草枯和杀草快的测定　固相萃取-高效液相色谱法	HJ 914—2017	2017-12-28	2018-04-01
284	沙门氏菌	医疗机构污水和污泥中沙门氏菌的检验方法	GB/T 18466—2005 附录 B	2005-07-27	2006-01-01
285	生化需氧量	水质　五日生化需氧量（BOD_5）的测定　稀释与接种法	HJ 505—2009	2009-10-20	2009-12-01
		水质　生化需氧量（BOD）的测定　微生物传感器快速测定法	HJ/T 86—2002	2002-01-29	2002-07-01

序号	项目	标准名称	标准编号	发布时间	实施时间
286	十溴二苯醚	水质 多溴二苯醚的测定 气相色谱-质谱法	HJ 909—2017	2017-12-29	2018-04-01
287	石油类和动植物油	水质 石油类和动植物油的测定 红外分光光度法	HJ 637—2018	2018-10-10	2019-01-01
288	叔丁基苯	水质 挥发性有机物的测定 吹扫捕集/气相色谱-质谱法	HJ 639—2012	2012-12-03	2013-03-01
		水质 挥发性有机物的测定 顶空/气相色谱-质谱法	HJ 810—2016	2016-07-26	2016-10-01
289	顺-1,3-二氯丙烯	水质 挥发性有机物的测定 吹扫捕集/气相色谱-质谱法	HJ 639—2012	2012-12-03	2013-03-01
		水质 挥发性有机物的测定 顶空/气相色谱-质谱法	HJ 810—2016	2016-07-26	2016-10-01
290	顺-1,2-二氯乙烯	水质 挥发性卤代烃的测定 顶空/气相色谱法	HJ 620—2011	2011-09-01	2011-11-01
		水质 挥发性有机物的测定 吹扫捕集/气相色谱-质谱法	HJ 639—2012	2012-12-03	2013-03-01
		水质 挥发性有机物的测定 吹扫捕集/气相色谱法	HJ 686—2014	2014-01-13	2014-04-01
		水质 挥发性有机物的测定 顶空/气相色谱-质谱法	HJ 810—2016	2016-07-26	2016-10-01
291	四氯化碳	水质 挥发性卤代烃的测定 顶空气相色谱法	HJ 620—2011	2011-09-01	2011-11-01
		水质 挥发性有机物的测定 吹扫捕集/气相色谱-质谱法	HJ 639—2012	2012-12-03	2013-03-01
		水质 挥发性有机物的测定 吹扫捕集/气相色谱法	HJ 686—2014	2014-01-13	2014-04-01
		水质 挥发性有机物的测定 顶空/气相色谱-质谱法	HJ 810—2016	2016-07-26	2016-10-01
292	四氯乙烯	水质 挥发性卤代烃的测定 顶空气相色谱法	HJ 620—2011	2011-09-01	2011-11-01
		水质 挥发性有机物的测定 吹扫捕集/气相色谱-质谱法	HJ 639—2012	2012-12-03	2013-03-01
		水质 挥发性有机物的测定 吹扫捕集/气相色谱法	HJ 686—2014	2014-01-13	2014-04-01
		水质 挥发性有机物的测定 顶空/气相色谱-质谱法	HJ 810—2016	2016-07-26	2016-10-01
293	四乙基铅	水质 四乙基铅的测定 顶空/气相色谱-质谱法	HJ 959—2018	2018-07-29	2019-01-01
294	松节油	水质 松节油的测定 气相色谱法	HJ 696—2014	2014-03-31	2014-07-01
295	速灭威	水质 氨基甲酸酯类农药的测定 超高效液相色谱-三重四极杆质谱法	HJ 827—2017	2017-03-30	2017-05-01
296	铊	水质 65 种元素的测定 电感耦合等离子体质谱法	HJ 700—2014	2014-05-16	2014-07-01
		水质 铊的测定 石墨炉原子吸收分光光度法	HJ 748—2015	2015-06-23	2015-08-01
297	钛	水质 65 种元素的测定 电感耦合等离子体质谱法	HJ 700—2014	2014-05-16	2014-07-01
		水质 32 种元素的测定 电感耦合等离子体发射光谱法	HJ 776—2015	2015-12-04	2016-01-01
		水质 钼和钛的测定石墨炉原子吸收分光光度法	HJ 807—2016	2016-06-24	2016-08-01

序号	项目	标准名称	标准编号	发布时间	实施时间
298	梯恩梯（TNT）	水质　梯恩梯、黑索今、地恩梯的测定　气相色谱法	HJ 600—2011	2011-02-10	2011-06-01
		水质　梯恩梯的测定　亚硫酸钠分光光度法	HJ 598—2011	2011-02-10	2011-06-01
		水质　梯恩梯的测定　*N*-氯代十六烷基吡啶-亚硫酸钠分光光度法	HJ 599—2011	2011-02-10	2011-06-01
299	锑	水质　汞、砷、硒、铋和锑的测定　原子荧光法	HJ 694—2014	2014-03-13	2014-07-01
		水质　65 种元素的测定　电感耦合等离子体质谱法	HJ 700—2014	2014-05-16	2014-07-01
		水质　32 种元素的测定　电感耦合等离子体发射光谱法	HJ 776—2015	2015-12-04	2016-01-01
300	铁（Ⅱ、Ⅲ）氰络合物	水质　铁（Ⅱ、Ⅲ）氰络合物的测定　原子吸收分光光度法	GB/T 13897—1992	1992-12-02	1993-09-01
		水质　铁（Ⅱ、Ⅲ）氰络合物的测定　三氯化铁分光光度法	GB/T 13897—1992	1992-12-02	1993-09-01
301	外环氧七氯	水质　有机氯农药和氯苯类化合物的测定　气相色谱-质谱法	HJ 699—2014	2014-03-31	2014-07-01
302	无机阴离子	水质　无机阴离子（F^-、Cl^-、NO_2^-、Br^-、NO_3^-、PO_4^{3-}、SO_3^{2-}、SO_4^{2-}）的测定　离子色谱法	HJ 84—2016	2016-07-26	2016-10-01
303	五氯苯	水质　氯苯类化合物的测定　气相色谱法	HJ 621—2011	2011-09-01	2011-11-01
		水质　有机氯农药和氯苯类化合物的测定　气相色谱-质谱法	HJ 699—2014	2014-03-31	2014-07-01
304	五氯酚	水质　五氯酚的测定　藏红 T 分光光度法	GB/T 9803—1988	1988-08-15	1988-12-01
		水质　五氯酚的测定　气相色谱法	HJ 591—2010	2010-10-21	2011-01-01
		水质　酚类化合物的测定　液液萃取/气相色谱法	HJ 676—2013	2013-11-21	2014-02-01
		水质　酚类化合物的测定　气相色谱-质谱法	HJ 744—2015	2015-05-04	2015-07-01
		水质　氯苯的测定　气相色谱法	HJ/T 74—2001	2001-09-29	2002-01-01
305	五氯硝基苯	水质　有机氯农药和氯苯类化合物的测定　气相色谱-质谱法	HJ 699—2014	2014-03-31	2014-07-01
306	䓛	水质　多环芳烃的测定　液液萃取和固相萃取高效液相色谱法	HJ 478—2009	2009-09-27	2009-11-01
307	细菌总数	水质　细菌总数的测定　平皿计数法	HJ 1000—2018	2018-12-26	2019-06-01
308	显影剂及氧化物总量	水质　显影剂及其氧化物总量的测定　碘-淀粉分光光度法（暂行）	HJ 594—2010	2010-10-21	2011-01-01
309	硝化甘油	水质　二硝基甲苯的测定　示波极谱法	GB/T 13901—1992	1992-12-02	1993-09-01
310	硝磺草酮	水质　硝磺草酮的测定　液相色谱法	HJ 850—2017	2017-08-28	2017-11-01
311	硝基苯	水质　硝基苯类化合物的测定　气相色谱法	HJ 592—2010	2010-10-21	2011-01-01
		水质　硝基苯类化合物的测定　液液萃取/固相萃取-气相色谱法	HJ 648—2013	2013-06-03	2013-09-01
		水质　硝基苯类化合物的测定　气相色谱-质谱法	HJ 716—2014	2014-11-27	2015-01-01
312	硝基酚类	兵器工业水污染物排放标准　附录 A 火工药剂废水中硝基酚类的分析方法	GB/T 14470.2—2002 附录 A	2002-11-18	2003-07-01
313	硝酸盐氮	水质　硝酸盐氮的测定　气相分子吸收光谱法	HJ/T 198—2005	2005-11-09	2006-01-01
		水质　氰化物等的测定　真空检测管-电子比色法	HJ 659—2013	2013-09-18	2013-09-20
		水质　无机阴离子（F^-、Cl^-、NO_2^-、Br^-、NO_3^-、PO_4^{3-}、SO_3^{2-}、SO_4^{2-}）的测定　离子色谱法	HJ 84—2016	2016-07-26	2016-10-01

序号	项目	标准名称	标准编号	发布时间	实施时间
314	溴苯	水质 挥发性有机物的测定 吹扫捕集/气相色谱-质谱法	HJ 639—2012	2012-12-03	2013-03-01
		水质 挥发性有机物的测定 顶空/气相色谱-质谱法	HJ 810—2016	2016-07-26	2016-10-01
315	溴氯甲烷	水质 挥发性有机物的测定 吹扫捕集/气相色谱-质谱法	HJ 639—2012	2012-12-03	2013-03-01
		水质 挥发性有机物的测定 顶空/气相色谱-质谱法	HJ 810—2016	2016-07-26	2016-10-01
316	溴氰菊酯	水质 百菌清及拟除虫菊酯类农药的测定 气相色谱-质谱法	HJ 753—2015	2015-08-21	2015-10-01
317	悬浮物	水质 悬浮物的测定 重量法	GB/T 11901—1989	1989-12-25	1990-07-01
318	亚氯酸盐	水质 二氧化氯和亚氯酸盐的测定 连续滴定碘量法	HJ 551—2016	2016-05-13	2016-08-01
319	亚硝酸盐氮	水质 亚硝酸盐氮的测定 分光光度法	GB/T 7493—1987	1987-03-14	1987-08-01
		水质 亚硝酸盐氮的测定 气相分子吸收光谱法	HJ/T 197—2005	2005-11-09	2006-01-01
		水质 氰化物等的测定 真空检测管-电子比色法	HJ 659—2013	2013-09-18	2013-09-20
		水质 无机阴离子（F^-、Cl^-、NO_2^-、Br^-、NO_3^-、PO_4^{3-}、SO_3^{2-}、SO_4^{2-}）的测定 离子色谱法	HJ 84—2016	2016-07-26	2016-10-01
320	烟嘧磺隆	水质 磺酰脲类农药的测定 高效液相色谱法	HJ 1018—2019	2019-04-13	2019-09-01
321	一甲基肼	水质 肼和甲基肼的测定 对二甲氨基苯甲醛分光光度法	HJ 674—2013	2013-11-21	2014-02-01
322	一氯二溴乙酸	水质 卤代乙酸类化合物的测定 气相色谱法	HJ 758—2015	2015-10-22	2015-12-01
323	一氯乙酸	水质 卤代乙酸类化合物的测定 气相色谱法	HJ 758—2015	2015-10-22	2015-12-01
324	一溴二氯甲烷	水质 挥发性卤代烃的测定 顶空气相色谱法	HJ 620—2011	2011-09-01	2011-11-01
		水质 挥发性有机物的测定 吹扫捕集/气相色谱-质谱法	HJ 639—2012	2012-12-03	2013-03-01
		水质 挥发性有机物的测定 顶空/气相色谱-质谱法	HJ 810—2016	2016-07-26	2016-10-01
325	一溴二氯乙酸	水质 卤代乙酸类化合物的测定 气相色谱法	HJ 758—2015	2015-10-22	2015-12-01
326	一溴一氯乙酸	水质 卤代乙酸类化合物的测定 气相色谱法	HJ 758—2015	2015-10-22	2015-12-01
327	一溴乙酸	水质 卤代乙酸类化合物的测定 气相色谱法	HJ 758—2015	2015-10-22	2015-12-01
328	乙苯	水质 苯系物的测定 气相色谱法	GB/T 11890—1989	1989-12-25	1990-07-01
		水质 挥发性有机物的测定 吹扫捕集/气相色谱-质谱法	HJ 639—2012	2012-12-03	2013-03-01
		水质 挥发性有机物的测定 吹扫捕集/气相色谱法	HJ 686—2014	2014-01-13	2014-04-01
		水质 挥发性有机物的测定 顶空/气相色谱-质谱法	HJ 810—2016	2016-07-26	2016-10-01

序号	项目	标准名称	标准编号	发布时间	实施时间
329	乙撑硫脲	水质　乙撑硫脲的测定　液相色谱法	HJ 849—2017	2017-08-28	2017-11-01
330	乙基汞	水质　烷基汞的测定　气相色谱法	GB/T 14204—1993	1993-02-23	1993-12-01
		水质　烷基汞的测定　吹扫捕集/气相色谱-冷原子荧光光谱法	HJ 977—2018	2018-11-13	2019-03-01
331	乙腈	水质　乙腈的测定　吹扫捕集/气相色谱法	HJ 788—2016	2016-03-29	2016-05-01
		水质　乙腈的测定　直接进样/气相色谱法	HJ 789—2016	2016-03-29	2016-05-01
332	乙体六六六	水质　有机氯农药和氯苯类化合物的测定　气相色谱-质谱法	HJ 699—2014	2014-03-31	2014-07-01
333	异丙苯	水质　苯系物的测定　气相色谱法	GB/T 11890—1989	1989-12-25	1990-07-01
		水质　挥发性有机物的测定　吹扫捕集/气相色谱-质谱法	HJ 639—2012	2012-12-03	2013-03-01
		水质　挥发性有机物的测定　吹扫捕集/气相色谱法	HJ 686—2014	2014-01-13	2014-04-01
		水质　挥发性有机物的测定　顶空/气相色谱-质谱法	HJ 810—2016	2016-07-26	2016-10-01
334	异丙威	水质　氨基甲酸酯类农药的测定　超高效液相色谱-三重四极杆质谱法	HJ 827—2017	2017-03-30	2017-05-01
335	异狄式剂	水质　有机氯农药和氯苯类化合物的测定　气相色谱-质谱法	HJ 699—2014	2014-03-31	2014-07-01
336	异狄式剂醛	水质　有机氯农药和氯苯类化合物的测定　气相色谱-质谱法	HJ 699—2014	2014-03-31	2014-07-01
337	异狄式剂酮	水质　有机氯农药和氯苯类化合物的测定　气相色谱-质谱法	HJ 699—2014	2014-03-31	2014-07-01
338	阴离子表面活性剂（LAS）	水质　阴离子表面活性剂的测定　亚甲蓝分光光度法	GB/T 7494—1987	1987-03-14	1987-08-01
		水质　阴离子洗涤剂的测定　电位滴定法	GB/T 13199—1991	1991-08-31	1992-06-01
		水质　阴离子表面活性剂的测定　流动注射-亚甲基蓝分光光度法	HJ 826—2017	2017-03-30	2017-05-01
339	茚并[1,2,3-*c*,*d*]芘	水质　多环芳烃的测定　液液萃取和固相萃取高效液相色谱法	HJ 478—2009	2009-09-27	2009-11-01
340	荧蒽	水质　多环芳烃的测定　液液萃取和固相萃取高效液相色谱法	HJ 478—2009	2009-09-27	2009-11-01
341	应急监测	水质　氰化物等的测定　真空检测管-电子比色法	HJ 659—2013	2013-09-18	2013-09-20
342	游离氯和总氯	水质　游离氯和总氯的测定　*N*,*N*-二乙基-1,4-苯二胺滴定法	HJ 585—2010	2010-09-20	2010-12-01
		水质　游离氯和总氯的测定　*N*,*N*-二乙基-1,4-苯二胺分光光度法	HJ 586—2010	2010-09-20	2010-12-01
343	元素磷	水质　单质磷的测定　磷钼蓝分光光度法（暂行）	HJ 593—2010	2010-10-21	2011-01-01
		水质　65 种元素的测定　电感耦合等离子体质谱法	HJ 700—2014	2014-05-16	2014-07-01
		水质　32 种元素的测定　电感耦合等离子体发射光谱法	HJ 776—2015	2015-12-04	2016-01-01
344	正丙苯	水质　挥发性有机物的测定　吹扫捕集/气相色谱-质谱法	HJ 639—2012	2012-12-03	2013-03-01
		水质　挥发性有机物的测定　顶空/气相色谱-质谱法	HJ 810—2016	2016-07-26	2016-10-01

序号	项目	标准名称	标准编号	发布时间	实施时间
345	正丁基苯	水质 挥发性有机物的测定 吹扫捕集/气相色谱-质谱法	HJ 639—2012	2012-12-03	2013-03-01
		水质 挥发性有机物的测定 顶空/气相色谱-质谱法	HJ 810—2016	2016-07-26	2016-10-01
346	志贺氏菌	医疗机构污水及污泥中志贺氏菌的检验方法	GB/T 18466—2005 附录 C	2005-07-27	2006-01-01
347	致突变性	水质 致突变性的鉴别 蚕豆根尖微核试验法	HJ 1016—2019	2019-04-13	2019-09-01
348	仲丁基苯	水质 挥发性有机物的测定 吹扫捕集/气相色谱-质谱法	HJ 639—2012	2012-12-03	2013-03-01
		水质 挥发性有机物的测定 顶空/气相色谱-质谱法	HJ 810—2016	2016-07-26	2016-10-01
349	仲丁威	水质 氨基甲酸酯类农药的测定 超高效液相色谱-三重四极杆质谱法	HJ 827—2017	2017-03-30	2017-05-01
350	重金属	水质 65 种元素的测定 电感耦合等离子体质谱法	HJ 700—2014	2014-05-16	2014-07-01
		水质 32 种元素的测定 电感耦合等离子体发射光谱法	HJ 776—2015	2015-12-04	2016-01-01
351	浊度	水质 浊度的测定	GB/T 13200—1991	1991-08-31	1992-06-01
352	总α放射性	水质 总α放射性的测定 厚源法	HJ 898—2017	2017-12-21	2018-02-01
353	总β放射性	水质 总β放射性的测定 厚源法	HJ 899—2017	2017-12-21	2018-02-01
354	总钡	水质 钡的测定 电位滴定法	GB/T 14671—1993	1993-09-18	1994-05-01
		水质 钡的测定 石墨炉原子吸收分光光度法	HJ 602—2011	2011-02-10	2011-06-01
		水质 钡的测定 火焰原子吸收分光光度法	HJ 603—2011	2011-02-10	2011-06-01
		水质 65 种元素的测定 电感耦合等离子体质谱法	HJ 700—2014	2014-05-16	2014-07-01
		水质 32 种元素的测定 电感耦合等离子体发射光谱法	HJ 776—2015	2015-12-04	2016-01-01
355	总大肠菌群	水质 总大肠菌群和粪大肠菌群的测定 纸片快速法	HJ 755—2015	2015-10-22	2015-12-01
356	总氮	水质 总氮的测定 碱性过硫酸钾消解紫外分光光度法	HJ 636—2012	2012-02-29	2012-06-01
		水质 总氮的测定 连续流动-盐酸萘乙二胺分光光度法	HJ 667—2013	2013-10-25	2014-01-01
		水质 总氮的测定 流动注射-盐酸萘乙二胺分光光度法	HJ 668—2013	2013-10-25	2014-01-01
357	总钒	水质 钒的测定 钽试剂（BPHA）萃取分光光度法	GB/T 15503—1995	1995-03-15	1995-08-01
		水质 钒的测定 石墨炉原子吸收分光光度法	HJ 673—2013	2013-11-21	2014-02-01
		水质 65 种元素的测定 电感耦合等离子体质谱法	HJ 700—2014	2014-05-16	2014-07-01
		水质 32 种元素的测定 电感耦合等离子体发射光谱法	HJ 776—2015	2015-12-04	2016-01-01
358	总镉	水质 镉的测定 双硫腙分光光度法	GB/T 7471—1987	1987-03-14	1987-08-01
		水质 65 种元素的测定 电感耦合等离子体质谱法	HJ 700—2014	2014-05-16	2014-07-01
		水质 32 种元素的测定 电感耦合等离子体发射光谱法	HJ 776—2015	2015-12-04	2016-01-01

序号	项目	标准名称	标准编号	发布时间	实施时间
359	总铬	水质　总铬的测定	GB/T 7466—1987	1987-03-14	1987-08-01
		水质　65种元素的测定　电感耦合等离子体质谱法	HJ 700—2014	2014-05-16	2014-07-01
		水质　铬的测定　火焰原子吸收分光光度法	HJ 757—2015	2015-10-22	2015-12-01
		水质　32种元素的测定　电感耦合等离子体发射光谱法	HJ 776—2015	2015-12-04	2016-01-01
360	总汞	水质　总汞的测定　高锰酸钾-过硫酸钾消解法　双硫腙分光光度法	GB/T 7469—1987	1987-03-14	1987-08-01
		水质　总汞的测定　冷原子吸收分光光度法	HJ 597—2011	2011-02-10	2011-06-01
		水质　汞、砷、硒、铋和锑的测定　原子荧光法	HJ 694—2014	2014-03-13	2014-07-01
361	总磷	水质　总磷的测定　钼酸铵分光光度法	GB/T 11893—1989	1989-12-25	1990-07-01
		水质　磷酸盐和总磷的测定　连续流动-钼酸铵分光光度法	HJ 670—2013	2013-10-25	2014-01-01
		水质　总磷的测定　流动注射-钼酸铵分光光度法	HJ 671—2013	2013-10-25	2014-01-01
362	总铝	水质　铝的测定　间接火焰原子吸收法	GB/T 21900—2008 附录A	2008-07-25	2008-08-01
		水质　65种元素的测定　电感耦合等离子体质谱法	HJ 700—2014	2014-05-16	2014-07-01
		水质　32种元素的测定　电感耦合等离子体发射光谱法	HJ 776—2015	2015-12-04	2016-01-01
363	总锰	水质　铁、锰的测定　火焰原子吸收分光光度法	GB/T 11911—1989	1989-12-25	1990-07-01
		水质　锰的测定　高碘酸钾分光光度法	GB/T 11906—1989	1989-12-25	1990-07-01
		水质　锰的测定　甲醛肟分光光度法(试行)	HJ/T 344—2007	2007-03-10	2007-05-01
		水质　氰化物等的测定　真空检测管-电子比色法	HJ 659—2013	2013-09-18	2013-09-20
		水质　65种元素的测定　电感耦合等离子体质谱法	HJ 700—2014	2014-05-16	2014-07-01
		水质　32种元素的测定　电感耦合等离子体发射光谱法	HJ 776—2015	2015-12-04	2016-01-01
364	总镍	水质　镍的测定　火焰原子吸收分光光度法	GB/T 11912—1989	1989-12-25	1990-07-01
		水质　镍的测定　丁二酮肟分光光度法	GB/T 11910—1989	1989-12-25	1990-07-01
		水质　氰化物等的测定　真空检测管-电子比色法	HJ 659—2013	2013-09-18	2013-09-20
		水质　65种元素的测定　电感耦合等离子体质谱法	HJ 700—2014	2014-05-16	2014-07-01
		水质　32种元素的测定　电感耦合等离子体发射光谱法	HJ 776—2015	2015-12-04	2016-01-01
365	总铍	水质　铍的测定　铬菁R分光光度法	HJ/T 58—2000	2000-12-07	2001-03-01
		水质　铍的测定　石墨炉原子吸收分光光度法	HJ/T 59—2000	2000-12-07	2001-03-01
		水质　65种元素的测定　电感耦合等离子体质谱法	HJ 700—2014	2014-05-16	2014-07-01
		水质　32种元素的测定　电感耦合等离子体发射光谱法	HJ 776—2015	2015-12-04	2016-01-01

序号	项目	标准名称	标准编号	发布时间	实施时间
366	总铅	水质 铅的测定 双硫腙分光光度法	GB/T 7470—1987	1987-03-14	1987-08-01
		水质 铅的测定 示波极谱法	GB/T 13896—1992	1992-12-02	1993-09-01
		水质 65 种元素的测定 电感耦合等离子体质谱法	HJ 700—2014	2014-05-16	2014-07-01
		水质 32 种元素的测定 电感耦合等离子体发射光谱法	HJ 776—2015	2015-12-04	2016-01-01
367	总氰化物	水质 氰化物的测定 容量法和分光光度法	HJ 484—2009	2009-09-27	2009-11-01
		水质 氰化物等的测定 真空检测管-电子比色法	HJ 659—2013	2013-09-18	2013-09-20
		水质 氰化物的测定 流动注射-分光光度法	HJ 823—2017	2017-03-30	2017-05-01
368	总砷	水质 总砷的测定 二乙基二硫代氨基甲酸银分光光度法	GB/T 7485—1987	1987-03-14	1987-08-01
		水质 汞、砷、硒、铋和锑的测定 原子荧光法	HJ 694—2014	2014-03-13	2014-07-01
		水质 65 种元素的测定 电感耦合等离子体质谱法	HJ 700—2014	2014-05-16	2014-07-01
		水质 32 种元素的测定 电感耦合等离子体发射光谱法	HJ 776—2015	2015-12-04	2016-01-01
369	总铁	水质 铁、锰的测定 火焰原子吸收分光光度法	GB/T 11911—1989	1989-12-25	1990-07-01
		水质 铁的测定 邻菲啰啉分光光度法（试行）	HJ/T 345—2007	2007-03-10	2007-05-01
		水质 65 种元素的测定 电感耦合等离子体质谱法	HJ 700—2014	2014-05-16	2014-07-01
		水质 32 种元素的测定 电感耦合等离子体发射光谱法	HJ 776—2015	2015-12-04	2016-01-01
370	总铜	水质 铜的测定 二乙基二硫代氨基甲酸钠分光光度法	HJ 485—2009	2009-09-27	2009-11-01
		水质 铜的测定 2,9-二甲基-1,10-菲啰啉分光光度法	HJ 486—2009	2009-09-27	2009-11-01
		水质 65 种元素的测定 电感耦合等离子体质谱法	HJ 700—2014	2014-05-16	2014-07-01
		水质 32 种元素的测定 电感耦合等离子体发射光谱法	HJ 776—2015	2015-12-04	2016-01-01
371	总硒	水质 硒的测定 2,3-二氨基萘荧光法	GB/T 11902—1989	1989-12-25	1990-07-01
		水质 硒的测定 石墨炉原子吸收分光光度法	GB/T 15505—1995	1995-03-15	1995-08-01
		水质 汞、砷、硒、铋和锑的测定 原子荧光法	HJ 694—2014	2014-03-13	2014-07-01
		水质 65 种元素的测定 电感耦合等离子体质谱法	HJ 700—2014	2014-05-16	2014-07-01
		水质 32 种元素的测定 电感耦合等离子体发射光谱法	HJ 776—2015	2015-12-04	2016-01-01
		水质 总硒的测定 3,3′-二氨基联苯胺分光光度法	HJ 811—2016	2016-07-26	2016-10-01

序号	项目	标准名称	标准编号	发布时间	实施时间
372	总锌	水质　锌的测定　双硫腙分光光度法	GB/T 7472—1987	1987-03-14	1987-08-01
		水质　65 种元素的测定　电感耦合等离子体质谱法	HJ 700—2014	2014-05-16	2014-07-01
		水质　32 种元素的测定　电感耦合等离子体发射光谱法	HJ 776—2015	2015-12-04	2016-01-01
373	总银	水质　银的测定　火焰原子吸收分光光度法	GB/T 11907—1989	1989-12-25	1990-07-01
		水质　银的测定　3,5-Br_2-PADAP 分光光度法	HJ 489—2009	2009-09-27	2009-11-01
		水质　银的测定　镉试剂 2B 分光光度法	HJ 490—2009	2009-09-27	2009-11-01
		水质　65 种元素的测定　电感耦合等离子体质谱法	HJ 700—2014	2014-05-16	2014-07-01
		水质　32 种元素的测定　电感耦合等离子体发射光谱法	HJ 776—2015	2015-12-04	2016-01-01
374	总有机碳（TOC）	水质　总有机碳的测定　燃烧氧化-非分散红外吸收法	HJ 501—2009	2009-10-20	2009-12-01

二、样品采集、运输和保存要求

（一）无机项目

1. pH 值

水质　pH 值的测定　玻璃电极法（GB/T 6920—1986）

【适用范围】饮用水、地面水及工业废水。

【采样容器】—

【采样方法】—

【固定剂】—

【保存方法】最好现场测定。

【保存期】最好现场测定。否则，应在采样后把样品保持在 0～4℃，并在采样后 6 h 之内进行测定。

【采样量】—

【容器洗涤】—

【检出限】—

【质量保证和质量控制】—

【结果表示】—

污水监测技术规范（HJ 91.1—2019）

【适用范围】采用手工方法对排污单位污水进行监测。

【采样容器】聚乙烯瓶或玻璃瓶。

【采样方法】—

【固定剂】—

【保存方法】—

【保存期】12 h。

【采样量】250 mL。

【容器洗涤】—

【检出限】—

【质量保证和质量控制】—

2. 氨氮

水质　氨氮的测定　纳氏试剂分光光度法（HJ 535—2009）

【适用范围】地表水、地下水、生活污水和工业废水。

【采样容器】聚乙烯瓶或玻璃瓶。

【采样方法】—
【固定剂】硫酸。
【保存方法】加硫酸酸化至 pH<2，2～5℃下可保存 7 d。
【保存期】7 d。
【采样量】—
【容器洗涤】—
【检出限】0.025 mg/L。
【质量保证和质量控制】—
【结果表示】—

水质　氨氮的测定 水杨酸分光光度法（HJ 536—2009）

【适用范围】地下水、地表水、生活污水和工业废水。
【采样容器】聚乙烯瓶或玻璃瓶。
【采样方法】—
【固定剂】硫酸。
【保存方法】加硫酸酸化至 pH<2，2～5℃下可保存 7 d。
【保存期】7 d。
【采样量】—
【容器洗涤】—
【检出限】10 mm 比色皿：0.01 mg/L；30 mm 比色皿：0.004 mg/L。
【质量保证和质量控制】—
【结果表示】—

水质　氨氮的测定　蒸馏-中和滴定法（HJ 537—2009）

【适用范围】生活污水和工业废水。
【采样容器】聚乙烯瓶或玻璃瓶。
【采样方法】—
【固定剂】硫酸。
【保存方法】加硫酸酸化至 pH<2，2～5℃下可保存 7 d。
【保存期】7 d。
【采样量】—
【容器洗涤】—
【检出限】0.05 mg/L（以 N 计）。
【质量保证和质量控制】（1）无氨水的检查：用盐酸标准溶液滴定 250 mL 水，消耗盐酸标准溶液的体积不得大于 0.04 mL；（2）蒸馏瓶清洗；（3）预蒸馏；（4）标定盐酸标准滴定溶液时，至少平行滴定 3 次，平行滴定的最大允许偏差不大于 0.05 mL。
【结果表示】—

水质　氨氮的测定　气相分子吸收光谱法（HJ/T 195—2005）

【适用范围】地表水、地下水、海水、饮用水、生活污水及工业污水。

【采样容器】聚乙烯瓶或玻璃瓶。

【采样方法】—

【固定剂】硫酸。

【保存方法】加硫酸酸化至 pH<2，2～5℃冷藏保存，24 h 内测定。

【保存期】24 h。

【采样量】—

【容器洗涤】—

【检出限】0.020 mg/L。

【质量保证和质量控制】—

【结果表示】—

水质　氰化物等的测定　真空检测管-电子比色法（HJ 659—2013）

【适用范围】地下水、地表水、生活污水和工业废水。

【采样容器】聚乙烯瓶或玻璃瓶。

【采样方法】—

【固定剂】无须添加固定剂。

【保存方法】—

【保存期】现场测定。

【采样量】250 mL。

【容器洗涤】洗涤剂洗 1 次，自来水洗 3 次，蒸馏水洗 1 次。

【检出限】0.2 mg/L。

【质量保证和质量控制】每批样品应同步做一个全程序空白，测定结果应低于方法检出限，否则应检查真空检测管。

【结果表示】有效位数保留到定量下限位数。

水质　氨氮的测定　连续流动-水杨酸分光光度法（HJ 665—2013）

【适用范围】地表水、地下水、生活污水和工业废水。

【采样容器】聚乙烯瓶或玻璃瓶。

【采样方法】—

【固定剂】硫酸。

【保存方法】加硫酸酸化至 pH<2，2～5℃冷藏保存。

【保存期】7 d。

【采样量】—

【容器洗涤】—

【检出限】直接比色模块：0.01 mg/L；在线蒸馏模块：0.04 mg/L。

【质量保证和质量控制】—

【结果表示】当结果小于 1.00 mg/L 时，保留至小数点后两位；大于等于 1.00 mg/L 时，结果保留三位有效数字。

水质　氨氮的测定　流动注射-水杨酸分光光度法（HJ 666—2013）

【适用范围】地表水、地下水、生活污水和工业废水。

【采样容器】聚乙烯瓶或玻璃瓶。

【采样方法】—

【固定剂】硫酸。

【保存方法】加硫酸酸化至 pH<2，5℃冷藏保存。

【保存期】7 d。

【采样量】—

【容器洗涤】—

【检出限】0.01 mg/L。

【质量保证和质量控制】—

【结果表示】当结果小于 1.00 mg/L 时，保留至小数点后两位；大于等于 1.00 mg/L 时，结果保留三位有效数字。

水质　可溶性阳离子（Li^{+}、Na^{+}、NH_4^{+}、K^{+}、Ca^{2+}、Mg^{2+}）的测定　离子色谱法（HJ 812—2016）

【适用范围】地表水、地下水、工业废水和生活污水。

【采样容器】聚乙烯瓶或硬质玻璃瓶。

【采样方法】—

【固定剂】—

【保存方法】4℃冷藏、避光保存。

【保存期】2 d。

【采样量】250 mL。

【容器洗涤】—

【检出限】0.02 mg/L。

【质量保证和质量控制】—

【结果表示】当样品含量小于 1 mg/L 时，保留至小数点后两位；大于等于 1 mg/L 时，结果保留三位有效数字。

污水监测技术规范（HJ 91.1—2019）

【适用范围】采用手工方法对排污单位污水进行监测。

【采样容器】聚乙烯瓶或玻璃瓶。

【采样方法】—

【固定剂】硫酸。

【保存方法】加硫酸至 pH≤2，0～5℃冷藏保存。

【保存期】7 d。

【采样量】250 mL。
【容器洗涤】—
【检出限】—
【质量保证和质量控制】—

3. 铋

水质　汞、砷、硒、铋和锑的测定　原子荧光法（HJ 694—2014）

【适用范围】地表水、地下水、生活污水和工业废水。
【采样容器】—
【采样方法】—
【固定剂】—
【保存方法】—
【保存期】—
【采样量】—
【容器洗涤】洗涤剂洗 1 次，自来水洗 2 次，（1+3）硝酸荡洗 1 次，自来水洗 3 次，去离子水洗 1 次。
【检出限】0.2 mg/L。
【质量保证和质量控制】全程空白的测试结果应小于方法检出限。
【结果表示】结果小于 10 μg/L 时，保留至小数点后一位；大于 10 μg/L 时，结果保留三位有效数字。

水质　65 种元素的测定　电感耦合等离子体质谱法（HJ 700—2014）

【适用范围】地表水、地下水、生活污水、低浓度工业废水。
【采样容器】—
【采样方法】样品采集后用 0.45 μm 滤膜过滤，弃去初始的滤液 50 mL，用少量的滤液清洗采样瓶，收集所需体积的滤液于采样瓶中。
【固定剂】（1+1）硝酸。
【保存方法】加（1+1）硝酸酸化至 pH＜2。
【保存期】—
【采样量】—
【容器洗涤】洗涤剂洗 1 次，自来水洗 2 次，（1+3）硝酸荡洗 1 次，自来水洗 3 次，蒸馏水洗 1 次。
【检出限】0.03 μg/L。
【质量保证和质量控制】每批样品应至少做一个全程序空白及实验室空白。空白值应符合下列的情况之一才能被认为是可接受的：（1）空白值低于方法检出限；（2）低于标准限值的 10%；（3）低于每一批样品最低值的 10%。否则须查找原因，重新分析直至合格之后才能分析样品。
【结果表示】小数位数与方法检出限保持一致，最多保留三位有效数字。

水质　32 种元素的测定　电感耦合等离子体发射光谱法（HJ 776—2015）

【适用范围】地表水、地下水、生活污水及工业废水。

【采样容器】—

【采样方法】可溶性元素，样品采集后立即通过水系微孔滤膜过滤，弃去初始的 50～100 mL 滤液，收集所需体积的滤液，加入适量硝酸，使硝酸含量达到 1%。元素总量，样品采集后立即加入适量硝酸，使硝酸含量达到 1%。

【固定剂】硝酸。

【保存方法】加硝酸，使硝酸含量达到 1%。

【保存期】—

【采样量】—

【容器洗涤】用洗涤剂和水依次洗净聚乙烯瓶，置于（1+1）硝酸溶液浸泡 24 h，用实验水彻底洗净。

【检出限】水平检出限：0.04 mg/L；垂直检出限：0.08 mg/L。

【质量保证和质量控制】每批样品至少做一个全程序空白，空白值应低于方法测定下限。否则应查明原因，重新分析直至合格之后才能测定样品。

【结果表示】小数位数与方法检出限保持一致，最多保留三位有效数字。

4. 二硫化碳

水质　二硫化碳的测定　二乙胺乙酸铜分光光度法（GB/T 15504—1995）

【适用范围】橡胶、化纤、化工原料等行业排放废水。

【采样容器】具磨口玻璃塞的小口玻璃瓶。

【采样方法】采样时采样瓶浸于水面下 20～30 cm，使水从底部上升溢出瓶口，塞上玻璃磨口瓶盖，不使瓶内有气泡，尽量防止曝气。

【固定剂】—

【保存方法】—

【保存期】最好立即分析，在 2～5℃可保存 2 d。

【采样量】250 mL。

【容器洗涤】—

【检出限】0.045 mg/L。

【质量保证和质量控制】—

【结果表示】—

5. 二氧化氯

水质　二氧化氯和亚氯酸盐的测定　连续滴定碘量法（HJ 551—2016）

【适用范围】纺织染整工业废水。

【采样容器】聚乙烯瓶或玻璃瓶。

【采样方法】水样应充满采样瓶，勿留空间和气泡，避免受热、光照和剧烈震动。

【固定剂】—

【保存方法】—

【保存期】30 min。

【采样量】500 mL。

【容器洗涤】—
【检出限】0.09 mg/L。
【质量保证和质量控制】—
【结果表示】当结果小于 1 mg/L 时，保留小数点后两位；大于等于 1 mg/L 时，结果保留三位有效数字。

污水监测技术规范（HJ 91.1—2019）

【适用范围】采用手工方法对排污单位污水进行监测。
【采样容器】聚乙烯瓶或玻璃瓶。
【采样方法】—
【固定剂】—
【保存方法】避光保存。
【保存期】5 min。
【采样量】500 mL。
【容器洗涤】—
【检出限】—
【质量保证和质量控制】—

6. 氟化物

水质　氟化物的测定　离子选择电极法（GB/T 7484—1987）

【适用范围】地面水、地下水和工业废水。
【采样容器】聚乙烯瓶。如果氟含量不高，pH＞7，可用硬质玻璃瓶。
【采样方法】—
【固定剂】—
【保存方法】用聚乙烯瓶保存。
【保存期】—
【采样量】—
【容器洗涤】采样时先用水样冲洗取样瓶 3～4 次。
【检出限】0.05 mg/L。
【质量保证和质量控制】—
【结果表示】—

水质　氟化物的测定　茜素磺酸锆目视比色法（HJ 487—2009）

【适用范围】饮用水、地表水、地下水和工业废水。
【采样容器】聚乙烯瓶。
【采样方法】—
【固定剂】—
【保存方法】贮存在聚乙烯瓶内。
【保存期】24 h。

【采样量】—
【容器洗涤】—
【检出限】0.1 mg/L。
【质量保证和质量控制】—
【结果表示】—

水质 氟化物的测定 氟试剂分光光度法（HJ 488—2009）

【适用范围】地表水、地下水和工业废水。
【采样容器】聚乙烯瓶。
【采样方法】—
【固定剂】—
【保存方法】聚乙烯瓶保存。
【保存期】—
【采样量】—
【容器洗涤】—
【检出限】0.02 mg/L。
【质量保证和质量控制】—
【结果表示】小数点后两位。

水质 氰化物等的测定 真空检测管-电子比色法（HJ 659—2013）

【适用范围】地下水、地表水、生活污水和工业废水。
【采样容器】聚乙烯瓶。
【采样方法】—
【固定剂】无须添加固定剂。
【保存方法】—
【保存期】现场测定。
【采样量】250 mL。
【容器洗涤】洗涤剂洗 1 次，自来水洗 3 次，蒸馏水洗 1 次。
【检出限】0.5 mg/L。
【质量保证和质量控制】每批样品应同步做一个全程序空白，测定结果应低于方法检出限，否则应检查真空检测管。
【结果表示】有效位数保留到定量下限位数。

水质 无机阴离子（F^-、Cl^-、NO_2^-、Br^-、NO_3^-、PO_4^{3-}、SO_3^{2-}、SO_4^{2-}）的测定 离子色谱法（HJ 84—2016）

【适用范围】地表水、地下水、工业废水和生活污水。
【采样容器】聚乙烯瓶。
【采样方法】—

【固定剂】—
【保存方法】4℃冷藏、避光保存。
【保存期】14 d。
【采样量】250 mL。
【容器洗涤】洗涤剂洗 1 次，自来水洗 3 次，蒸馏水洗 1 次。
【检出限】0.006 mg/L。
【质量保证和质量控制】—
【结果表示】当结果小于1 mg/L时，保留至小数点后三位；大于等于1 mg/L时，结果保留三位有效数字。

污水监测技术规范（HJ 91.1—2019）

【适用范围】采用手工方法对排污单位污水进行监测。
【采样容器】聚乙烯瓶。
【采样方法】—
【固定剂】—
【保存方法】0～5℃冷藏、避光保存。
【保存期】14 d。
【采样量】250 mL。
【容器洗涤】—
【检出限】—
【质量保证和质量控制】—

7. 钙

水质　65 种元素的测定　电感耦合等离子体质谱法（HJ 700—2014）

【适用范围】地表水、地下水、生活污水、低浓度工业废水。
【采样容器】聚乙烯瓶（桶）或玻璃瓶。
【采样方法】样品采集后用 0.45 μm 滤膜过滤，弃去初始的滤液 50 mL，用少量的滤液清洗采样瓶，收集所需体积的滤液于采样瓶中。
【固定剂】（1+1）硝酸。
【保存方法】加（1+1）硝酸酸化至 pH＜2。
【保存期】14 d。
【采样量】250 mL。
【容器洗涤】洗涤剂洗 1 次，自来水洗 2 次，（1+3）硝酸荡洗 1 次，自来水洗 3 次，去离子水洗 1 次。
【检出限】6.61 μg/L。
【质量保证和质量控制】每批样品应至少做一个全程序空白及实验室空白。空白值应符合下列的情况之一才能被认为是可接受的：（1）空白值低于方法检出限；（2）低于标准限值的 10%；（3）低于每一批样品最低值的 10%。否则须查找原因，重新分析直至合格之后才能分析样品。
【结果表示】小数位数与方法检出限保持一致，最多保留三位有效数字。

水质 32种元素的测定 电感耦合等离子体发射光谱法（HJ 776—2015）

【适用范围】地表水、地下水、生活污水及工业废水。

【采样容器】聚乙烯瓶或玻璃瓶。

【采样方法】可溶性元素，样品采集后立即通过水系微孔滤膜过滤，弃去初始的50～100 mL滤液，收集所需体积的滤液，加入适量硝酸，使硝酸含量达到1%。元素总量，样品采集后立即加入适量硝酸，使硝酸含量达到1%。

【固定剂】硝酸。

【保存方法】加硝酸，使硝酸含量达到1%。

【保存期】14 d。

【采样量】250 mL。

【容器洗涤】用洗涤剂和水依次洗净聚乙烯瓶，置于（1+1）硝酸溶液浸泡24 h，用实验水彻底洗净。

【检出限】水平检出限：0.02 mg/L；垂直检出限：0.02 mg/L。

【质量保证和质量控制】每批样品至少做一个全程序空白，空白值应低于方法测定下限。否则应查明原因，重新分析直至合格之后才能测定样品。

【结果表示】小数位数与方法检出限保持一致，最多保留三位有效数字。

水质 可溶性阳离子（Li^+、Na^+、NH_4^+、K^+、Ca^{2+}、Mg^{2+}）的测定 离子色谱法（HJ 812—2016）

【适用范围】地表水、地下水、工业废水和生活污水。

【采样容器】聚乙烯瓶或硬质玻璃瓶。

【采样方法】—

【固定剂】—

【保存方法】4℃冷藏、避光保存。

【保存期】7 d。

【采样量】250 mL。

【容器洗涤】—

【检出限】0.03 mg/L。

【质量保证和质量控制】—

【结果表示】当样品含量小于1 mg/L时，保留至小数点后两位；大于等于1 mg/L时，结果保留三位有效数字。

污水监测技术规范（HJ 91.1—2019）

【适用范围】采用手工方法对排污单位污水进行监测。

【采样容器】聚乙烯瓶或玻璃瓶。

【采样方法】—

【固定剂】硝酸。

【保存方法】1 L水样中加浓硝酸10 mL。

【保存期】14 d。

【采样量】250 mL。

【容器洗涤】—

【检出限】—

【质量保证和质量控制】—

8. 钴

水质　钴的测定　5-氯-2-（吡啶偶氮）-1,3-二氨基苯分光光度法（HJ 550—2015）

【适用范围】地表水、工业废水和生活污水。

【采样容器】—

【采样方法】—

【固定剂】硫酸或硝酸。

【保存方法】加硫酸或硝酸酸化至 pH＜2，0～4℃冷藏保存。

【保存期】14 d。

【采样量】—

【容器洗涤】洗涤剂洗 1 次，自来水洗 2 次，（1+3）硝酸荡洗 1 次，自来水洗 3 次，去离子水洗 1 次。

【检出限】0.009 mg/L。

【质量保证和质量控制】每批样品至少做一个全程序空白试验和实验室空白试验，其测定结果应低于方法检出限。

【结果表示】当结果小于1 mg/L时，保留至小数点后三位；大于等于1 mg/L时，结果保留三位有效数字。

水质　65 种元素的测定　电感耦合等离子体质谱法（HJ 700—2014）

【适用范围】地表水、地下水、生活污水、低浓度工业废水。

【采样容器】聚乙烯瓶或玻璃瓶。

【采样方法】样品采集后用 0.45 μm 滤膜过滤，弃去初始的滤液 50 mL，用少量的滤液清洗采样瓶，收集所需体积的滤液于采样瓶中。

【固定剂】（1+1）硝酸。

【保存方法】加（1+1）硝酸酸化至 pH＜2。

【保存期】1 个月。

【采样量】100 mL。

【容器洗涤】酸洗。

【检出限】0.03 μg/L。

【质量保证和质量控制】每批样品应至少做一个全程序空白及实验室空白。空白值应符合下列的情况之一才能被认为是可接受的：（1）空白值低于方法检出限；（2）低于标准限值的 10%；（3）低于每一批样品最低值的 10%。否则须查找原因，重新分析直至合格之后才能分析样品。

【结果表示】小数位数与方法检出限保持一致，最多保留三位有效数字。

水质　32 种元素的测定　电感耦合等离子体发射光谱法（HJ 776—2015）

【适用范围】地表水、地下水、生活污水及工业废水。

【采样容器】聚乙烯瓶或玻璃瓶。

【采样方法】可溶性元素，样品采集后立即通过水系微孔滤膜过滤，弃去初始的 50～100 mL 滤液，收集所需体积的滤液，加入适量硝酸，使硝酸含量达到 1%。元素总量，样品采集后立即加入适量硝酸，使硝酸含量达到 1%。

【固定剂】硝酸。

【保存方法】加硝酸，使硝酸含量达到 1%。

【保存期】1 个月。

【采样量】100 mL。

【容器洗涤】用洗涤剂和水依次洗净聚乙烯瓶，置于（1+1）硝酸溶液浸泡 24 h，用实验水彻底洗净。

【检出限】水平检出限：0.02 mg/L；垂直检出限：0.01 mg/L。

【质量保证和质量控制】每批样品至少做一个全程序空白，空白值应低于方法测定下限。否则应查明原因，重新分析直至合格之后才能测定样品。

【结果表示】小数位数与方法检出限保持一致，最多保留三位有效数字。

水质　钴的测定　火焰原子吸收分光光度法（HJ 957—2018）

【适用范围】地表水、地下水和废水。

【采样容器】聚乙烯瓶。

【采样方法】—

【固定剂】硝酸。

【保存方法】加硝酸酸化至 pH≤2。

【保存期】14 d。

【采样量】250 mL。

【容器洗涤】洗涤剂洗 1 次，自来水洗 2 次，（1+3）硝酸荡洗 1 次，自来水洗 3 次，去离子水洗 1 次。

【检出限】0.05 mg/L。

【质量保证和质量控制】—

【结果表示】当结果小于1 mg/L时，保留至小数点后两位；大于等于1 mg/L时，结果保留三位有效数字。

水质　钴的测定　石墨炉原子吸收分光光度法（HJ 958—2018）

【适用范围】地表水、地下水和废水。

【采样容器】聚乙烯瓶。

【采样方法】—

【固定剂】硝酸。

【保存方法】加硝酸酸化至 pH≤2。

【保存期】14 d。

【采样量】250 mL。

【容器洗涤】洗涤剂洗 1 次，自来水洗 2 次，（1+3）硝酸荡洗 1 次，自来水洗 3 次，去离子水洗 1 次。

【检出限】2 μg/L。

【质量保证和质量控制】—

【结果表示】当结果小于100 μg/L时，保留至整数位；大于等于100 μg/L时，结果保留三位有效数字。

污水监测技术规范（HJ 91.1—2019）

【适用范围】采用手工方法对排污单位污水进行监测。

【采样容器】聚乙烯瓶或玻璃瓶。

【采样方法】—

【固定剂】硝酸。

【保存方法】硝酸酸化至 pH 值为 1～2。

【保存期】30 d。

【采样量】100 mL。

【容器洗涤】—

【检出限】—

【质量保证和质量控制】—

9. 化学需氧量（COD）

水质　化学需氧量　重铬酸盐法（HJ 828—2017）

【适用范围】地表水、生活污水和工业废水。

【采样容器】玻璃瓶。

【采样方法】—

【固定剂】硫酸。

【保存方法】加入硫酸至 pH<2，4℃冷藏保存。

【保存期】5 d。

【采样量】不少于 100 mL。

【容器洗涤】—

【检出限】4 mg/L。

【质量保证和质量控制】—

【结果表示】当结果小于100 mg/L时，保留至整数位；结果大于或等于100 mg/L时，保留三位有效数字。

高氯废水 化学需氧量的测定　氯气校正法（HJ/T 70—2001）

【适用范围】本方法适用于油田、沿海炼油厂、油库、氯碱厂、废水深海排放等废水中氯离子含量小于 20 000 mg/L 的高氯废水中化学需氧量（COD）的测定。

【采样容器】玻璃瓶。

【采样方法】—

【固定剂】硫酸。

【保存方法】加浓硫酸至 pH<2，4℃冷藏保存。

【保存期】5 d。

【采样量】100 mL。

【容器洗涤】—

【检出限】30 mg/L。

【质量保证和质量控制】—

【结果表示】保留三位有效数字。

高氯废水 化学需氧量的测定 碘化钾碱性高锰酸钾法（HJ/T 132—2003）

【适用范围】油气田和炼化企业氯离子含量高达几万至十几万毫克每升高氯废水化学需氧量（COD）的测定。

【采样容器】玻璃瓶。

【采样方法】—

【固定剂】硫酸。

【保存方法】加浓硫酸至 pH<2，4℃冷藏保存。

【保存期】48 h。

【采样量】400 mL。

【容器洗涤】—

【检出限】0.020 mg/L。

【质量保证和质量控制】—

【结果表示】—

化学需氧量的测定 快速消解分光光度法（HJ/T 399—2007）

【适用范围】地表水、地下水、生活污水和工业废水。

【采样容器】玻璃瓶。

【采样方法】—

【固定剂】硫酸。

【保存方法】pH≤2，0～4℃冷藏保存。

【保存期】24 h 内测定，否则加入硫酸调节至 pH≤2，在 0～4℃冷藏可保存 7 d。

【采样量】不少于 100 mL。

【容器洗涤】—

【检出限】15 mg/L。

【质量保证和质量控制】—

【结果表示】一般保留三位有效数字。

水质 氰化物等的测定 真空检测管-电子比色法（HJ 659—2013）

【适用范围】地下水、地表水、生活污水和工业废水。

【采样容器】玻璃瓶。

【采样方法】—

【固定剂】无须添加固定剂。

【保存方法】—

【保存期】现场测定。

【采样量】500 mL。

【容器洗涤】洗涤剂洗 1 次，自来水洗 3 次，蒸馏水洗 1 次。

【检出限】10 mg/L。

【质量保证和质量控制】每批样品应同步做一个全程序空白，测定结果应低于方法检出限，否则应检查真空检测管。

【结果表示】取整数位。

污水监测技术规范（HJ 91.1—2019）

【适用范围】采用手工方法对排污单位污水进行监测。

【采样容器】聚乙烯瓶或玻璃瓶。

【采样方法】—

【固定剂】硫酸。

【保存方法】玻璃瓶加硫酸至 pH≤2；聚乙烯瓶−20℃冷冻保存。

【保存期】玻璃瓶加硫酸保存 2 d；聚乙烯瓶−20℃冷冻保存 30 d。

【采样量】玻璃瓶 500 mL；聚乙烯瓶 100 mL。

【容器洗涤】—

【检出限】—

【质量保证和质量控制】—

10. 钾

水质　65 种元素的测定　电感耦合等离子体质谱法（HJ 700—2014）

【适用范围】地表水、地下水、生活污水、低浓度工业废水。

【采样容器】聚乙烯瓶。

【采样方法】样品采集后用 0.45 μm 滤膜过滤，弃去初始的滤液 50 mL，用少量的滤液清洗采样瓶，收集所需体积的滤液于采样瓶中。

【固定剂】（1+1）硝酸。

【保存方法】加（1+1）硝酸酸化至 pH＜2。

【保存期】14 d。

【采样量】250 mL。

【容器洗涤】洗涤剂洗 1 次，自来水洗 2 次，（1+3）硝酸荡洗 1 次，自来水洗 3 次，去离子水洗 1 次。

【检出限】4.50 μg/L。

【质量保证和质量控制】每批样品应至少做一个全程序空白及实验室空白。空白值应符合下列的情况之一才能被认为是可接受的：（1）空白值低于方法检出限；（2）低于标准限值的 10%；（3）低于每一批样品最低值的 10%。否则须查找原因，重新分析直至合格之后才能分析样品。

【结果表示】小数位数与方法检出限保持一致，最多保留三位有效数字。

水质　32 种元素的测定　电感耦合等离子体发射光谱法（HJ 776—2015）

【适用范围】地表水、地下水、生活污水及工业废水。

【采样容器】聚乙烯瓶。

【采样方法】可溶性元素，样品采集后立即通过水系微孔滤膜过滤，弃去初始的 50～100 mL 滤液，收集所需体积的滤液，加入适量硝酸，使硝酸含量达到 1%。元素总量，样品采集后立即加入适量硝酸，使硝酸含量达到 1%。

【固定剂】硝酸。

【保存方法】加硝酸，使硝酸含量达到 1%。

【保存期】14 d。

【采样量】250 mL。

【容器洗涤】用洗涤剂和水依次洗净聚乙烯瓶，置于（1+1）硝酸溶液浸泡 24 h，用实验水彻底洗净。

【检出限】水平检出限：0.07 mg/L；垂直检出限：0.05 mg/L。

【质量保证和质量控制】每批样品至少做一个全程序空白，空白值应低于方法测定下限。否则应查明原因，重新分析直至合格之后才能测定样品。

【结果表示】小数位数与方法检出限保持一致，最多保留三位有效数字。

水质　可溶性阳离子（Li^+、Na^+、NH_4^+、K^+、Ca^{2+}、Mg^{2+}）的测定　离子色谱法（HJ 812—2016）

【适用范围】地表水、地下水、工业废水和生活污水。

【采样容器】聚乙烯瓶。

【采样方法】—

【固定剂】—

【保存方法】4℃冷藏、避光保存。

【保存期】7 d。

【采样量】250 mL。

【容器洗涤】洗涤剂洗 1 次，自来水洗 2 次，（1+3）硝酸荡洗 1 次，自来水洗 3 次，去离子水洗 1 次。

【检出限】0.02 mg/L。

【质量保证和质量控制】—

【结果表示】当样品含量小于 1 mg/L 时，保留至小数点后两位；大于等于 1 mg/L 时，结果保留三位有效数字。

污水监测技术规范（HJ 91.1—2019）

【适用范围】采用手工方法对排污单位污水进行监测。

【采样容器】聚乙烯瓶。

【采样方法】—

【固定剂】硝酸。

【保存方法】1 L 水样中加浓硝酸 10 mL。

【保存期】14 d。

【采样量】250 mL。

【容器洗涤】—

【检出限】—

【质量保证和质量控制】—

11. 肼

水质　肼和甲基肼的测定　对二甲氨基苯甲醛分光光度法（HJ 674—2013）

【适用范围】水和工业废水。

【采样容器】玻璃瓶。

【采样方法】—

【固定剂】酸或碱。

【保存方法】加酸或碱至中性。

【保存期】24 h。

【采样量】—

【容器洗涤】—

【检出限】肼：0.003 mg/L；甲基肼：0.015 mg/L。

【质量保证和质量控制】每分析一批（≤20 个）样品必须有一个全程序空白。

【结果表示】当结果小于 0.100 mg/L 时，保留至小数点后三位有效数字；大于等于 0.100 mg/L 时，结果保留三位有效数字。

污水监测技术规范（HJ 91.1—2019）

【适用范围】采用手工方法对排污单位污水进行监测。

【采样容器】玻璃瓶。

【采样方法】—

【固定剂】盐酸。

【保存方法】盐酸酸化至 pH 值约为 1、避光保存。

【保存期】24 h。

【采样量】500 mL。

【容器洗涤】—

【检出限】—

【质量保证和质量控制】—

12. 凯氏氮

水质　凯氏氮的测定（GB/T 11891—1989）

【适用范围】测定工业废水、湖泊、水库和其他受污染水体。

【采样容器】聚乙烯瓶或玻璃瓶。

【采样方法】—

【固定剂】硫酸。

【保存方法】加硫酸酸化至 pH<2，4℃冷藏保存。

【保存期】—

【采样量】—

【容器洗涤】—

【检出限】0.2 mg/L。

【质量保证和质量控制】—

【结果表示】—

13. 锂

水质 65种元素的测定 电感耦合等离子体质谱法（HJ 700—2014）

【适用范围】地表水、地下水、生活污水、低浓度工业废水。

【采样容器】聚乙烯瓶。

【采样方法】样品采集后用 0.45 μm 滤膜过滤，弃去初始的滤液 50 mL，用少量的滤液清洗采样瓶，收集所需体积的滤液于采样瓶中。

【固定剂】（1+1）硝酸。

【保存方法】加（1+1）硝酸酸化至 pH＜2。

【保存期】1个月。

【采样量】100 mL。

【容器洗涤】—

【检出限】0.33 μg/L。

【质量保证和质量控制】每批样品应至少做一个全程序空白及实验室空白。空白值应符合下列的情况之一才能被认为是可接受的：（1）空白值低于方法检出限；（2）低于标准限值的 10%；（3）低于每一批样品最低值的 10%。否则须查找原因，重新分析直至合格之后才能分析样品。

【结果表示】小数位数与方法检出限保持一致，最多保留三位有效数字。

水质 32种元素的测定 电感耦合等离子体发射光谱法（HJ 776—2015）

【适用范围】地表水、地下水、生活污水及工业废水。

【采样容器】聚乙烯瓶。

【采样方法】可溶性元素，样品采集后立即通过水系微孔滤膜过滤，弃去初始的 50～100 mL 滤液，收集所需体积的滤液，加入适量硝酸，使硝酸含量达到 1%。元素总量，样品采集后立即加入适量硝酸，使硝酸含量达到 1%。

【固定剂】硝酸。

【保存方法】加硝酸，使硝酸含量达到 1%。

【保存期】1个月。

【采样量】100 mL。

【容器洗涤】用洗涤剂和水依次洗净聚乙烯瓶，置于（1+1）硝酸溶液浸泡 24 h，用实验水彻底洗净。

【检出限】水平检出限：0.02 mg/L；垂直检出限：0.009 mg/L。

【质量保证和质量控制】每批样品至少做一个全程序空白，空白值应低于方法测定下限。否则应查明原因，重新分析直至合格之后才能测定样品。

【结果表示】小数位数与方法检出限保持一致，最多保留三位有效数字。

水质 可溶性阳离子（Li^+、Na^+、NH_4^+、K^+、Ca^{2+}、Mg^{2+}）的测定 离子色谱法（HJ 812—2016）

【适用范围】地表水、地下水、工业废水和生活污水。

【采样容器】聚乙烯瓶。

【采样方法】—

【固定剂】—

【保存方法】4℃冷藏、避光保存。

【保存期】7 d。

【采样量】250 mL。

【容器洗涤】—

【检出限】0.01 mg/L。

【质量保证和质量控制】—

【结果表示】当样品含量小于 1 mg/L 时，保留至小数点后两位；大于等于 1 mg/L 时，结果保留三位有效数字。

污水监测技术规范（HJ 91.1—2019）

【适用范围】采用手工方法对排污单位污水进行监测。

【采样容器】聚乙烯瓶。

【采样方法】—

【固定剂】硝酸。

【保存方法】硝酸酸化至 pH 值为 1～2。

【保存期】30 d。

【采样量】100 mL。

【容器洗涤】—

【检出限】—

【质量保证和质量控制】—

14. 磷酸盐

水质 氰化物等的测定 真空检测管-电子比色法（HJ 659—2013）

【适用范围】地下水、地表水、生活污水和工业废水。

【采样容器】聚乙烯瓶或玻璃瓶。

【采样方法】—

【固定剂】无须添加固定剂。

【保存方法】—

【保存期】现场测定。

【采样量】250 mL。

【容器洗涤】铬酸洗液洗 1 次，自来水洗 3 次，蒸馏水洗 1 次。

【检出限】0.05 mg/L。

【质量保证和质量控制】每批样品应同步做一个全程序空白，测定结果应低于方法检出限，否则应检查真空检测管。

【结果表示】有效位数保留到定量下限位数。

水质　磷酸盐和总磷的测定　连续流动-钼酸铵分光光度法（HJ 670—2013）

【适用范围】地表水、地下水、生活污水和工业废水。

【采样容器】聚乙烯瓶或玻璃瓶。

【采样方法】—

【固定剂】硫酸。

【保存方法】磷酸盐水样 0～4℃冷藏保存；总磷的水样加硫酸至 pH≤2。

【保存期】磷酸盐水样 0～4℃冷藏保存，可稳定 24 h。总磷的水样加硫酸至 pH≤2，常温可保存 24 h；于−20℃冷冻可保存 1 个月。

【采样量】—

【容器洗涤】—

【检出限】0.01 mg/L。

【质量保证和质量控制】—

【结果表示】当结果小于 1.00 mg/L 时，保留至小数点后两位；大于等于 1.00 mg/L 时，结果保留三位有效数字。

水质　总磷的测定　流动注射-钼酸铵分光光度法（HJ 671—2013）

【适用范围】地表水、地下水、生活污水和工业废水。

【采样容器】聚乙烯瓶或玻璃瓶。

【采样方法】—

【固定剂】硫酸。

【保存方法】磷酸盐水样 0～4℃冷藏保存；总磷的水样加硫酸至 pH≤2。

【保存期】磷酸盐水样 0～4℃冷藏保存，可稳定 24 h。总磷的水样加硫酸至 pH≤2，常温可保存 24 h；于−20℃冷冻可保存 1 个月。

【采样量】—

【容器洗涤】—

【检出限】0.005 mg/L。

【质量保证和质量控制】—

【结果表示】当结果小于 1.00 mg/L 时，保留至小数点后三位；大于等于 1.00 mg/L 时，结果保留三位有效数字。

水质 无机阴离子（F^-、Cl^-、NO_2^-、Br^-、NO_3^-、PO_4^{3-}、SO_3^{2-}、SO_4^{2-}）的测定 离子色谱法（HJ 84—2016）

【适用范围】地表水、地下水、工业废水和生活污水。

【采样容器】聚乙烯瓶或硬质玻璃瓶。

【采样方法】—

【固定剂】—

【保存方法】4℃冷藏、避光保存。

【保存期】2 d。

【采样量】250 mL。

【容器洗涤】铬酸洗液洗 1 次，自来水洗 3 次，蒸馏水洗 1 次。

【检出限】0.051 mg/L。

【质量保证和质量控制】—

【结果表示】当结果小于 1 mg/L 时，保留至小数点后三位；大于等于 1 mg/L 时，结果保留三位有效数字。

污水监测技术规范（HJ 91.1—2019）

【适用范围】采用手工方法对排污单位污水进行监测。

【采样容器】聚乙烯瓶或玻璃瓶。

【采样方法】—

【固定剂】三氯甲烷。

【保存方法】氢氧化钠，硫酸调 pH 值约为 7，三氯甲烷 0.5%。

【保存期】7 d。

【采样量】250 mL。

【容器洗涤】—

【检出限】—

【质量保证和质量控制】—

15. 硫化物

水质 硫化物的测定 亚甲基蓝分光光度法（GB/T 16489—1996）

【适用范围】地面水、地下水、生活污水和工业废水。

【采样容器】棕色瓶。

【采样方法】水样应充满瓶，瓶塞下不留空气。

【固定剂】氢氧化钠、乙酸锌—乙酸钠至沉淀完全。

【保存方法】贮存在棕色瓶内。

【保存期】1 周。

【采样量】—

【容器洗涤】—

【检出限】0.005 mg/L。

【质量保证和质量控制】—

【结果表示】—

水质　硫化物的测定　直接显色分光光度法（GB/T 17133—1997）

【适用范围】地面水、地下水及生活污水、造纸废水、石油化工废水、炼焦废水与印染废水等。

【采样容器】聚乙烯瓶或玻璃瓶。

【采样方法】水样注满瓶。

【固定剂】1 mL 1 mol/L 乙酸锌。

【保存方法】避免阳光直射。

【保存期】24 h。

【采样量】500 mL。

【容器洗涤】—

【检出限】0.004 mg/L。

【质量保证和质量控制】—

【结果表示】—

水质　硫化物的测定　碘量法（HJ/T 60—2000）

【适用范围】水和废水。

【采样容器】—

【采样方法】水样充满后立即密封保存，不留气泡，然后倒转，充分混匀。

【固定剂】0.3 mL 1 mol/L 乙酸锌，0.6 mL 1 mol/L 氢氧化钠。

【保存方法】加 0.3 mL 1 mol/L 乙酸锌，0.6 mL 1 mol/L 氢氧化钠调至 pH 值在 10～12。4℃避光保存。

【保存期】—

【采样量】—

【容器洗涤】—

【检出限】0.40 mg/L。

【质量保证和质量控制】—

【结果表示】当结果小于 1.00 mg/L 时，保留至小数点后两位；大于等于 1.00 mg/L 时，结果保留三位有效数字。

水质　硫化物的测定　气相分子吸收光谱法（HJ/T 200—2005）

【适用范围】地表水、地下水、海水、饮用水、生活污水及工业污水。

【采样容器】棕色玻璃瓶。

【采样方法】防止曝气，水样充满瓶，瓶内无气泡，立即密塞，避免阳光直射。

【固定剂】乙酸锌+氢氧化钠。

【保存方法】3～5 mL 乙酸锌+氢氧化钠，调至弱碱性，4℃冷藏保存。

【保存期】24 h。

【采样量】—

【容器洗涤】—

【检出限】0.005 mg/L。

【质量保证和质量控制】—

【结果表示】—

水质 氰化物等的测定 真空检测管-电子比色法（HJ 659—2013）

【适用范围】地下水、地表水、生活污水和工业废水。

【采样容器】聚乙烯瓶或玻璃瓶。

【采样方法】—

【固定剂】无须添加固定剂。

【保存方法】—

【保存期】现场测定。

【采样量】250 mL。

【容器洗涤】洗涤剂洗 1 次，自来水洗 3 次，蒸馏水洗 1 次。

【检出限】0.1 mg/L。

【质量保证和质量控制】每批样品应同步做一个全程序空白，测定结果应低于方法检出限，否则应检查真空检测管。

【结果表示】有效位数保留到定量下限位数。

水质 硫化物的测定 流动注射-亚甲基蓝分光光度法（HJ 824—2017）

【适用范围】地表水、地下水、生活污水和工业废水。

【采样容器】聚乙烯瓶或玻璃瓶。

【采样方法】—

【固定剂】氢氧化钠、抗坏血酸。

【保存方法】每升水样加 5 mL15 mol/L 氢氧化钠和 4 g 抗坏血酸，使样品 pH≥11，常温避光保存。

【保存期】24 h。

【采样量】250 mL。

【容器洗涤】—

【检出限】0.004 mg/L。

【质量保证和质量控制】每批样品至少测定一个全程序空白，空白值不得超过方法测定下限，否则应查明原因，重新分析直至合格后才能测定样品。

【结果表示】当结果小于 1.00 mg/L 时，保留至小数点后三位；大于等于 1.00 mg/L 时，结果保留三位有效数字。

污水监测技术规范（HJ 91.1—2019）

【适用范围】采用手工方法对排污单位污水进行监测。

【采样容器】聚乙烯瓶或玻璃瓶。

【采样方法】—

【固定剂】氢氧化钠、抗坏血酸、乙二胺四乙酸、乙酸锌。

【保存方法】水样充满容器，1 L 水样加氢氧化钠至 pH 值约为 9，加入 5%抗坏血酸 5 mL，饱和乙二胺四乙酸 3 mL，滴加饱和乙酸锌至胶体产生，常温避光保存。

【保存期】24 h。

【采样量】250 mL。

【容器洗涤】—

【检出限】—

【质量保证和质量控制】—

16. 硫氰酸盐

水质　硫氰酸盐的测定　异烟酸-吡唑啉酮分光光度法（GB/T 13897—1992）

【适用范围】火工品生产厂工厂排出口废水。

【采样容器】玻璃瓶。

【采样方法】—

【固定剂】亚硫酸钠、氢氧化钠。

【保存方法】每升水样中加入 2.5 g 亚硫酸钠，在不断摇动下加 100 g/L 氢氧化钠溶液调节其 pH≥12，于 2～5℃冷藏保存。

【保存期】24 h。

【采样量】—

【容器洗涤】—

【检出限】0.04 mg/L。

【质量保证和质量控制】—

【结果表示】—

污水监测技术规范（HJ 91.1—2019）

【适用范围】采用手工方法对排污单位污水进行监测。

【采样容器】玻璃瓶。

【采样方法】—

【固定剂】亚硫酸钠、氢氧化钠。

【保存方法】1 L 水样中加入 2.5 g 亚硫酸钠，在不断摇动下加入 100 g/L 氢氧化钠溶液调至 pH≥12，4℃冷藏保存。

【保存期】24 h。

【采样量】—

【容器洗涤】—

【检出限】—

【质量保证和质量控制】—

17. 硫酸盐

水质 硫酸盐的测定 重量法（GB/T 11899—1989）

【适用范围】地面水、地下水、含盐水、生活污水及工业废水。

【采样容器】聚乙烯瓶或硬质玻璃瓶。

【采样方法】水样完全充满。

【固定剂】—

【保存方法】4℃冷藏保存。

【保存期】—

【采样量】—

【容器洗涤】—

【检出限】10 mg/L。

【质量保证和质量控制】—

【结果表示】—

水质 无机阴离子（F^-、Cl^-、NO_2^-、Br^-、NO_3^-、PO_4^{3-}、SO_3^{2-}、SO_4^{2-}）的测定 离子色谱法（HJ 84—2016）

【适用范围】地表水、地下水、工业废水和生活污水。

【采样容器】聚乙烯瓶或硬质玻璃瓶。

【采样方法】—

【固定剂】—

【保存方法】4℃冷藏、避光保存。

【保存期】30 d。

【采样量】250 mL。

【容器洗涤】洗涤剂洗 1 次，自来水洗 3 次，蒸馏水洗 1 次。

【检出限】0.018 mg/L。

【质量保证和质量控制】—

【结果表示】当结果小于 1 mg/L 时，保留至小数点后三位；大于等于 1 mg/L 时，结果保留三位有效数字。

污水监测技术规范（HJ 91.1—2019）

【适用范围】采用手工方法对排污单位污水进行监测。

【采样容器】聚乙烯瓶或玻璃瓶。

【采样方法】—

【固定剂】—

【保存方法】4℃冷藏、避光保存。

【保存期】30 d。

【采样量】250 mL。

【容器洗涤】—

【检出限】—
【质量保证和质量控制】—

18. 六价铬

水质　六价铬的测定　二苯碳酰二肼分光光度法（GB/T 7467—1987）

【适用范围】地面水和工业废水。
【采样容器】玻璃瓶。
【采样方法】—
【固定剂】氢氧化钠。
【保存方法】加氢氧化钠调 pH 值为 8，并在采样后尽快测定，如放置，不要超过 24 h。
【保存期】24 h。
【采样量】—
【容器洗涤】—
【检出限】0.004 mg/L。
【质量保证和质量控制】—
【结果表示】当结果小于 0.1 mg/L 时，保留三位小数；大于等于 0.1 mg/L 时，保留三位有效数字。

水质　氰化物等的测定　真空检测管-电子比色法（HJ 659—2013）

【适用范围】地下水、地表水、生活污水和工业废水。
【采样容器】聚乙烯瓶或玻璃瓶。
【采样方法】—
【固定剂】无须添加固定剂。
【保存方法】—
【保存期】现场测定。
【采样量】250 mL。
【容器洗涤】洗涤剂洗 1 次，自来水洗 2 次，（1+3）硝酸荡洗 1 次，自来水洗 3 次，蒸馏水洗 1 次。
【检出限】0.1 mg/L。
【质量保证和质量控制】每批样品应同步做一个全程序空白，测定结果应低于方法检出限，否则应检查真空检测管。
【结果表示】有效位数保留到定量下限位数。

水质　六价铬的测定　流动注射-二苯碳酰二肼分光光度法（HJ 908—2017）

【适用范围】地表水、地下水和生活污水。
【采样容器】—
【采样方法】—
【固定剂】氢氧化钠。
【保存方法】加氢氧化钠调节样品 pH 值至 8～9。
【保存期】24 h。

【采样量】250 mL。
【容器洗涤】—
【检出限】0.001 mg/L。
【质量保证和质量控制】—
【结果表示】当结果小于 1.00 mg/L 时，保留至小数点后三位；大于等于 1.00 mg/L 时，结果保留三位有效数字。

污水监测技术规范（HJ 91.1—2019）

【适用范围】采用手工方法对排污单位污水进行监测。
【采样容器】聚乙烯瓶或玻璃瓶。
【采样方法】—
【固定剂】氢氧化钠。
【保存方法】pH 值为 8～9。
【保存期】14 d。
【采样量】250 mL。
【容器洗涤】—
【检出限】—
【质量保证和质量控制】—

19. 氯化物

水质　氯化物的测定　硝酸银滴定法（GB/T 11896—1989）

【适用范围】天然水、咸水、海水以及经过预处理除去干扰物的生活污水或工业废水。
【采样容器】聚乙烯瓶或玻璃瓶。
【采样方法】—
【固定剂】—
【保存方法】—
【保存期】—
【采样量】—
【容器洗涤】—
【检出限】10 mg/L。
【质量保证和质量控制】—
【结果表示】—

水质　无机阴离子（F^-、Cl^-、NO_2^-、Br^-、NO_3^-、PO_4^{3-}、SO_3^{2-}、SO_4^{2-}）的测定　离子色谱法（HJ 84—2016）

【适用范围】地表水、地下水、工业废水和生活污水。
【采样容器】聚乙烯瓶或硬质玻璃瓶。
【采样方法】—

【固定剂】—
【保存方法】4℃冷藏、避光保存。
【保存期】30 d。
【采样量】250 mL。
【容器洗涤】洗涤剂洗 1 次，自来水洗 3 次，蒸馏水洗 1 次。
【检出限】0.007 mg/L。
【质量保证和质量控制】—
【结果表示】当结果小于 1 mg/L 时，保留至小数点后三位；大于等于 1 mg/L 时，结果保留三位有效数字。

污水监测技术规范（HJ 91.1—2019）

【适用范围】采用手工方法对排污单位污水进行监测。
【采样容器】聚乙烯瓶或玻璃瓶。
【采样方法】—
【固定剂】—
【保存方法】4℃冷藏、避光保存。
【保存期】30 d。
【采样量】250 mL。
【容器洗涤】—
【检出限】—
【质量保证和质量控制】—

20. 镁

水质　65 种元素的测定　电感耦合等离子体质谱法（HJ 700—2014）

【适用范围】地表水、地下水、生活污水、低浓度工业废水。
【采样容器】聚乙烯瓶或玻璃瓶。
【采样方法】样品采集后用 0.45 μm 滤膜过滤，弃去初始的滤液 50 mL，用少量的滤液清洗采样瓶，收集所需体积的滤液于采样瓶中。
【固定剂】（1+1）硝酸。
【保存方法】加（1+1）硝酸酸化至 pH＜2。
【保存期】14 d。
【采样量】250 mL。
【容器洗涤】洗涤剂洗 1 次，自来水洗 2 次，（1+3）硝酸荡洗 1 次，自来水洗 3 次，去离子水洗 1 次。
【检出限】1.94 μg/L。
【质量保证和质量控制】每批样品应至少做一个全程序空白及实验室空白。空白值应符合下列的情况之一才能被认为是可接受的：（1）空白值低于方法检出限；（2）低于标准限值的 10%；（3）低于每一批样品最低值的 10%。否则须查找原因，重新分析直至合格之后才能分析样品。

【结果表示】小数位数与方法检出限保持一致，最多保留三位有效数字。

水质　32 种元素的测定　电感耦合等离子体发射光谱法（HJ 776—2015）

【适用范围】地表水、地下水、生活污水及工业废水。

【采样容器】聚乙烯瓶或玻璃瓶。

【采样方法】可溶性元素，样品采集后立即通过水系微孔滤膜过滤，弃去初始的 50～100 mL 滤液，收集所需体积的滤液，加入适量硝酸，使硝酸含量达到 1%。元素总量，样品采集后立即加入适量硝酸，使硝酸含量达到 1%。

【固定剂】硝酸。

【保存方法】加硝酸，使硝酸含量达到 1%。

【保存期】14 d。

【采样量】250 mL。

【容器洗涤】用洗涤剂和水依次洗净聚乙烯瓶，置于（1+1）硝酸溶液浸泡 24 h，用实验水彻底洗净。

【检出限】水平检出限：0.02 mg/L；垂直检出限：0.003 mg/L。

【质量保证和质量控制】每批样品至少做一个全程序空白，空白值应低于方法测定下限。否则应查明原因，重新分析直至合格之后才能测定样品。

【结果表示】小数位数与方法检出限保持一致，最多保留三位有效数字。

水质　可溶性阳离子（Li^+、Na^+、NH_4^+、K^+、Ca^{2+}、Mg^{2+}）的测定　离子色谱法（HJ 812—2016）

【适用范围】地表水、地下水、工业废水和生活污水。

【采样容器】聚乙烯瓶或硬质玻璃瓶。

【采样方法】—

【固定剂】—

【保存方法】4℃冷藏、避光保存。

【保存期】7 d。

【采样量】250 mL。

【容器洗涤】—

【检出限】0.02 mg/L。

【质量保证和质量控制】—

【结果表示】当样品含量小于 1 mg/L 时，保留至小数点后两位；大于等于 1 mg/L 时，结果保留三位有效数字。

污水监测技术规范（HJ 91.1—2019）

【适用范围】采用手工方法对排污单位污水进行监测。

【采样容器】聚乙烯瓶或玻璃瓶。

【采样方法】—

【固定剂】硝酸。

【保存方法】1 L 水样中加浓硝酸 10 mL。

【保存期】14 d。

【采样量】250 mL。

【容器洗涤】—

【检出限】—

【质量保证和质量控制】—

21. 钼

水质 65 种元素的测定 电感耦合等离子体质谱法（HJ 700—2014）

【适用范围】地表水、地下水、生活污水、低浓度工业废水。

【采样容器】—

【采样方法】样品采集后用 0.45 μm 滤膜过滤，弃去初始的滤液 50 mL，用少量的滤液清洗采样瓶，收集所需体积的滤液于采样瓶中。

【固定剂】（1+1）硝酸。

【保存方法】加（1+1）硝酸酸化至 pH＜2。

【保存期】—

【采样量】—

【容器洗涤】洗涤剂洗 1 次，自来水洗 2 次，（1+3）硝酸荡洗 1 次，自来水洗 3 次，蒸馏水洗 1 次。

【检出限】0.06 μg/L。

【质量保证和质量控制】每批样品应至少做一个全程序空白及实验室空白。空白值应符合下列的情况之一才能被认为是可接受的：（1）空白值低于方法检出限；（2）低于标准限值的 10%；（3）低于每一批样品最低值的 10%。否则须查找原因，重新分析直至合格之后才能分析样品。

【结果表示】小数位数与方法检出限保持一致，最多保留三位有效数字。

水质 32 种元素的测定 电感耦合等离子体发射光谱法（HJ 776—2015）

【适用范围】地表水、地下水、生活污水及工业废水。

【采样容器】—

【采样方法】可溶性元素，样品采集后立即通过水系微孔滤膜过滤，弃去初始的 50～100 mL 滤液，收集所需体积的滤液，加入适量硝酸，使硝酸含量达到 1%。元素总量，样品采集后立即加入适量硝酸，使硝酸含量达到 1%。

【固定剂】硝酸。

【保存方法】加硝酸，使硝酸含量达到 1%。

【保存期】—

【采样量】—

【容器洗涤】用洗涤剂和水依次洗净聚乙烯瓶，置于（1+1）硝酸溶液浸泡 24 h，用实验水彻底洗净。

【检出限】水平检出限：0.05 mg/L；垂直检出限：0.02 mg/L。

【质量保证和质量控制】每批样品至少做一个全程序空白，空白值应低于方法测定下限。否则应查明原因，重新分析直至合格之后才能测定样品。

【结果表示】小数位数与方法检出限保持一致，最多保留三位有效数字。

水质 钼和钛的测定 石墨炉原子吸收分光光度法（HJ 807—2016）

【适用范围】地表水、地下水、生活污水和工业废水。

【采样容器】聚乙烯瓶。

【采样方法】—

【固定剂】硝酸。

【保存方法】加硝酸酸化至 pH 值为 1～2。

【保存期】14 d。

【采样量】250 mL。

【容器洗涤】洗涤剂洗 1 次，自来水洗 2 次，（1+3）硝酸荡洗 1 次，自来水洗 3 次，去离子水洗 1 次。

【检出限】0.6 μg/L。

【质量保证和质量控制】—

【结果表示】当结果小于 10 μg/L 时，保留至小数点后一位；大于等于 10 μg/L 时，结果保留三位有效数字。

污水监测技术规范（HJ 91.1—2019）

【适用范围】采用手工方法对排污单位污水进行监测。

【采样容器】聚乙烯瓶或玻璃瓶。

【采样方法】—

【固定剂】硝酸。

【保存方法】加硝酸酸化至 pH 值为 1～2。

【保存期】14 d。

【采样量】—

【容器洗涤】—

【检出限】—

【质量保证和质量控制】—

22. 钠

水质 65 种元素的测定 电感耦合等离子体质谱法（HJ 700—2014）

【适用范围】地表水、地下水、生活污水、低浓度工业废水。

【采样容器】聚乙烯瓶。

【采样方法】样品采集后用 0.45 μm 滤膜过滤，弃去初始的滤液 50 mL，用少量的滤液清洗采样瓶，收集所需体积的滤液于采样瓶中。

【固定剂】（1+1）硝酸。

【保存方法】加（1+1）硝酸酸化至 pH<2。

【保存期】14 d。

【采样量】250 mL。

【容器洗涤】洗涤剂洗 1 次，自来水洗 2 次，（1+3）硝酸荡洗 1 次，自来水洗 3 次，去离子水洗 1 次。

【检出限】6.36 μg/L。

【质量保证和质量控制】每批样品应至少做一个全程序空白及实验室空白。空白值应符合下列的情况之一才能被认为是可接受的：（1）空白值低于方法检出限；（2）低于标准限值的 10%；（3）低于每一批样品最低值的 10%。否则须查找原因，重新分析直至合格之后才能分析样品。

【结果表示】小数位数与方法检出限保持一致，最多保留三位有效数字。

水质　32 种元素的测定　电感耦合等离子体发射光谱法（HJ 776—2015）

【适用范围】地表水、地下水、生活污水及工业废水。

【采样容器】聚乙烯瓶或玻璃瓶。

【采样方法】可溶性元素，样品采集后立即通过水系微孔滤膜过滤，弃去初始的 50～100 mL 滤液，收集所需体积的滤液，加入适量硝酸，使硝酸含量达到 1%。元素总量，样品采集后立即加入适量硝酸，使硝酸含量达到 1%。

【固定剂】硝酸。

【保存方法】加硝酸，使硝酸含量达到 1%。

【保存期】14 d。

【采样量】250 mL。

【容器洗涤】用洗涤剂和水依次洗净聚乙烯瓶，置于（1+1）硝酸溶液浸泡 24 h，用实验水彻底洗净。

【检出限】水平检出限：0.03 mg/L，垂直检出限：0.12 mg/L。

【质量保证和质量控制】每批样品至少做一个全程序空白，空白值应低于方法测定下限。否则应查明原因，重新分析直至合格之后才能测定样品。

【结果表示】小数位数与方法检出限保持一致，最多保留三位有效数字。

水质　可溶性阳离子（Li^+、Na^+、NH_4^+、K^+、Ca^{2+}、Mg^{2+}）的测定　离子色谱法（HJ 812—2016）

【适用范围】地表水、地下水、工业废水和生活污水。

【采样容器】聚乙烯瓶。

【采样方法】—

【固定剂】—

【保存方法】4℃冷藏、避光保存。

【保存期】7 d。

【采样量】250 mL。

【容器洗涤】洗涤剂洗 1 次，自来水洗 2 次，（1+3）硝酸荡洗 1 次，自来水洗 3 次，去离子水洗 1 次。

【检出限】0.02 mg/L。

【质量保证和质量控制】—

【结果表示】当样品含量小于 1 mg/L 时，保留至小数点后两位；大于等于 1 mg/L 时，结果保留三位有效数字。

污水监测技术规范（HJ 91.1—2019）

【适用范围】采用手工方法对排污单位污水进行监测。

【采样容器】聚乙烯瓶。

【采样方法】—

【固定剂】硝酸。

【保存方法】1 L 水样中加浓硝酸 10 mL。

【保存期】14 d。

【采样量】250 mL。

【容器洗涤】—

【检出限】—

【质量保证和质量控制】—

23. 硼

水质　硼的测定　姜黄素分光光度法（HJ/T 49—1999）

【适用范围】农田灌溉水、地下水和城市污水。

【采样容器】聚乙烯瓶。

【采样方法】—

【固定剂】—

【保存方法】4℃冷藏、密封保存。

【保存期】1 个月。

【采样量】—

【容器洗涤】—

【检出限】0.02 mg/L。

【质量保证和质量控制】—

【结果表示】—

水质　65 种元素的测定　电感耦合等离子体质谱法（HJ 700—2014）

【适用范围】地表水、地下水、生活污水、低浓度工业废水。

【采样容器】聚乙烯瓶。

【采样方法】样品采集后用 0.45 μm 滤膜过滤，弃去初始的滤液 50 mL，用少量的滤液清洗采样瓶，收集所需体积的滤液于采样瓶中。

【固定剂】（1+1）硝酸。

【保存方法】加（1+1）硝酸酸化至 pH＜2。

【保存期】14 d。

【采样量】250 mL。

【容器洗涤】洗涤剂洗 1 次，自来水洗 2 次，（1+3）硝酸荡洗 1 次，自来水洗 3 次，蒸馏水洗 1 次。

【检出限】1.25 μg/L。

【质量保证和质量控制】每批样品应至少做一个全程序空白及实验室空白。空白值应符合下列的情况之一才能被认为是可接受的：（1）空白值低于方法检出限；（2）低于标准限值的 10%；（3）低于每一批样品最低值的 10%。否则须查找原因，重新分析直至合格之后才能分析样品。

【结果表示】小数位数与方法检出限保持一致，最多保留三位有效数字。

水质　32 种元素的测定　电感耦合等离子体发射光谱法（HJ 776—2015）

【适用范围】地表水、地下水、生活污水及工业废水。

【采样容器】聚乙烯瓶。

【采样方法】可溶性元素，样品采集后立即通过水系微孔滤膜过滤，弃去初始的 50～100 mL 滤液，收集所需体积的滤液，加入适量硝酸，使硝酸含量达到 1%。元素总量，样品采集后立即加入适量硝酸，使硝酸含量达到 1%。

【固定剂】硝酸。

【保存方法】加硝酸，使硝酸含量达到 1%。

【保存期】14 d。

【采样量】250 mL。

【容器洗涤】用洗涤剂和水依次洗净聚乙烯瓶，置于（1+1）硝酸溶液浸泡 24 h，用实验水彻底洗净。

【检出限】水平检出限：0.01 mg/L；垂直检出限：0.4 mg/L。

【质量保证和质量控制】每批样品至少做一个全程序空白，空白值应低于方法测定下限。否则应查明原因，重新分析直至合格之后才能测定样品。

【结果表示】小数位数与方法检出限保持一致，最多保留三位有效数字。

污水监测技术规范（HJ/T 91.1—2019）

【适用范围】采用手工方法对排污单位污水进行监测。

【采样容器】聚乙烯瓶。

【采样方法】—

【固定剂】硝酸。

【保存方法】1 L 水样中加浓硝酸 10 mL。

【保存期】14 d。

【采样量】250 mL。

【容器洗涤】—

【检出限】—

【质量保证和质量控制】—

24．全盐量

水质　全盐量的测定　重量法（HJ/T 51—1999）

【适用范围】农田灌溉水质、地下水和城市污水。

【采样容器】聚乙烯瓶或玻璃瓶。

【采样方法】—

【固定剂】—

【保存方法】—

【保存期】—

【采样量】500 mL。

【容器洗涤】—

【检出限】10 mg/L。

【质量保证和质量控制】—

【结果表示】—

25. 溶解氧

水质　溶解氧的测定　碘量法（GB/T 7489—1987）

【适用范围】溶解氧浓度大于 0.2 mg/L 和小于氧的饱和浓度两倍（约 20 mg/L）的水样。

【采样容器】细口玻璃瓶。

【采样方法】试样充满全部细口瓶。

【固定剂】1 mL 二价硫酸锰，2 mL 碱性碘化物—叠氮化物。

【保存方法】避光保存。

【保存期】若避光保存，样品最长贮藏 24 h。

【采样量】250～300 mL。

【容器洗涤】—

【检出限】—

【质量保证和质量控制】—

【结果表示】一位小数。

水质　溶解氧的测定　电化学探头法（HJ 506—2009）

【适用范围】地表水、地下水、生活污水、工业废水和盐水。

【采样容器】溶解氧瓶。

【采样方法】—

【固定剂】—

【保存方法】—

【保存期】—

【采样量】—

【容器洗涤】—

【检出限】—

【质量保证和质量控制】—

【结果表示】—

26. 色度

水质　色度的测定（GB/T 11903—1989）

【适用范围】铂钴比色法适用于清洁水、轻度污染并略带黄色调的水、比较清洁的地面水、地下水和饮用水等。稀释倍数法适用于污染较严重的地面水和工业废水。

【采样容器】玻璃瓶。

【采样方法】—

【固定剂】—

【保存方法】贮存于暗处，避免与空气接触，同时要避免温度的变化。

【保存期】—

【采样量】1 L。

【容器洗涤】盐酸或表面活性剂溶液清洗，然后用蒸馏水或去离子水清洗、沥干。

【检出限】—

【质量保证和质量控制】—

【结果表示】0～40 度（不包括 40 度）准确到 5 度，40～70 度范围准确到 10 度。

污水监测技术规范（HJ 91.1—2019）

【适用范围】采用手工方法对排污单位污水进行监测。

【采样容器】聚乙烯瓶或玻璃瓶。

【采样方法】—

【固定剂】—

【保存方法】—

【保存期】12 h。

【采样量】1000 mL。

【容器洗涤】—

【检出限】—

【质量保证和质量控制】—

27. 生化需氧量

水质　五日生化需氧量（BOD_5）的测定　稀释与接种法（HJ 505—2009）

【适用范围】地表水、工业废水和生活污水。

【采样容器】棕色玻璃瓶。

【采样方法】充满并密封于棕色玻璃瓶中。

【固定剂】—

【保存方法】在 0～4℃的暗处运输和保存，并在 24 h 内尽快分析。24 h 不能分析，可冷冻保存（冷冻保存时避免样品瓶破裂），冷冻样品分析前需解冻、均质化和接种。

【保存期】24 h。

【采样量】不小于 1 000 mL。

【容器洗涤】—

【检出限】0.5 mg/L。

【质量保证和质量控制】—

【结果表示】当结果小于 100 mg/L 时，保留一位小数；100～1 000 mg/L，取整数位；大于 1 000 mg/L 以科学计数法。

水质　生化需氧量（BOD）的测定　微生物传感器快速测定法（HJ/T 86—2002）

【适用范围】地表水、生活污水和不含对微生物有明显毒害作用的工业废水。

【采样容器】—

【采样方法】—

【固定剂】—

【保存方法】0～4℃冷藏保存。

【保存期】样品不能在 2 h 内分析时，在 0～4℃冷藏保存，6 h 内分析，不能超过 24 h。

【采样量】—

【容器洗涤】—

【检出限】—

【质量保证和质量控制】—

【结果表示】—

污水监测技术规范（HJ 91.1—2019）

【适用范围】采用手工方法对排污单位污水进行监测。

【采样容器】溶解氧瓶或聚乙烯瓶。

【采样方法】—

【固定剂】—

【保存方法】溶解氧瓶 0～5℃冷藏，避光保存；聚乙烯瓶-20℃冷冻。

【保存期】溶解氧瓶 0～5℃冷藏保存 12 h；聚乙烯瓶-20℃冷冻保存 30 d。

【采样量】溶解氧瓶 250 mL；聚乙烯瓶 1 000 mL。

【容器洗涤】—

【检出限】—

【质量保证和质量控制】—

28. 铊

水质　65 种元素的测定　电感耦合等离子体质谱法（HJ 700—2014）

【适用范围】地表水、地下水、生活污水、低浓度工业废水。

【采样容器】—

【采样方法】样品采集后用 0.45 μm 滤膜过滤，弃去初始的滤液 50 mL，用少量的滤液清洗采样瓶，收集所需体积的滤液于采样瓶中。

【固定剂】（1+1）硝酸。

【保存方法】加（1+1）硝酸酸化至 pH＜2。

【保存期】—

【采样量】—

【容器洗涤】—

【检出限】0.02 μg/L。

【质量保证和质量控制】每批样品应至少做一个全程序空白及实验室空白。空白值应符合下列的情况之一才能被认为是可接受的：（1）空白值低于方法检出限；（2）低于标准限值的 10%；（3）低于每一批样品最低值的 10%。否则须查找原因，重新分析直至合格之后才能分析样品。

【结果表示】小数位数与方法检出限保持一致，最多保留三位有效数字。

水质　铊的测定　石墨炉原子吸收分光光度法（HJ 748—2015）

【适用范围】地表水、地下水、生活污水和工业废水。

【采样容器】聚乙烯瓶或硬质玻璃瓶。

【采样方法】—

【固定剂】硝酸。

【保存方法】10 mL 硝酸。

【保存期】14 d。

【采样量】1 L。

【容器洗涤】—

【检出限】0.83 μg/L。

【质量保证和质量控制】—

【结果表示】沉淀富集法测定结果保留小数点后两位；直接法测定结果保留三位有效数字。

污水监测技术规范（HJ 91.1—2019）

【适用范围】采用手工方法对排污单位污水进行监测。

【采样容器】聚乙烯瓶或玻璃瓶。

【采样方法】—

【固定剂】硝酸。

【保存方法】1 L 水样中加浓硝酸 10 mL。

【保存期】14 d。

【采样量】1 000 mL。

【容器洗涤】—

【检出限】—

【质量保证和质量控制】—

29. 钛

水质　65 种元素的测定　电感耦合等离子体质谱法（HJ 700—2014）

【适用范围】地表水、地下水、生活污水、低浓度工业废水。

【采样容器】—

【采样方法】样品采集后用 0.45 μm 滤膜过滤，弃去初始的滤液 50 mL，用少量的滤液清洗采样瓶，收集所需体积的滤液于采样瓶中。

【固定剂】（1+1）硝酸。

【保存方法】加（1+1）硝酸酸化至 pH<2。

【保存期】—

【采样量】—

【容器洗涤】洗涤剂洗 1 次，自来水洗 2 次，（1+3）硝酸荡洗 1 次，自来水洗 3 次，蒸馏水洗 1 次。

【检出限】0.46 μg/L。

【质量保证和质量控制】每批样品应至少做一个全程序空白及实验室空白。空白值应符合下列的情况之一才能被认为是可接受的：（1）空白值低于方法检出限；（2）低于标准限值的 10%；（3）低于每一批样品最低值的 10%。否则须查找原因，重新分析直至合格之后才能分析样品。

【结果表示】小数位数与方法检出限保持一致，最多保留三位有效数字。

水质　32 种元素的测定　电感耦合等离子体发射光谱法（HJ 776—2015）

【适用范围】地表水、地下水、生活污水及工业废水。

【采样容器】—

【采样方法】可溶性元素，样品采集后立即通过水系微孔滤膜过滤，弃去初始的 50～100 mL 滤液，收集所需体积的滤液，加入适量硝酸，使硝酸含量达到 1%。元素总量，样品采集后立即加入适量硝酸，使硝酸含量达到 1%。

【固定剂】硝酸。

【保存方法】加硝酸，使硝酸含量达到 1%。

【保存期】—

【采样量】—

【容器洗涤】用洗涤剂和水依次洗净聚乙烯瓶，置于（1+1）硝酸溶液浸泡 24 h，用实验水彻底洗净。

【检出限】水平检出限：0.02 mg/L；垂直检出限：0.02 mg/L。

【质量保证和质量控制】每批样品至少做一个全程序空白，空白值应低于方法测定下限。否则应查明原因，重新分析直至合格之后才能测定样品。

【结果表示】小数位数与方法检出限保持一致，最多保留三位有效数字。

水质　钼和钛的测定　石墨炉原子吸收分光光度法（HJ 807—2016）

【适用范围】地表水、地下水、生活污水和工业废水。

【采样容器】聚乙烯瓶。

【采样方法】—

【固定剂】硝酸。

【保存方法】加硝酸酸化至 pH 值为 1～2。

【保存期】14 d。

【采样量】250 mL。
【容器洗涤】—
【检出限】7 μg/L。
【质量保证和质量控制】—
【结果表示】当结果小于100 μg/L时，保留至整数位；大于等于100 μg/L时，结果保留三位有效数字。

污水监测技术规范（HJ 91.1—2019）

【适用范围】采用手工方法对排污单位污水进行监测。
【采样容器】聚乙烯瓶或玻璃瓶。
【采样方法】—
【固定剂】硝酸。
【保存方法】1 L 水样中加浓硝酸 10 mL。
【保存期】14 d。
【采样量】250 mL。
【容器洗涤】—
【检出限】—
【质量保证和质量控制】—

30. 锑

水质　汞、砷、硒、铋和锑的测定　原子荧光法（HJ 694—2014）

【适用范围】地表水、地下水、生活污水和工业废水。
【采样容器】聚乙烯瓶或玻璃瓶。
【采样方法】—
【固定剂】浓盐酸。
【保存方法】1 L 水样中加浓盐酸 2 mL。
【保存期】14 d。
【采样量】250 mL。
【容器洗涤】洗涤剂洗 1 次，自来水洗 2 次，（1+3）硝酸荡洗 1 次，自来水洗 3 次，去离子水洗 1 次。
【检出限】0.2 μg/L。
【质量保证和质量控制】全程空白的测试结果应小于方法检出限。
【结果表示】结果小于 10 μg/L 时，保留至小数点后一位；大于 10 μg/L 时，结果保留三位有效数字。

水质　65 种元素的测定　电感耦合等离子体质谱法（HJ 700—2014）

【适用范围】地表水、地下水、生活污水、低浓度工业废水。
【采样容器】聚乙烯瓶或玻璃瓶。
【采样方法】样品采集后用 0.45 μm 滤膜过滤，弃去初始的滤液 50 mL，用少量的滤液清洗采样瓶，收集所需体积的滤液于采样瓶中。
【固定剂】（1+1）硝酸。

【保存方法】加（1+1）硝酸酸化至 pH<2。

【保存期】14 d。

【采样量】250 mL。

【容器洗涤】洗涤剂洗 1 次，自来水洗 2 次，（1+3）硝酸荡洗 1 次，自来水洗 3 次，蒸馏水洗 1 次。

【检出限】0.15 μg/L。

【质量保证和质量控制】每批样品应至少做一个全程序空白及实验室空白。空白值应符合下列的情况之一才能被认为是可接受的：（1）空白值低于方法检出限；（2）低于标准限值的 10%；（3）低于每一批样品最低值的 10%。否则须查找原因，重新分析直至合格之后才能分析样品。

【结果表示】小数位数与方法检出限保持一致，最多保留三位有效数字。

水质　32 种元素的测定　电感耦合等离子体发射光谱法（HJ 776—2015）

【适用范围】地表水、地下水、生活污水及工业废水。

【采样容器】聚乙烯瓶或玻璃瓶。

【采样方法】可溶性元素，样品采集后立即通过水系微孔滤膜过滤，弃去初始的 50～100 mL 滤液，收集所需体积的滤液，加入适量硝酸，使硝酸含量达到 1%。元素总量，样品采集后立即加入适量硝酸，使硝酸含量达到 1%。

【固定剂】硝酸。

【保存方法】加硝酸，使硝酸含量达到 1%。

【保存期】14 d。

【采样量】250 mL。

【容器洗涤】用洗涤剂和水依次洗净聚乙烯瓶，置于（1+1）硝酸溶液浸泡 24 h，用实验水彻底洗净。

【检出限】水平检出限：0.2 mg/L；垂直检出限：0.06 mg/L。

【质量保证和质量控制】每批样品至少做一个全程序空白，空白值应低于方法测定下限。否则应查明原因，重新分析直至合格之后才能测定样品。

【结果表示】小数位数与方法检出限保持一致，最多保留三位有效数字。

污水监测技术规范（HJ 91.1—2019）

【适用范围】采用手工方法对排污单位污水进行监测。

【采样容器】聚乙烯瓶或玻璃瓶。

【采样方法】—

【固定剂】盐酸。

【保存方法】氢化物法 0.2%盐酸；如用原子荧光法测定，1 L 水样中加浓盐酸 10 mL。

【保存期】14 d。

【采样量】250 mL。

【容器洗涤】—

【检出限】—

【质量保证和质量控制】—

31. 铁（Ⅱ、Ⅲ）氰络合物

水质　铁（Ⅱ、Ⅲ）氰络合物的测定　原子吸收分光光度法（GB/T 13898—1992）

【适用范围】火工品生产厂工厂排出口废水。

【采样容器】玻璃瓶。

【采样方法】—

【固定剂】氢氧化钠。

【保存方法】采样后立即加 100 g/L 氢氧化钠溶液调节 pH＞12，于 2～5℃下冷藏保存。

【保存期】24 h。

【采样量】—

【容器洗涤】—

【检出限】0.5 mg/L。

【质量保证和质量控制】—

【结果表示】—

水质　铁（Ⅱ、Ⅲ）氰络合物的测定　三氯化铁分光光度法（GB/T 13899—1992）

【适用范围】火工品生产厂工厂排出口废水。

【采样容器】玻璃瓶。

【采样方法】—

【固定剂】硫代硫酸钠、氢氧化钠。

【保存方法】采集后每升水样中加入 1 mL 硫代硫酸钠溶液（25 g/L），在不断摇动下加 100 g/L 氢氧化钠溶液调节 pH＞12，于 2～5℃下冷藏保存。

【保存期】24 h。

【采样量】—

【容器洗涤】—

【检出限】0.4 mg/L。

【质量保证和质量控制】—

【结果表示】—

32. 无机阴离子

水质　无机阴离子（F^-、Cl^-、NO_2^-、Br^-、NO_3^-、PO_4^{3-}、SO_3^{2-}、SO_4^{2-}）的测定　离子色谱法（HJ 84—2016）

【适用范围】地表水、地下水、工业废水和生活污水。

【采样容器】见表 1。

【采样方法】—

【固定剂】—

【保存方法】及【保存期】见表 1。

表 1 水样的保存方法及保存期

离子名称	盛放容器的材质	保存时间
F^-	聚乙烯瓶	14 d
Cl^-	聚乙烯瓶或硬质玻璃瓶	30 d
NO_2^-	聚乙烯瓶或硬质玻璃瓶	2 d
Br^-	聚乙烯瓶或硬质玻璃瓶	2 d
NO_3^-	聚乙烯瓶或硬质玻璃瓶	7 d
PO_4^{3-}	聚乙烯瓶或硬质玻璃瓶	2 d
SO_3^{2-}	聚乙烯瓶或硬质玻璃瓶	7 d
SO_4^{2-}	聚乙烯瓶或硬质玻璃瓶	30 d

【采样量】—

【容器洗涤】—

【检出限】见表 2。

表 2 方法检出限

单位：mg/L

离子名称	F^-	Cl^-	NO_2^-	Br^-	NO_3^-	PO_4^{3-}	SO_3^{2-}	SO_4^{2-}
方法检出限	0.006	0.007	0.016	0.016	0.016	0.051	0.046	0.018

【质量保证和质量控制】—

【结果表示】当结果小于 1 mg/L 时，保留至小数点后三位；大于等于 1 mg/L 时，结果保留三位有效数字。

33. 硝酸盐氮

水质 硝酸盐氮的测定 气相分子吸收光谱法（HJ/T 198—2005）

【适用范围】地表水、地下水、海水、饮用水、生活污水及工业污水。

【采样容器】聚乙烯瓶或玻璃瓶。

【采样方法】—

【固定剂】硫酸。

【保存方法】加硫酸酸化至 pH＜2。

【保存期】24 h。

【采样量】—

【容器洗涤】—

【检出限】0.006 mg/L。

【质量保证和质量控制】—

【结果表示】—

水质 氰化物等的测定 真空检测管-电子比色法（HJ 659—2013）

【适用范围】地下水、地表水、生活污水和工业废水。

【采样容器】聚乙烯瓶或玻璃瓶。

【采样方法】—
【固定剂】无须添加固定剂。
【保存方法】—
【保存期】现场测定。
【采样量】250 mL。
【容器洗涤】洗涤剂洗 1 次，自来水洗 3 次，蒸馏水洗 1 次。
【检出限】0.7 mg/L。
【质量保证和质量控制】每批样品应同步做一个全程序空白，测定结果应低于方法检出限，否则应检查真空检测管。
【结果表示】有效位数保留到定量下限位数。

水质　无机阴离子（F^-、Cl^-、NO_2^-、Br^-、NO_3^-、PO_4^{3-}、SO_3^{2-}、SO_4^{2-}）的测定　离子色谱法（HJ 84—2016）

【适用范围】地表水、地下水、工业废水和生活污水。
【采样容器】硬质玻璃瓶或聚乙烯瓶。
【采样方法】—
【固定剂】—
【保存方法】4℃冷藏、避光保存。
【保存期】7 d。
【采样量】250 mL。
【容器洗涤】洗涤剂洗 1 次，自来水洗 3 次，蒸馏水洗 1 次。
【检出限】0.016 mg/L。
【质量保证和质量控制】—
【结果表示】当结果小于 1 mg/L 时，保留至小数点后三位；大于等于 1 mg/L 时，结果保留三位有效数字。

污水监测技术规范（HJ 91.1—2019）

【适用范围】采用手工方法对排污单位污水进行监测。
【采样容器】聚乙烯瓶或玻璃瓶。
【采样方法】—
【固定剂】—
【保存方法】4℃冷藏、避光保存。
【保存期】24 h。
【采样量】250 mL。
【容器洗涤】—
【检出限】—
【质量保证和质量控制】—

34. 悬浮物

水质　悬浮物的测定　重量法（GB/T 11901—1989）

【适用范围】地面水、地下水，也适用于生活污水和工业废水。

【采样容器】聚乙烯瓶或硬质玻璃瓶。

【采样方法】—

【固定剂】—

【保存方法】4℃冷藏保存。

【保存期】7 d。

【采样量】500～1 000 mL。

【容器洗涤】采样瓶用洗涤剂洗净，再依次用自来水和蒸馏水冲洗干净，在采样之前，再用即将采集的水样清洗 3 次。

【检出限】—

【质量保证和质量控制】—

【结果表示】—

污水监测技术规范（HJ 91.1—2019）

【适用范围】采用手工方法对排污单位污水进行监测。

【采样容器】聚乙烯瓶或玻璃瓶。

【采样方法】—

【固定剂】—

【保存方法】0～5℃冷藏、避光保存。

【保存期】14 d。

【采样量】500 mL。

【容器洗涤】—

【检出限】—

【质量保证和质量控制】—

35. 亚氯酸盐

水质　二氧化氯和亚氯酸盐的测定　连续滴定碘量法（HJ 551—2016）

【适用范围】使用亚漂工艺的纺织染整工业排放废水。

【采样容器】聚乙烯瓶或玻璃瓶。

【采样方法】二氧化氯和亚氯酸盐在水中不稳定，易挥发和被还原性物质分解，采集样品时水样应充满采样瓶，勿留空间和气泡，避免受热、光照和剧烈震动。

【固定剂】—

【保存方法】—

【保存期】—

【采样量】100 mL。

【容器洗涤】—

【检出限】二氧化氯的方法检出限为 0.09 mg/L，亚氯酸盐（以亚氯酸根计）的方法检出限为 0.08 mg/L。

【质量保证和质量控制】每批样品至少测定 10%的平行双样，当样品数量少于 10 个时，应至少测定一个平行双样，平行双样的相对偏差应≤20%。

【结果表示】当结果小于 1 mg/L 时，保留小数点后两位；大于等于 1 mg/L 时，结果保留三位有效数字。

36. 亚硝酸盐氮

水质　亚硝酸盐氮的测定　分光光度法（GB/T 7493—1987）

【适用范围】饮用水、地下水、地面水及废水。

【采样容器】聚乙烯瓶或玻璃瓶。

【采样方法】—

【固定剂】氯化汞。

【保存方法】每升样品加入 40 mg 氯化汞，2～5℃冷藏保存。

【保存期】1～2 d。

【采样量】—

【容器洗涤】—

【检出限】0.003 mg/L。

【质量保证和质量控制】—

【结果表示】三位小数。

水质　亚硝酸盐氮的测定　气相分子吸收光谱法（HJ/T 197—2005）

【适用范围】地表水、地下水、海水、饮用水、生活污水及工业污水。

【采样容器】聚乙烯瓶或玻璃瓶。

【采样方法】水样充满瓶。

【固定剂】—

【保存方法】4℃冷藏保存。

【保存期】—

【采样量】—

【容器洗涤】—

【检出限】0.003 mg/L。

【质量保证和质量控制】—

【结果表示】—

水质　无机阴离子（F^-、Cl^-、NO_2^-、Br^-、NO_3^-、PO_4^{3-}、SO_3^{2-}、SO_4^{2-}）的测定　离子色谱法（HJ 84—2016）

【适用范围】地表水、地下水、工业废水和生活污水。

【采样容器】聚乙烯瓶或硬质玻璃瓶。

【采样方法】—

【固定剂】—
【保存方法】4℃冷藏、避光保存。
【保存期】2 d。
【采样量】250 mL。
【容器洗涤】洗涤剂洗 1 次，自来水洗 3 次，蒸馏水洗 1 次。
【检出限】0.016 mg/L。
【质量保证和质量控制】—
【结果表示】当结果小于 1 mg/L 时，保留至小数点后三位；大于等于 1 mg/L 时，结果保留三位有效数字。

水质　氰化物等的测定　真空检测管-电子比色法（HJ 659—2013）

【适用范围】地下水、地表水、生活污水和工业废水。
【采样容器】聚乙烯瓶或玻璃瓶。
【采样方法】—
【固定剂】无须添加固定剂。
【保存方法】—
【保存期】现场测定。
【采样量】250 mL。
【容器洗涤】洗涤剂洗 1 次，自来水洗 3 次，蒸馏水洗 1 次。
【检出限】0.03 mg/L。
【质量保证和质量控制】每批样品应同步做一个全程序空白，测定结果应低于方法检出限，否则应检查真空检测管。
【结果表示】有效位数保留到定量下限位数。

污水监测技术规范（HJ 91.1—2019）

【适用范围】采用手工方法对排污单位污水进行监测。
【采样容器】聚乙烯瓶或玻璃瓶。
【采样方法】—
【固定剂】—
【保存方法】4℃冷藏、避光保存。
【保存期】24 h。
【采样量】250 mL。
【容器洗涤】—
【检出限】—
【质量保证和质量控制】—

37. 阴离子表面活性剂（LAS）

水质 阴离子表面活性剂的测定 亚甲基蓝分光光度法（GB/T 7494—1987）

【适用范围】饮用水、地面水、生活污水及工业废水。

【采样容器】玻璃瓶。

【采样方法】—

【固定剂】1%的40%甲醛溶液。

【保存方法】短期保存4℃冷藏，超过24 h，甲醛保存。

【保存期】加甲醛溶液可保存4 d，氯仿饱和水样可保存8 d。

【采样量】—

【容器洗涤】甲醇。

【检出限】0.05 mg/L。

【质量保证和质量控制】—

【结果表示】三位小数。

水质 阴离子洗涤剂的测定 电位滴定法（GB/T 13199—1991）

【适用范围】污染水体。

【采样容器】玻璃。

【采样方法】—

【固定剂】硫酸。

【保存方法】加硫酸酸化至pH≤2，4℃冷藏保存。

【保存期】3 d。

【采样量】—

【容器洗涤】—

【检出限】5 mg/L。

【质量保证和质量控制】—

【结果表示】—

水质 阴离子表面活性剂的测定 流动注射-亚甲基蓝分光光度法（HJ 826—2017）

【适用范围】地表水、地下水、生活污水和工业废水。

【采样容器】玻璃瓶。

【采样方法】—

【固定剂】甲醛。

【保存方法】加甲醛使甲醛体积浓度为1%，4℃冷藏保存。

【保存期】1周。

【采样量】—

【容器洗涤】—

【检出限】0.04 mg/L。

【质量保证和质量控制】每批样品至少测定一个全程序空白，空白值不得超过方法测定下限，否则应查明原因，重新分析直至合格后才能测定样品。

【结果表示】当结果小于 1 mg/L 时，保留至小数点后两位；大于等于 1 mg/L 时，结果保留三位有效数字。

污水监测技术规范（HJ 91.1—2019）

【适用范围】采用手工方法对排污单位污水进行监测。

【采样容器】玻璃瓶。

【采样方法】—

【固定剂】甲醛。

【保存方法】1%（体积分数）的甲醛，0～5℃冷藏保存。

【保存期】4 d。

【采样量】250 mL。

【容器洗涤】—

【检出限】—

【质量保证和质量控制】—

38. 应急监测

水质　氰化物等的测定　真空检测管-电子比色法（HJ 659—2013）

【适用范围】地下水、地表水、生活污水和工业废水。

【采样容器】—

【采样方法】—

【固定剂】无须添加固定剂。

【保存方法】—

【保存期】现场测定。

【采样量】—

【容器洗涤】—

【检出限】见表 1。

表 1　本方法检出限

序号	化合物名称	检出限/（mg/L）	序号	化合物名称	检出限/（mg/L）
1	氰化物	0.009	7	亚硝酸盐（N）	0.03
2	氟化物	0.5	8	二价锰	0.5
3	硫化物	0.1	9	六价铬	0.1
4	氨 氮	0.2	10	镍	0.2
5	磷酸盐	0.05	11	苯胺	0.1
6	硝酸盐（N）	0.7	12	COD_{Cr}	10

【质量保证和质量控制】每批样品应同步做一个全程序空白，测定结果应低于方法检出限，否则应检查真空检测管。

【结果表示】有效位数保留到定量下限位数，化学需氧量取整数位。

39. 游离氯和总氯

水质　游离氯和总氯的测定　*N,N*-二乙基-1,4-苯二胺滴定法（HJ 585—2010）

【适用范围】工业废水、医疗废水、生活污水、中水和污水再生的景观用水。

【采样容器】棕色玻璃瓶。

【采样方法】—

【固定剂】1% 2.0 mol/L 氢氧化钠。

【保存方法】加 1% 2.0 mol/L 氢氧化钠，4℃冷藏保存。

【保存期】5 d。

【采样量】—

【容器洗涤】—

【检出限】0.02 mg/L。

【质量保证和质量控制】—

【结果表示】当结果小于 10 mg/L 时，保留至小数点后两位；大于等于 10 mg/L 时，保留三位有效数字。

水质　游离氯和总氯的测定　*N,N*-二乙基-1,4-苯二胺分光光度法（HJ 586—2010）

【适用范围】地表水、工业废水、医疗废水、生活污水、中水和污水再生的景观用水。

【采样容器】棕色玻璃瓶。

【采样方法】—

【固定剂】1% 2.0 mol/L 氢氧化钠。

【保存方法】加 1% 2.0 mol/L 氢氧化钠，4℃冷藏保存。

【保存期】5 d。

【采样量】—

【容器洗涤】—

【检出限】0.03 mg/L。

【质量保证和质量控制】—

【结果表示】当结果小于 0.01 mg/L 时，保留至小数点后三位；大于等于 0.01 mg/L 且小于 10 mg/L 时，保留至小数点后两位；大于等于 10 mg/L 时，保留三位有效数字。

40. 元素磷

水质　单质磷的测定　磷钼蓝分光光度法（暂行）（HJ 593—2010）

【适用范围】地表水、地下水、工业废水和生活污水。

【采样容器】聚乙烯瓶或硬质玻璃瓶。

【采样方法】—

【固定剂】—

【保存方法】调节 pH 值为 6～7。

【保存期】48 h。

【采样量】—

【容器洗涤】—

【检出限】0.003 mg/L。

【质量保证和质量控制】—

【结果表示】—

水质 65 种元素的测定 电感耦合等离子体质谱法（HJ 700—2014）

【适用范围】地表水、地下水、生活污水、低浓度工业废水。

【采样容器】—

【采样方法】样品采集后用 0.45 μm 滤膜过滤，弃去初始的滤液 50 mL，用少量的滤液清洗采样瓶，收集所需体积的滤液于采样瓶中。

【固定剂】（1+1）硝酸。

【保存方法】加（1+1）硝酸酸化至 pH＜2。

【保存期】—

【采样量】—

【容器洗涤】洗涤剂洗 1 次，自来水洗 2 次，（1+3）硝酸荡洗 1 次，自来水洗 3 次，蒸馏水洗 1 次。

【检出限】19.6 μg/L。

【质量保证和质量控制】每批样品应至少做一个全程序空白及实验室空白。空白值应符合下列的情况之一才能被认为是可接受的：（1）空白值低于方法检出限；（2）低于标准限值的 10%；（3）低于每一批样品最低值的 10%。否则须查找原因，重新分析直至合格之后才能分析样品。

【结果表示】小数位数与方法检出限保持一致，最多保留三位有效数字。

水质 32 种元素的测定 电感耦合等离子体发射光谱法（HJ 776—2015）

【适用范围】地表水、地下水、生活污水及工业废水。

【采样容器】—

【采样方法】可溶性元素，样品采集后立即通过水系微孔滤膜过滤，弃去初始的 50～100 mL 滤液，收集所需体积的滤液，加入适量硝酸，使硝酸含量达到 1%。元素总量，样品采集后立即加入适量硝酸，使硝酸含量达到 1%。

【固定剂】硝酸。

【保存方法】加硝酸，使硝酸含量达到 1%。

【保存期】—

【采样量】—

【容器洗涤】用洗涤剂和水依次洗净聚乙烯瓶，置于（1+1）硝酸溶液浸泡 24 h，用实验水彻底洗净。

【检出限】水平检出限：0.04 mg/L；垂直检出限：0.06 mg/L。

【质量保证和质量控制】每批样品至少做一个全程序空白，空白值应低于方法测定下限。否则应查明原因，重新分析直至合格之后才能测定样品。

【结果表示】小数位数与方法检出限保持一致，最多保留三位有效数字。

污水监测技术规范（HJ 91.1—2019）

【适用范围】采用手工方法对排污单位污水进行监测。

【采样容器】聚乙烯瓶或玻璃瓶。

【采样方法】—

【固定剂】—

【保存方法】pH 值为 6～7。

【保存期】48 h。

【采样量】—

【容器洗涤】—

【检出限】—

【质量保证和质量控制】—

41. 重金属

水质　65 种元素的测定　电感耦合等离子体质谱法（HJ 700—2014）

【适用范围】地表水、地下水、生活污水、低浓度工业废水。

【采样容器】—

【采样方法】样品采集后用 0.45 μm 滤膜过滤，弃去初始的滤液 50 mL，用少量的滤液清洗采样瓶，收集所需体积的滤液于采样瓶中。

【固定剂】硝酸。

【保存方法】加硝酸酸化至 pH＜2。

【保存期】—

【采样量】—

【容器洗涤】—

【检出限】见表 1。

表 1　65 种元素检出限

单位：μg/L

元素	检出限	元素	检出限	元素	检出限	元素	检出限
银	0.04	铒	0.02	钼	0.06	硒	0.41
铝	1.15	铕	0.04	钠	6.36	钐	0.04
砷	0.12	铁	0.82	铌	0.02	锡	0.08
金	0.02	镓	0.02	钕	0.04	锶	0.29
硼	1.25	钆	0.03	镍	0.06	铽	0.05
钡	0.20	锗	0.02	磷	19.6	碲	0.05
铍	0.04	铪	0.03	铅	0.09	钍	0.05
铋	0.03	钬	0.03	钯	0.02	钛	0.46
钙	6.61	铟	0.03	镨	0.04	铊	0.02
镉	0.05	铱	0.04	铂	0.03	铥	0.04
铈	0.03	钾	2.50	铷	0.04	铀	0.04
钴	0.03	镧	0.02	铼	0.04	钒	0.08
铬	0.11	锂	0.33	铑	0.03	钨	0.43
铯	0.03	镥	0.04	钌	0.05	钇	0.04
铜	0.08	镁	1.94	锑	0.15	镱	0.05
镝	0.03	锰	0.12	钪	0.20	锌	0.67
锆	0.04						

【质量保证和质量控制】每批样品应至少做一个全程序空白及实验室空白。空白值应符合下列的情况之一才能被认为是可接受的：（1）空白值低于方法检出限；（2）低于标准限值的 10%；（3）低于每一批样品最低值的 10%。否则须查找原因，重新分析直至合格之后才能分析样品。

【结果表示】小数位数与方法检出限保持一致，最多保留三位有效数字。

水质 32 种元素的测定 电感耦合等离子体发射光谱法（HJ 776—2015）

【适用范围】地表水、地下水、生活污水及工业废水。

【采样容器】聚乙烯瓶。

【采样方法】可溶性元素，样品采集后立即通过水系微孔滤膜过滤，弃去初始的 50～100 mL 滤液，收集所需体积的滤液，加入适量硝酸，使硝酸含量达到 1%。元素总量，样品采集后立即加入适量硝酸，使硝酸含量达到 1%。

【固定剂】硝酸。

【保存方法】加硝酸，使硝酸含量达到 1%。

【保存期】—

【采样量】—

【容器洗涤】用洗涤剂和水依次洗净聚乙烯瓶，置于（1+1）硝酸溶液浸泡 24 h，用实验水彻底洗净。

【检出限】见表 1。

表 1 32 种元素检出限

单位：mg/L

元素	水平检出限	垂直检出限	元素	水平检出限	垂直检出限
银	0.03	0.02	锰	0.01	0.004
铝	0.009	0.07	钼	0.05	0.02
砷	0.2	0.2	钠	0.03	0.12
硼	0.01	0.4	镍	0.007	0.02
钡	0.01	0.002	磷	0.04	0.06
铍	0.008	0.010	铅	0.1	0.07
铋	0.04	0.08	硫	1.0	0.52
钙	0.02	0.02	锑	0.2	0.06
镉	0.05	0.005	硒	0.03	0.1
钴	0.02	0.01	硅	0.02	0.1
铬	0.03	0.03	锡	0.04	0.2
铜	0.04	0.006	锶	0.01	0.01
铁	0.01	0.02	钛	0.02	0.02
钾	0.07	0.05	钒	0.01	0.01
锂	0.02	0.009	锌	0.009	0.004
镁	0.02	0.003	锆	0.01	0.09

【质量保证和质量控制】每批样品至少做一个全程序空白，空白值应低于方法测定下限。否则应查明原因，重新分析直至合格之后才能测定样品。

【结果表示】小数位数与方法检出限保持一致，最多保留三位有效数字。

42. 浊度

水质 浊度的测定（GB/T 13200—1991）

【适用范围】第一篇 分光光度法，适用于饮用水、天然水及高浊度水。第二篇 目视比浊法，适用于饮用水和水源水等低浊度的水。

【采样容器】玻璃瓶。

【采样方法】—

【固定剂】—

【保存方法】0～4℃冷藏、避光保存。

【保存期】24 h。

【采样量】—

【容器洗涤】—

【检出限】分光光度法：3 度；目视比浊法：1 度。

【质量保证和质量控制】—

【结果表示】—

43. 总α放射性

水质 总α放射性的测定 厚源法（HJ 898—2017）

【适用范围】地表水、地下水、工业废水和生活污水。

【采样容器】聚乙烯桶。

【固定剂】（1+1）硝酸。

【保存方法】每升样品加入 20 mL（1+1）硝酸。

【保存期】一般不得超过 2 个月。

【采样量】采样量建议不少于 6 L。

【容器洗涤】—

【检出限】—

【质量保证和质量控制】每批次（≤20）样品，随机抽取 10%～20%的样品进行平行双样测定，样品数量少于 10 个时，应至少测定 1 对平行双样。每批次（≤20）样品，随机抽取 5%～10%的样品做加标回收率测定，样品数量少于 10 个时，应至少测定 1 个加标回收率。每更新一批试剂均需进行实验室全过程空白试样测定。

【结果表示】当测定结果小于 0.1 Bq/L 时，保留小数点后三位；测定结果大于等于 0.1 Bq/L 时，保留三位有效数字。

44. 总β放射性

水质 总β放射性的测定 厚源法（HJ 899—2017）

【适用范围】地表水、地下水、工业废水和生活污水。

【采样容器】聚乙烯桶。

【固定剂】（1+1）硝酸。

【保存方法】每升样品加入 20 mL（1+1）硝酸。

【保存期】一般不得超过 2 个月。

【采样量】采样量建议不少于 6 L。

【容器洗涤】—

【检出限】—

【质量保证和质量控制】每批次（≤20）样品，随机抽取 10%～20%的样品进行平行双样测定，样品数量少于 10 个时，应至少测定 1 对平行双样。每批次（≤20）样品，随机抽取 5%～10%的样品做加标回收率测定，样品数量少于 10 个时，应至少测定 1 个加标回收率。每更新一批试剂均需进行实验室全过程空白试样测定。

【结果表示】当测定结果小于 0.1 Bq/L 时，保留小数点后三位；测定结果大于等于 0.1 Bq/L 时，保留三位有效数字。

45. 总钡

水质　钡的测定　电位滴定法（GB/T 14671—1993）

【适用范围】化工、机械制造、颜料等行业工业废水。

【采样容器】聚乙烯瓶。

【采样方法】本法测定可溶性钡，水样采集后，立即用 0.45um 微孔滤膜过滤，然后用氢氧化钠溶液或硝酸溶液调节 pH 至 6，室温下保存。

【固定剂】—

【保存方法】—

【保存期】—

【采样量】—

【容器洗涤】—

【检出限】28 μg。

【质量保证和质量控制】—

【结果表示】—

水质　钡的测定　石墨炉原子吸收分光光度法（HJ 602—2011）

【适用范围】地表水、地下水、工业废水和生活污水。

【采样容器】聚乙烯瓶或玻璃瓶。

【采样方法】—

【固定剂】硝酸。

【保存方法】加硝酸酸化至 pH≤2，4℃冷藏保存。

【保存期】14 d。

【采样量】250 mL。

【容器洗涤】洗涤剂洗 1 次，自来水洗 2 次，（1+3）硝酸荡洗 1 次，自来水洗 3 次，去离子水洗 1 次。

【检出限】2.5 μg/L。

【质量保证和质量控制】—

【结果表示】当结果小于 100 μg/L 时，保留至小数点后一位；大于等于 100 μg/L 时，结果保留三位有效数字。

水质　钡的测定　火焰原子吸收分光光度法（HJ 603—2011）

【适用范围】高浓度废水中可溶性钡和总钡。

【采样容器】聚乙烯瓶或玻璃瓶。

【采样方法】—

【固定剂】硝酸。

【保存方法】加硝酸酸化至 pH≤2，4℃冷藏保存。

【保存期】14 d。

【采样量】250 mL。

【容器洗涤】洗涤剂洗 1 次，自来水洗 2 次，（1+3）硝酸荡洗 1 次，自来水洗 3 次，去离子水洗 1 次。

【检出限】1.7 mg/L。

【质量保证和质量控制】（1）每分析 10 个样品应进行 1 次仪器零点校正。（2）每次分析样品均应绘制校准曲线，相关系数应大于等于 0.999。（3）每 10 个样品应分析一个校准曲线的中间点浓度标准溶液，其测定结果与校准曲线该点质量浓度的相对偏差应小于 10%。否则，需重新绘制校准曲线。（4）每批样品应至少做一个空白试验，其测定结果应低于方法检出限。（5）每批样品应至少测定 10%的平行双样，样品数量少于 10 个时，应至少测定一个平行双样，测定结果相对偏差应小于 20%。（6）每批样品应至少测定 10%的加标样品，样品数量少于 10 个时，应至少测定一个加标样品，加标回收率应在 85%～115%。

【结果表示】当结果小于 100 mg/L 时，保留至小数点后一位；大于等于 100 mg/L 时，结果保留三位有效数字。

水质　65 种元素的测定　电感耦合等离子体质谱法（HJ 700—2014）

【适用范围】地表水、地下水、生活污水、低浓度工业废水。

【采样容器】—

【采样方法】样品采集后用 0.45 μm 滤膜过滤，弃去初始的滤液 50 mL，用少量的滤液清洗采样瓶，收集所需体积的滤液于采样瓶中。

【固定剂】（1+1）硝酸。

【保存方法】加（1+1）硝酸酸化至 pH＜2。

【保存期】—

【采样量】—

【容器洗涤】洗涤剂洗 1 次，自来水洗 2 次，（1+3）硝酸荡洗 1 次，自来水洗 3 次，蒸馏水洗 1 次。

【检出限】0.20 μg/L。

【质量保证和质量控制】每批样品应至少做一个全程序空白及实验室空白。空白值应符合下列的情况之一才能被认为是可接受的：（1）空白值低于方法检出限；（2）低于标准限值的 10%；（3）低于每一批样品最低值的 10%。否则须查找原因，重新分析直至合格之后才能分析样品。

【结果表示】小数位数与方法检出限保持一致，最多保留三位有效数字。

水质 32种元素的测定 电感耦合等离子体发射光谱法（HJ 776—2015）

【适用范围】地表水、地下水、生活污水及工业废水。

【采样容器】—

【采样方法】可溶性元素，样品采集后立即通过水系微孔滤膜过滤，弃去初始的50～100 mL滤液，收集所需体积的滤液，加入适量硝酸，使硝酸含量达到1%。元素总量，样品采集后立即加入适量硝酸，使硝酸含量达到1%。

【固定剂】硝酸。

【保存方法】加硝酸，使硝酸含量达到1%。

【保存期】—

【采样量】—

【容器洗涤】用洗涤剂和水依次洗净聚乙烯瓶，置于（1+1）硝酸溶液浸泡24 h，用实验水彻底洗净。

【检出限】水平检出限：0.01 mg/L；垂直检出限：0.002 mg/L。

【质量保证和质量控制】每批样品至少做一个全程序空白，空白值应低于方法测定下限。否则应查明原因，重新分析直至合格之后才能测定样品。

【结果表示】小数位数与方法检出限保持一致，最多保留三位有效数字。

46. 总氮

水质 总氮的测定 碱性过硫酸钾消解紫外分光光度法（HJ 636—2012）

【适用范围】地表水、地下水、工业废水和生活污水。

【采样容器】聚乙烯瓶或硬质玻璃瓶。

【采样方法】—

【固定剂】硫酸。

【保存方法】加硫酸调节pH值至1～2；贮存在聚乙烯瓶中，−20℃冷冻保存。

【保存期】加硫酸常温保存7 d，−20℃冷冻可保存1个月。

【采样量】—

【容器洗涤】—

【检出限】0.05 mg/L。

【质量保证和质量控制】—

【结果表示】当结果小于1.00 mg/L时，保留到小数点后两位；大于等于1.00 mg/L时，保留三位有效数字。

水质 总氮的测定 连续流动-盐酸萘乙二胺分光光度法（HJ 667—2013）

【适用范围】地表水、地下水、生活污水和工业废水。

【采样容器】聚乙烯瓶或玻璃瓶。

【采样方法】—

【固定剂】硫酸。

【保存方法】加硫酸酸化至 pH≤2；聚乙烯瓶中，−20℃冷冻保存。

【保存期】加硫酸常温下可保存 7 d，−20℃冷冻可保存 1 个月。

【采样量】—

【容器洗涤】—

【检出限】0.04 mg/L。

【质量保证和质量控制】—

【结果表示】当结果小于 1.00 mg/L 时，保留至小数点后两位；大于等于 1.00 mg/L 时，保留三位有效数字。

水质 总氮的测定 流动注射-盐酸萘乙二胺分光光度法（HJ 668—2013）

【适用范围】地表水、地下水、生活污水和工业废水。

【采样容器】聚乙烯瓶或玻璃瓶。

【采样方法】—

【固定剂】硫酸。

【保存方法】加硫酸酸化至 pH≤2；聚乙烯瓶中，−20℃冷冻保存。

【保存期】加硫酸常温下可保存 7 d，−20℃冷冻可保存 1 个月。

【采样量】—

【容器洗涤】—

【检出限】0.03 mg/L。

【质量保证和质量控制】—

【结果表示】当结果小于 1.00 mg/L 时，保留至小数点后两位；大于等于 1.00 mg/L 时，结果保留三位有效数字。

污水监测技术规范（HJ 91.1—2019）

【适用范围】采用手工方法对排污单位污水进行监测。

【采样容器】玻璃瓶或聚乙烯瓶。

【采样方法】—

【固定剂】硫酸。

【保存方法】硫酸酸化至 pH≤2。

【保存期】常温可保存 7 d，−20℃冷藏保存 1 个月。

【采样量】500 mL。

【容器洗涤】—

【检出限】—

【质量保证和质量控制】—

47. 总钒

水质　钒的测定　钽试剂（BPHA）萃取分光光度法（GB/T 15503—1995）

【适用范围】水和废水。

【采样容器】聚乙烯瓶。

【采样方法】—

【固定剂】硝酸。

【保存方法】加硝酸酸化至 pH<2，2～5℃冷藏保存。

【保存期】6 个月。

【采样量】—

【容器洗涤】—

【检出限】0.018 mg/L。

【质量保证和质量控制】—

【结果表示】—

水质　钒的测定　石墨炉原子吸收分光光度法（HJ 673—2013）

【适用范围】地表水、地下水、生活污水和工业废水。

【采样容器】聚乙烯瓶。

【采样方法】—

【固定剂】（1+1）硝酸。

【保存方法】加（1+1）硝酸酸化至 pH<2，常温保存。

【保存期】3 个月。

【采样量】—

【容器洗涤】采样时先将聚乙烯瓶润洗 3 次。

【检出限】0.003 mg/L。

【质量保证和质量控制】—

【结果表示】当结果小于 1 mg/L 时，保留至小数点后三位有效数字；大于等于 1 mg/L 时，结果保留三位有效数字。

水质　65 种元素的测定　电感耦合等离子体质谱法（HJ 700—2014）

【适用范围】地表水、地下水、生活污水、低浓度工业废水。

【采样容器】聚乙烯瓶或硼硅酸盐玻璃瓶。

【采样方法】样品采集后用 0.45 μm 滤膜过滤，弃去初始的滤液 50 mL，用少量的滤液清洗采样瓶，收集所需体积的滤液于采样瓶中。

【固定剂】（1+1）硝酸。

【保存方法】加（1+1）硝酸酸化至 pH<2。

【保存期】1 个月。

【采样量】100 mL。

【容器洗涤】—

【检出限】0.08 μg/L。

【质量保证和质量控制】每批样品应至少做一个全程序空白及实验室空白。空白值应符合下列的情况之一才能被认为是可接受的：（1）空白值低于方法检出限；（2）低于标准限值的 10%；（3）低于每一批样品最低值的 10%。否则须查找原因，重新分析直至合格之后才能分析样品。

【结果表示】小数位数与方法检出限保持一致，最多保留三位有效数字。

水质　32 种元素的测定　电感耦合等离子体发射光谱法（HJ 776—2015）

【适用范围】地表水、地下水、生活污水及工业废水。

【采样容器】聚乙烯瓶或硼硅酸盐玻璃瓶。

【采样方法】可溶性元素，样品采集后立即通过水系微孔滤膜过滤，弃去初始的 50～100 mL 滤液，收集所需体积的滤液，加入适量硝酸，使硝酸含量达到 1%。元素总量，样品采集后立即加入适量硝酸，使硝酸含量达到 1%。

【固定剂】硝酸。

【保存方法】加硝酸，使硝酸含量达到 1%。

【保存期】1 个月。

【采样量】100 mL。

【容器洗涤】用洗涤剂和水依次洗净聚乙烯瓶，置于（1+1）硝酸溶液浸泡 24 h，用实验水彻底洗净。

【检出限】水平检出限：0.01 mg/L；垂直检出限：0.01 mg/L。

【质量保证和质量控制】每批样品至少做一个全程序空白，空白值应低于方法测定下限。否则应查明原因，重新分析直至合格之后才能测定样品。

【结果表示】小数位数与方法检出限保持一致，最多保留三位有效数字。

污水监测技术规范（HJ 91.1—2019）

【适用范围】采用手工方法对排污单位污水进行监测。

【采样容器】聚乙烯瓶。

【采样方法】—

【固定剂】硝酸。

【保存方法】硝酸酸化至 pH 值为 1～2。

【保存期】30 d。

【采样量】100 mL。

【容器洗涤】—

【检出限】—

【质量保证和质量控制】—

48. 总镉

水质　镉的测定　双硫腙分光光度法（GB/T 7471—1987）

【适用范围】天然水和废水中微量镉。

【采样容器】聚乙烯瓶。

【采样方法】—

【固定剂】2%硝酸。

【保存方法】加硝酸酸化至 pH 值约为 1.5。

【保存期】—

【采样量】—

【容器洗涤】用 2%硝酸溶液浸泡 24 h，然后用去离子水冲洗干净。

【检出限】1 μg/L。

【质量保证和质量控制】—

【结果表示】保留两位有效数字。

水质 65 种元素的测定 电感耦合等离子体质谱法（HJ 700—2014）

【适用范围】地表水、地下水、生活污水、低浓度工业废水。

【采样容器】聚乙烯瓶或玻璃瓶。

【采样方法】样品采集后用 0.45 μm 滤膜过滤，弃去初始的滤液 50 mL，用少量的滤液清洗采样瓶，收集所需体积的滤液于采样瓶中。

【固定剂】（1+1）硝酸。

【保存方法】加（1+1）硝酸酸化至 pH＜2。

【保存期】14 d。

【采样量】250 mL。

【容器洗涤】洗涤剂洗 1 次，自来水洗 2 次，（1+3）硝酸荡洗 1 次，自来水洗 3 次，蒸馏水洗 1 次。

【检出限】0.05 μg/L。

【质量保证和质量控制】每批样品应至少做一个全程序空白及实验室空白。空白值应符合下列的情况之一才能被认为是可接受的：（1）空白值低于方法检出限；（2）低于标准限值的 10%；（3）低于每一批样品最低值的 10%。否则须查找原因，重新分析直至合格之后才能分析样品。

【结果表示】小数位数与方法检出限保持一致，最多保留三位有效数字。

水质 32 种元素的测定 电感耦合等离子体发射光谱法（HJ 776—2015）

【适用范围】地表水、地下水、生活污水及工业废水。

【采样容器】聚乙烯瓶或玻璃瓶。

【采样方法】可溶性元素，样品采集后立即通过水系微孔滤膜过滤，弃去初始的 50～100 mL 滤液，收集所需体积的滤液，加入适量硝酸，使硝酸含量达到 1%。元素总量，样品采集后立即加入适量硝酸，使硝酸含量达到 1%。

【固定剂】硝酸。

【保存方法】加硝酸，使硝酸含量达到 1%。

【保存期】14 d。

【采样量】250 mL。

【容器洗涤】用洗涤剂和水依次洗净聚乙烯瓶，置于（1+1）硝酸溶液浸泡 24 h，用实验水彻底洗净。

【检出限】水平检出限：0.05 mg/L；垂直检出限：0.005 mg/L。

【质量保证和质量控制】每批样品至少做一个全程序空白，空白值应低于方法测定下限。否则应查明原因，重新分析直至合格之后才能测定样品。

【结果表示】小数位数与方法检出限保持一致，最多保留三位有效数字。

污水监测技术规范（HJ 91.1—2019）

【适用范围】采用手工方法对排污单位污水进行监测。

【采样容器】聚乙烯瓶或玻璃瓶。

【采样方法】—

【固定剂】硝酸。

【保存方法】1 L水样中加浓硝酸10 mL，若采用阳极伏安法测定，可改用1 L水样中加19 mL浓硝酸。

【保存期】14 d。

【采样量】250 mL。

【容器洗涤】—

【检出限】—

【质量保证和质量控制】—

49. 总铬

水质　总铬的测定（GB/T 7466—1987）

【适用范围】地面水和工业废水。

【采样容器】玻璃瓶。

【采样方法】—

【固定剂】硝酸。

【保存方法】加硝酸酸化至 pH＜2。

【保存期】24 h。

【采样量】—

【容器洗涤】—

【检出限】0.004 mg/L。

【质量保证和质量控制】—

【结果表示】—

水质　65 种元素的测定　电感耦合等离子体质谱法（HJ 700—2014）

【适用范围】地表水、地下水、生活污水、低浓度工业废水。

【采样容器】聚乙烯瓶或玻璃瓶。

【采样方法】样品采集后用 0.45 μm 滤膜过滤，弃去初始的滤液 50 mL，用少量的滤液清洗采样瓶，收集所需体积的滤液于采样瓶中。

【固定剂】（1+1）硝酸。

【保存方法】加（1+1）硝酸酸化至 pH<2。
【保存期】1 个月。
【采样量】100 mL。
【容器洗涤】酸洗。
【检出限】0.11 μg/L。
【质量保证和质量控制】每批样品应至少做一个全程序空白及实验室空白。空白值应符合下列的情况之一才能被认为是可接受的：（1）空白值低于方法检出限；（2）低于标准限值的 10%；（3）低于每一批样品最低值的 10%。否则须查找原因，重新分析直至合格之后才能分析样品。
【结果表示】小数位数与方法检出限保持一致，最多保留三位有效数字。

水质　铬的测定　火焰原子吸收分光光度法（HJ 757—2015）

【适用范围】水和废水中高浓度可溶性铬和总铬。
【采样容器】—
【采样方法】—
【固定剂】硝酸。
【保存方法】加硝酸酸化至 pH≤2。
【保存期】14 d。
【采样量】—
【容器洗涤】—
【检出限】0.03 mg/L。
【质量保证和质量控制】—
【结果表示】当结果小于 1 mg/L 时，保留至小数点后两位；大于等于 1 mg/L 时，结果保留三位有效数字。

水质　32 种元素的测定　电感耦合等离子体发射光谱法（HJ 776—2015）

【适用范围】地表水、地下水、生活污水及工业废水。
【采样容器】聚乙烯瓶或玻璃瓶。
【采样方法】可溶性元素，样品采集后立即通过水系微孔滤膜过滤，弃去初始的 50～100 mL 滤液，收集所需体积的滤液，加入适量硝酸，使硝酸含量达到 1%。元素总量，样品采集后立即加入适量硝酸，使硝酸含量达到 1%。
【固定剂】硝酸。
【保存方法】加硝酸，使硝酸含量达到 1%。
【保存期】1 个月。
【采样量】100 mL。
【容器洗涤】用洗涤剂和水依次洗净聚乙烯瓶，置于（1+1）硝酸溶液浸泡 24 h，用实验水彻底洗净。
【检出限】水平检出限：0.03 mg/L；垂直检出限：0.03 mg/L。
【质量保证和质量控制】每批样品至少做一个全程序空白，空白值应低于方法测定下限。否则应查明原因，重新分析直至合格之后才能测定样品。

【结果表示】小数位数与方法检出限保持一致，最多保留三位有效数字。

污水监测技术规范（HJ 91.1—2019）

【适用范围】采用手工方法对排污单位污水进行监测。

【采样容器】聚乙烯瓶或玻璃瓶。

【采样方法】—

【固定剂】硝酸。

【保存方法】1 L 水样中加浓硝酸 10 mL。

【保存期】30 d。

【采样量】100 mL。

【容器洗涤】—

【检出限】—

【质量保证和质量控制】—

50. 总汞

水质　总汞的测定　高锰酸钾-过硫酸钾消解法 双硫腙分光光度法（GB/T 7469 —1987）

【适用范围】生活污水、工业废水和受污染的地面水。

【采样容器】硼硅玻璃瓶。

【采样方法】—

【固定剂】硝酸。

【保存方法】每 1 000 mL 水样中加入 7 mL 浓硝酸，使 pH≤1。若取样后不能立即测定，可向每升水样中加入 50 g/L 的高锰酸钾溶液 4 mL。

【保存期】—

【采样量】—

【容器洗涤】—

【检出限】2 μg/L。

【质量保证和质量控制】—

【结果表示】—

水质　总汞的测定　冷原子吸收分光光度法（HJ 597—2011）

【适用范围】地表水、地下水、工业废水和生活污水中总汞的测定。若有机物含量较高，本标准规定的消解试剂最大用量不足以氧化样品中有机物时，则本标准不适用。

【采样容器】—

【采样方法】尽量充满样品瓶。

【固定剂】盐酸。

【保存方法】采集水样时，样品应尽量充满样品瓶，以减少器壁吸附。每升水样中加入 10 mL 浓盐酸，进行固定，固定后水样的 pH 值应小于 1，否则应适当增加浓盐酸的加入量。

【保存期】1 个月。

【采样量】工业废水和生活污水采样量不少于 500 mL。

【容器洗涤】—

【检出限】0.02 μg/L（高锰酸钾-过硫酸钾消解法和溴酸钾-溴化钾消解法，取样量 100 mL），0.01 μg/L（高锰酸钾-过硫酸钾消解法和溴酸钾-溴化钾消解法，取样量 200 mL），0.06 μg/L（微波消解法）。

【质量保证和质量控制】—

【结果表示】当结果小于 10 μg/L 时，保留至小数点后两位；大于等于 10 μg/L 时，结果保留三位有效数字。

水质　汞、砷、硒、铋和锑的测定　原子荧光法（HJ 694—2014）

【适用范围】地表水、地下水、生活污水和工业废水。

【采样容器】聚乙烯瓶或玻璃瓶。

【采样方法】—

【固定剂】浓盐酸。

【保存方法】如水样为中性，按每升水样加 5 mL 盐酸比例加入盐酸。

【保存期】14 d。

【采样量】250 mL。

【容器洗涤】实验室所用的玻璃器皿均需用硝酸溶液浸泡 24 h，或用热硝酸荡洗。清洗时依次用自来水、去离子水洗净。

【检出限】0.04 mg/L。

【质量保证和质量控制】全程空白的测试结果应小于方法检出限。

【结果表示】结果小于 1 μg/L 时，保留小数点后两位；大于 1 μg/L 时，保留三位有效数字。

污水监测技术规范（HJ 91.1—2019）

【适用范围】采用手工方法对排污单位污水进行监测。

【采样容器】聚乙烯瓶或玻璃瓶。

【采样方法】—

【固定剂】盐酸。

【保存方法】若水样为中性，1 L 水样中加浓盐酸 10 mL。

【保存期】14 d。

【采样量】250 mL。

【容器洗涤】—

【检出限】—

【质量保证和质量控制】—

51. 总磷

水质 总磷的测定 钼酸铵分光光度法（GB/T 11893—1989）

【适用范围】地面水、生活污水和工业废水。

【采样容器】—

【采样方法】—

【固定剂】硫酸。

【保存方法】加 1 mL 硫酸调至 pH 值小于等于 1，或不加任何试剂冷藏保存。

【保存期】—

【采样量】500 mL。

【容器洗涤】—

【检出限】0.01 mg/L。

【质量保证和质量控制】—

【结果表示】—

水质 磷酸盐和总磷的测定 连续流动-钼酸铵分光光度法（HJ 670—2013）

【适用范围】地表水、地下水、生活污水和工业废水。

【采样容器】聚乙烯瓶或玻璃瓶。

【采样方法】—

【固定剂】硫酸。

【保存方法】磷酸盐水样 0～4℃冷藏保存；总磷的水样加硫酸至 pH≤2。

【保存期】磷酸盐水样 0～4℃保存，可稳定 24 h。总磷的水样加硫酸至 pH≤2，常温可保存 24 h；于−20℃冷冻可保存 1 个月。

【采样量】—

【容器洗涤】—

【检出限】0.01 mg/L。

【质量保证和质量控制】—

【结果表示】当结果小于 1.00 mg/L 时，保留至小数点后两位；大于等于 1.00 mg/L 时，结果保留三位有效数字。

水质 总磷的测定 流动注射-钼酸铵分光光度法（HJ 671—2013）

【适用范围】地表水、地下水、生活污水和工业废水。

【采样容器】聚乙烯瓶或玻璃瓶。

【采样方法】—

【固定剂】硫酸。

【保存方法】磷酸盐水样 0～4℃保存；总磷的水样加硫酸至 pH≤2。

【保存期】磷酸盐水样 0～4℃保存，可稳定 24 h。总磷的水样加硫酸至 pH≤2，常温可保存 24 h；于−20℃冷冻可保存 1 个月。

【采样量】—

【容器洗涤】—

【检出限】0.005 mg/L。

【质量保证和质量控制】—

【结果表示】当结果小于 1.00 mg/L 时，保留至小数点后三位；大于等于 1.00 mg/L 时，结果保留三位有效数字。

污水监测技术规范（HJ 91.1—2019）

【适用范围】采用手工方法对排污单位污水进行监测。

【采样容器】聚乙烯瓶或玻璃瓶。

【采样方法】—

【固定剂】盐酸或硫酸。

【保存方法】盐酸、硫酸酸化至 pH≤2。

【保存期】常温保存 24 h，−20℃冷冻保存 30 d。

【采样量】250 mL。

【容器洗涤】—

【检出限】—

【质量保证和质量控制】—

52. 总铝

水质　铝的测定　间接火焰原子吸收法（GB 21900—2008 附录 A）

【适用范围】地表水、地下水、饮用水及污染较轻的废水。

【采样容器】—

【采样方法】—

【固定剂】—

【保存方法】—

【保存期】—

【采样量】—

【容器洗涤】—

【检出限】0.1 mg/L。

【质量保证和质量控制】—

【结果表示】—

水质　65 种元素的测定　电感耦合等离子体质谱法（HJ 700—2014）

【适用范围】地表水、地下水、生活污水、低浓度工业废水。

【采样容器】聚乙烯瓶或硅硼酸盐玻璃瓶。

【采样方法】样品采集后用 0.45 μm 滤膜过滤，弃去初始的滤液 50 mL，用少量的滤液清洗采样瓶，收集所需体积的滤液于采样瓶中。

【固定剂】（1+1）硝酸。

【保存方法】加（1+1）硝酸酸化至 pH＜2。

【保存期】1 个月。

【采样量】100 mL。

【容器洗涤】洗涤剂洗 1 次，自来水洗 2 次，（1+3）硝酸荡洗 1 次，自来水洗 3 次，蒸馏水洗 1 次。

【检出限】1.15 μg/L。

【质量保证和质量控制】每批样品应至少做一个全程序空白及实验室空白。空白值应符合下列的情况之一才能被认为是可接受的：（1）空白值低于方法检出限；（2）低于标准限值的 10%；（3）低于每一批样品最低值的 10%。否则须查找原因，重新分析直至合格之后才能分析样品。

【结果表示】小数位数与方法检出限保持一致，最多保留三位有效数字。

水质　32 种元素的测定　电感耦合等离子体发射光谱法（HJ 776—2015）

【适用范围】地表水、地下水、生活污水及工业废水。

【采样容器】聚乙烯瓶（桶）。

【采样方法】可溶性元素，样品采集后立即通过水系微孔滤膜过滤，弃去初始的 50～100 mL 滤液，收集所需体积的滤液，加入适量硝酸，使硝酸含量达到 1%。元素总量，样品采集后立即加入适量硝酸，使硝酸含量达到 1%。

【固定剂】硝酸。

【保存方法】加硝酸，使硝酸含量达到 1%。

【保存期】14 d。

【采样量】250 mL。

【容器洗涤】用洗涤剂和水依次洗净聚乙烯瓶，置于（1+1）硝酸溶液浸泡 24 h，用实验水彻底洗净。

【检出限】水平检出限：0.009 mg/L；垂直检出限：0.07 mg/L。

【质量保证和质量控制】每批样品至少做一个全程序空白，空白值应低于方法测定下限。否则应查明原因，重新分析直至合格之后才能测定样品。

【结果表示】小数位数与方法检出限保持一致，最多保留三位有效数字。

污水监测技术规范（HJ 91.1—2019）

【适用范围】采用手工方法对排污单位污水进行监测。

【采样容器】聚乙烯瓶或玻璃瓶。

【采样方法】—

【固定剂】硝酸。

【保存方法】硝酸酸化至 pH 值为 1～2。

【保存期】30 d。

【采样量】100 mL。

【容器洗涤】—

【检出限】—

【质量保证和质量控制】—

53. 总锰

水质 铁、锰的测定 火焰原子吸收分光光度法（GB/T 11911—1989）

【适用范围】地面水、地下水及工业废水。

【采样容器】聚乙烯瓶。

【采样方法】—

【固定剂】硝酸。

【保存方法】加硫酸酸化至 pH 值为 1～2。

【保存期】—

【采样量】—

【容器洗涤】洗涤剂洗净，再用（1+1）硝酸浸泡 24 h，然后用水冲洗干净。

【检出限】0.01 mg/L。

【质量保证和质量控制】—

【结果表示】—

水质 锰的测定 高碘酸钾分光光度法（GB/T 11906—1989）

【适用范围】饮用水、地面水、地下水及工业废水。

【采样容器】聚乙烯瓶或硬质玻璃瓶。

【采样方法】—

【固定剂】硝酸。

【保存方法】加硝酸调节 pH 值为 1～2。

【保存期】—

【采样量】—

【容器洗涤】—

【检出限】0.02 mg/L。

【质量保证和质量控制】—

【结果表示】—

水质 锰的测定 甲醛肟分光光度法（试行）（HJ/T 344—2007）

【适用范围】饮用水及未受严重污染的地表水。

【采样容器】—

【采样方法】—

【固定剂】—

【保存方法】加酸酸化至 pH 值为 1。

【保存期】—

【采样量】—

【容器洗涤】—

【检出限】0.01 mg/L。

【质量保证和质量控制】—

【结果表示】—

水质 氰化物等的测定 真空检测管-电子比色法（HJ 659—2013）

【适用范围】地下水、地表水、生活污水和工业废水。

【采样容器】聚乙烯瓶或玻璃瓶。

【采样方法】—

【固定剂】无须添加固定剂。

【保存方法】—

【保存期】现场测定。

【采样量】250 mL。

【容器洗涤】洗涤剂洗 1 次，自来水洗 2 次，（1+3）硝酸荡洗 1 次，自来水洗 3 次，蒸馏水洗 1 次。

【检出限】0.5 mg/L。

【质量保证和质量控制】每批样品应同步做一个全程序空白，测定结果应低于方法检出限，否则应检查真空检测管。

【结果表示】有效位数保留到定量下限位数。

水质 65 种元素的测定 电感耦合等离子体质谱法（HJ 700—2014）

【适用范围】地表水、地下水、生活污水、低浓度工业废水。

【采样容器】聚乙烯瓶或玻璃瓶。

【采样方法】样品采集后用 0.45 μm 滤膜过滤，弃去初始的滤液 50 mL，用少量的滤液清洗采样瓶，收集所需体积的滤液于采样瓶中。

【固定剂】（1+1）硝酸。

【保存方法】加（1+1）硝酸酸化至 pH＜2。

【保存期】14 d。

【采样量】250 mL。

【容器洗涤】洗涤剂洗 1 次，自来水洗 2 次，（1+3）硝酸荡洗 1 次，自来水洗 3 次，蒸馏水洗 1 次。

【检出限】0.12 μg/L。

【质量保证和质量控制】每批样品应至少做一个全程序空白及实验室空白。空白值应符合下列的情况之一才能被认为是可接受的：（1）空白值低于方法检出限；（2）低于标准限值的 10%；（3）低于每一批样品最低值的 10%。否则须查找原因，重新分析直至合格之后才能分析样品。

【结果表示】小数位数与方法检出限保持一致，最多保留三位有效数字。

水质 32 种元素的测定 电感耦合等离子体发射光谱法（HJ 776—2015）

【适用范围】地表水、地下水、生活污水及工业废水。

【采样容器】聚乙烯瓶或玻璃瓶。

【采样方法】可溶性元素，样品采集后立即通过水系微孔滤膜过滤，弃去初始的 50～100 mL 滤液，收集所需体积的滤液，加入适量硝酸，使硝酸含量达到 1%。元素总量，样品采集后立即加入适量硝酸，使硝酸含量达到 1%。

【固定剂】硝酸。

【保存方法】加硝酸，使硝酸含量达到 1%。

【保存期】14 d。

【采样量】250 mL。

【容器洗涤】用洗涤剂和水依次洗净聚乙烯瓶，置于（1+1）硝酸溶液浸泡 24 h，用实验水彻底洗净。

【检出限】水平检出限：0.01 mg/L；垂直检出限：0.004 mg/L。

【质量保证和质量控制】每批样品至少做一个全程序空白，空白值应低于方法测定下限。否则应查明原因，重新分析直至合格之后才能测定样品。

【结果表示】小数位数与方法检出限保持一致，最多保留三位有效数字。

污水监测技术规范（HJ 91.1—2019）

【适用范围】采用手工方法对排污单位污水进行监测。

【采样容器】聚乙烯瓶或玻璃瓶。

【采样方法】—

【固定剂】硝酸。

【保存方法】1 L 水样中加浓硝酸 10 mL。

【保存期】14 d。

【采样量】250 mL。

【容器洗涤】—

【检出限】—

【质量保证和质量控制】—

54. 总镍

水质　镍的测定　火焰原子吸收分光光度法（GB/T 11912—1989）

【适用范围】工业废水及受到污染的环境水样。

【采样容器】聚乙烯瓶。

【采样方法】—

【固定剂】硝酸。

【保存方法】加硝酸调节 pH 值为 1～2。

【保存期】—

【采样量】—

【容器洗涤】采样瓶用洗涤剂洗净，再用（1+1）硝酸浸泡 24 h 以上，然后用水冲洗干净。

【检出限】0.05 mg/L。

【质量保证和质量控制】—

【结果表示】—

水质　镍的测定　丁二酮肟分光光度法（GB/T 11910—1989）

【适用范围】工业废水及受到镍污染的环境水。

【采样容器】—

【采样方法】—

【固定剂】硝酸。

【保存方法】加硝酸调节 pH 值为 1～2。

【保存期】—

【采样量】—

【容器洗涤】—

【检出限】0.25 mg/L。

【质量保证和质量控制】—

【结果表示】—

水质　氰化物等的测定　真空检测管-电子比色法（HJ 659—2013）

【适用范围】地下水、地表水、生活污水和工业废水。

【采样容器】聚乙烯瓶或玻璃瓶。

【采样方法】—

【固定剂】无须添加固定剂。

【保存方法】—

【保存期】现场测定。

【采样量】250 mL。

【容器洗涤】洗涤剂洗 1 次，自来水洗 2 次，（1+3）硝酸荡洗 1 次，自来水洗 3 次，蒸馏水洗 1 次。

【检出限】0.2 mg/L。

【质量保证和质量控制】每批样品应同步做一个全程序空白，测定结果应低于方法检出限，否则应检查真空检测管。

【结果表示】有效位数保留到定量下限位数。

水质　65 种元素的测定　电感耦合等离子体质谱法（HJ 700—2014）

【适用范围】地表水、地下水、生活污水、低浓度工业废水。

【采样容器】聚乙烯瓶或玻璃瓶。

【采样方法】样品采集后用 0.45 μm 滤膜过滤，弃去初始的滤液 50 mL，用少量的滤液清洗采样瓶，收集所需体积的滤液于采样瓶中。

【固定剂】（1+1）硝酸。

【保存方法】加（1+1）硝酸酸化至 pH＜2。

【保存期】14 d。

【采样量】250 mL。

【容器洗涤】洗涤剂洗 1 次，自来水洗 2 次，（1+3）硝酸荡洗 1 次，自来水洗 3 次，蒸馏水洗 1 次。

【检出限】0.06 μg/L。

【质量保证和质量控制】每批样品应至少做一个全程序空白及实验室空白。空白值应符合下列的情况之一才能被认为是可接受的：（1）空白值低于方法检出限；（2）低于标准限值的 10%；（3）低于每一批样品最低值的 10%。否则须查找原因，重新分析直至合格之后才能分析样品。

【结果表示】小数位数与方法检出限保持一致，最多保留三位有效数字。

水质　32 种元素的测定　电感耦合等离子体发射光谱法（HJ 776—2015）

【适用范围】地表水、地下水、生活污水及工业废水。

【采样容器】聚乙烯瓶或玻璃瓶。

【采样方法】可溶性元素，样品采集后立即通过水系微孔滤膜过滤，弃去初始的 50～100 mL 滤液，收集所需体积的滤液，加入适量硝酸，使硝酸含量达到 1%。元素总量，样品采集后立即加入适量硝酸，使硝酸含量达到 1%。

【固定剂】硝酸。

【保存方法】加硝酸，使硝酸含量达到 1%。

【保存期】14 d。

【采样量】250 mL。

【容器洗涤】用洗涤剂和水依次洗净聚乙烯瓶，置于（1+1）硝酸溶液浸泡 24 h，用实验水彻底洗净。

【检出限】水平检出限：0.007 mg/L；垂直检出限：0.02 mg/L。

【质量保证和质量控制】每批样品至少做一个全程序空白，空白值应低于方法测定下限。否则应查明原因，重新分析直至合格之后才能测定样品。

【结果表示】小数位数与方法检出限保持一致，最多保留三位有效数字。

污水监测技术规范（HJ 91.1—2019）

【适用范围】采用手工方法对排污单位污水进行监测。

【采样容器】聚乙烯瓶或玻璃瓶。

【采样方法】—

【固定剂】硝酸或高氯酸。

【保存方法】1 L 水样中加浓硝酸 10 mL。

【保存期】14 d。

【采样量】250 mL。

【容器洗涤】—

【检出限】—

【质量保证和质量控制】—

55. 总铍

水质　铍的测定　铬菁 R 分光光度法（HJ/T 58—2000）

【适用范围】地表水和污水。

【采样容器】聚乙烯瓶。

【采样方法】—

【固定剂】盐酸。

【保存方法】加盐酸酸化至 pH 值为 1～2。

【保存期】—

【采样量】—

【容器洗涤】聚乙烯瓶先用洗涤剂洗净，再用（1+8）盐酸溶液浸泡 24 h，然后用水清洗干净。

【检出限】0.2 μg/L。

【质量保证和质量控制】—

【结果表示】—

水质　铍的测定　石墨炉原子吸收分光光度法（HJ/T 59—2000）

【适用范围】地表水和污水。

【采样容器】聚乙烯瓶。

【采样方法】—

【固定剂】硫酸。

【保存方法】加硫酸酸化至 pH 值为 1～2。

【保存期】—

【采样量】—

【容器洗涤】聚乙烯瓶先用洗涤剂洗净，再用 10%（1+9）硝酸荡洗，最后用水清洗干净。

【检出限】0.02 μg/L。

【质量保证和质量控制】—

【结果表示】—

水质　65 种元素的测定　电感耦合等离子体质谱法（HJ 700—2014）

【适用范围】地表水、地下水、生活污水、低浓度工业废水。

【采样容器】聚乙烯瓶或玻璃瓶。

【采样方法】样品采集后用 0.45 μm 滤膜过滤，弃去初始的滤液 50 mL，用少量的滤液清洗采样瓶，收集所需体积的滤液于采样瓶中。

【固定剂】（1+1）硝酸。

【保存方法】加（1+1）硝酸酸化至 pH＜2。

【保存期】14 d。

【采样量】250 mL。

【容器洗涤】洗涤剂洗 1 次，自来水洗 2 次，（1+3）硝酸荡洗 1 次，自来水洗 3 次，蒸馏水洗 1 次。

【检出限】0.04 μg/L。

【质量保证和质量控制】每批样品应至少做一个全程序空白及实验室空白。空白值应符合下列的情况之一才能被认为是可接受的：（1）空白值低于方法检出限；（2）低于标准限值的 10%；（3）低于每一批样品最低值的 10%。否则须查找原因，重新分析直至合格之后才能分析样品。

【结果表示】小数位数与方法检出限保持一致，最多保留三位有效数字。

水质　32 种元素的测定　电感耦合等离子体发射光谱法（HJ 776—2015）

【适用范围】地表水、地下水、生活污水及工业废水。

【采样容器】聚乙烯瓶或玻璃瓶。

【采样方法】可溶性元素，样品采集后立即通过水系微孔滤膜过滤，弃去初始的 50～100 mL 滤液，收集所需体积的滤液，加入适量硝酸，使硝酸含量达到 1%。元素总量，样品采集后立即加入适量硝酸，使硝酸含量达到 1%。

【固定剂】硝酸。

【保存方法】加硝酸，使硝酸含量达到 1%。

【保存期】14 d。

【采样量】250 mL。

【容器洗涤】用洗涤剂和水依次洗净聚乙烯瓶，置于（1+1）硝酸溶液浸泡 24 h，用实验水彻底洗净。

【检出限】水平检出限：0.008 mg/L；垂直检出限：0.010 mg/L。

【质量保证和质量控制】每批样品至少做一个全程序空白，空白值应低于方法测定下限。否则应查明原因，重新分析直至合格之后才能测定样品。

【结果表示】小数位数与方法检出限保持一致，最多保留三位有效数字。

污水监测技术规范（HJ 91.1—2019）

【适用范围】采用手工方法对排污单位污水进行监测。

【采样容器】聚乙烯瓶或玻璃瓶。

【采样方法】—

【固定剂】硝酸或高氯酸。

【保存方法】1 L 水样中加浓硝酸 10 mL。

【保存期】14 d。

【采样量】250 mL。

【容器洗涤】—

【检出限】—

【质量保证和质量控制】—

56. 总铅

水质　铅的测定　双硫腙分光光度法（GB/T 7470—1987）

【适用范围】天然水和废水中微量铅。

【采样容器】—

【采样方法】—

【固定剂】2%硝酸、碘溶液。

【保存方法】加硝酸酸化至 pH 值约为 1.5，加入 5 mL 碘溶液。

【保存期】—

【采样量】—
【容器洗涤】—
【检出限】0.010 mg/L。
【质量保证和质量控制】—
【结果表示】最多保留两位有效数字。

水质　铅的测定　示波极谱法（GB/T 13896—1992）

【适用范围】硝化甘油系列火炸药工业废水中铅的测定。
【采样容器】—
【采样方法】—
【固定剂】—
【保存方法】—
【保存期】—
【采样量】—
【容器洗涤】—
【检出限】0.02 mg/L。
【质量保证和质量控制】—
【结果表示】—

水质　65种元素的测定　电感耦合等离子体质谱法（HJ 700—2014）

【适用范围】地表水、地下水、生活污水、低浓度工业废水。
【采样容器】聚乙烯瓶或玻璃瓶。
【采样方法】样品采集后用0.45 μm滤膜过滤，弃去初始的滤液50 mL，用少量的滤液清洗采样瓶，收集所需体积的滤液于采样瓶中。
【固定剂】（1+1）硝酸。
【保存方法】加（1+1）硝酸酸化至pH＜2。
【保存期】14 d。
【采样量】250 mL。
【容器洗涤】洗涤剂洗1次，自来水洗2次，（1+3）硝酸荡洗1次，自来水洗3次，蒸馏水洗1次。
【检出限】0.09 μg/L。
【质量保证和质量控制】每批样品应至少做一个全程序空白及实验室空白。空白值应符合下列的情况之一才能被认为是可接受的：（1）空白值低于方法检出限；（2）低于标准限值的10%；（3）低于每一批样品最低值的10%。否则须查找原因，重新分析直至合格之后才能分析样品。
【结果表示】小数位数与方法检出限保持一致，最多保留三位有效数字。

水质　32种元素的测定　电感耦合等离子体发射光谱法（HJ 776—2015）

【适用范围】地表水、地下水、生活污水及工业废水。

【采样容器】聚乙烯瓶或玻璃瓶。

【采样方法】可溶性元素，样品采集后立即通过水系微孔滤膜过滤，弃去初始的 50～100 mL 滤液，收集所需体积的滤液，加入适量硝酸，使硝酸含量达到 1%。元素总量，样品采集后立即加入适量硝酸，使硝酸含量达到 1%。

【固定剂】硝酸。

【保存方法】加硝酸，使硝酸含量达到 1%。

【保存期】14 d。

【采样量】250 mL。

【容器洗涤】用洗涤剂和水依次洗净聚乙烯瓶，置于（1+1）硝酸溶液浸泡 24 h，用实验水彻底洗净。

【检出限】水平检出限：0.1 mg/L；垂直检出限：0.07 mg/L。

【质量保证和质量控制】每批样品至少做一个全程序空白，空白值应低于方法测定下限。否则应查明原因，重新分析直至合格之后才能测定样品。

【结果表示】小数位数与方法检出限保持一致，最多保留三位有效数字。

污水监测技术规范（HJ 91.1—2019）

【适用范围】采用手工方法对排污单位污水进行监测。

【采样容器】聚乙烯瓶或玻璃瓶。

【采样方法】—

【固定剂】硝酸或高氯酸。

【保存方法】1 L 水样中加浓硝酸 10 mL，若采用阳极伏安法测定，可改用 1 L 水样中加 19 mL 浓高氯酸。

【保存期】14 d。

【采样量】250 mL。

【容器洗涤】—

【检出限】—

【质量保证和质量控制】—

57. 总氰化物

水质　氰化物的测定　容量法和分光光度法（HJ 484—2009）

【适用范围】地表水、生活污水和工业废水。

【采样容器】聚乙烯瓶或硬质玻璃瓶。

【采样方法】—

【固定剂】加氢氧化钠至 pH＞12。

【保存方法】4℃下冷藏保存。

【保存期】24 h。

【采样量】500 mL。

【容器洗涤】用所采水样淋洗 3 次。

【检出限】硝酸银滴定法检出限：0.25 mg/L；异烟酸-吡唑啉酮分光光度法检出限：0.004 mg/L；异烟

酸-巴比妥酸分光光度法检出限：0.001 mg/L；吡啶-巴比妥酸分光光度法检出限：0.002 mg/L。

【质量保证和质量控制】—

【结果表示】—

水质　氰化物等的测定　真空检测管-电子比色法（HJ 659—2013）

【适用范围】地下水、地表水、生活污水和工业废水。

【采样容器】聚乙烯瓶或玻璃瓶。

【采样方法】—

【固定剂】无须添加固定剂。

【保存方法】—

【保存期】现场测定。

【采样量】250 mL。

【容器洗涤】洗涤剂洗 1 次，自来水洗 3 次，蒸馏水洗 1 次。

【检出限】0.009 mg/L。

【质量保证和质量控制】每批样品应同步做一个全程序空白，测定结果应低于方法检出限，否则应检查真空检测管。

【结果表示】有效位数保留到定量下限位数。

水质　氰化物的测定　流动注射-分光光度法（HJ 823—2017）

【适用范围】地表水、地下水、生活污水和工业废水。

【采样容器】聚乙烯瓶。

【采样方法】—

【固定剂】氢氧化钠。

【保存方法】加氢氧化钠调 pH 至 12～12.5，4℃冷藏保存。

【保存期】24 h。

【采样量】—

【容器洗涤】—

【检出限】异烟酸-巴比妥酸法检出限：0.001 mg/L；吡啶-巴比妥酸法检出限：0.002 mg/L。

【质量保证和质量控制】每批样品至少测定 1 个全程序空白，空白值不得超过方法测定下限，否则应查明原因，重新分析直至合格后才能测定样品。

【结果表示】当结果小于 1 mg/L 时，保留至小数点后三位；大于等于 1 mg/L 时，结果保留三位有效数字。

污水监测技术规范（HJ 91.1—2019）

【适用范围】采用手工方法对排污单位污水进行监测。

【采样容器】聚乙烯瓶或玻璃瓶。

【采样方法】—

【固定剂】氢氧化钠。

【保存方法】氢氧化钠 pH≥9，0～5℃冷藏保存。

【保存期】7 d，如果硫化物存在，保存 12 h。

【采样量】250 mL。

【容器洗涤】—

【检出限】—

【质量保证和质量控制】—

58. 总砷

水质　总砷的测定　二乙基二硫代氨基甲酸银分光光度法（GB/T 7485—1987）

【适用范围】水和废水。

【采样容器】—

【固定剂】—

【保存方法】—

【保存期】—

【采样量】—

【容器洗涤】—

【检出限】0.007 mg/L。

【质量保证和质量控制】—

【结果表示】保留两位或三位有效数字。

水质　汞、砷、硒、铋和锑的测定　原子荧光法（HJ 694—2014）

【适用范围】地表水、地下水、生活污水和工业废水。

【采样容器】聚乙烯瓶或玻璃瓶。

【采样方法】—

【固定剂】浓硝酸。

【保存方法】1 L 水样中加浓硝酸 10 mL。

【保存期】14 d。

【采样量】250 mL。

【容器洗涤】洗涤剂洗 1 次，自来水洗 2 次，（1+3）硝酸荡洗 1 次，自来水洗 3 次，去离子水洗 1 次。

【检出限】0.3 mg/L。

【质量保证和质量控制】全程空白的测试结果应小于方法检出限。

【结果表示】小于 10 μg/L 时，保留至小数点后一位；大于 10 μg/L 时，结果保留三位有效数字。

水质　65 种元素的测定　电感耦合等离子体质谱法（HJ 700—2014）

【适用范围】地表水、地下水、生活污水、低浓度工业废水。

【采样容器】聚乙烯瓶或玻璃瓶。

【采样方法】样品采集后用 0.45 μm 滤膜过滤，弃去初始的滤液 50 mL，用少量的滤液清洗采样瓶，收集所需体积的滤液于采样瓶中。

【固定剂】（1+1）硝酸。

【保存方法】加（1+1）硝酸酸化至 pH＜2。

【保存期】14 d。

【采样量】250 mL。

【容器洗涤】洗涤剂洗 1 次，自来水洗 2 次，（1+3）硝酸荡洗 1 次，自来水洗 3 次，蒸馏水洗 1 次。

【检出限】0.12 μg/L。

【质量保证和质量控制】每批样品应至少做一个全程序空白及实验室空白。空白值应符合下列的情况之一才能被认为是可接受的：（1）空白值低于方法检出限；（2）低于标准限值的 10%；（3）低于每一批样品最低值的 10%。否则须查找原因，重新分析直至合格之后才能分析样品。

【结果表示】小数位数与方法检出限保持一致，最多保留三位有效数字。

水质　32 种元素的测定　电感耦合等离子体发射光谱法（HJ 776—2015）

【适用范围】地表水、地下水、生活污水及工业废水。

【采样容器】聚乙烯瓶或玻璃瓶。

【采样方法】可溶性元素，样品采集后立即通过水系微孔滤膜过滤，弃去初始的 50～100 mL 滤液，收集所需体积的滤液，加入适量硝酸，使硝酸含量达到 1%。元素总量，样品采集后立即加入适量硝酸，使硝酸含量达到 1%。

【固定剂】硝酸。

【保存方法】加硝酸，使硝酸含量达到 1%。

【保存期】14 d。

【采样量】250 mL。

【容器洗涤】用洗涤剂和水依次洗净聚乙烯瓶，置于（1+1）硝酸溶液浸泡 24 h，用实验水彻底洗净。

【检出限】水平检出限：0.2 mg/L；垂直检出限：0.2 mg/L。

【质量保证和质量控制】每批样品至少做一个全程序空白，空白值应低于方法测定下限。否则应查明原因，重新分析直至合格之后才能测定样品。

【结果表示】小数位数与方法检出限保持一致，最多保留三位有效数字。

污水监测技术规范（HJ 91.1—2019）

【适用范围】采用手工方法对排污单位污水进行监测。

【采样容器】聚乙烯瓶或玻璃瓶。

【采样方法】—

【固定剂】硝酸或盐酸。

【保存方法】1 L 水样中加浓硝酸 10 mL，DDTC 法，盐酸 12 mL，如用原子荧光法测定，1 L 水样中加浓盐酸 10 mL。

【保存期】14 d。

【采样量】250 mL。

【容器洗涤】—

【检出限】—

【质量保证和质量控制】—

59. 总铁

水质　铁、锰的测定　火焰原子吸收分光光度法（GB/T 11911—1989）

【适用范围】地面水、地下水及工业废水。

【采样容器】聚乙烯瓶。

【采样方法】—

【固定剂】硝酸。

【保存方法】加硫酸酸化至 pH 值为 1～2。

【保存期】—

【采样量】—

【容器洗涤】洗涤剂洗净，再用（1+1）硝酸浸泡 24 h，然后用水冲洗干净。

【检出限】0.03。

【质量保证和质量控制】—

【结果表示】—

水质　铁的测定　邻菲啰啉分光光度法（试行）（HJ/T 345—2007）

【适用范围】地表水、地下水及废水。

【采样容器】—

【采样方法】—

【固定剂】盐酸。

【保存方法】加盐酸酸化至 pH<1。

【保存期】—

【采样量】—

【容器洗涤】—

【检出限】0.03 mg/L。

【质量保证和质量控制】—

【结果表示】—

水质　65 种元素的测定　电感耦合等离子体质谱法（HJ 700—2014）

【适用范围】地表水、地下水、生活污水、低浓度工业废水。

【采样容器】聚乙烯瓶或硅硼酸盐玻璃瓶。

【采样方法】样品采集后用 0.45 μm 滤膜过滤，弃去初始的滤液 50 mL，用少量的滤液清洗采样瓶，收集所需体积的滤液于采样瓶中。

【固定剂】（1+1）硝酸。

【保存方法】加（1+1）硝酸酸化至 pH<2。

【保存期】1个月。

【采样量】100 mL。

【容器洗涤】洗涤剂洗1次，自来水洗2次，（1+3）硝酸荡洗1次，自来水洗3次，蒸馏水洗1次。

【检出限】0.82 μg/L。

【质量保证和质量控制】每批样品应至少做一个全程序空白及实验室空白。空白值应符合下列的情况之一才能被认为是可接受的：（1）空白值低于方法检出限；（2）低于标准限值的10%；（3）低于每一批样品最低值的10%。否则须查找原因，重新分析直至合格之后才能分析样品。

【结果表示】小数位数与方法检出限保持一致，最多保留三位有效数字。

水质 32种元素的测定 电感耦合等离子体发射光谱法（HJ 776—2015）

【适用范围】地表水、地下水、生活污水及工业废水。

【采样容器】聚乙烯瓶或硅硼酸盐玻璃瓶。

【采样方法】可溶性元素，样品采集后立即通过水系微孔滤膜过滤，弃去初始的50～100 mL滤液，收集所需体积的滤液，加入适量硝酸，使硝酸含量达到1%。元素总量，样品采集后立即加入适量硝酸，使硝酸含量达到1%。

【固定剂】硝酸。

【保存方法】加硝酸，使硝酸含量达到1%。

【保存期】1个月。

【采样量】100 mL。

【容器洗涤】用洗涤剂和水依次洗净聚乙烯瓶，置于（1+1）硝酸溶液浸泡24 h，用实验水彻底洗净。

【检出限】水平检出限：0.01 mg/L；垂直检出限：0.02 mg/L。

【质量保证和质量控制】每批样品至少做一个全程序空白，空白值应低于方法测定下限。否则应查明原因，重新分析直至合格之后才能测定样品。

【结果表示】小数位数与方法检出限保持一致，最多保留三位有效数字。

污水监测技术规范（HJ 91.1—2019）

【适用范围】采用手工方法对排污单位污水进行监测。

【采样容器】聚乙烯瓶或玻璃瓶。

【采样方法】—

【固定剂】硝酸。

【保存方法】1 L水样中加浓硝酸10 mL。

【保存期】14 d。

【采样量】250 mL。

【容器洗涤】—

【检出限】—

【质量保证和质量控制】—

60. 总铜

水质 铜的测定 二乙基二硫代氨基甲酸钠分光光度法（HJ 485—2009）

【适用范围】地表水、地下水、生活污水和工业废水。

【采样容器】—

【采样方法】—

【固定剂】盐酸。

【保存方法】加盐酸酸化至 pH 值为 1.5（仅适合测定水中的总铜）。

【保存期】尽快分析。

【采样量】—

【容器洗涤】—

【检出限】0.010 mg/L。

【质量保证和质量控制】—

【结果表示】两位小数。

水质 铜的测定 2,9-二甲基-1,10-菲啰啉分光光度法（HJ 486—2009）

【适用范围】直接光度法适用于较清洁的地表水和地下水中可溶性铜和总铜的测定。萃取光度法适用于地表水、地下水、生活污水和工业废水中可溶性铜和总铜的测定。

【采样容器】聚乙烯瓶。

【采样方法】—

【固定剂】盐酸。

【保存方法】加盐酸酸化至 pH 值为 1.5（仅适合测定水中的总铜）。

【保存期】尽快分析。

【采样量】—

【容器洗涤】—

【检出限】直接光度法：0.03 mg/L；萃取光度法：0.02 mg/L。

【质量保证和质量控制】—

【结果表示】两位小数。

水质 65 种元素的测定 电感耦合等离子体质谱法（HJ 700—2014）

【适用范围】地表水、地下水、生活污水、低浓度工业废水。

【采样容器】聚乙烯瓶。

【采样方法】样品采集后用 0.45 μm 滤膜过滤，弃去初始的滤液 50 mL，用少量的滤液清洗采样瓶，收集所需体积的滤液于采样瓶中。

【固定剂】（1+1）硝酸。

【保存方法】加（1+1）硝酸酸化至 pH＜2。

【保存期】14 d。

【采样量】250 mL。

【容器洗涤】洗涤剂洗 1 次，自来水洗 2 次，（1+3）硝酸荡洗 1 次，自来水洗 3 次，蒸馏水洗 1 次。

【检出限】0.08 μg/L。

【质量保证和质量控制】每批样品应至少做一个全程序空白及实验室空白。空白值应符合下列的情况之一才能被认为是可接受的：（1）空白值低于方法检出限；（2）低于标准限值的 10%；（3）低于每一批样品最低值的 10%。否则须查找原因，重新分析直至合格之后才能分析样品。

【结果表示】小数位数与方法检出限保持一致，最多保留三位有效数字。

水质　32 种元素的测定　电感耦合等离子体发射光谱法（HJ 776—2015）

【适用范围】地表水、地下水、生活污水及工业废水。

【采样容器】聚乙烯瓶。

【采样方法】可溶性元素，样品采集后立即通过水系微孔滤膜过滤，弃去初始的 50～100 mL 滤液，收集所需体积的滤液，加入适量硝酸，使硝酸含量达到 1%。元素总量，样品采集后立即加入适量硝酸，使硝酸含量达到 1%。

【固定剂】硝酸。

【保存方法】加硝酸，使硝酸含量达到 1%。

【保存期】14 d。

【采样量】250 mL。

【容器洗涤】用洗涤剂和水依次洗净聚乙烯瓶，置于（1+1）硝酸溶液浸泡 24 h，用实验水彻底洗净。

【检出限】水平检出限：0.04 mg/L；垂直检出限：0.006 mg/L。

【质量保证和质量控制】每批样品至少做一个全程序空白，空白值应低于方法测定下限。否则应查明原因，重新分析直至合格之后才能测定样品。

【结果表示】小数位数与方法检出限保持一致，最多保留三位有效数字。

污水监测技术规范（HJ 91.1—2019）

【适用范围】采用手工方法对排污单位污水进行监测。

【采样容器】聚乙烯瓶。

【采样方法】—

【固定剂】硝酸。

【保存方法】1 L 水样中加浓硝酸 10 mL，若采用阳极伏安法测定，可改用 1 L 水样中加 19 mL 浓高氯酸。

【保存期】14 d。

【采样量】250 mL。

【容器洗涤】—

【检出限】—

【质量保证和质量控制】—

61. 总硒

水质 硒的测定 2,3-二氨基萘荧光法（GB/T 11902—1989）

【适用范围】各种清洁水、生活污水及某些工业废水。

【采样容器】聚乙烯瓶或玻璃瓶。

【采样方法】—

【固定剂】—

【保存方法】天然水及饮用水可于室内阴凉处保存，工业废水最好及时分析或贮于冰箱内。

【保存期】—

【采样量】—

【容器洗涤】经（1+1）硝酸浸泡 4 h 以上，用大量自来水和蒸馏水冲洗干净。

【检出限】0.25 mg/L。

【质量保证和质量控制】—

【结果表示】两位小数。

水质 硒的测定 石墨炉原子吸收分光光度法（GB/T 15505—1995）

【适用范围】水与废水。

【采样容器】聚乙烯瓶。

【采样方法】—

【固定剂】硝酸。

【保存方法】加硝酸酸化至 pH 值为 1～2，常温保存。

【保存期】半年。

【采样量】—

【容器洗涤】—

【检出限】0.003 mg/L。

【质量保证和质量控制】—

【结果表示】—

水质 汞、砷、硒、铋和锑的测定 原子荧光法（HJ 694—2014）

【适用范围】地表水、地下水、生活污水和工业废水。

【采样容器】聚乙烯瓶或玻璃瓶。

【采样方法】—

【固定剂】浓盐酸。

【保存方法】1 L 水样中加浓盐酸 2 mL。

【保存期】14 d。

【采样量】250 mL。

【容器洗涤】洗涤剂洗 1 次，自来水洗 2 次，（1+3）硝酸荡洗 1 次，自来水洗 3 次，去离子水洗 1 次。

【检出限】0.4 mg/L。

【质量保证和质量控制】全程空白的测试结果应小于方法检出限。

【结果表示】小于 10 μg/L 时，保留至小数点后一位；大于 10 μg/L 时，结果保留三位有效数字。

水质　65 种元素的测定　电感耦合等离子体质谱法（HJ 700—2014）

【适用范围】地表水、地下水、生活污水、低浓度工业废水。

【采样容器】聚乙烯瓶或玻璃瓶。

【采样方法】样品采集后用 0.45 μm 滤膜过滤，弃去初始的滤液 50 mL，用少量的滤液清洗采样瓶，收集所需体积的滤液于采样瓶中。

【固定剂】（1+1）硝酸。

【保存方法】加（1+1）硝酸酸化至 pH＜2。

【保存期】14 d。

【采样量】250 mL。

【容器洗涤】洗涤剂洗 1 次，自来水洗 2 次，（1+3）硝酸荡洗 1 次，自来水洗 3 次，蒸馏水洗 1 次。

【检出限】0.41 μg/L。

【质量保证和质量控制】每批样品应至少做一个全程序空白及实验室空白。空白值应符合下列的情况之一才能被认为是可接受的：（1）空白值低于方法检出限；（2）低于标准限值的 10%；（3）低于每一批样品最低值的 10%。否则须查找原因，重新分析直至合格之后才能分析样品。

【结果表示】小数位数与方法检出限保持一致，最多保留三位有效数字。

水质　32 种元素的测定　电感耦合等离子体发射光谱法（HJ 776—2015）

【适用范围】地表水、地下水、生活污水及工业废水。

【采样容器】聚乙烯瓶或玻璃瓶。

【采样方法】可溶性元素，样品采集后立即通过水系微孔滤膜过滤，弃去初始的 50～100 mL 滤液，收集所需体积的滤液，加入适量硝酸，使硝酸含量达到 1%。元素总量，样品采集后立即加入适量硝酸，使硝酸含量达到 1%。

【固定剂】硝酸。

【保存方法】加硝酸，使硝酸含量达到 1%。

【保存期】14 d。

【采样量】250 mL。

【容器洗涤】用洗涤剂和水依次洗净聚乙烯瓶，置于（1+1）硝酸溶液浸泡 24 h，用实验水彻底洗净。

【检出限】水平检出限：0.03 mg/L；垂直检出限：0.1 mg/L。

【质量保证和质量控制】每批样品至少做一个全程序空白，空白值应低于方法测定下限。否则应查明原因，重新分析直至合格之后才能测定样品。

水质　总硒的测定　3,3′-二氨基联苯胺分光光度法（HJ 811—2016）

【适用范围】地表水、地下水、生活污水和工业废水。

【采样容器】聚乙烯瓶或硬质玻璃瓶。

【采样方法】—

【固定剂】硝酸。

【保存方法】1 000 mL 样品加 10 mL 硝酸，于 4℃以下冷藏。

【保存期】14 d。

【采样量】—

【容器洗涤】（1+1）硝酸荡洗，并依次用自来水和实验用水冲洗干净。

【检出限】2.0 mg/L。

【质量保证和质量控制】—

【结果表示】当结果小于 10 μg/L 时，保留至小数点后一位；大于等于 10 μg/L 时，保留三位有效数字。

污水监测技术规范（HJ 91.1—2019）

【适用范围】采用手工方法对排污单位污水进行监测。

【采样容器】聚乙烯瓶或玻璃瓶。

【采样方法】—

【固定剂】盐酸。

【保存方法】1 L 水样中加浓盐酸 2 mL，如用原子荧光法测定，1 L 水样中加浓盐酸 10 mL。

【保存期】14 d。

【采样量】250 mL。

【容器洗涤】—

【检出限】—

【质量保证和质量控制】—

62. 总锌

水质　锌的测定　双硫腙分光光度法（GB/T 7472—1987）

【适用范围】天然水和某些废水中微量锌。

【采样容器】聚乙烯瓶。

【采样方法】—

【固定剂】硝酸。

【保存方法】加硝酸酸化至 pH 值约为 1.5。

【保存期】—

【采样量】—

【容器洗涤】硝酸溶液浸泡 24 h，然后用无锌水冲洗干净。

【检出限】5 μg/L。

【质量保证和质量控制】—

【结果表示】两位有效数字。

水质　65 种元素的测定　电感耦合等离子体质谱法（HJ 700—2014）

【适用范围】地表水、地下水、生活污水、低浓度工业废水。

【采样容器】聚乙烯瓶。

【采样方法】样品采集后用 0.45 μm 滤膜过滤，弃去初始的滤液 50 mL，用少量的滤液清洗采样瓶，收集所需体积的滤液于采样瓶中。

【固定剂】（1+1）硝酸。

【保存方法】加（1+1）硝酸酸化至 pH＜2。

【保存期】14 d。

【采样量】250 mL。

【容器洗涤】洗涤剂洗 1 次，自来水洗 2 次，（1+3）硝酸荡洗 1 次，自来水洗 3 次，蒸馏水洗 1 次。

【检出限】0.67 μg/L。

【质量保证和质量控制】每批样品应至少做一个全程序空白及实验室空白。空白值应符合下列的情况之一才能被认为是可接受的：（1）空白值低于方法检出限；（2）低于标准限值的 10%；（3）低于每一批样品最低值的 10%。否则须查找原因，重新分析直至合格之后才能分析样品。

【结果表示】小数位数与方法检出限保持一致，最多保留三位有效数字。

水质　32 种元素的测定　电感耦合等离子体发射光谱法（HJ 776—2015）

【适用范围】地表水、地下水、生活污水及工业废水。

【采样容器】聚乙烯瓶。

【采样方法】可溶性元素，样品采集后立即通过水系微孔滤膜过滤，弃去初始的 50～100 mL 滤液，收集所需体积的滤液，加入适量硝酸，使硝酸含量达到 1%。元素总量，样品采集后立即加入适量硝酸，使硝酸含量达到 1%。

【固定剂】硝酸。

【保存方法】加硝酸，使硝酸含量达到 1%。

【保存期】14 d。

【采样量】250 mL。

【容器洗涤】用洗涤剂和水依次洗净聚乙烯瓶，置于（1+1）硝酸溶液浸泡 24 h，用实验水彻底洗净。

【检出限】水平检出限：0.009 mg/L；垂直检出限：0.004 mg/L。

【质量保证和质量控制】每批样品至少做一个全程序空白，空白值应低于方法测定下限。否则应查明原因，重新分析直至合格之后才能测定样品。

【结果表示】小数位数与方法检出限保持一致，最多保留三位有效数字。

污水监测技术规范（HJ 91.1—2019）

【适用范围】采用手工方法对排污单位污水进行监测。

【采样容器】聚乙烯瓶。

【采样方法】—

【固定剂】硝酸。

【保存方法】1 L 水样中加浓硝酸 10 mL，若采用阳极伏安法测定，可改用 1 L 水样中加 19 mL 浓高氯酸。

【保存期】14 d。

【采样量】250 mL。

【容器洗涤】—

【检出限】—

【质量保证和质量控制】—

63. 总银

水质　银的测定　火焰原子吸收分光光度法（GB/T 11907—1989）

【适用范围】感光材料生产、胶片洗印、镀银、冶炼等行业排放废水及受银污染的地面水中银的测定。

【采样容器】聚乙烯瓶。

【采样方法】—

【固定剂】硝酸。

【保存方法】用浓硝酸将水样酸化至 pH 值为 1～2。

【保存期】尽快分析。

【采样量】—

【容器洗涤】—

【检出限】0.03 mg/L。

【质量保证和质量控制】—

【结果表示】—

水质　银的测定　3,5-Br_2-PADAP 分光光度法（HJ 489—2009）

【适用范围】受银污染的地表水及感光材料生产、胶片洗印、镀银、冶炼等行业的工业废水。

【采样容器】聚乙烯瓶。

【采样方法】—

【固定剂】硝酸。

【保存方法】加硝酸酸化到 pH 值为 1～2，避光保存。

【保存期】—

【采样量】—

【容器洗涤】—

【检出限】0.02 mg/L。

【质量保证和质量控制】—

【结果表示】—

水质　银的测定　镉试剂 2B 分光光度法（HJ 490—2009）

【适用范围】受银污染的地表水及感光材料生产、胶片洗印、镀银、冶炼等行业的工业废水。

【采样容器】聚乙烯瓶。

【采样方法】—

【固定剂】硝酸（感光材料生产和胶片洗印、镀银等行业废水不加酸）。

【保存方法】加硝酸酸化到 pH 值为 1～2（感光材料生产和胶片洗印、镀银等行业废水立即分析），避光保存。

【保存期】—

【采样量】—

【容器洗涤】—

【检出限】0.01 mg/L。

【质量保证和质量控制】—

【结果表示】—

水质　65 种元素的测定　电感耦合等离子体质谱法（HJ 700—2014）

【适用范围】地表水、地下水、生活污水、低浓度工业废水。

【采样容器】聚乙烯瓶或玻璃瓶。

【采样方法】样品采集后用 0.45 μm 滤膜过滤，弃去初始的滤液 50 mL，用少量的滤液清洗采样瓶，收集所需体积的滤液于采样瓶中。

【固定剂】（1+1）硝酸。

【保存方法】加（1+1）硝酸酸化至 pH＜2。

【保存期】14 d。

【采样量】250 mL。

【容器洗涤】洗涤剂洗 1 次，自来水洗 2 次，（1+3）硝酸荡洗 1 次，自来水洗 3 次，蒸馏水洗 1 次。

【检出限】0.04 μg/L。

【质量保证和质量控制】每批样品应至少做一个全程序空白及实验室空白。空白值应符合下列的情况之一才能被认为是可接受的：（1）空白值低于方法检出限；（2）低于标准限值的 10%；（3）低于每一批样品最低值的 10%。否则须查找原因，重新分析直至合格之后才能分析样品。

【结果表示】小数位数与方法检出限保持一致，最多保留三位有效数字。

水质　32 种元素的测定　电感耦合等离子体发射光谱法（HJ 776—2015）

【适用范围】地表水、地下水、生活污水及工业废水。

【采样容器】聚乙烯瓶或玻璃瓶。

【采样方法】可溶性元素，样品采集后立即通过水系微孔滤膜过滤，弃去初始的 50～100 mL 滤液，收集所需体积的滤液，加入适量硝酸，使硝酸含量达到 1%。元素总量，样品采集后立即加入适量硝酸，使硝酸含量达到 1%。

【固定剂】硝酸。

【保存方法】加硝酸，使硝酸含量达到 1%。

【保存期】14 d。

【采样量】250 mL。

【容器洗涤】用洗涤剂和水依次洗净聚乙烯瓶，置于（1+1）硝酸溶液浸泡 24 h，用实验水彻底洗净。

【检出限】水平检出限：0.03 mg/L；垂直检出限：0.02 mg/L。

【质量保证和质量控制】每批样品至少做一个全程序空白，空白值应低于方法测定下限。否则应查明原因，重新分析直至合格之后才能测定样品。

【结果表示】小数位数与方法检出限保持一致，最多保留三位有效数字。

污水监测技术规范（HJ 91.1—2019）

【适用范围】采用手工方法对排污单位污水进行监测。

【采样容器】聚乙烯瓶或玻璃瓶。

【采样方法】—

【固定剂】硝酸或高氯酸。

【保存方法】1 L 水样中加浓硝酸 10 mL。

【保存期】14 d。

【采样量】250 mL。

【容器洗涤】—

【检出限】—

【质量保证和质量控制】—

64. 总有机碳（TOC）

水质　总有机碳的测定　燃烧氧化-非分散红外吸收法（HJ 501—2009）

【适用范围】地表水、地下水、生活污水和工业废水。

【采样容器】棕色玻璃瓶。

【采样方法】充满采样瓶。

【固定剂】硫酸。

【保存方法】加硫酸酸化至 pH<2，4℃冷藏保存。

【保存期】7 d。

【采样量】—

【容器洗涤】—

【检出限】0.1 mg/L。

【质量保证和质量控制】—

【结果表示】当结果小于 100 mg/L 时，保留至小数点后一位；大于等于 100 mg/L 时，结果保留三位有效数字。

污水监测技术规范（HJ 91.1—2019）

【适用范围】采用手工方法对排污单位污水进行监测。

【采样容器】玻璃瓶。

【采样方法】—

【固定剂】硫酸。

【保存方法】加硫酸酸化至 pH<2。

【保存期】7 d。

【采样量】250 mL。

【容器洗涤】—

【检出限】—

【质量保证和质量控制】—

（二）有机项目

1. 1,1,1,2-四氯乙烷

水质　挥发性有机物的测定　吹扫捕集/气相色谱-质谱法（HJ 639—2012）

【适用范围】海水、地下水、地表水、生活污水和工业废水。

【采样容器】有聚四氟乙烯衬垫的棕色螺口玻璃瓶。

【采样方法】采样时不需用样品进行荡洗，水样在样品瓶中溢流而不留空间。取样时应尽量避免或减少样品在空气中暴露。所有样品均采集平行双样，每批样品带一个全程序空白和一个运输空白。

【固定剂】抗坏血酸+盐酸。

【保存方法】（1）每 40 mL 样品需加入 25 mg 的抗坏血酸；若样品中总余氯的量超过 5 mg/L，总余氯每超过 5 mg/L，需要多加 25 mg 的抗坏血酸。采样时，水样呈中性时向每个样品瓶中加入 0.5 mL 盐酸溶液，拧紧瓶盖；水样呈碱性时应加入适量盐酸溶液使样品 pH≤2，4℃保存。（2）当水样加盐酸溶液后产生大量气泡时，应弃去该样品，重新采集样品。重新采集的样品不应加盐酸溶液，样品标签上应注明未酸化，4℃保存。

【保存期】12 h。

【采样量】1 L。

【容器洗涤】样品瓶应在采样前用甲醇清洗。

【检出限】全扫描方式：1.5 μg/L；选择离子方式：0.3 μg/L。

【质量保证和质量控制】所有样品均采集平行双样，每批样品至少应采集一个运输空白和一个全程序空白样品。空白中目标化合物浓度应小于下列条件的最大值：（1）方法检出限；（2）相关环保标准限值的 5%；（3）样品分析结果的 5%。若空白试验未满足以上要求，则应采取措施排除污染并重新分析同批样品。

水质　挥发性有机物的测定　顶空/气相色谱-质谱法（HJ 810—2016）

【适用范围】地表水、地下水、生活污水、工业废水和海水。

【采样容器】有聚四氟乙烯衬垫的棕色螺口玻璃瓶。

【采样方法】采集样品时，不宜用水样进行荡洗，应使水样在样品瓶中溢流且不留空间。

【固定剂】抗坏血酸+盐酸。

【保存方法】（1）若水样中含有余氯，采样前，应向 40 mL 棕色采样瓶中加入 25 mg 的抗坏血酸。若水样中余氯含量超过 5 mg/L，应按比例增加抗坏血酸的加入量，余氯含量每增加 5 mg/L，则应多加入 25 mg 的抗坏血酸。样品采集后，应立即加入适量盐酸溶液，使样品 pH≤2，拧紧瓶盖，4℃以下冷藏，避光和密封保存；（2）当水样加盐酸溶液后有气泡产生，须重新采样，重新采集的样品不加盐酸溶液保存，样品标签上应注明未酸化。

【保存期】12 h。

【采样量】1 L。

【容器洗涤】—

【检出限】全扫描方式：6 μg/L；选择离子方式：0.6 μg/L。

【质量保证和质量控制】所有样品均采集平行双样。每批样品应至少做一个全程序空白：按照分析步骤，在实验室将一份实验用水放入样品瓶中密封，将其带到采样现场，与采样的样品瓶同时开盖和密封，之后随样品运回实验室。

2. 1,1,1-三氯乙烷

水质　挥发性有机物的测定　吹扫捕集/气相色谱-质谱法（HJ 639—2012）

【适用范围】海水、地下水、地表水、生活污水和工业废水。

【采样容器】有聚四氟乙烯衬垫的棕色螺口玻璃瓶。

【采样方法】采样时不需用样品进行荡洗，水样在样品瓶中溢流而不留空间。取样时应尽量避免或减少样品在空气中暴露。所有样品均采集平行双样，每批样品带一个全程序空白和一个运输空白。

【固定剂】抗坏血酸+盐酸。

【保存方法】（1）每 40 mL 样品需加入 25 mg 的抗坏血酸；若样品中总余氯的量超过 5 mg/L，总余氯每超过 5 mg/L，需要多加 25 mg 的抗坏血酸。采样时，水样呈中性时向每个样品瓶中加入 0.5 mL 盐酸溶液，拧紧瓶盖；水样呈碱性时应加入适量盐酸溶液使样品 pH≤2，4℃保存。（2）当水样加盐酸溶液后产生大量气泡时，应弃去该样品，重新采集样品。重新采集的样品不应加盐酸溶液，样品标签上应注明未酸化，4℃保存。

【保存期】12 h。

【采样量】1 L。

【容器洗涤】样品瓶应在采样前用甲醇清洗。

【检出限】全扫描方式：1.4 μg/L；选择离子方式：0.4 μg/L。

【质量保证和质量控制】所有样品均采集平行双样，每批样品至少应采集一个运输空白和全程序空白样品。空白中目标化合物浓度应小于下列条件的最大值：（1）方法检出限；（2）相关环保标准限值的 5%；（3）样品分析结果的 5%。若空白试验未满足以上要求，则应采取措施排除污染并重新分析同批样品。

水质　挥发性有机物的测定　顶空/气相色谱-质谱法（HJ 810—2016）

【适用范围】地表水、地下水、生活污水和工业废水和海水。

【采样容器】有聚四氟乙烯衬垫的棕色螺口玻璃瓶。

【采样方法】采集样品时，不宜用水样进行荡洗，应使水样在样品瓶中溢流且不留空间。

【固定剂】抗坏血酸+盐酸。

【保存方法】（1）若水样中含有余氯，采样前，应向 40 mL 棕色采样瓶中加入 25 mg 的抗坏血酸。若水样中余氯含量超过 5 mg/L，应按比例增加抗坏血酸的加入量，余氯含量每增加 5 mg/L，则应多加入 25 mg 的抗坏血酸。样品采集后，应立即加入适量盐酸溶液，使样品 pH≤2，拧紧瓶盖，4℃以下冷藏，避光和密封保存。（2）当水样加盐酸溶液后有气泡产生，须重新采样，重新采集的样品不加盐酸溶液保存，样品标签上应注明未酸化。

【保存期】12 h。

【采样量】1 L。

【容器洗涤】—

【检出限】全扫描方式：3 μg/L；选择离子方式：0.8 μg/L。

【质量保证和质量控制】所有样品均采集平行双样。每批样品应至少做一个全程序空白：按照分析步骤，在实验室将一份实验用水放入样品瓶中密封，将其带到采样现场，与采样的样品瓶同时开盖和密封，之后随样品运回实验室。

3. 1,1,2,2-四氯乙烷

水质　挥发性有机物的测定　吹扫捕集/气相色谱-质谱法（HJ 639—2012）

【适用范围】海水、地下水、地表水、生活污水和工业废水。

【采样容器】有聚四氟乙烯衬垫的棕色螺口玻璃瓶。

【采样方法】采样时不需用样品进行荡洗，水样在样品瓶中溢流而不留空间。取样时应尽量避免或减少样品在空气中暴露。所有样品均采集平行双样，每批样品带一个全程序空白和一个运输空白。

【固定剂】抗坏血酸+盐酸。

【保存方法】（1）每 40 mL 样品需加入 25 mg 的抗坏血酸；若样品中总余氯的量超过 5 mg/L，总余氯每超过 5 mg/L，需要多加 25 mg 的抗坏血酸。采样时，水样呈中性时向每个样品瓶中加入 0.5 mL 盐酸溶液，拧紧瓶盖；水样呈碱性时应加入适量盐酸溶液使样品 pH≤2，4℃保存。（2）当水样加盐酸溶液后产生大量气泡时，应弃去该样品，重新采集样品。重新采集的样品不应加盐酸溶液，样品标签上应注明未酸化，4℃保存。

【保存期】12 h。

【采样量】1 L。

【容器洗涤】样品瓶应在采样前用甲醇清洗。

【检出限】全扫描方式：1.1 μg/L；选择离子方式：0.4 μg/L。

【质量保证和质量控制】所有样品均采集平行双样，每批样品至少应采集一个运输空白和全程序空白样品。空白中目标化合物浓度应小于下列条件的最大值：（1）方法检出限；（2）相关环保标准限值的 5%；（3）样品分析结果的 5%。若空白试验未满足以上要求，则应采取措施排除污染并重新分析同批样品。

水质　挥发性有机物的测定　顶空/气相色谱-质谱法（HJ 810—2016）

【适用范围】地表水、地下水、生活污水、工业废水和海水。

【采样容器】有聚四氟乙烯衬垫的棕色螺口玻璃瓶。

【采样方法】采集样品时，不宜用水样进行荡洗，应使水样在样品瓶中溢流且不留空间。

【固定剂】抗坏血酸+盐酸。

【保存方法】（1）若水样中含有余氯，采样前，应向 40 mL 棕色采样瓶中加入 25 mg 的抗坏血酸。若水样中余氯含量超过 5 mg/L，应按比例增加抗坏血酸的加入量，余氯含量每增加 5 mg/L，则应多加入 25 mg 的抗坏血酸。样品采集后，应立即加入适量盐酸溶液，使样品 pH≤2，拧紧瓶盖，4℃以下冷藏，避光和密封保存。（2）当水样加盐酸溶液后有气泡产生，须重新采样，重新采集的样品不加盐酸溶液保存，样品标签上应注明未酸化。

【保存期】12 h。

【采样量】1 L。

【容器洗涤】—

【检出限】全扫描方式：7 μg/L；选择离子方式：0.9 μg/L。

【质量保证和质量控制】所有样品均采集平行双样。每批样品应至少做一个全程序空白：按照分析步骤，在实验室将一份实验用水放入样品瓶中密封，将其带到采样现场，与采样的样品瓶同时开盖和密封，之后随样品运回实验室。

4. 1,1,2-三氯乙烷

水质　挥发性有机物的测定　吹扫捕集/气相色谱-质谱法（HJ 639—2012）

【适用范围】海水、地下水、地表水、生活污水和工业废水。

【采样容器】有聚四氟乙烯衬垫的棕色螺口玻璃瓶。

【采样方法】采样时不需用样品进行荡洗，水样在样品瓶中溢流而不留空间。取样时应尽量避免或减少样品在空气中暴露。所有样品均采集平行双样，每批样品带一个全程序空白和一个运输空白。

【固定剂】抗坏血酸+盐酸。

【保存方法】（1）每 40 mL 样品需加入 25 mg 的抗坏血酸；若样品中总余氯的量超过 5 mg/L，总余氯每超过 5 mg/L，需要多加 25 mg 的抗坏血酸。采样时，水样呈中性时向每个样品瓶中加入 0.5 mL 盐酸溶液，拧紧瓶盖；水样呈碱性时应加入适量盐酸溶液使样品 pH≤2，4℃保存。（2）当水样加盐酸溶液后产生大量气泡时，应弃去该样品，重新采集样品。重新采集的样品不应加盐酸溶液，样品标签上应注明未酸化，4℃保存。

【保存期】12 h。

【采样量】1 L。

【容器洗涤】样品瓶应在采样前用甲醇清洗。

【检出限】全扫描方式：1.5 μg/L；选择离子方式：0.4 μg/L。

【质量保证和质量控制】所有样品均采集平行双样，每批样品至少应采集一个运输空白和全程序空白样品。空白中目标化合物浓度应小于下列条件的最大值：（1）方法检出限；（2）相关环保标准限值的 5%；（3）样品分析结果的 5%。若空白试验未满足以上要求，则应采取措施排除污染并重新分析同批样品。

水质　挥发性有机物的测定　顶空/气相色谱-质谱法（HJ 810—2016）

【适用范围】地表水、地下水、生活污水、工业废水和海水。

【采样容器】有聚四氟乙烯衬垫的棕色螺口玻璃瓶。

【采样方法】采集样品时，不宜用水样进行荡洗，应使水样在样品瓶中溢流且不留空间。

【固定剂】抗坏血酸+盐酸。

【保存方法】（1）若水样中含有余氯，采样前，应向 40 mL 棕色采样瓶中加入 25 mg 的抗坏血酸。若水样中余氯含量超过 5 mg/L，应按比例增加抗坏血酸的加入量，余氯含量每增加 5 mg/L，则应多加入 25 mg 的抗坏血酸。样品采集后，应立即加入适量盐酸溶液，使样品 pH≤2，拧紧瓶盖，4℃以下冷藏，避光和密封保存。（2）当水样加盐酸溶液后有气泡产生，须重新采样，重新采集的样品不加盐酸溶液保存，样品标签上应注明未酸化。

【保存期】12 h。

【采样量】1 L。

【容器洗涤】—

【检出限】全扫描方式：5 μg/L；选择离子方式：0.9 μg/L。

【质量保证和质量控制】所有样品均采集平行双样。每批样品应至少做一个全程序空白：按照分析步骤，在实验室将一份实验用水放入样品瓶中密封，将其带到采样现场，与采样的样品瓶同时开盖和密封，之后随样品运回实验室。

5. 1,1-二氯丙烯

水质　挥发性有机物的测定　吹扫捕集/气相色谱-质谱法（HJ 639—2012）

【适用范围】海水、地下水、地表水、生活污水和工业废水。

【采样容器】有聚四氟乙烯衬垫的棕色螺口玻璃瓶。

【采样方法】采样时不需用样品进行荡洗，水样在样品瓶中溢流而不留空间。取样时应尽量避免或减少样品在空气中暴露。所有样品均采集平行双样，每批样品带一个全程序空白和一个运输空白。

【固定剂】抗坏血酸+盐酸。

【保存方法】（1）每 40 mL 样品需加入 25 mg 的抗坏血酸；若样品中总余氯的量超过 5 mg/L，总余氯每超过 5 mg/L，需要多加 25 mg 的抗坏血酸。采样时，水样呈中性时向每个样品瓶中加入 0.5 mL 盐酸溶液，拧紧瓶盖；水样呈碱性时应加入适量盐酸溶液使样品 pH≤2，4℃保存。（2）当水样加盐酸溶液后产生大量气泡时，应弃去该样品，重新采集样品。重新采集的样品不应加盐酸溶液，样品标签上应注明未酸化，4℃保存。

【保存期】12 h。

【采样量】1 L。

【容器洗涤】样品瓶应在采样前用甲醇清洗。

【检出限】全扫描方式：1.2 μg/L；选择离子方式：0.3 μg/L。

【质量保证和质量控制】所有样品均采集平行双样，每批样品至少应采集一个运输空白和全程序空白样品。空白中目标化合物浓度应小于下列条件的最大值：（1）方法检出限；（2）相关环保标准限值的 5%；（3）样品分析结果的 5%。若空白试验未满足以上要求，则应采取措施排除污染并重新分析同批样品。

水质　挥发性有机物的测定　顶空/气相色谱-质谱法（HJ 810—2016）

【适用范围】地表水、地下水、生活污水、工业废水和海水。

【采样容器】有聚四氟乙烯衬垫的棕色螺口玻璃瓶。

【采样方法】采集样品时，不宜用水样进行荡洗，应使水样在样品瓶中溢流且不留空间。

【固定剂】抗坏血酸+盐酸。

【保存方法】（1）若水样中含有余氯，采样前，应向 40 mL 棕色采样瓶中加入 25 mg 的抗坏血酸。若水样中余氯含量超过 5 mg/L，应按比例增加抗坏血酸的加入量，余氯含量每增加 5 mg/L，则应多加入 25 mg 的抗坏血酸。样品采集后，应立即加入适量盐酸溶液，使样品 pH≤2，拧紧瓶盖，4℃以下冷藏，避光和密封保存。（2）当水样加盐酸溶液后有气泡产生，须重新采样，重新采集的样品不加盐酸溶液保存，样品标签上应注明未酸化。

【保存期】12 h。

【采样量】1 L。

【容器洗涤】—

【检出限】全扫描方式：4 μg/L；选择离子方式：1.0 μg/L。

【质量保证和质量控制】所有样品均采集平行双样。每批样品应至少做一个全程序空白：按照分析步骤，在实验室将一份实验用水放入样品瓶中密封，将其带到采样现场，与采样的样品瓶同时开盖和密封，之后随样品运回实验室。

6. 1,1-二氯乙烷

水质　挥发性有机物的测定　吹扫捕集/气相色谱-质谱法（HJ 639—2012）

【适用范围】海水、地下水、地表水、生活污水和工业废水。

【采样容器】有聚四氟乙烯衬垫的棕色螺口玻璃瓶。

【采样方法】采样时不需用样品进行荡洗，水样在样品瓶中溢流而不留空间。取样时应尽量避免或减少样品在空气中暴露。所有样品均采集平行双样，每批样品带一个全程序空白和一个运输空白。

【固定剂】抗坏血酸+盐酸。

【保存方法】（1）每 40 mL 样品需加入 25 mg 的抗坏血酸；若样品中总余氯的量超过 5 mg/L，总余氯每超过 5 mg/L，需要多加 25 mg 的抗坏血酸。采样时，水样呈中性时向每个样品瓶中加入 0.5 mL 盐酸溶液，拧紧瓶盖；水样呈碱性时应加入适量盐酸溶液使样品 pH≤2。4℃保存。（2）当水样加盐酸溶液后产生大量气泡时，应弃去该样品，重新采集样品。重新采集的样品不应加盐酸溶液，样品标签上应注明未酸化。4℃保存。

【保存期】12 h。

【采样量】1 L。

【容器洗涤】样品瓶应在采样前用甲醇清洗。

【检出限】全扫描方式：1.2 μg/L；选择离子方式：0.4 μg/L。

【质量保证和质量控制】所有样品均采集平行双样，每批样品至少应采集一个运输空白和全程序空白样品。空白中目标化合物浓度应小于下列条件的最大值：（1）方法检出限；（2）相关环保标准限值的 5%；（3）样品分析结果的 5%。若空白试验未满

足以上要求，则应采取措施排除污染并重新分析同批样品。

水质 挥发性有机物的测定 顶空/气相色谱-质谱法（HJ 810—2016）

【适用范围】地表水、地下水、生活污水、工业废水和海水。

【采样容器】有聚四氟乙烯衬垫的棕色螺口玻璃瓶。

【采样方法】采集样品时，不宜用水样进行荡洗，应使水样在样品瓶中溢流且不留空间。

【固定剂】抗坏血酸+盐酸。

【保存方法】（1）若水样中含有余氯，采样前，应向 40 mL 棕色采样瓶中加入 25 mg 的抗坏血酸。若水样中余氯含量超过 5 mg/L，应按比例增加抗坏血酸的加入量，余氯含量每增加 5 mg/L，则应多加入 25 mg 的抗坏血酸。样品采集后，应立即加入适量盐酸溶液，使样品 pH≤2，拧紧瓶盖，4℃以下冷藏，避光和密封保存。（2）当水样加盐酸溶液后有气泡产生，须重新采样，重新采集的样品不加盐酸溶液保存，样品标签上应注明未酸化。

【保存期】12 h。

【采样量】1 L。

【容器洗涤】—

【检出限】全扫描方式：5 μg/L；选择离子方式：0.7 μg/L。

【质量保证和质量控制】所有样品均采集平行双样。每批样品应至少做一个全程序空白：按照分析步骤，在实验室将一份实验用水放入样品瓶中密封，将其带到采样现场，与采样的样品瓶同时开盖和密封，之后随样品运回实验室。

7. 1,1-二氯乙烯

水质 挥发性卤代烃的测定 顶空气相色谱法（HJ 620—2011）

【适用范围】地表水、地下水、饮用水、海水、工业废水和生活污水。

【采样容器】40 mL 有聚四氟乙烯衬垫的棕色螺口玻璃瓶。

【采样方法】采样时样品沿瓶壁注入，防止气泡产生，水样充满后不留液上空间。所有样品均采集平行样。

【固定剂】抗坏血酸或硫代硫酸钠。

【保存方法】如果水样含有余氯，向采样瓶中加入 0.3～0.5 g 抗坏血酸或硫代硫酸钠。0～5℃冷藏保存。

【保存期】7 d。

【采样量】40 mL。

【容器洗涤】—

【检出限】2.38 μg/L。

【质量保证和质量控制】所有样品均采集平行样。平行样品：每分析一批（20 个）样品至少做 10%的平行样品测定，平行样品相对偏差在 30%以内。

水质 挥发性有机物的测定 吹扫捕集/气相色谱-质谱法（HJ 639—2012）

【适用范围】海水、地下水、地表水、生活污水和工业废水。

【采样容器】有聚四氟乙烯衬垫的棕色螺口玻璃瓶。

【采样方法】采样时不需用样品进行荡洗，水样在样品瓶中溢流而不留空间。取样时应尽量避免或减少样品在空气中暴露。所有样品均采集平行双样，每批样品带一个全程序空白和一个运输空白。

【固定剂】抗坏血酸+盐酸。

【保存方法】（1）每 40 mL 样品需加入 25 mg 的抗坏血酸；若样品中总余氯的量超过 5 mg/L，总余氯每超过 5 mg/L，需要多加 25 mg 的抗坏血酸。采样时，水样呈中性时向每个样品瓶中加入 0.5 mL 盐酸溶液，拧紧瓶盖；水样呈碱性时应加入适量盐酸溶液使样品 pH≤2，4℃保存。（2）当水样加盐酸溶液后产生大量气泡时，应弃去该样品，重新采集样品。重新采集的样品不应加盐酸溶液，样品标签上应注明未酸化，4℃保存。

【保存期】12 h。

【采样量】1 L。

【容器洗涤】样品瓶应在采样前用甲醇清洗。

【检出限】全扫描方式：1.2 μg/L；选择离子方式：0.5 μg/L。

【质量保证和质量控制】所有样品均采集平行双样，每批样品至少应采集一个运输空白和全程序空白样品。空白中目标化合物浓度应小于下列条件的最大值：（1）方法检出限；（2）相关环保标准限值的 5%；（3）样品分析结果的 5%。若空白试验未满足以上要求，则应采取措施排除污染并重新分析同批样品。

水质　挥发性有机物的测定　吹扫捕集/气相色谱法（HJ 686—2014）

【适用范围】地表水、地下水、生活污水和工业废水中挥发性有机物的测定。

【采样容器】有聚四氟乙烯衬垫的棕色螺口玻璃瓶。

【采样方法】样品采集时不需用水样荡洗。所有样品均采集平行双样，每批样品带一个全程序空白和一个运输空白。

【固定剂】无余氯样品：盐酸溶液；有余氯样品：抗坏血酸+盐酸。

【保存方法】无余氯样品：0.5 mL 盐酸溶液，4℃保存；有余氯样品：加入约 25 mg 抗坏血酸，再加入 0.5 mL 盐酸溶液，4℃保存。

【保存期】12 h。

【采样量】1 L。

【容器洗涤】采样瓶应在采样前充分清洗。

【检出限】0.1 μg/L。

【质量保证和质量控制】

所有样品均采集平行双样，每批样品带一个全程序空白和一个运输空白。

（1）空白分析

①运输空白。采样前在实验室将一份空白试剂水放入样品瓶中密封，将其带到现场。采样时对其瓶盖一直处于密封状态，随样品运回实验室，按与样品相同的分析步骤进行处理和测定，用于检查样品运输过程中是否受到污染。

②全程序空白。采样前在实验室将一份空白试剂水放入样品瓶中密封，将其带到现场。与采样的样品瓶同时开盖和密封，随样品运回实验室，按与样品相同的分析步骤进行处理和测定，用于检

查样品采集到分析全过程是否受到污染。

如全程序空白中目标化合物高于检出限时，不能从样品结果中扣除空白值。应检查所有可能对全程序空白产生影响的环节，仔细查找干扰源。如果确实发现采样、运输或保存过程存在影响分析结果的干扰，需对出现问题批次的样品进行重新采样分析。

（2）平行样品的测定

虽然每个样品均采集平行双样，一般每 10 个样品或每批次（少于 10 个样品/批）分析一个平行样，平行样品测定结果的相对偏差小于 20%。

水质　挥发性有机物的测定　顶空/气相色谱-质谱法（HJ 810—2016）

【适用范围】地表水、地下水、生活污水、工业废水和海水。

【采样容器】有聚四氟乙烯衬垫的棕色螺口玻璃瓶。

【采样方法】采集样品时，不宜用水样进行荡洗，应使水样在样品瓶中溢流且不留空间。

【固定剂】抗坏血酸+盐酸。

【保存方法】（1）若水样中含有余氯，采样前，应向 40 mL 棕色采样瓶中加入 25 mg 的抗坏血酸。若水样中余氯含量超过 5 mg/L，应按比例增加抗坏血酸的加入量，余氯含量每增加 5 mg/L，则应多加入 25 mg 的抗坏血酸。样品采集后，应立即加入适量盐酸溶液，使样品 pH≤2，拧紧瓶盖，4℃以下冷藏，避光和密封保存。（2）当水样加盐酸溶液后有气泡产生，须重新采样，重新采集的样品不加盐酸溶液保存，样品标签上应注明未酸化。

【保存期】12 h。

【采样量】1 L。

【容器洗涤】—

【检出限】全扫描方式：6 μg/L；选择离子方式：1.3 μg/L。

【质量保证和质量控制】所有样品均采集平行双样。每批样品应至少做一个全程序空白：按照分析步骤，在实验室将一份实验用水放入样品瓶中密封，将其带到采样现场，与采样的样品瓶同时开盖和密封，之后随样品运回实验室。

8. 1,2,3,4-四氯苯

水质　氯苯类化合物的测定　气相色谱法（HJ 621—2011）

【适用范围】地表水、地下水、饮用水、海水、工业废水和生活污水。

【采样容器】棕色玻璃瓶。

【采样方法】样品充满采样瓶。用内衬聚四氟乙烯硅胶垫（或铝箔垫）的瓶盖密封。

【固定剂】浓硫酸。

【保存方法】采样时每升水样中加入 1.0 mL 浓硫酸，于 2～5℃下保存。

【保存期】7 d。

【采样量】1 000 mL。

【容器洗涤】—

【检出限】0.02 μg/L。

【质量保证和质量控制】空白样品：每批样品应至少分析 1 个全程序空白样，全程序空白测定值应低于检出限。

水质　有机氯农药和氯苯类化合物的测定　气相色谱-质谱法（HJ 699—2014）

【适用范围】地表水、地下水、生活污水、工业废水和海水。

【采样容器】带玻璃塞的棕色磨口瓶或具有聚四氟乙烯衬垫的棕色螺口玻璃瓶。

【采样方法】加入 0.01～0.02 g 抗坏血酸去除余氯。

【固定剂】抗坏血酸。

【保存方法】0～5℃避光保存。

【保存期】24 h。

【采样量】1 L。

【容器洗涤】—

【检出限】液液萃取：0.038 μg/L；固相萃取：0.025 μg/L。

【质量保证和质量控制】空白试验：每批样品至少做一个空白试验，也即全程序空白试验。如果目标化合物有检查，应查明原因。

水质　氯苯的测定　气相色谱法（HJ/T 74—2001）

【适用范围】地表水、地下水及废水。

【采样容器】玻璃细口瓶，具磨口瓶塞。

【采样方法】在采集前用水样将取样瓶洗涤 2～3 次，样品应充满瓶子，加盖密封，不得有气泡。

【固定剂】—

【保存方法】2～5℃冷藏保存。

【保存期】7 d。

【采样量】1 000 mL。

【容器洗涤】—

【检出限】0.01 mg/L。

【质量保证和质量控制】—

9. 1,2,3,5-四氯苯

水质　氯苯类化合物的测定　气相色谱法（HJ 621—2011）

【适用范围】地表水、地下水、饮用水、海水、工业废水和生活污水。

【采样容器】棕色玻璃瓶。

【采样方法】样品充满采样瓶。用内衬聚四氟乙烯硅胶垫（或铝箔垫）的瓶盖密封。

【固定剂】浓硫酸。

【保存方法】采样时每升水样中加入 1.0 mL 浓硫酸，于 2～5℃下保存。

【保存期】7 d。

【采样量】1 000 mL。

【容器洗涤】—

【检出限】0.02 μg/L。

【质量保证和质量控制】空白样品：每批样品应至少分析 1 个全程序空白样，全程序空白测定值应低于检出限。

水质 有机氯农药和氯苯类化合物的测定 气相色谱-质谱法（HJ 699—2014）

【适用范围】地表水、地下水、生活污水、工业废水和海水。

【采样容器】带玻璃塞的棕色磨口瓶或具有聚四氟乙烯衬垫的棕色螺口玻璃瓶。

【采样方法】加入 0.01～0.02 g 抗坏血酸去除余氯。

【固定剂】抗坏血酸。

【保存方法】0～5℃避光保存。

【保存期】24 h。

【采样量】1 L。

【容器洗涤】—

【检出限】液液萃取：0.038 μg/L；固相萃取：0.024 μg/L。

【质量保证和质量控制】空白试验：每批样品至少做一个空白试验，即全程序空白试验。如果目标化合物有检查，应查明原因。

水质 氯苯的测定 气相色谱法（HJ/T 74—2001）

【适用范围】地表水、地下水及废水。

【采样容器】玻璃细口瓶，具磨口瓶塞。

【采样方法】在采集前用水样将取样瓶洗涤 2～3 次，样品应充满瓶子，加盖密封，不得有气泡。

【固定剂】—

【保存方法】2～5℃冷藏保存。

【保存期】7 d。

【采样量】1 000 mL。

【容器洗涤】—

【检出限】0.01 mg/L。

【质量保证和质量控制】—

10. 1,2,3-三氯苯

水质 氯苯类化合物的测定 气相色谱法（HJ 621—2011）

【适用范围】地表水、地下水、饮用水、海水、工业废水和生活污水。

【采样容器】棕色玻璃瓶。

【采样方法】样品充满采样瓶。用内衬聚四氟乙烯硅胶垫（或铝箔垫）的瓶盖密封。

【固定剂】浓硫酸。

【保存方法】采样时每升水样中加入 1.0 mL 浓硫酸，于 2～5℃下保存。

【保存期】7 d。

【采样量】1 000 mL。

【容器洗涤】—

【检出限】0.08 μg/L。

【质量保证和质量控制】空白样品：每批样品应至少分析 1 个全程序空白样，全程序空白测定值应低于检出限。

水质　挥发性有机物的测定　吹扫捕集/气相色谱-质谱法（HJ 639—2012）

【适用范围】海水、地下水、地表水、生活污水和工业废水。

【采样容器】有聚四氟乙烯衬垫的棕色螺口玻璃瓶。

【采样方法】采样时不需用样品进行荡洗。水样在样品瓶中溢流而不留空间。取样时应尽量避免或减少样品在空气中暴露。所有样品均采集平行双样，每批样品带一个全程序空白和一个运输空白。

【固定剂】抗坏血酸+盐酸。

【保存方法】（1）每 40 mL 样品需加入 25 mg 的抗坏血酸；若样品中总余氯的量超过 5 mg/L，总余氯每超过 5 mg/L，需要多加 25 mg 的抗坏血酸。采样时，水样呈中性时向每个样品瓶中加入 0.5 mL 盐酸溶液，拧紧瓶盖；水样呈碱性时应加入适量盐酸溶液使样品 pH≤2，4℃保存。（2）当水样加盐酸溶液后产生大量气泡时，应弃去该样品，重新采集样品。重新采集的样品不应加盐酸溶液，样品标签上应注明未酸化，4℃保存。

【保存期】12 h。

【采样量】1 L。

【容器洗涤】样品瓶应在采样前用甲醇清洗。

【检出限】全扫描方式：1.0 μg/L；选择离子方式：0.5 μg/L。

【质量保证和质量控制】所有样品均采集平行双样，每批样品至少应采集一个运输空白和全程序空白样品。空白中目标化合物浓度应小于下列条件的最大值：（1）方法检出限；（2）相关环保标准限值的 5%；（3）样品分析结果的 5%。若空白试验未满足以上要求，则应采取措施排除污染并重新分析同批样品。

水质　有机氯农药和氯苯类化合物的测定　气相色谱-质谱法（HJ 699—2014）

【适用范围】地表水、地下水、生活污水、工业废水和海水。

【采样容器】带玻璃塞的棕色磨口瓶或具有聚四氟乙烯衬垫的棕色螺口玻璃瓶。

【采样方法】加入 0.01～0.02 g 抗坏血酸去除余氯。

【固定剂】抗坏血酸。

【保存方法】0～5℃避光保存。

【保存期】24 h。

【采样量】1 L。

【容器洗涤】—

【检出限】液液萃取：0.046 μg/L；固相萃取：0.028 μg/L。

【质量保证和质量控制】空白试验：每批样品至少做一个空白试验，即全程序空白试验。如果目标化合物有检查，应查明原因。

水质　挥发性有机物的测定　顶空/气相色谱-质谱法（HJ 810—2016）

【适用范围】地表水、地下水、生活污水、工业废水和海水。

【采样容器】有聚四氟乙烯衬垫的棕色螺口玻璃瓶。

【采样方法】采集样品时，不宜用水样进行荡洗，应使水样在样品瓶中溢流且不留空间。

【固定剂】抗坏血酸+盐酸。

【保存方法】（1）若水样中含有余氯，采样前，应向 40 mL 棕色采样瓶中加入 25 mg 的抗坏血酸。若水样中余氯含量超过 5 mg/L，应按比例增加抗坏血酸的加入量，余氯含量每增加 5 mg/L，则应多加入 25 mg 的抗坏血酸。样品采集后，应立即加入适量盐酸溶液，使样品 pH≤2，拧紧瓶盖，4℃以下冷藏，避光和密封保存。（2）当水样加盐酸溶液后有气泡产生，须重新采样，重新采集的样品不加盐酸溶液保存，样品标签上应注明未酸化。

【保存期】12 h。

【采样量】1 L。

【容器洗涤】—

【检出限】全扫描方式：8 μg/L；选择离子方式：0.5 μg/L。

【质量保证和质量控制】所有样品均采集平行双样。每批样品应至少做一个全程序空白：按照分析步骤，在实验室将一份实验用水放入样品瓶中密封，将其带到采样现场，与采样的样品瓶同时开盖和密封，之后随样品运回实验室。

水质　氯苯的测定　气相色谱法（HJ/T 74—2001）

【适用范围】地表水、地下水及废水。

【采样容器】玻璃细口瓶，具磨口瓶塞。

【采样方法】在采集前用水样将取样瓶洗涤 2～3 次，样品应充满瓶子，加盖密封，不得有气泡。

【固定剂】—

【保存方法】2～5℃冷藏保存。

【保存期】7 d。

【采样量】1 000 mL。

【容器洗涤】—

【检出限】0.01 mg/L。

【质量保证和质量控制】—

11. 1,2,3-三氯丙烷

水质　挥发性有机物的测定　吹扫捕集/气相色谱-质谱法（HJ 639—2012）

【适用范围】海水、地下水、地表水、生活污水和工业废水。

【采样容器】有聚四氟乙烯衬垫的棕色螺口玻璃瓶或硬质棕色玻璃瓶（带聚四氟乙烯瓶盖）。

【采样方法】采样时不需用样品进行荡洗，水样在样品瓶中溢流而不留空间。取样时应尽量避免或减少样品在空气中暴露。所有样品均采集平行双样，每批样品带一个全程序空白和一个运输空白。

【固定剂】抗坏血酸+盐酸。

【保存方法】（1）每 40 mL 样品需加入 25 mg 的抗坏血酸；若样品中总余氯的量超过 5 mg/L，总余氯每超过 5 mg/L，需要多加 25 mg 的抗坏血酸。采样时，水样呈中性时向每个样品瓶中加入 0.5 mL 盐酸溶液，拧紧瓶盖；水样呈碱性时应加入适量盐酸溶液使样品 pH≤2，4℃保存。（2）当水样加盐酸溶液后产生大量气泡时，应弃去该样品，重新采集样品。重新采集的样品不应加盐酸溶液，样品标签上应注明未酸化，4℃保存。

【保存期】12 h。

【采样量】1 L。

【容器洗涤】样品瓶应在采样前用甲醇清洗。

【检出限】全扫描方式：1.2 μg/L；选择离子方式：0.2 μg/L。

【质量保证和质量控制】所有样品均采集平行双样，每批样品至少应采集一个运输空白和全程序空白样品。空白中目标化合物浓度应小于下列条件的最大值：（1）方法检出限；（2）相关环保标准限值的 5%；（3）样品分析结果的 5%。若空白试验未满足以上要求，则应采取措施排除污染并重新分析同批样品。

水质　挥发性有机物的测定　顶空/气相色谱-质谱法（HJ 810—2016）

【适用范围】地表水、地下水、生活污水、工业废水和海水。

【采样容器】有聚四氟乙烯衬垫的棕色螺口玻璃瓶或硬质棕色玻璃瓶（带聚四氟乙烯瓶盖）。

【采样方法】采集样品时，不宜用水样进行荡洗，应使水样在样品瓶中溢流且不留空间。

【固定剂】抗坏血酸+盐酸。

【保存方法】（1）若水样中含有余氯，采样前，应向 40 mL 棕色采样瓶中加入 25 mg 的抗坏血酸。若水样中余氯含量超过 5 mg/L，应按比例增加抗坏血酸的加入量，余氯含量每增加 5 mg/L，则应多加入 25 mg 的抗坏血酸。样品采集后，应立即加入适量盐酸溶液，使样品 pH≤2，拧紧瓶盖，4℃以下冷藏，避光和密封保存。（2）当水样加盐酸溶液后有气泡产生，须重新采样，重新采集的样品不加盐酸溶液保存，样品标签上应注明未酸化。

【保存期】12 h。

【采样量】1 L。

【容器洗涤】—

【检出限】全扫描方式：8 μg/L；选择离子方式：0.6 μg/L。

【质量保证和质量控制】所有样品均采集平行双样。每批样品应至少做一个全程序空白：按照分析步骤，在实验室将一份实验用水放入样品瓶中密封，将其带到采样现场，与采样的样品瓶同时开盖和密封，之后随样品运回实验室。

12. 1,2,4,5-四氯苯

水质　氯苯类化合物的测定　气相色谱法（HJ 621—2011）

【适用范围】地表水、地下水、饮用水、海水、工业废水和生活污水。

【采样容器】棕色玻璃瓶。

【采样方法】样品充满采样瓶。用内衬聚四氟乙烯硅胶垫（或铝箔垫）的瓶盖密封。

【固定剂】浓硫酸。

【保存方法】采样时每升水样中加入 1.0 mL 浓硫酸，于 2～5℃下保存。

【保存期】7 d。

【采样量】1 000 mL。

【容器洗涤】—

【检出限】0.01 μg/L。

【质量保证和质量控制】空白样品：每批样品应至少分析 1 个全程序空白样，全程序空白测定值应低于检出限。

水质 有机氯农药和氯苯类化合物的测定 气相色谱-质谱法（HJ 699—2014）

【适用范围】地表水、地下水、生活污水、工业废水和海水。

【采样容器】带玻璃塞的棕色磨口瓶或具有聚四氟乙烯衬垫的棕色螺口玻璃瓶。

【采样方法】加入 0.01～0.02 g 抗坏血酸去除余氯。

【固定剂】抗坏血酸。

【保存方法】0～5℃避光保存。

【保存期】24 h。

【采样量】1 L。

【容器洗涤】—

【检出限】液液萃取：0.038 μg/L；固相萃取：0.021 μg/L。

【质量保证和质量控制】空白试验：每批样品至少做一个空白试验，即全程序空白试验。如果目标化合物有检查，应查明原因。

水质 氯苯的测定 气相色谱法（HJ/T 74—2001）

【适用范围】地表水、地下水及废水。

【采样容器】玻璃细口瓶，具磨口瓶塞。

【采样方法】在采集前用水样将取样瓶洗涤 2～3 次，样品应充满瓶子，加盖密封，不得有气泡。

【固定剂】—

【保存方法】2～5℃冷藏保存。

【保存期】7 d。

【采样量】1 000 mL。

【容器洗涤】—

【检出限】0.01 mg/L。

【质量保证和质量控制】—

13. 1,2,4-三甲基苯

水质 挥发性有机物的测定 吹扫捕集/气相色谱-质谱法（HJ 639—2012）

【适用范围】海水、地下水、地表水、生活污水和工业废水。

【采样容器】有聚四氟乙烯衬垫的棕色螺口玻璃瓶或硬质棕色玻璃瓶（带聚四氟乙烯瓶盖）。

【采样方法】采样时不需用样品进行荡洗。水样在样品瓶中溢流而不留空间。取样时应尽量避免或减少样品在空气中暴露。所有样品均采集平行双样，每批样品带一个全程序空白和一个运输空白。

【固定剂】抗坏血酸+盐酸。

【保存方法】（1）每 40 mL 样品需加入 25 mg 的抗坏血酸；若样品中总余氯的量超过 5 mg/L，总余氯每超过 5 mg/L，需要多加 25 mg 的抗坏血酸。采样时，水样呈中性时向每个样品瓶中加入 0.5 mL 盐酸溶液，拧紧瓶盖；水样呈碱性时应加入适量盐酸溶液使样品 pH≤2，4℃保存。（2）当水样加盐酸溶液后产生大量气泡时，应弃去该样品，重新采集样品。重新采集的样品不应加盐酸溶液，样品标签上应注明未酸化，4℃保存。

【保存期】12 h。

【采样量】1 L。

【容器洗涤】样品瓶应在采样前用甲醇清洗。

【检出限】全扫描方式：0.8 μg/L；选择离子方式：0.3 μg/L。

【质量保证和质量控制】所有样品均采集平行双样，每批样品至少应采集一个运输空白和全程序空白样品。空白中目标化合物浓度应小于下列条件的最大值：（1）方法检出限；（2）相关环保标准限值的 5%；（3）样品分析结果的 5%。若空白试验未满足以上要求，则应采取措施排除污染并重新分析同批样品。

水质　挥发性有机物的测定　顶空/气相色谱-质谱法（HJ 810—2016）

【适用范围】地表水、地下水、生活污水、工业废水和海水。

【采样容器】有聚四氟乙烯衬垫的棕色螺口玻璃瓶或硬质棕色玻璃瓶（带聚四氟乙烯瓶盖）。

【采样方法】采集样品时，不宜用水样进行荡洗，应使水样在样品瓶中溢流且不留空间。

【固定剂】抗坏血酸+盐酸。

【保存方法】（1）若水样中含有余氯，采样前，应向 40 mL 棕色采样瓶中加入 25 mg 的抗坏血酸。若水样中余氯含量超过 5 mg/L，应按比例增加抗坏血酸的加入量，余氯含量每增加 5 mg/L，则应多加入 25 mg 的抗坏血酸。样品采集后，应立即加入适量盐酸溶液，使样品 pH≤2，拧紧瓶盖，4℃以下冷藏，避光和密封保存。（2）当水样加盐酸溶液后有气泡产生，须重新采样，重新采集的样品不加盐酸溶液保存，样品标签上应注明未酸化。

【保存期】12 h。

【采样量】1 L。

【容器洗涤】—

【检出限】全扫描方式：3 μg/L；选择离子方式：0.5 μg/L。

【质量保证和质量控制】所有样品均采集平行双样。每批样品应至少做一个全程序空白：按照分析步骤，在实验室将一份实验用水放入样品瓶中密封，将其带到采样现场，与采样的样品瓶同时开盖和密封，之后随样品运回实验室。

14. 1,2,4-三氯苯

水质　氯苯类化合物的测定　气相色谱法（HJ 621—2011）

【适用范围】地表水、地下水、饮用水、海水、工业废水和生活污水。

【采样容器】棕色玻璃瓶。

【采样方法】样品充满采样瓶。用内衬聚四氟乙烯硅胶垫（或铝箔垫）的瓶盖密封。

【固定剂】浓硫酸。

【保存方法】采样时每升水样中加入 1.0 mL 浓硫酸，于 2～5℃下保存。

【保存期】7 d。

【采样量】1 000 mL。

【容器洗涤】—

【检出限】0.08 μg/L。

【质量保证和质量控制】空白样品：每批样品应至少分析 1 个全程序空白样，全程序空白测定值应低于检出限。

水质　挥发性有机物的测定　吹扫捕集/气相色谱-质谱法（HJ 639—2012）

【适用范围】海水、地下水、地表水、生活污水和工业废水。

【采样容器】有聚四氟乙烯衬垫的棕色螺口玻璃瓶。

【采样方法】采样时不需用样品进行荡洗。水样在样品瓶中溢流而不留空间。取样时应尽量避免或减少样品在空气中暴露。所有样品均采集平行双样，每批样品带一个全程序空白和一个运输空白。

【固定剂】抗坏血酸+盐酸。

【保存方法】（1）每 40 mL 样品需加入 25 mg 的抗坏血酸；若样品中总余氯的量超过 5 mg/L，总余氯每超过 5 mg/L，需要多加 25 mg 的抗坏血酸。采样时，水样呈中性时向每个样品瓶中加入 0.5 mL 盐酸溶液，拧紧瓶盖；水样呈碱性时应加入适量盐酸溶液使样品 pH≤2，4℃保存。（2）当水样加盐酸溶液后产生大量气泡时，应弃去该样品，重新采集样品。重新采集的样品不应加盐酸溶液，样品标签上应注明未酸化，4℃保存。

【保存期】12 h。

【采样量】1 L。

【容器洗涤】样品瓶应在采样前用甲醇清洗。

【检出限】全扫描方式：1.1 μg/L；选择离子方式：0.3 μg/L。

【质量保证和质量控制】所有样品均采集平行双样，每批样品至少应采集一个运输空白和全程序空白样品。空白中目标化合物浓度应小于下列条件的最大值：（1）方法检出限；（2）相关环保标准限值的 5%；（3）样品分析结果的 5%。若空白试验未满足以上要求，则应采取措施排除污染并重新分析同批样品。

水质　有机氯农药和氯苯类化合物的测定　气相色谱-质谱法（HJ 699—2014）

【适用范围】地表水、地下水、生活污水、工业废水和海水。

【采样容器】带玻璃塞的棕色磨口瓶或具有聚四氟乙烯衬垫的棕色螺口玻璃瓶。

【采样方法】加入 0.01～0.02 g 抗坏血酸去除余氯。

【固定剂】抗坏血酸。

【保存方法】0～5℃避光保存。

【保存期】24 h。

【采样量】1 L。

【容器洗涤】—

【检出限】液液萃取：0.038 μg/L；固相萃取：0.027 μg/L。

【质量保证和质量控制】空白试验：每批样品至少做一个空白试验，即全程序空白试验。如果目标化合物有检查，应查明原因。

水质　挥发性有机物的测定　顶空/气相色谱-质谱法（HJ 810—2016）

【适用范围】地表水、地下水、生活污水、工业废水和海水。

【采样容器】有聚四氟乙烯衬垫的棕色螺口玻璃瓶或硬质棕色玻璃瓶（带聚四氟乙烯瓶盖）。

【采样方法】采集样品时，不宜用水样进行荡洗，应使水样在样品瓶中溢流且不留空间。

【固定剂】抗坏血酸+盐酸。

【保存方法】（1）若水样中含有余氯，采样前，应向 40 mL 棕色采样瓶中加入 25 mg 的抗坏血酸。若水样中余氯含量超过 5 mg/L，应按比例增加抗坏血酸的加入量，余氯含量每增加 5 mg/L，则应多加入 25 mg 的抗坏血酸。样品采集后，应立即加入适量盐酸溶液，使样品 pH≤2，拧紧瓶盖，4℃以下冷藏，避光和密封保存。（2）当水样加盐酸溶液后有气泡产生，须重新采样，重新采集的样品不加盐酸溶液保存，样品标签上应注明未酸化。

【保存期】12 h。

【采样量】1 L。

【容器洗涤】—

【检出限】全扫描方式：6 μg/L；选择离子方式：0.7 μg/L。

【质量保证和质量控制】所有样品均采集平行双样。每批样品应至少做一个全程序空白：按照分析步骤，在实验室将一份实验用水放入样品瓶中密封，将其带到采样现场，与采样的样品瓶同时开盖和密封，之后随样品运回实验室。

水质　氯苯的测定　气相色谱法（HJ/T 74—2001）

【适用范围】地表水、地下水及废水。

【采样容器】玻璃细口瓶，具磨口瓶塞。

【采样方法】在采集前用水样将取样瓶洗涤 2～3 次，样品应充满瓶子，加盖密封，不得有气泡。

【固定剂】—

【保存方法】2～5℃冷藏保存。

【保存期】7 d。

【采样量】1 000 mL。

【容器洗涤】—

【检出限】0.01 mg/L。

【质量保证和质量控制】—

15. 1,2-二氯苯

水质　氯苯类化合物的测定　气相色谱法（HJ 621—2011）

【适用范围】地表水、地下水、饮用水、海水、工业废水和生活污水。

【采样容器】棕色玻璃瓶。

【采样方法】样品充满采样瓶。用内衬聚四氟乙烯硅胶垫（或铝箔垫）的瓶盖密封。

【固定剂】浓硫酸。

【保存方法】采样时每升水样中加入 1.0 mL 浓硫酸，于 2～5℃下保存。

【保存期】7 d。

【采样量】1 000 mL。

【容器洗涤】—

【检出限】0.29 μg/L。

【质量保证和质量控制】空白样品：每批样品应至少分析 1 个全程序空白样，全程序空白测定值应低于检出限。

水质　挥发性有机物的测定　吹扫捕集/气相色谱-质谱法（HJ 639—2012）

【适用范围】海水、地下水、地表水、生活污水和工业废水。

【采样容器】有聚四氟乙烯衬垫的棕色螺口玻璃瓶或硬质棕色玻璃瓶（带聚四氟乙烯瓶盖）。

【采样方法】采样时不需用样品进行荡洗。水样在样品瓶中溢流而不留空间。取样时应尽量避免或减少样品在空气中暴露。所有样品均采集平行双样，每批样品带一个全程序空白和一个运输空白。

【固定剂】抗坏血酸+盐酸。

【保存方法】（1）每 40 mL 样品需加入 25 mg 的抗坏血酸；若样品中总余氯的量超过 5 mg/L，总余氯每超过 5 mg/L，需要多加 25 mg 的抗坏血酸。采样时，水样呈中性时向每个样品瓶中加入 0.5 mL 盐酸溶液，拧紧瓶盖；水样呈碱性时应加入适量盐酸溶液使样品 pH≤2，4℃保存。（2）当水样加盐酸溶液后产生大量气泡时，应弃去该样品，重新采集样品。重新采集的样品不应加盐酸溶液，样品标签上应注明未酸化，4℃保存。

【保存期】12 h。

【采样量】1 L。

【容器洗涤】样品瓶应在采样前用甲醇清洗。

【检出限】全扫描方式：0.8 μg/L；选择离子方式：0.4 μg/L。

【质量保证和质量控制】所有样品均采集平行双样，每批样品至少应采集一个运输空白和全程序空白样品。空白中目标化合物浓度应小于下列条件的最大值：（1）方法检出限；（2）相关环保标准限值的 5%；（3）样品分析结果的 5%。若空白试验未满足以上要求，则应采取措施排除污染并重新分析同批样品。

水质　挥发性有机物的测定　顶空/气相色谱-质谱法（HJ 810—2016）

【适用范围】地表水、地下水、生活污水、工业废水和海水。

【采样容器】有聚四氟乙烯衬垫的棕色螺口玻璃瓶或硬质棕色玻璃瓶（带聚四氟乙烯瓶盖）。

【采样方法】采集样品时，不宜用水样进行荡洗，应使水样在样品瓶中溢流且不留空间。

【固定剂】抗坏血酸+盐酸。

【保存方法】(1) 若水样中含有余氯，采样前，应向 40 mL 棕色采样瓶中加入 25 mg 的抗坏血酸。若水样中余氯含量超过 5 mg/L，应按比例增加抗坏血酸的加入量，余氯含量每增加 5 mg/L，则应多加入 25 mg 的抗坏血酸。样品采集后，应立即加入适量盐酸溶液，使样品 pH≤2，拧紧瓶盖，4℃以下冷藏，避光和密封保存。(2) 当水样加盐酸溶液后有气泡产生，须重新采样，重新采集的样品不加盐酸溶液保存，样品标签上应注明未酸化。

【保存期】12 h。

【采样量】1 L。

【容器洗涤】—

【检出限】全扫描方式：3 μg/L；选择离子方式：0.9 μg/L。

【质量保证和质量控制】所有样品均采集平行双样。每批样品应至少做一个全程序空白：按照分析步骤，在实验室将一份实验用水放入样品瓶中密封，将其带到采样现场，与采样的样品瓶同时开盖和密封，之后随样品运回实验室。

水质　氯苯的测定　气相色谱法（HJ/T 74—2001）

【适用范围】地表水、地下水及废水。

【采样容器】玻璃细口瓶，具磨口瓶塞。

【采样方法】在采集前用水样将取样瓶洗涤 2～3 次，样品应充满瓶子，加盖密封，不得有气泡。

【固定剂】—

【保存方法】2～5℃冷藏保存。

【保存期】7 d。

【采样量】1 000 mL。

【容器洗涤】—

【检出限】0.01 mg/L。

【质量保证和质量控制】—

16. 1,2-二氯丙烷

水质　挥发性有机物的测定　吹扫捕集/气相色谱-质谱法（HJ 639—2012）

【适用范围】海水、地下水、地表水、生活污水和工业废水。

【采样容器】有聚四氟乙烯衬垫的棕色螺口玻璃瓶或硬质棕色玻璃瓶（带聚四氟乙烯瓶盖）。

【采样方法】采样时不需用样品进行荡洗，水样在样品瓶中溢流而不留空间。取样时应尽量避免或减少样品在空气中暴露。所有样品均采集平行双样，每批样品带一个全程序空白和一个运输空白。

【固定剂】抗坏血酸+盐酸。

【保存方法】(1) 每 40 mL 样品需加入 25 mg 的抗坏血酸；若样品中总余氯的量超过 5 mg/L，总余氯每超过 5 mg/L，需要多加 25 mg 的抗坏血酸。采样时，水样呈中性时向每个样品瓶中加入 0.5 mL 盐酸溶液，拧紧瓶盖；水样呈碱性时应加入适量盐酸溶液使样品 pH≤2，

4℃保存。（2）当水样加盐酸溶液后产生大量气泡时，应弃去该样品，重新采集样品。重新采集的样品不应加盐酸溶液，样品标签上应注明未酸化，4℃保存。

【保存期】12 h。

【采样量】1 L。

【容器洗涤】样品瓶应在采样前用甲醇清洗。

【检出限】全扫描方式：1.2 μg/L；选择离子方式：0.4 μg/L。

【质量保证和质量控制】所有样品均采集平行双样，每批样品至少应采集一个运输空白和全程序空白样品。空白中目标化合物浓度应小于下列条件的最大值：（1）方法检出限；（2）相关环保标准限值的 5%；（3）样品分析结果的 5%。若空白试验未满足以上要求，则应采取措施排除污染并重新分析同批样品。

水质　挥发性有机物的测定　顶空/气相色谱-质谱法（HJ 810—2016）

【适用范围】地表水、地下水、生活污水、工业废水和海水。

【采样容器】有聚四氟乙烯衬垫的棕色螺口玻璃瓶或硬质棕色玻璃瓶（带聚四氟乙烯瓶盖）。

【采样方法】采集样品时，不宜用水样进行荡洗，应使水样在样品瓶中溢流且不留空间。

【固定剂】抗坏血酸+盐酸。

【保存方法】（1）若水样中含有余氯，采样前，应向 40 mL 棕色采样瓶中加入 25 mg 的抗坏血酸。若水样中余氯含量超过 5 mg/L，应按比例增加抗坏血酸的加入量，余氯含量每增加 5 mg/L，则应多加入 25 mg 的抗坏血酸。样品采集后，应立即加入适量盐酸溶液，使样品 pH≤2，拧紧瓶盖，4℃以下冷藏，避光和密封保存。（2）当水样加盐酸溶液后有气泡产生，须重新采样，重新采集的样品不加盐酸溶液保存，样品标签上应注明未酸化。

【保存期】12 h。

【采样量】1 L。

【容器洗涤】—

【检出限】全扫描方式：5 μg/；选择离子方式：0.8 μg/L。

【质量保证和质量控制】所有样品均采集平行双样。每批样品应至少做一个全程序空白：按照分析步骤，在实验室将一份实验用水放入样品瓶中密封，将其带到采样现场，与采样的样品瓶同时开盖和密封，之后随样品运回实验室。

17. 1,2-二氯乙烷

水质　挥发性卤代烃的测定　顶空气相色谱法（HJ 620—2011）

【适用范围】地表水、地下水、饮用水、海水、工业废水和生活污水。

【采样容器】有聚四氟乙烯衬垫的棕色螺口玻璃瓶 40 mL 硬质棕色玻璃瓶（带聚四氟乙烯瓶盖）。

【采样方法】采样时样品沿瓶壁注入，防止气泡产生，水样充满后不留液上空间。所有样品均采集平行样。

【固定剂】抗坏血酸或硫代硫酸钠。

【保存方法】如果水样含有余氯，向采样瓶中加入 0.3～0.5 g 抗坏血酸或硫代硫酸钠。0～5℃冷藏保存。

【保存期】7 d。

【采样量】40 mL。

【容器洗涤】—

【检出限】2.35 μg/L。

【质量保证和质量控制】所有样品均采集平行样。平行样品：每分析一批（20 个）样品至少做 10%的平行样品测定，平行样品相对偏差在 30%以内。

水质　挥发性有机物的测定　吹扫捕集/气相色谱-质谱法（HJ 639—2012）

【适用范围】海水、地下水、地表水、生活污水和工业废水。

【采样容器】有聚四氟乙烯衬垫的棕色螺口玻璃瓶或硬质棕色玻璃瓶（带聚四氟乙烯瓶盖）。

【采样方法】采样时不需用样品进行荡洗，水样在样品瓶中溢流而不留空间。取样时应尽量避免或减少样品在空气中暴露。所有样品均采集平行双样，每批样品带一个全程序空白和一个运输空白。

【固定剂】抗坏血酸+盐酸。

【保存方法】（1）每 40 mL 样品需加入 25 mg 的抗坏血酸；若样品中总余氯的量超过 5 mg/L，总余氯每超过 5 mg/L，需要多加 25 mg 的抗坏血酸。采样时，水样呈中性时向每个样品瓶中加入 0.5 mL 盐酸溶液，拧紧瓶盖；水样呈碱性时应加入适量盐酸溶液使样品 pH≤2，4℃保存。（2）当水样加盐酸溶液后产生大量气泡时，应弃去该样品，重新采集样品。重新采集的样品不应加盐酸溶液，样品标签上应注明未酸化，4℃保存。

【保存期】12 h。

【采样量】1 L。

【容器洗涤】样品瓶应在采样前用甲醇清洗。

【检出限】全扫描方式：1.4 μg/L；选择离子方式：0.4 μg/L。

【质量保证和质量控制】所有样品均采集平行双样，每批样品至少应采集一个运输空白和全程序空白样品。空白中目标化合物浓度应小于下列条件的最大值：（1）方法检出限；（2）相关环保标准限值的 5%；（3）样品分析结果的 5%。若空白试验未满足以上要求，则应采取措施排除污染并重新分析同批样品。

水质　挥发性有机物的测定　吹扫捕集/气相色谱法（HJ 686—2014）

【适用范围】地表水、地下水、生活污水和工业废水中挥发性有机物的测定。

【采样容器】有聚四氟乙烯衬垫的棕色螺口玻璃瓶或硬质棕色玻璃瓶（带聚四氟乙烯瓶盖）。

【采样方法】样品采集时不需用水样荡洗。所有样品均采集平行双样，每批样品带一个全程序空白和一个运输空白。

【固定剂】无余氯样品：盐酸溶液；有余氯样品：抗坏血酸+盐酸。

【保存方法】无余氯样品：0.5 mL 盐酸溶液，4℃保存；有余氯样品：加入约 25 mg 抗坏血酸，再加 0.5 mL 盐酸溶液，4℃保存。

【保存期】12 h。

【采样量】1 L。

【容器洗涤】采样瓶应在采样前充分清洗。

【检出限】0.1 μg/L。

【质量保证和质量控制】

所有样品均采集平行双样，每批样品带一个全程序空白和一个运输空白。

（1）空白分析

①运输空白。采样前在实验室将一份空白试剂水放入样品瓶中密封，将其带到现场。采样时对其瓶盖一直处于密封状态，随样品运回实验室，按与样品相同的分析步骤进行处理和测定，用于检查样品运输过程中是否受到污染。

②全程序空白。采样前在实验室将一份空白试剂水放入样品瓶中密封，将其带到现场。与采样的样品瓶同时开盖和密封，随样品运回实验室，按与样品相同的分析步骤进行处理和测定，用于检查样品采集到分析全过程是否受到污染。

如全程序空白中目标化合物高于检出限时，不能从样品结果中扣除空白值。应检查所有可能对全程序空白产生影响的环节，仔细查找干扰源。如果确实发现采样、运输或保存过程存在影响分析结果的干扰，需对出现问题批次的样品进行重新采样分析。

（2）平行样品的测定

虽然每个样品均采集平行双样，一般每 10 个样品或每批次（少于 10 个样品/批）分析一个平行样，平行样品测定结果的相对偏差小于 20%。

水质　挥发性有机物的测定　顶空/气相色谱-质谱法（HJ 810—2016）

【适用范围】地表水、地下水、生活污水、工业废水和海水。

【采样容器】有聚四氟乙烯衬垫的棕色螺口玻璃瓶或硬质棕色玻璃瓶（带聚四氟乙烯瓶盖）。

【采样方法】采集样品时，不宜用水样进行荡洗，应使水样在样品瓶中溢流且不留空间。

【固定剂】抗坏血酸+盐酸。

【保存方法】（1）若水样中含有余氯，采样前，应向 40 mL 棕色采样瓶中加入 25 mg 的抗坏血酸。若水样中余氯含量超过 5 mg/L，应按比例增加抗坏血酸的加入量，余氯含量每增加 5 mg/L，则应多加入 25 mg 的抗坏血酸。样品采集后，应立即加入适量盐酸溶液，使样品 pH≤2，拧紧瓶盖，4℃以下冷藏，避光和密封保存。（2）当水样加盐酸溶液后有气泡产生，须重新采样，重新采集的样品不加盐酸溶液保存，样品标签上应注明未酸化。

【保存期】12 h。

【采样量】1 L。

【容器洗涤】—

【检出限】全扫描方式：4 μg/L；选择离子方式：0.8 μg/L。

【质量保证和质量控制】所有样品均采集平行双样。每批样品应至少做一个全程序空白：按照分析步骤，在实验室将一份实验用水放入样品瓶中密封，将其带到采样现场，与采样的样品瓶同时开盖和密封，之后随样品运回实验室。

18. 1,2-二溴-3-氯丙烷

水质　挥发性有机物的测定　吹扫捕集/气相色谱-质谱法（HJ 639—2012）

【适用范围】海水、地下水、地表水、生活污水和工业废水。

【采样容器】有聚四氟乙烯衬垫的棕色螺口玻璃瓶或硬质棕色玻璃瓶（带聚四氟乙烯瓶盖）。

【采样方法】采样时不需用样品进行荡洗，水样在样品瓶中溢流而不留空间。取样时应尽量避免或减少样品在空气中暴露。所有样品均采集平行双样，每批样品带一个全程序空白和一个运输空白。

【固定剂】抗坏血酸+盐酸。

【保存方法】（1）每 40 mL 样品需加入 25 mg 的抗坏血酸；若样品中总余氯的量超过 5 mg/L，总余氯每超过 5 mg/L，需要多加 25 mg 的抗坏血酸。采样时，水样呈中性时向每个样品瓶中加入 0.5 mL 盐酸溶液，拧紧瓶盖；水样呈碱性时应加入适量盐酸溶液使样品 pH≤2，4℃保存。（2）当水样加盐酸溶液后产生大量气泡时，应弃去该样品，重新采集样品。重新采集的样品不应加盐酸溶液，样品标签上应注明未酸化，4℃保存。

【保存期】12 h。

【采样量】1 L。

【容器洗涤】样品瓶应在采样前用甲醇清洗。

【检出限】全扫描方式：1.0 μg/L；选择离子方式：0.3 μg/L。

【质量保证和质量控制】所有样品均采集平行双样，每批样品至少应采集一个运输空白和全程序空白样品。空白中目标化合物浓度应小于下列条件的最大值：（1）方法检出限；（2）相关环保标准限值的 5%；（3）样品分析结果的 5%。若空白试验未满足以上要求，则应采取措施排除污染并重新分析同批样品。

水质　挥发性有机物的测定　顶空/气相色谱-质谱法（HJ 810—2016）

【适用范围】地表水、地下水、生活污水、工业废水和海水。

【采样容器】有聚四氟乙烯衬垫的棕色螺口玻璃瓶或硬质棕色玻璃瓶（带聚四氟乙烯瓶盖）。

【采样方法】采集样品时，不宜用水样进行荡洗，应使水样在样品瓶中溢流且不留空间。

【固定剂】抗坏血酸+盐酸。

【保存方法】（1）若水样中含有余氯，采样前，应向 40 mL 棕色采样瓶中加入 25 mg 的抗坏血酸。若水样中余氯含量超过 5 mg/L，应按比例增加抗坏血酸的加入量，余氯含量每增加 5 mg/L，则应多加入 25 mg 的抗坏血酸。样品采集后，应立即加入适量盐酸溶液，使样品 pH≤2，拧紧瓶盖，4℃以下冷藏，避光和密封保存。（2）当水样加盐酸溶液后有气泡产生，须重新采样，重新采集的样品不加盐酸溶液保存，样品标签上应注明未酸化。

【保存期】12 h。

【采样量】1 L。

【容器洗涤】—

【检出限】全扫描方式：10 μg/L；选择离子方式：0.8 μg/L。

【质量保证和质量控制】所有样品均采集平行双样。每批样品应至少做一个全程序空白：按照分析步骤，在实验室将一份实验用水放入样品瓶中密封，将其带到采样现场，与采样的样品瓶同时开盖和密封，之后随样品运回实验室。

19. 1,2-二溴乙烷

水质 挥发性有机物的测定 吹扫捕集/气相色谱-质谱法（HJ 639—2012）

【适用范围】海水、地下水、地表水、生活污水和工业废水。

【采样容器】有聚四氟乙烯衬垫的棕色螺口玻璃瓶或硬质棕色玻璃瓶（带聚四氟乙烯瓶盖）。

【采样方法】采样时不需用样品进行荡洗，水样在样品瓶中溢流而不留空间。取样时应尽量避免或减少样品在空气中暴露。所有样品均采集平行双样，每批样品带一个全程序空白和一个运输空白。

【固定剂】抗坏血酸+盐酸。

【保存方法】（1）每 40 mL 样品需加入 25 mg 的抗坏血酸；若样品中总余氯的量超过 5 mg/L，总余氯每超过 5 mg/L，需要多加 25 mg 的抗坏血酸。采样时，水样呈中性时向每个样品瓶中加入 0.5 mL 盐酸溶液，拧紧瓶盖；水样呈碱性时应加入适量盐酸溶液使样品 pH≤2，4℃保存。（2）当水样加盐酸溶液后产生大量气泡时，应弃去该样品，重新采集样品。重新采集的样品不应加盐酸溶液，样品标签上应注明未酸化，4℃保存。

【保存期】12 h。

【采样量】1 L。

【容器洗涤】样品瓶应在采样前用甲醇清洗。

【检出限】全扫描方式：1.2 μg/L；选择离子方式：0.4 μg/L。

【质量保证和质量控制】所有样品均采集平行双样，每批样品至少应采集一个运输空白和全程序空白样品。空白中目标化合物浓度应小于下列条件的最大值：（1）方法检出限；（2）相关环保标准限值的 5%；（3）样品分析结果的 5%。若空白试验未满足以上要求，则应采取措施排除污染并重新分析同批样品。

水质 挥发性有机物的测定 顶空/气相色谱-质谱法（HJ 810—2016）

【适用范围】地表水、地下水、生活污水、工业废水和海水。

【采样容器】有聚四氟乙烯衬垫的棕色螺口玻璃瓶或硬质棕色玻璃瓶（带聚四氟乙烯瓶盖）。

【采样方法】采集样品时，不宜用水样进行荡洗，应使水样在样品瓶中溢流且不留空间。

【固定剂】抗坏血酸+盐酸。

【保存方法】（1）若水样中含有余氯，采样前，应向 40 mL 棕色采样瓶中加入 25 mg 的抗坏血酸。若水样中余氯含量超过 5 mg/L，应按比例增加抗坏血酸的加入量，余氯含量每增加 5 mg/L，则应多加入 25 mg 的抗坏血酸。样品采集后，应立即加入适量盐酸溶液，使样品 pH≤2，拧紧瓶盖，4℃以下冷藏，避光和密封保存。（2）当水样加盐酸溶液后有气泡产生，须重新采样，重新采集的样品不加盐酸溶液保存，样品标签上应注明未酸化。

【保存期】12 h。

【采样量】1 L。

【容器洗涤】—

【检出限】全扫描方式：4 μg/L；选择离子方式：0.8 μg/L。

【质量保证和质量控制】所有样品均采集平行双样。每批样品应至少做一个全程序空白：按照分析步骤，在实验室将一份实验用水放入样品瓶中密封，将其带到采样现场，与采样的样品瓶同时开盖和密封，之后随样品运回实验室。

20. 1,3,5-三甲基苯

水质 挥发性有机物的测定 吹扫捕集/气相色谱-质谱法（HJ 639—2012）

【适用范围】海水、地下水、地表水、生活污水和工业废水。

【采样容器】有聚四氟乙烯衬垫的棕色螺口玻璃瓶或硬质棕色玻璃瓶（带聚四氟乙烯瓶盖）。

【采样方法】采样时不需用样品进行荡洗。水样在样品瓶中溢流而不留空间。取样时应尽量避免或减少样品在空气中暴露。所有样品均采集平行双样，每批样品带一个全程序空白和一个运输空白。

【固定剂】抗坏血酸+盐酸。

【保存方法】（1）每 40 mL 样品需加入 25 mg 的抗坏血酸；若样品中总余氯的量超过 5 mg/L，总余氯每超过 5 mg/L，需要多加 25 mg 的抗坏血酸。采样时，水样呈中性时向每个样品瓶中加入 0.5 mL 盐酸溶液，拧紧瓶盖；水样呈碱性时应加入适量盐酸溶液使样品 pH≤2，4℃保存。（2）当水样加盐酸溶液后产生大量气泡时，应弃去该样品，重新采集样品。重新采集的样品不应加盐酸溶液，样品标签上应注明未酸化，4℃保存。

【保存期】12 h。

【采样量】1 L。

【容器洗涤】样品瓶应在采样前用甲醇清洗。

【检出限】全扫描方式：0.7 μg/L；选择离子方式：0.3 μg/L。

【质量保证和质量控制】所有样品均采集平行双样，每批样品至少应采集一个运输空白和全程序空白样品。空白中目标化合物浓度应小于下列条件的最大值：（1）方法检出限；（2）相关环保标准限值的 5%；（3）样品分析结果的 5%。若空白试验未满足以上要求，则应采取措施排除污染并重新分析同批样品。

水质 挥发性有机物的测定 顶空/气相色谱-质谱法（HJ 810—2016）

【适用范围】地表水、地下水、生活污水、工业废水和海水。

【采样容器】有聚四氟乙烯衬垫的棕色螺口玻璃瓶或硬质棕色玻璃瓶（带聚四氟乙烯瓶盖）。

【采样方法】采集样品时，不宜用水样进行荡洗，应使水样在样品瓶中溢流且不留空间。

【固定剂】抗坏血酸+盐酸。

【保存方法】（1）若水样中含有余氯，采样前，应向 40 mL 棕色采样瓶中加入 25 mg 的抗坏血酸。若水样中余氯含量超过 5 mg/L，应按比例增加抗坏血酸的加入量，余氯含量每增加 5 mg/L，则应多加入 25 mg 的抗坏血酸。样品采集后，应立即加入适量盐酸溶液，使样品 pH≤2，拧紧瓶盖，4℃以下冷藏，避光和密封保存。（2）当水样加盐酸溶液后有气泡产生，须重新采样，重新采集的样品不加盐酸溶液保存，样品标签上应注明未酸化。

【保存期】12 h。

【采样量】1 L。

【容器洗涤】—

【检出限】全扫描方式：4 μg/L；选择离子方式：0.5 μg/L。

【质量保证和质量控制】所有样品均采集平行双样。每批样品应至少做一个全程序空白：按照分析步骤，在实验室将一份实验用水放入样品瓶中密封，将其带到采样现场，与采样的样品瓶同时开盖和密封，之后随样品运回实验室。

21. 1,3,5-三氯苯

水质 氯苯类化合物的测定 气相色谱法（HJ 621—2011）

【适用范围】地表水、地下水、饮用水、海水、工业废水和生活污水。

【采样容器】棕色玻璃瓶。

【采样方法】样品充满采样瓶。用内衬聚四氟乙烯硅胶垫（或铝箔垫）的瓶盖密封。

【固定剂】浓硫酸。

【保存方法】采样时每升水样中加入 1.0 mL 浓硫酸，于 2～5℃下保存。

【保存期】7 d。

【采样量】1 000 mL。

【容器洗涤】—

【检出限】0.11 μg/L。

【质量保证和质量控制】空白样品：每批样品应至少分析 1 个全程序空白样，全程序空白测定值应低于检出限。

水质 有机氯农药和氯苯类化合物的测定 气相色谱-质谱法（HJ 699—2014）

【适用范围】地表水、地下水、生活污水、工业废水和海水。

【采样容器】带玻璃塞的棕色磨口瓶或具有聚四氟乙烯衬垫的棕色螺口玻璃瓶。

【采样方法】加入 0.01～0.02 g 抗坏血酸去除余氯。

【固定剂】抗坏血酸。

【保存方法】0～5℃避光保存。

【保存期】24 h。

【采样量】1 L。

【容器洗涤】—

【检出限】液液萃取：0.037 μg/L；固相萃取：0.030 μg/L。

【质量保证和质量控制】空白试验：每批样品至少做一个空白试验，即全程序空白试验。如果目标化合物有检查，应查明原因。

水质 氯苯的测定 气相色谱法（HJ/T 74—2001）

【适用范围】地表水、地下水及废水。

【采样容器】玻璃细口瓶，具磨口瓶塞。

【采样方法】在采集前用水样将取样瓶洗涤 2～3 次，样品应充满瓶子，加盖密封，不得有气泡。

【固定剂】—

【保存方法】2～5℃冷藏保存。

【保存期】7 d。

【采样量】1 000 mL。

【容器洗涤】—

【检出限】0.01 mg/L。

【质量保证和质量控制】—

22. 1,3,5-三硝基甲苯

水质 硝基苯类化合物的测定 气相色谱法（HJ 592—2010）

【适用范围】工业废水和生活污水中硝基苯类化合物的测定。

【采样容器】1 L 具磨口塞的棕色细口瓶。

【固定剂】—

【保存方法】若水样不能在 24 h 内测定，需加入浓硫酸调至 pH≤3，样品需在 7 d 内萃取，萃取液 4℃下避光保存，30 d 内进行分析。

【保存期】7 d 内萃取，30 d 内完成分析。

【采样量】1 000 mL。

【容器洗涤】—

【检出限】0.003 mg/L。

【质量保证和质量控制】—

23. 1,3-二氯苯

水质 氯苯类化合物的测定 气相色谱法（HJ 621—2011）

【适用范围】地表水、地下水、饮用水、海水、工业废水和生活污水。

【采样容器】棕色玻璃瓶。

【采样方法】样品充满采样瓶。用内衬聚四氟乙烯硅胶垫（或铝箔垫）的瓶盖密封。

【固定剂】浓硫酸。

【保存方法】采样时每升水样中加入 1.0 mL 浓硫酸，于 2～5℃下保存。

【保存期】7 d。

【采样量】1 000 mL。

【容器洗涤】—

【检出限】0.35 μg/L。

【质量保证和质量控制】空白样品：每批样品应至少分析 1 个全程序空白样，全程序空白测定值应低于检出限。

水质 挥发性有机物的测定 吹扫捕集/气相色谱-质谱法（HJ 639—2012）

【适用范围】海水、地下水、地表水、生活污水和工业废水。

【采样容器】有聚四氟乙烯衬垫的棕色螺口玻璃瓶或硬质棕色玻璃瓶（带聚四氟乙烯瓶盖）。

【采样方法】采样时不需用样品进行荡洗。水样在样品瓶中溢流而不留空间。取样时应尽量避免或减少样品在空气中暴露。所有样品均采集平行双样，每批样品带一个全程序空白和一个运输空白。

【固定剂】抗坏血酸+盐酸。

【保存方法】(1) 每 40 mL 样品需加入 25 mg 的抗坏血酸；若样品中总余氯的量超过 5 mg/L，总余氯每超过 5 mg/L，需要多加 25 mg 的抗坏血酸。采样时，水样呈中性时向每个样品瓶中加入 0.5 mL 盐酸溶液，拧紧瓶盖；水样呈碱性时应加入适量盐酸溶液使样品 pH≤2，4℃保存。(2) 当水样加盐酸溶液后产生大量气泡时，应弃去该样品，重新采集样品。重新采集的样品不应加盐酸溶液，样品标签上应注明未酸化，4℃保存。

【保存期】12 h。

【采样量】1 L。

【容器洗涤】样品瓶应在采样前用甲醇清洗。

【检出限】全扫描方式：1.2 μg/L；选择离子方式：0.3 μg/L。

【质量保证和质量控制】所有样品均采集平行双样，每批样品至少应采集一个运输空白和全程序空白样品。空白中目标化合物浓度应小于下列条件的最大值：(1) 方法检出限；(2) 相关环保标准限值的 5%；(3) 样品分析结果的 5%。若空白试验未满足以上要求，则应采取措施排除污染并重新分析同批样品。

水质　挥发性有机物的测定　顶空/气相色谱-质谱法（HJ 810—2016）

【适用范围】地表水、地下水、生活污水、工业废水和海水。

【采样容器】有聚四氟乙烯衬垫的棕色螺口玻璃瓶或硬质棕色玻璃瓶（带聚四氟乙烯瓶盖）。

【采样方法】采集样品时，不宜用水样进行荡洗，应使水样在样品瓶中溢流且不留空间。

【固定剂】抗坏血酸+盐酸。

【保存方法】(1) 若水样中含有余氯，采样前，应向 40 mL 棕色采样瓶中加入 25 mg 的抗坏血酸。若水样中余氯含量超过 5 mg/L，应按比例增加抗坏血酸的加入量，余氯含量每增加 5 mg/L，则应多加入 25 mg 的抗坏血酸。样品采集后，应立即加入适量盐酸溶液，使样品 pH≤2，拧紧瓶盖，4℃以下冷藏，避光和密封保存。(2) 当水样加盐酸溶液后有气泡产生，须重新采样，重新采集的样品不加盐酸溶液保存，样品标签上应注明未酸化。

【保存期】12 h。

【采样量】1 L。

【容器洗涤】—

【检出限】全扫描方式：3 μg/L；选择离子方式：1.0 μg/L。

【质量保证和质量控制】所有样品均采集平行双样。每批样品应至少做一个全程序空白：按照分析步骤，在实验室将一份实验用水放入样品瓶中密封，将其带到采样现场，与采样的样品瓶同时开盖和密封，之后随样品运回实验室。

水质　氯苯的测定　气相色谱法（HJ/T 74—2001）

【适用范围】地表水、地下水及废水。

【采样容器】玻璃细口瓶，具磨口瓶塞。

【采样方法】在采集前用水样将取样瓶洗涤 2～3 次，样品应充满瓶子，加盖密封，不得有气泡。

【固定剂】—

【保存方法】2～5℃冷藏保存。

【保存期】7 d。

【采样量】1 000 mL。

【容器洗涤】—

【检出限】0.01 mg/L。

【质量保证和质量控制】—

24. 1,3-二氯丙烷

水质 挥发性有机物的测定 吹扫捕集/气相色谱-质谱法（HJ 639—2012）

【适用范围】海水、地下水、地表水、生活污水和工业废水。

【采样容器】有聚四氟乙烯衬垫的棕色螺口玻璃瓶或硬质棕色玻璃瓶（带聚四氟乙烯瓶盖）。

【采样方法】采样时不需用样品进行荡洗，水样在样品瓶中溢流而不留空间。取样时应尽量避免或减少样品在空气中暴露。所有样品均采集平行双样，每批样品带一个全程序空白和一个运输空白。

【固定剂】抗坏血酸+盐酸。

【保存方法】（1）每 40 mL 样品需加入 25 mg 的抗坏血酸；若样品中总余氯的量超过 5 mg/L，总余氯每超过 5 mg/L，需要多加 25 mg 的抗坏血酸。采样时，水样呈中性时向每个样品瓶中加入 0.5 mL 盐酸溶液，拧紧瓶盖；水样呈碱性时应加入适量盐酸溶液使样品 pH≤2，4℃保存。（2）当水样加盐酸溶液后产生大量气泡时，应弃去该样品，重新采集样品。重新采集的样品不应加盐酸溶液，样品标签上应注明未酸化，4℃保存。

【保存期】12 h。

【采样量】1 L。

【容器洗涤】样品瓶应在采样前用甲醇清洗。

【检出限】全扫描方式：1.4 μg/L；选择离子方式：0.4 μg/L。

【质量保证和质量控制】所有样品均采集平行双样，每批样品至少应采集一个运输空白和全程序空白样品。空白中目标化合物浓度应小于下列条件的最大值：（1）方法检出限；（2）相关环保标准限值的 5%；（3）样品分析结果的 5%。若空白试验未满足以上要求，则应采取措施排除污染并重新分析同批样品。

水质 挥发性有机物的测定 顶空/气相色谱-质谱法（HJ 810—2016）

【适用范围】地表水、地下水、生活污水、工业废水和海水。

【采样容器】有聚四氟乙烯衬垫的棕色螺口玻璃瓶或硬质棕色玻璃瓶（带聚四氟乙烯瓶盖）。

【采样方法】采集样品时，不宜用水样进行荡洗，应使水样在样品瓶中溢流且不留空间。

【固定剂】抗坏血酸+盐酸。

【保存方法】（1）若水样中含有余氯，采样前，应向 40 mL 棕色采样瓶中加入 25 mg 的抗坏血酸。若水样中余氯含量超过 5 mg/L，应按比例增加抗坏血酸的加入量，余氯含量每增加 5 mg/L，则应多加入 25 mg 的抗坏血酸。样品采集后，应立即加入适量盐酸溶液，使样品 pH≤2，拧紧瓶盖，4℃以下冷藏，避光和密封保存。（2）当水样加盐酸溶液后有气泡产生，须重新采样，重新采集的样品不加盐酸溶液保存，样品标签上应注明未酸化。

【保存期】12 h。

【采样量】1 L。

【容器洗涤】—

【检出限】全扫描方式：5 μg/L；选择离子方式：0.9 μg/L。

【质量保证和质量控制】所有样品均采集平行双样。每批样品应至少做一个全程序空白：按照分析步骤，在实验室将一份实验用水放入样品瓶中密封，将其带到采样现场，与采样的样品瓶同时开盖和密封，之后随样品运回实验室。

【容器洗涤】—

【检出限】—

【质量保证和质量控制】—

25. 1,4-二氯苯

水质 氯苯类化合物的测定 气相色谱法（HJ 621—2011）

【适用范围】地表水、地下水、饮用水、海水、工业废水和生活污水。

【采样容器】棕色玻璃瓶。

【采样方法】样品充满采样瓶。用内衬聚四氟乙烯硅胶垫（或铝箔垫）的瓶盖密封。

【固定剂】浓硫酸。

【保存方法】采样时每升水样中加入 1.0 mL 浓硫酸，于 2～5℃下保存。

【保存期】7 d。

【采样量】1 000 mL。

【容器洗涤】—

【检出限】0.23 μg/L。

【质量保证和质量控制】空白样品：每批样品应至少分析 1 个全程序空白样，全程序空白测定值应低于检出限。

水质 挥发性有机物的测定 吹扫捕集/气相色谱-质谱法（HJ 639—2012）

【适用范围】海水、地下水、地表水、生活污水和工业废水。

【采样容器】有聚四氟乙烯衬垫的棕色螺口玻璃瓶或硬质棕色玻璃瓶（带聚四氟乙烯瓶盖）。

【采样方法】采样时不需用样品进行荡洗。水样在样品瓶中溢流而不留空间。取样时应尽量避免或减少样品在空气中暴露。所有样品均采集平行双样，每批样品带一个全程序空白和一个运输空白。

【固定剂】抗坏血酸+盐酸。

【保存方法】（1）每 40 mL 样品需加入 25 mg 的抗坏血酸；若样品中总余氯的量超过 5 mg/L，总余氯每超过 5 mg/L，需要多加 25 mg 的抗坏血酸。采样时，水样呈中性时向每个样品瓶中加入 0.5 mL 盐酸溶液，拧紧瓶盖；水样呈碱性时应加入适量盐酸溶液使样品 pH≤2，4℃保存。（2）当水样加盐酸溶液后产生大量气泡时，应弃去该样品，重新采集样品。重新采集的样品不应加盐酸溶液，样品标签上应注明未酸化，4℃保存。

【保存期】12 h。

【采样量】1 L。

【容器洗涤】样品瓶应在采样前用甲醇清洗。

【检出限】全扫描方式：0.8 μg/L；选择离子方式：0.4 μg/L。

【质量保证和质量控制】所有样品均采集平行双样，每批样品至少应采集一个运输空白和全程序空白样品。空白中目标化合物浓度应小于下列条件的最大值：（1）方法检出限；（2）相关环保标准限值的 5%；（3）样品分析结果的 5%。若空白试验未满足以上要求，则应采取措施排除污染并重新分析同批样品。

水质　挥发性有机物的测定　顶空/气相色谱-质谱法（HJ 810—2016）

【适用范围】地表水、地下水、生活污水、工业废水和海水。

【采样容器】有聚四氟乙烯衬垫的棕色螺口玻璃瓶或硬质棕色玻璃瓶（带聚四氟乙烯瓶盖）。

【采样方法】采集样品时，不宜用水样进行荡洗，应使水样在样品瓶中溢流且不留空间。

【固定剂】抗坏血酸+盐酸。

【保存方法】（1）若水样中含有余氯，采样前，应向 40 mL 棕色采样瓶中加入 25 mg 的抗坏血酸。若水样中余氯含量超过 5 mg/L，应按比例增加抗坏血酸的加入量，余氯含量每增加 5 mg/L，则应多加入 25 mg 的抗坏血酸。样品采集后，应立即加入适量盐酸溶液，使样品 pH≤2，拧紧瓶盖，4℃以下冷藏，避光和密封保存。（2）当水样加盐酸溶液后有气泡产生，须重新采样，重新采集的样品不加盐酸溶液保存，样品标签上应注明未酸化。

【保存期】12 h。

【采样量】1 L。

【容器洗涤】—

【检出限】全扫描方式：5 μg/L；选择离子方式：0.8 μg/L。

【质量保证和质量控制】所有样品均采集平行双样。每批样品应至少做一个全程序空白：按照分析步骤，在实验室将一份实验用水放入样品瓶中密封，将其带到采样现场，与采样的样品瓶同时开盖和密封，之后随样品运回实验室。

水质　氯苯的测定　气相色谱法（HJ/T 74—2001）

【适用范围】地表水、地下水及废水。

【采样容器】玻璃细口瓶，具磨口瓶塞。

【采样方法】在采集前用水样将取样瓶洗涤 2～3 次，样品应充满瓶子，加盖密封，不得有气泡。

【固定剂】—

【保存方法】2～5℃冷藏保存。

【保存期】7 d。

【采样量】1 000 mL。

【容器洗涤】—

【检出限】0.01 mg/L。

【质量保证和质量控制】—

26. 2-（2,4,5-三氯苯氧基）-丙酸（或 2,4,5-涕丙酸）

水质　苯氧羧酸类除草剂的测定　液相色谱/串联质谱法（HJ 770—2015）

【适用范围】地表水、地下水和废水中 2-甲基-4-氯苯氧乙酸、2,4-二氯苯氧乙酸、2-（2-甲基-4-氯苯氧基）丙酸、2-（2,4-二氯苯氧基）-丙酸（或 2,4-滴丙酸）、2,4,5-三氯苯氧乙酸、2-（2,4,5-三氯苯氧基）-丙酸（或 2,4,5-涕丙酸）、4-（2,4-二氯苯氧）-丁酸和 4-（2-甲基-4-氯苯氧基）丁酸共 8 种苯氧羧酸类除草剂的测定。

【采样容器】250 mL 磨口棕色玻璃瓶。

【采样方法】水样满瓶采集，加入 0.01～0.02 g 抗坏血酸去除余氯。

【固定剂】抗坏血酸。

【保存方法】0～5℃避光冷藏保存。

【保存期】24 h。

【采样量】1 L。

【容器洗涤】—

【检出限】直接进样法：0.4 μg/L，固相萃取法：0.006 μg/L。

【质量保证和质量控制】

校准：初次使用仪器或仪器维护维修后需进行初始校准。每 20 个样品或每批次需进行 1 次连续校准测定结果与初始校准的相对误差应在±20%之内。

空白实验：每批次样品应至少做 1 个全程序空白和实验室空白，目标化合物测定结果应低于方法检出限。

平行样：每 20 个样品或每批次样品（少于 20 个样品）至少做 1 个平行样，平行样测定结果的相对标准偏差应≤20%。

加标回收：每 20 个样品或每批次样品（少于 20 个样品）需做一个基体加标样，直接进样法加标回收率应在 85%～110%，固相萃取法加标回收率应在 70%～120%。

27. 2-（2,4-二氯苯氧基）-丙酸（或 2,4-滴丙酸）

水质　苯氧羧酸类除草剂的测定　液相色谱/串联质谱法（HJ 770—2015）

【适用范围】地表水、地下水和废水中 2-甲基-4-氯苯氧乙酸、2,4-二氯苯氧乙酸、2-（2-甲基-4-氯苯氧基）丙酸、2-（2,4-二氯苯氧基）-丙酸（或 2,4-滴丙酸）、2,4,5-三氯苯氧乙酸、2-（2,4,5-三氯苯氧基）-丙酸（或 2,4,5-涕丙酸）、4-（2,4-二氯苯氧）-丁酸和 4-（2-甲基-4-氯苯氧基）丁酸共 8 种苯氧羧酸类除草剂的测定。

【采样容器】250 mL 磨口棕色玻璃瓶。

【采样方法】水样满瓶采集，加入 0.01～0.02 g 抗坏血酸去除余氯。

【固定剂】抗坏血酸。

【保存方法】0～5℃避光冷藏保存。

【保存期】24 h。

【采样量】1 L。

【容器洗涤】—

【检出限】直接进样法：0.5 μg/L，固相萃取法：0.007 μg/L。

【质量保证和质量控制】

校准：初次使用仪器或仪器维护维修后需进行初始校准。每 20 个样品或每批次需进行 1 次连续校准测定结果与初始校准的相对误差应在±20%之内。

空白实验：每批次样品应至少做 1 个全程序空白和实验室空白，目标化合物测定结果应低于方法检出限。

平行样：每 20 个样品或每批次样品（少于 20 个样品）至少做 1 个平行样，平行样测定结果的相对标准偏差应≤20%。

加标回收：每 20 个样品或每批次样品（少于 20 个样品）需做一个基体加标样，直接进样法加标回收率应在 85%～110%，固相萃取法加标回收率应在 70%～120%。

28. 2-（2-甲基-4-氯苯氧基）丙酸

水质　苯氧羧酸类除草剂的测定　液相色谱/串联质谱法（HJ 770—2015）

【适用范围】地表水、地下水和废水中 2-甲基-4-氯苯氧乙酸、2,4-二氯苯氧乙酸、2-（2-甲基-4-氯苯氧基）丙酸、2-（2,4-二氯苯氧基）-丙酸（或 2,4-滴丙酸）、2,4,5-三氯苯氧乙酸、2-（2,4,5-三氯苯氧基）-丙酸（或 2,4,5-涕丙酸）、4-（2,4-二氯苯氧）-丁酸和 4-（2-甲基-4-氯苯氧基）丁酸共 8 种苯氧羧酸类除草剂的测定。

【采样容器】250 mL 磨口棕色玻璃瓶。

【采样方法】水样满瓶采集，加入 0.01～0.02 g 抗坏血酸去除余氯。

【固定剂】抗坏血酸。

【保存方法】0～5℃避光冷藏保存。

【保存期】24 h。

【采样量】1 L。

【容器洗涤】—

【检出限】直接进样法：0.4 μg/L，固相萃取法：0.008 μg/L。

【质量保证和质量控制】

校准：初次使用仪器或仪器维护维修后需进行初始校准。每 20 个样品或每批次需进行 1 次连续校准测定结果与初始校准的相对误差应在±20%之内。

空白实验：每批次样品应至少做 1 个全程序空白和实验室空白，目标化合物测定结果应低于方法检出限。

平行样：每 20 个样品或每批次样品（少于 20 个样品）至少做 1 个平行样，平行样测定结果的相对标准偏差应≤20%。

加标回收：每 20 个样品或每批次样品（少于 20 个样品）需做一个基体加标样，直接进样法加标回收率应在 85%～110%，固相萃取法加标回收率应在 70%～120%。

29. 2,2′,3,4,4′,5,5′-七氯联苯

水质　多氯联苯的测定　气相色谱-质谱法（HJ 715—2014）

【适用范围】地表水、地下水、工业废水和生活污水中 18 种多氯联苯的测定。

【采样容器】1 L、2 L 或 10 L 棕色具磨口玻璃瓶。

【采样方法】水样充满样品瓶。

【固定剂】硫代硫酸钠。

【保存方法】0～5℃冷藏，如有余氯，每升水中加 80 mg 硫代硫酸钠。

【保存期】7 d。

【采样量】1 L。

【容器洗涤】—

【检出限】固相萃取法：1.6 ng/L；液液萃取法：2.1 ng/L。

【质量保证和质量控制】

仪器性能检查：每 24 h 需进行仪器性能检查，得到的 DFTPP 关键离子和丰度全部满足要求。

校准：校准曲线至少需要 5 个浓度序列，目标化合物相对相应因子的 RSD 应小于 20%，或者校准曲线的相关系数应≥0.990。每 12 h 应测定一次校准曲线中间浓度点标准溶液，测定结果与该点浓度的相对偏差应在±30%之内。

内标在样品中特征离子的峰面积与校准曲线中的峰面积偏差在−50%～100%，内标在样品中的保留时间与校准曲线中的保留时间偏差在±30 s 以内。

空白实验：每批次样品应至少做 1 个全程序空白，目标化合物测定结果应低于方法检出限。

平行样：每批次样品至少做不少于 10%的平行双样，样品量少于 10 个时，至少测定 1 个平行双样。当测定结果≤10 倍检出限时，平行双样测定结果的相对偏差应≤50%，当测定结果＞0 倍检出限时，平行双样测定结果的相对偏差应≤20%。

加标回收：每批样品至少做 1 次加标回收率的测定，实际样品加标平均回收率应在 70%～130%。

替代物加标回收：每个样品和空白中均应加入替代物，按与样品同样步骤分析，每种替代物的平均回收率应在 70%～130%。

30. 2,2′,3,4,4′,5′,6-七溴二苯醚

水质　多溴二苯醚的测定　气相色谱-质谱法（HJ 909—2017）

【适用范围】地表水、地下水、工业废水和生活污水中 8 种多溴二苯醚的测定。

【采样容器】1～4 L 棕色细口玻璃瓶，螺旋盖（带聚四氟乙烯密封垫）。

【采样方法】每升水加 80 mg 硫代硫酸钠。

【固定剂】—

【保存方法】4℃保存。

【保存期】14 d。

【采样量】—

【容器洗涤】—

【检出限】1.6 μg/L。

【质量保证和质量控制】

空白实验：每 20 个样品或每批次（≤20 个样品/批）应至少做一个实验室空白，测定结果应低于方法检出限。

校准：校准曲线的相关系数应≥0.997。每 20 个样品或每批次（≤20 个样品/批）应测定一次校准曲线中间浓度点标准溶液，测定结果与该点浓度的相对误差应在±30%之内。

平行样：每 20 个样品或每批次（≤20 个样品/批）至少做 1 个平行样。平行样的相对偏差应≤40%。

基体加标：每批样品应进行不少于 10%的空白加标实验，当加标浓度≤10 倍方法检出限时，加标回收率应在 60%～140%；当加标浓度＞10 方法检出限时，加标回收率应在 60%～140%，样品净化内标加标回收率应在 50%～180%。

内标在样品中特征离子的峰面积与校准曲线中的峰面积偏差在 50%～200%，内标在样品中的保留时间与校准曲线中的保留时间偏差在 20 s 以内。

31. 2,2′,3,4,4′,5′-六氯联苯

水质　多氯联苯的测定　气相色谱-质谱法（HJ 715—2014）

【适用范围】地表水、地下水、工业废水和生活污水中 18 种多氯联苯的测定。

【采样容器】1 L、2 L 或 10 L 棕色具磨口玻璃瓶。

【采样方法】水样充满样品瓶。

【固定剂】硫代硫酸钠。

【保存方法】0～5℃冷藏，如有余氯，每升水中加 80 mg 硫代硫酸钠。

【保存期】7 d。

【采样量】1L。

【容器洗涤】—

【检出限】固相萃取法：1.6 ng/L，液液萃取法：2.1 ng/L。

【质量保证和质量控制】

仪器性能检查：每 24 h 需进行仪器性能检查，得到的 DFTPP 关键离子和丰度全部满足要求。

校准：校准曲线至少需要 5 个浓度序列，目标化合物相对相应因子的 RSD 应小于 20%，或者校准曲线的相关系数应≥0.990。每 12 h 应测定一次校准曲线中间浓度点标准溶液，测定结果与该点浓度的相对偏差应在±30%之内。

内标在样品中特征离子的峰面积与校准曲线中的峰面积偏差在−50%～100%，内标在样品中的保留时间与校准曲线中的保留时间偏差在±30 s 以内。

空白实验：每批次样品应至少做 1 个全程序空白，目标化合物测定结果应低于方法检出限。

平行样：每批次样品至少做不少于 10%的平行双样，样品量少于 10 个时，至少测定 1 个平行双样。当测定结果≤10 倍检出限时，平行双样测定结果的相对偏差应≤50%，当测定结果＞10 倍检出限时，平行双样测定结果的相对偏差应≤20%。

加标回收：每批样品至少做 1 次加标回收率的测定，实际样品加标平均回收率应在 70%～130%。

替代物加标回收：每个样品和空白中均应加入替代物，按与样品同样步骤分析，每种替代物的平均回收率应在 70%～130%。

32. 2,2′,4,4′,5,5′-六氯联苯

水质　多氯联苯的测定　气相色谱-质谱法（HJ 715—2014）

【适用范围】地表水、地下水、工业废水和生活污水中 18 种多氯联苯的测定。

【采样容器】1 L、2 L 或 10 L 棕色具磨口玻璃瓶。

【采样方法】水样充满样品瓶。

【固定剂】硫代硫酸钠。
【保存方法】0～5℃冷藏，如有余氯，每升水中加 80 mg 硫代硫酸钠。
【保存期】7 d。
【采样量】1 L。
【容器洗涤】—
【检出限】固相萃取法：1.9 ng/L，液液萃取法：2.1 ng/L。
【质量保证和质量控制】

仪器性能检查：每 24 h 需进行仪器性能检查，得到的 DFTPP 关键离子和丰度全部满足要求。

校准：校准曲线至少需要 5 个浓度序列，目标化合物相对相应因子的 RSD 应小于 20%，或者校准曲线的相关系数应≥0.990。每 12 h 应测定一次校准曲线中间浓度点标准溶液，测定结果与该点浓度的相对偏差应在±30%之内。

内标在样品中特征离子的峰面积与校准曲线中的峰面积偏差在−50%～100%，内标在样品中的保留时间与校准曲线中的保留时间偏差在±30 s 以内。

空白实验：每批次样品应至少做 1 个全程序空白，目标化合物测定结果应低于方法检出限。

平行样：每批次样品至少做不少于 10%的平行双样，样品量少于 10 个时，至少测定 1 个平行双样。当测定结果≤10 倍检出限时，平行双样测定结果的相对偏差应≤50%，当测定结果＞10 倍检出限时，平行双样测定结果的相对偏差应≤20%。

加标回收：每批样品至少做 1 次加标回收率的测定，实际样品加标平均回收率应在 70%～130%。

替代物加标回收：每个样品和空白中均应加入替代物，按与样品同样步骤分析，每种替代物的平均回收率应在 70%～130%。

33. 2,2′,4,4′,5,5′-六溴二苯醚

水质　多溴二苯醚的测定　气相色谱-质谱法（HJ 909—2017）

【适用范围】地表水、地下水、工业废水和生活污水中 8 种多溴二苯醚的测定。
【采样容器】1～4 L 棕色细口玻璃瓶，螺旋盖（带聚四氟乙烯密封垫）。
【采样方法】每升水加 80 mg 硫代硫酸钠。
【固定剂】—
【保存方法】4℃保存。
【保存期】14 d。
【采样量】—
【容器洗涤】—
【检出限】1.6 μg/L。
【质量保证和质量控制】

空白实验：每 20 个样品或每批次（≤20 个样品/批）应至少做一个实验室空白，测定结果应低于方法检出限。

校准：校准曲线的相关系数应≥0.997。每 20 个样品或每批次（≤20 个样品/批）应测定一次校准曲线中间浓度点标准溶液，测定结果与该点浓度的相对误差应在±30%之内。

平行样：每 20 个样品或每批次（≤20 个样品/批）至少做 1 个平行样。平行样的相对偏差应≤40%。

基体加标：每批样品应进行不少于10%的空白加标实验，当加标浓度≤10倍方法检出限时，加标回收率应在60%～140%；当加标浓度＞10方法检出限时，加标回收率应在60%～140%，样品净化内标加标回收率应在50%～180%。

内标在样品中特征离子的峰面积与校准曲线中的峰面积偏差在50%～200%，内标在样品中的保留时间与校准曲线中的保留时间偏差在20 s以内。

34. 2,2′,4,4′,5,6′-六溴二苯醚

水质　多溴二苯醚的测定　气相色谱-质谱法（HJ 909—2017）

【适用范围】地表水、地下水、工业废水和生活污水中8种多溴二苯醚的测定。

【采样容器】1～4 L棕色细口玻璃瓶，螺旋盖（带聚四氟乙烯密封垫）。

【采样方法】每升水加80 mg硫代硫酸钠。

【固定剂】—

【保存方法】4℃保存。

【保存期】14 d。

【采样量】—

【容器洗涤】—

【检出限】1.4 μg/L。

【质量保证和质量控制】

空白实验：每20个样品或每批次（≤20个样品/批）应至少做一个实验室空白，测定结果应低于方法检出限。

校准：校准曲线的相关系数应≥0.997。每20个样品或每批次（≤20个样品/批）应测定一次校准曲线中间浓度点标准溶液，测定结果与该点浓度的相对误差应在±30%之内。

平行样：每20个样品或每批次（≤20个样品/批）至少做1个平行样。平行样的相对偏差应≤40%。

基体加标：每批样品应进行不少于10%的空白加标实验，当加标浓度≤10倍方法检出限时，加标回收率应在60%～140%；当加标浓度＞10倍方法检出限时，加标回收率应在60%～140%，样品净化内标加标回收率应在50%～180%。

内标在样品中特征离子的峰面积与校准曲线中的峰面积偏差在50%～200%，内标在样品中的保留时间与校准曲线中的保留时间偏差在20 s以内。

35. 2,2′,4,4′,5-五溴二苯醚

水质　多溴二苯醚的测定　气相色谱-质谱法（HJ 909—2017）

【适用范围】地表水、地下水、工业废水和生活污水中8种多溴二苯醚的测定。

【采样容器】1～4 L棕色细口玻璃瓶，螺旋盖（带聚四氟乙烯密封垫）。

【采样方法】每升水加80 mg硫代硫酸钠。

【固定剂】—

【保存方法】4℃保存。

【保存期】14 d。

【采样量】—

【容器洗涤】—

【检出限】1.3 μg/L。

【质量保证和质量控制】

空白实验：每 20 个样品或每批次（≤20 个样品/批）应至少做一个实验室空白，测定结果应低于方法检出限。

校准：校准曲线的相关系数应≥0.997。每 20 个样品或每批次（≤20 个样品/批）应测定一次校准曲线中间浓度点标准溶液，测定结果与该点浓度的相对误差应在±30%之内。

平行样：每 20 个样品或每批次（≤20 个样品/批）至少做 1 个平行样。平行样的相对偏差应≤40%。

基体加标：每批样品应进行不少于 10%的空白加标实验，当加标浓度≤10 倍方法检出限时，加标回收率应在 60%～140%；当加标浓度＞10 倍方法检出限时，加标回收率应在 60%～140%，样品净化内标加标回收率应在 50%～180%。

内标在样品中特征离子的峰面积与校准曲线中的峰面积偏差在 50%～200%，内标在样品中的保留时间与校准曲线中的保留时间偏差在 20 s 以内。

36. 2,2′,4,4′,6-五溴二苯醚

水质　多溴二苯醚的测定　气相色谱-质谱法（HJ 909—2017）

【适用范围】地表水、地下水、工业废水和生活污水中 8 种多溴二苯醚的测定。

【采样容器】1～4 L 棕色细口玻璃瓶，螺旋盖（带聚四氟乙烯密封垫）。

【采样方法】每升水加 80 mg 硫代硫酸钠。

【固定剂】—

【保存方法】4℃保存。

【保存期】14 d。

【采样量】—

【容器洗涤】—

【检出限】1.1 μg/L。

【质量保证和质量控制】

空白实验：每 20 个样品或每批次（≤20 个样品/批）应至少做一个实验室空白，测定结果应低于方法检出限。

校准：校准曲线的相关系数应≥0.997。每 20 个样品或每批次（≤20 个样品/批）应测定一次校准曲线中间浓度点标准溶液，测定结果与该点浓度的相对误差应在±30%之内。

平行样：每 20 个样品或每批次（≤20 个样品/批）至少做 1 个平行样。平行样的相对偏差应≤40%。

基体加标：每批样品应进行不少于 10%的空白加标实验，当加标浓度≤10 倍方法检出限时，加标回收率应在 60%～140%；当加标浓度＞10 倍方法检出限时，加标回收率应在 60%～140%，样品净化内标加标回收率应在 50%～180%。

内标在样品中特征离子的峰面积与校准曲线中的峰面积偏差在 50%～200%，内标在样品中的保留时间与校准曲线中的保留时间偏差在 20 s 以内。

37. 2,2′,4,4′-四溴二苯醚

水质 多溴二苯醚的测定 气相色谱-质谱法（HJ 909—2017）

【适用范围】地表水、地下水、工业废水和生活污水中 8 种多溴二苯醚的测定。

【采样容器】1～4 L 棕色细口玻璃瓶，螺旋盖（带聚四氟乙烯密封垫）。

【采样方法】每升水加 80 mg 硫代硫酸钠。

【固定剂】—

【保存方法】4℃保存。

【保存期】14 d。

【采样量】—

【容器洗涤】—

【检出限】0.8 μg/L。

【质量保证和质量控制】

空白实验：每 20 个样品或每批次（≤20 个样品/批）应至少做一个实验室空白，测定结果应低于方法检出限。

校准：校准曲线的相关系数应≥0.997。每 20 个样品或每批次（≤20 个样品/批）应测定一次校准曲线中间浓度点标准溶液，测定结果与该点浓度的相对误差应在±30%之内。

平行样：每 20 个样品或每批次（≤20 个样品/批）至少做 1 个平行样。平行样的相对偏差应≤40%。

基体加标：每批样品应进行不少于 10%的空白加标实验，当加标浓度≤10 倍方法检出限时，加标回收率应在 60%～140%；当加标浓度＞10 倍方法检出限时，加标回收率应在 60%～140%，样品净化内标加标回收率应在 50%～180%。

内标在样品中特征离子的峰面积与校准曲线中的峰面积偏差在 50%～200%，内标在样品中的保留时间与校准曲线中的保留时间偏差在 20 s 以内。

38. 2,2′,4,5,5′-五氯联苯

水质 多氯联苯的测定 气相色谱-质谱法（HJ 715—2014）

【适用范围】地表水、地下水、工业废水和生活污水中 18 种多氯联苯的测定。

【采样容器】1 L、2 L 或 10 L 棕色具磨口玻璃瓶。

【采样方法】水样充满样品瓶。

【固定剂】硫代硫酸钠。

【保存方法】0～5℃冷藏，如有余氯，每升水中加 80 mg 硫代硫酸钠。

【保存期】7 d。

【采样量】1 L。

【容器洗涤】—

【检出限】固相萃取法：1.6 ng/L；液液萃取法：1.8 ng/L。

【质量保证和质量控制】

仪器性能检查：每 24 h 需进行仪器性能检查，得到的 DFTPP 关键离子和丰度全部满足要求。

校准：校准曲线至少需要 5 个浓度序列，目标化合物相对相应因子的 RSD 应小于 20%，或者校准曲线的相关系数应≥0.990。每 12 h 应测定一次校准曲线中间浓度点标准溶液，测定结果与该点浓

度的相对偏差应在±30%之内。

内标在样品中特征离子的峰面积与校准曲线中的峰面积偏差在−50%～100%，内标在样品中的保留时间与校准曲线中的保留时间偏差在±30 s 以内。

空白实验：每批次样品应至少做 1 个全程序空白，目标化合物测定结果应低于方法检出限。

平行样：每批次样品至少做不少于 10%的平行双样，样品量少于 10 个时，至少测定 1 个平行双样。当测定结果≤10 倍检出限时，平行双样测定结果的相对偏差应≤50%，当测定结果＞10 倍检出限时，平行双样测定结果的相对偏差应≤20%。

加标回收：每批样品至少做 1 次加标回收率的测定，实际样品加标平均回收率应在 70%～130%。

替代物加标回收：每个样品和空白中均应加入替代物，按与样品同样步骤分析，每种替代物的平均回收率应在 70%～130%。

39. 2,2′,5,5′-四氯联苯

水质　多氯联苯的测定　气相色谱-质谱法（HJ 715—2014）

【适用范围】地表水、地下水、工业废水和生活污水中 18 种多氯联苯的测定。

【采样容器】1 L、2 L 或 10 L 棕色具磨口玻璃瓶。

【采样方法】水样充满样品瓶。

【固定剂】硫代硫酸钠。

【保存方法】0～5℃冷藏，如有余氯，每升水中加 80 mg 硫代硫酸钠。

【保存期】7 d。

【采样量】1 L。

【容器洗涤】—

【检出限】固相萃取法：1.6 ng/L；液液萃取法：1.7 ng/L。

【质量保证和质量控制】

仪器性能检查：每 24 h 需进行仪器性能检查，得到的 DFTPP 关键离子和丰度全部满足要求。

校准：校准曲线至少需要 5 个浓度序列，目标化合物相对相应因子的 RSD 应小于 20%，或者校准曲线的相关系数应≥0.990。每 12 h 应测定一次校准曲线中间浓度点标准溶液，测定结果与该点浓度的相对偏差应在±30%之内。

内标在样品中特征离子的峰面积与校准曲线中的峰面积偏差在−50%～100%，内标在样品中的保留时间与校准曲线中的保留时间偏差在±30 s 以内。

空白实验：每批次样品应至少做 1 个全程序空白，目标化合物测定结果应低于方法检出限。

平行样：每批次样品至少做不少于 10%的平行双样，样品量少于 10 个时，至少测定 1 个平行双样。当测定结果≤10 倍检出限时，平行双样测定结果的相对偏差应≤50%，当测定结果＞10 倍检出限时，平行双样测定结果的相对偏差应≤20%。

加标回收：每批样品至少做 1 次加标回收率的测定，实际样品加标平均回收率应在 70%～130%。

40. 2,2′,6′,2″-三联吡啶

废水中 2,2′,6′,2″-三联吡啶的测定　液相色谱法（GB 21523—2008 附录 F）

【适用范围】工业废水和地面水 2,2′,6′,2″-三联吡啶的测定。

【采样容器】—

【采样方法】—

【固定剂】—

【保存方法】—

【保存期】—

【采样量】—

【容器洗涤】—

【检出限】0.08 μg/L。

【质量保证和质量控制】—

41. 2,2-二氯丙烷

水质 挥发性有机物的测定 吹扫捕集/气相色谱-质谱法（HJ 639—2012）

【适用范围】海水、地下水、地表水、生活污水和工业废水。

【采样容器】有聚四氟乙烯衬垫的棕色螺口玻璃瓶或硬质棕色玻璃瓶（带聚四氟乙烯瓶盖）。

【采样方法】采样时不需用样品进行荡洗，水样在样品瓶中溢流而不留空间。取样时应尽量避免或减少样品在空气中暴露。所有样品均采集平行双样，每批样品带一个全程序空白和一个运输空白。

【固定剂】抗坏血酸+盐酸。

【保存方法】（1）每 40 mL 样品需加入 25 mg 的抗坏血酸；若样品中总余氯的量超过 5 mg/L，总余氯每超过 5 mg/L，需要多加 25 mg 的抗坏血酸。采样时，水样呈中性时向每个样品瓶中加入 0.5 mL 盐酸溶液，拧紧瓶盖；水样呈碱性时应加入适量盐酸溶液使样品 pH≤2，4℃保存。（2）当水样加盐酸溶液后产生大量气泡时，应弃去该样品，重新采集样品。重新采集的样品不应加盐酸溶液，样品标签上应注明未酸化，4℃保存。

【保存期】12 h。

【采样量】1 L。

【容器洗涤】样品瓶应在采样前用甲醇清洗。

【检出限】全扫描方式：1.5 μg/L；选择离子方式：0.5 μg/L。

【质量保证和质量控制】所有样品均采集平行双样，每批样品至少应采集一个运输空白和全程序空白样品。空白中目标化合物浓度应小于下列条件的最大值：（1）方法检出限；（2）相关环保标准限值的 5%；（3）样品分析结果的 5%。若空白试验未满足以上要求，则应采取措施排除污染并重新分析同批样品。

水质 挥发性有机物的测定 顶空/气相色谱-质谱法（HJ 810—2016）

【适用范围】地表水、地下水、生活污水、工业废水和海水。

【采样容器】有聚四氟乙烯衬垫的棕色螺口玻璃瓶或硬质棕色玻璃瓶（带聚四氟乙烯瓶盖）。

【采样方法】采集样品时，不宜用水样进行荡洗，应使水样在样品瓶中溢流且不留空间。

【固定剂】抗坏血酸+盐酸。

【保存方法】（1）若水样中含有余氯，采样前，应向 40 mL 棕色采样瓶中加入 25 mg 的抗坏血酸。若水样中余氯含量超过 5 mg/L，应按比例增加抗坏血酸的加入量，余氯含量每增加 5 mg/L，则应多加入 25 mg 的抗坏血酸。样品采集后，应立即加入适量盐酸溶液，使样品 pH≤2，拧紧瓶盖，4℃以下冷藏，避光和密封保存。（2）当水样加盐酸溶液后有气泡产生，须重新采样，重新采集的样品不加盐酸溶液保存，样品标签上应注明未酸化。

【保存期】12 h。

【采样量】1 L。

【容器洗涤】—

【检出限】全扫描方式：7 μg/L；选择离子方式：0.5 μg/L。

【质量保证和质量控制】所有样品均采集平行双样。每批样品应至少做一个全程序空白：按照分析步骤，在实验室将一份实验用水放入样品瓶中密封，将其带到采样现场，与采样的样品瓶同时开盖和密封，之后随样品运回实验室。

42. 2,3,3′,4,4′,5,5′-七氯联苯

水质　多氯联苯的测定　气相色谱-质谱法（HJ 715—2014）

【适用范围】地表水、地下水、工业废水和生活污水中 18 种多氯联苯的测定。

【采样容器】1 L、2 L 或 10 L 棕色具磨口玻璃瓶。

【采样方法】水样充满样品瓶。

【固定剂】硫代硫酸钠。

【保存方法】0～5℃冷藏，如有余氯，每升水中加 80 mg 硫代硫酸钠。

【保存期】7 d。

【采样量】1 L。

【容器洗涤】—

【检出限】固相萃取法：1.6 ng/L；液液萃取法：2.2 ng/L。

【质量保证和质量控制】

仪器性能检查：每 24 h 需进行仪器性能检查，得到的 DFTPP 关键离子和丰度全部满足要求。

校准：校准曲线至少需要 5 个浓度序列，目标化合物相对相应因子的 RSD 应小于 20%，或者校准曲线的相关系数应≥0.990。每 12 h 应测定一次校准曲线中间浓度点标准溶液，测定结果与该点浓度的相对偏差应在±30%之内。

内标在样品中特征离子的峰面积与校准曲线中的峰面积偏差在−50%～100%，内标在样品中的保留时间与校准曲线中的保留时间偏差在±30 s 以内。

空白实验：每批次样品应至少做 1 个全程序空白，目标化合物测定结果应低于方法检出限。

平行样：每批次样品至少做不少于 10%的平行双样，样品量少于 10 个时，至少测定 1 个平行双样。当测定结果≤10 倍检出限时，平行双样测定结果的相对偏差应≤50%，当测定结果＞10 倍检出限时，平行双样测定结果的相对偏差应≤20%。

加标回收：每批样品至少做 1 次加标回收率的测定，实际样品加标平均回收率应在 70%～130%。

替代物加标回收：每个样品和空白中均应加入替代物，按与样品同样步骤分析，每种替代物的平均回收率应在 70%～130%。

43. 2,3,3′,4,4′,5-六氯联苯

水质　多氯联苯的测定　气相色谱-质谱法（HJ 715—2014）

【适用范围】地表水、地下水、工业废水和生活污水中 18 种多氯联苯的测定。

【采样容器】1 L、2 L 或 10 L 棕色具磨口玻璃瓶。

【采样方法】水样充满样品瓶。

【固定剂】硫代硫酸钠。

【保存方法】0～5℃冷藏，如有余氯，每升水中加 80 mg 硫代硫酸钠。

【保存期】7 d。

【采样量】1 L。

【容器洗涤】—

【检出限】固相萃取法：1.6 ng/L；液液萃取法：1.4 ng/L。

【质量保证和质量控制】

仪器性能检查：每 24 h 需进行仪器性能检查，得到的 DFTPP 关键离子和丰度全部满足要求。

校准：校准曲线至少需要 5 个浓度序列，目标化合物相对相应因子的 RSD 应小于 20%，或者校准曲线的相关系数应≥0.990。每 12 h 应测定一次校准曲线中间浓度点标准溶液，测定结果与该点浓度的相对偏差应在±30%之内。

内标在样品中特征离子的峰面积与校准曲线中的峰面积偏差在−50%～100%，内标在样品中的保留时间与校准曲线中的保留时间偏差在±30 s 以内。

空白实验：每批次样品应至少做 1 个全程序空白，目标化合物测定结果应低于方法检出限。

平行样：每批次样品至少做不少于 10%的平行双样，样品量少于 10 个时，至少测定 1 个平行双样。当测定结果≤10 倍检出限时，平行双样测定结果的相对偏差应≤50%，当测定结果＞10 倍检出限时，平行双样测定结果的相对偏差应≤20%。

加标回收：每批样品至少做 1 次加标回收率的测定，实际样品加标平均回收率应在 70%～130%。

替代物加标回收：每个样品和空白中均应加入替代物，按与样品同样步骤分析，每种替代物的平均回收率应在 70%～130%。

44. 2,3,3′,4,4′,6-六氯联苯

水质　多氯联苯的测定　气相色谱-质谱法（HJ 715—2014）

【适用范围】地表水、地下水、工业废水和生活污水中 18 种多氯联苯的测定。

【采样容器】1 L、2 L 或 10 L 棕色具磨口玻璃瓶。

【采样方法】水样充满样品瓶。

【固定剂】硫代硫酸钠。

【保存方法】0～5℃冷藏，如有余氯，每升水中加 80 mg 硫代硫酸钠。

【保存期】7 d。

【采样量】1 L。

【容器洗涤】—

【检出限】固相萃取法：1.9 ng/L；液液萃取法：2.2 ng/L。

【质量保证和质量控制】

仪器性能检查：每 24 h 需进行仪器性能检查，得到的 DFTPP 关键离子和丰度全部满足要求。

校准：校准曲线至少需要 5 个浓度序列，目标化合物相对相应因子的 RSD 应小于 20%，或者校准曲线的相关系数应≥0.990。每 12 h 应测定一次校准曲线中间浓度点标准溶液，测定结果与该点浓度的相对偏差应在±30%之内。

内标在样品中特征离子的峰面积与校准曲线中的峰面积偏差在−50%～100%，内标在样品中的保留时间与校准曲线中的保留时间偏差在±30 s 以内。

空白实验：每批次样品应至少做 1 个全程序空白，目标化合物测定结果应低于方法检出限。

平行样：每批次样品至少做不少于 10%的平行双样，样品量少于 10 个时，至少测定 1 个平行双样。当测定结果≤10 倍检出限时，平行双样测定结果的相对偏差应≤50%，当测定结果＞10 倍检出限时，平行双样测定结果的相对偏差应≤20%。

加标回收：每批样品至少做 1 次加标回收率的测定，实际样品加标平均回收率应在 70%～130%。

替代物加标回收：每个样品和空白中均应加入替代物，按与样品同样步骤分析，每种替代物的平均回收率应在 70%～130%。

45. 2,3,3′,4,4′-五氯联苯

水质 多氯联苯的测定 气相色谱-质谱法（HJ 715—2014）

【适用范围】地表水、地下水、工业废水和生活污水中 18 种多氯联苯的测定。

【采样容器】1 L、2 L 或 10 L 棕色具磨口玻璃瓶。

【采样方法】水样充满样品瓶。

【固定剂】硫代硫酸钠。

【保存方法】0～5℃冷藏，如有余氯，每升水中加 80 mg 硫代硫酸钠。

【保存期】7 d。

【采样量】1 L。

【容器洗涤】—

【检出限】固相萃取法：1.6 ng/L；液液萃取法：2.1 ng/L。

【质量保证和质量控制】

仪器性能检查：每 24 h 需进行仪器性能检查，得到的 DFTPP 关键离子和丰度全部满足要求。

校准：校准曲线至少需要 5 个浓度序列，目标化合物相对相应因子的 RSD 应小于 20%，或者校准曲线的相关系数应≥0.990。每 12 h 应测定一次校准曲线中间浓度点标准溶液，测定结果与该点浓度的相对偏差应在±30%之内。

内标在样品中特征离子的峰面积与校准曲线中的峰面积偏差在−50%～100%，内标在样品中的保留时间与校准曲线中的保留时间偏差在±30 s 以内。

空白实验：每批次样品应至少做 1 个全程序空白，目标化合物测定结果应低于方法检出限。

平行样：每批次样品至少做不少于 10%的平行双样，样品量少于 10 个时，至少测定 1 个平行双样。当测定结果≤10 倍检出限时，平行双样测定结果的相对偏差应≤50%，当测定结果＞10 倍检出限时，平行双样测定结果的相对偏差应≤20%。

加标回收：每批样品至少做 1 次加标回收率的测定，实际样品加标平均回收率应在 70%～130%。

替代物加标回收：每个样品和空白中均应加入替代物，按与样品同样步骤分析，每种替代物的

平均回收率应在 70%～130%。

46. 2,3,4,4′,5-五氯联苯

水质 多氯联苯的测定 气相色谱-质谱法（HJ 715—2014）

【适用范围】地表水、地下水、工业废水和生活污水中 18 种多氯联苯的测定。

【采样容器】1 L、2 L 或 10 L 棕色具磨口玻璃瓶。

【采样方法】水样充满样品瓶。

【固定剂】硫代硫酸钠。

【保存方法】0～5℃冷藏，如有余氯，每升水中加 80 mg 硫代硫酸钠。

【保存期】7 d。

【采样量】1 L。

【容器洗涤】—

【检出限】固相萃取法：1.6 ng/L；液液萃取法：2.2 ng/L。

【质量保证和质量控制】

仪器性能检查：每 24 h 需进行仪器性能检查，得到的 DFTPP 关键离子和丰度全部满足要求。

校准：校准曲线至少需要 5 个浓度序列，目标化合物相对相应因子的 RSD 应小于 20%，或者校准曲线的相关系数应≥0.990。每 12 h 应测定一次校准曲线中间浓度点标准溶液，测定结果与该点浓度的相对偏差应在±30%之内。

内标在样品中特征离子的峰面积与校准曲线中的峰面积偏差在−50%～100%，内标在样品中的保留时间与校准曲线中的保留时间偏差在±30 s 以内。

空白实验：每批次样品应至少做 1 个全程序空白，目标化合物测定结果应低于方法检出限。

平行样：每批次样品至少做不少于 10%的平行双样，样品量少于 10 个时，至少测定 1 个平行双样。当测定结果≤10 倍检出限时，平行双样测定结果的相对偏差应≤50%，当测定结果＞10 倍检出限时，平行双样测定结果的相对偏差应≤20%。

加标回收：每批样品至少做 1 次加标回收率的测定，实际样品加标平均回收率应在 70%～130%。

替代物加标回收：每个样品和空白中均应加入替代物，按与样品同样步骤分析，每种替代物的平均回收率应在 70%～130%。

47. 2,3,4,6-四氯苯酚

水质 酚类化合物的测定 气相色谱-质谱法（HJ 744—2015）

【适用范围】地表水、地下水、生活污水和工业废水。

【采样容器】磨口棕色玻璃瓶。

【采样方法】采样时，不要用水样预洗采样瓶，水样应充满样品瓶并加盖密封。

【固定剂】（1+1）硫酸。

【保存方法】采样后，用（1+1）硫酸溶液，将水样调节至 pH≤2。加入 0.01～0.02 g 抗坏血酸，在 4℃下避光保存。

【保存期】24 h。

【采样量】1 L。

【容器洗涤】—

【检出限】液液萃取：0.1 μg/L；固相萃取：0.1 μg/L。

【质量保证和质量控制】每 20 个样品或每批样品（少于 20 个样品/批）至少做 1 个全程序空白样品。全程序空白中目标物测定浓度均应低于方法检出限。否则应检查所有可能对全程序空白产生影响的环节，仔细查找干扰源。若确实发现采样、运输或保存过程存在影响分析结果的干扰，需对出现问题批次的样品进行重新采样分析。

48. 2,3′,4,4′,5,5′-六氯联苯

水质　多氯联苯的测定　气相色谱-质谱法（HJ 715—2014）

【适用范围】地表水、地下水、工业废水和生活污水中 18 种多氯联苯的测定。

【采样容器】1 L、2 L 或 10 L 棕色具磨口玻璃瓶。

【采样方法】水样充满样品瓶。

【固定剂】硫代硫酸钠。

【保存方法】0～5℃冷藏，如有余氯，每升水中加 80 mg 硫代硫酸钠。

【保存期】7 d。

【采样量】1 L。

【容器洗涤】—

【检出限】固相萃取法：1.6 ng/L；液液萃取法：2.2 ng/L。

【质量保证和质量控制】

仪器性能检查：每 24 h 需进行仪器性能检查，得到的 DFTPP 关键离子和丰度全部满足要求。

校准：校准曲线至少需要 5 个浓度序列，目标化合物相对相应因子的 RSD 应小于 20%，或者校准曲线的相关系数应≥0.990。每 12 h 应测定一次校准曲线中间浓度点标准溶液，测定结果与该点浓度的相对偏差应在±30%之内。

内标在样品中特征离子的峰面积与校准曲线中的峰面积偏差在−50%～100%，内标在样品中的保留时间与校准曲线中的保留时间偏差在±30 s 以内。

空白实验：每批次样品应至少做 1 个全程序空白，目标化合物测定结果应低于方法检出限。

平行样：每批次样品至少做不少于 10%的平行双样，样品量少于 10 个时，至少测定 1 个平行双样。当测定结果≤10 倍检出限时，平行双样测定结果的相对偏差应≤50%，当测定结果＞10 倍检出限时，平行双样测定结果的相对偏差应≤20%。

加标回收：每批样品至少做 1 次加标回收率的测定，实际样品加标平均回收率应在 70%～130%。

替代物加标回收：每个样品和空白中均应加入替代物，按与样品同样步骤分析，每种替代物的平均回收率应在 70%～130%。

49. 2,3′,4,4′,5 -五氯联苯

水质　多氯联苯的测定　气相色谱-质谱法（HJ 715—2014）

【适用范围】地表水、地下水、工业废水和生活污水中 18 种多氯联苯的测定。

【采样容器】1 L、2 L 或 10 L 棕色具磨口玻璃瓶。

【采样方法】水样充满样品瓶。

【固定剂】硫代硫酸钠。

【保存方法】0～5℃冷藏，如有余氯，每升水中加 80 mg 硫代硫酸钠。

【保存期】7 d。

【采样量】1 L。

【容器洗涤】—

【检出限】固相萃取法：1.6 ng/L；液液萃取法：2.1 ng/L。

【质量保证和质量控制】

仪器性能检查：每 24 h 需进行仪器性能检查，得到的 DFTPP 关键离子和丰度全部满足要求。

校准：校准曲线至少需要 5 个浓度序列，目标化合物相对相应因子的 RSD 应小于 20%，或者校准曲线的相关系数应≥0.990。每 12 h 应测定一次校准曲线中间浓度点标准溶液，测定结果与该点浓度的相对偏差应在±30%之内。

内标在样品中特征离子的峰面积与校准曲线中的峰面积偏差在−50%～100%，内标在样品中的保留时间与校准曲线中的保留时间偏差在±30 s 以内。

空白实验：每批次样品应至少做 1 个全程序空白，目标化合物测定结果应低于方法检出限。

平行样：每批次样品至少做不少于 10%的平行双样，样品量少于 10 个时，至少测定 1 个平行双样。当测定结果≤10 倍检出限时，平行双样测定结果的相对偏差应≤50%，当测定结果＞10 倍检出限时，平行双样测定结果的相对偏差应≤20%。

加标回收：每批样品至少做 1 次加标回收率的测定，实际样品加标平均回收率应在 70%～130%。

替代物加标回收：每个样品和空白中均应加入替代物，按与样品同样步骤分析，每种替代物的平均回收率应在 70%～130%。

50. 2,4,4′-三氯联苯

水质　多氯联苯的测定　气相色谱-质谱法（HJ 715—2014）

【适用范围】地表水、地下水、工业废水和生活污水中 18 种多氯联苯的测定。

【采样容器】1 L、2 L 或 10 L 棕色具磨口玻璃瓶。

【采样方法】水样充满样品瓶。

【固定剂】硫代硫酸钠。

【保存方法】0～5℃冷藏，如有余氯，每升水中加 80 mg 硫代硫酸钠。

【保存期】7 d。

【采样量】1 L。

【容器洗涤】—

【检出限】固相萃取法：1.6 ng/L；液液萃取法：1.8 ng/L。

【质量保证和质量控制】

仪器性能检查：每 24 h 需进行仪器性能检查，得到的 DFTPP 关键离子和丰度全部满足要求。

校准：校准曲线至少需要 5 个浓度序列，目标化合物相对相应因子的 RSD 应小于 20%，或者校准曲线的相关系数应≥0.990。每 12 h 应测定一次校准曲线中间浓度点标准溶液，测定结果与该点浓度的相对偏差应在±30%之内。

内标在样品中特征离子的峰面积与校准曲线中的峰面积偏差在−50%～100%，内标在样品中的保留时间与校准曲线中的保留时间偏差在±30 s 以内。

空白实验：每批次样品应至少做 1 个全程序空白，目标化合物测定结果应低于方法检出限。

平行样：每批次样品至少做不少于 10%的平行双样，样品量少于 10 个时，至少测定 1 个平行双样。当测定结果≤10 倍检出限时，平行双样测定结果的相对偏差应≤50%，当测定结果>10 倍检出限时，平行双样测定结果的相对偏差应≤20%。

加标回收：每批样品至少做 1 次加标回收率的测定，实际样品加标平均回收率应在 70%～130%。

替代物加标回收：每个样品和空白中均应加入替代物，按与样品同样步骤分析，每种替代物的平均回收率应在 70%～130%。

51. 2,4,4′-三溴二苯醚

水质　多溴二苯醚的测定　气相色谱-质谱法（HJ 909—2017）

【适用范围】地表水、地下水、工业废水和生活污水中 8 种多溴二苯醚的测定。

【采样容器】1～4 L 棕色细口玻璃瓶，螺旋盖（带聚四氟乙烯密封垫）。

【采样方法】每升水加 80 mg 硫代硫酸钠。

【固定剂】—

【保存方法】4℃保存。

【保存期】14 d。

【采样量】—

【容器洗涤】—

【检出限】0.5 μg/L。

【质量保证和质量控制】

空白实验：每 20 个样品或每批次（≤20 个样品/批）应至少做一个实验室空白，测定结果应低于方法检出限。

校准：校准曲线的相关系数应≥0.997。每 20 个样品或每批次（≤20 个样品/批）应测定一次校准曲线中间浓度点标准溶液，测定结果与该点浓度的相对误差应在±30%之内。

平行样：每 20 个样品或每批次（≤20 个样品/批）至少做 1 个平行样。平行样的相对偏差应≤40%。

基体加标：每批样品应进行不少于 10%的空白加标实验，当加标浓度≤10 倍方法检出限时，加标回收率应在 60%～140%；当加标浓度>10 倍方法检出限时，加标回收率应在 60%～140%，样品净化内标加标回收率应在 50%～180%。

内标在样品中特征离子的峰面积与校准曲线中的峰面积偏差在 50%～200%，内标在样品中的保留时间与校准曲线中的保留时间偏差在 20 s 以内。

52. 2,4,5-三氯苯胺

水质　苯胺类化合物的测定　*N*-（1-萘基）乙二胺偶氮分光光度法（GB/T 11889—1989）

【适用范围】地表水、染料、制药等废水中芳香族伯胺类化合物的测定。

【采样容器】硬质玻璃瓶。

【采样方法】—

【固定剂】—

【保存方法】4℃冷藏保存。

【保存期】14 d。

【采样量】500 mL。

【容器洗涤】—

【检出限】0.03 mg/L。

【质量保证和质量控制】—

水质　氰化物等的测定　真空检测管-电子比色法（HJ 659—2013）

【适用范围】地下水、地表水、生活污水和工业废水。

【采样容器】聚乙烯瓶或玻璃瓶。

【采样方法】—

【固定剂】无须添加固定剂。

【保存方法】—

【保存期】现场测定。

【采样量】250 mL。

【容器洗涤】铬酸洗液洗 1 次，自来水洗 3 次，蒸馏水洗 1 次。

【检出限】0.05 mg/L。

【质量保证和质量控制】每批样品应同步做一个全程序空白，测定结果应低于方法检出限，否则应检查真空检测管。

【结果表示】有效位数保留到定量下限位数。

水质　苯胺类化合物的测定　气相色谱-质谱法（HJ 822—2017）

【适用范围】地表水、地下水、海水、生活污水和工业废水。

【采样容器】硬质棕色玻璃瓶（带聚四氟乙烯瓶盖）。

【采样方法】水样充满样品瓶，不留空隙。

【固定剂】10 mol/L 氢氧化钠或（1+1）硫酸；水样含有余氯：硫代硫酸钠。

【保存方法】调节 pH 值在 6～8，4℃冷藏保存；水样中有余氯，每 1 000 mL 样品中加入 80 mg 硫代硫酸钠。

【保存期】7 d 内萃取；萃取液在 40 d 内完成分析。

【采样量】1 000 mL。

【容器洗涤】—

【检出限】0.063 μg/L。

【质量保证和质量控制】—

【质量保证和质量控制】—

53. 2,4,5-三氯苯酚

水质 酚类化合物的测定 气相色谱-质谱法（HJ 744—2015）

【适用范围】地表水、地下水、生活污水和工业废水。

【采样容器】磨口棕色玻璃瓶。

【采样方法】采样时，不要用水样预洗采样瓶，水样应充满样品瓶并加盖密封。

【固定剂】（1+1）硫酸。

【保存方法】采样后，用（1+1）硫酸溶液，将水样调节至 pH≤2。加入 0.01～0.02 g 抗坏血酸，在 4℃下避光保存。

【保存期】24 h。

【采样量】1 L。

【容器洗涤】—

【检出限】液液萃取：0.1 μg/L；固相萃取：0.1 μg/L。

【质量保证和质量控制】每 20 个样品或每批样品（少于 20 个样品/批）至少做 1 个全程序空白样品。全程序空白中目标物测定浓度均应低于方法检出限。否则应检查所有可能对全程序空白产生影响的环节，仔细查找干扰源。若确实发现采样、运输或保存过程存在影响分析结果的干扰，需对出现问题批次的样品进行重新采样分析。

54. 2,4,5-三氯苯氧乙酸

水质 苯氧羧酸类除草剂的测定 液相色谱/串联质谱法（HJ 770—2015）

【适用范围】地表水、地下水和废水中 2-甲基-4-氯苯氧乙酸、2,4-二氯苯氧乙酸、2-（2-甲基-4-氯苯氧基）丙酸、2-（2,4-二氯苯氧基）-丙酸（或 2,4-滴丙酸）、2,4,5-三氯苯氧乙酸、2-（2,4,5-三氯苯氧基）-丙酸（或 2,4,5-涕丙酸）、4-（2,4-二氯苯氧）-丁酸和 4-（2-甲基-4-氯苯氧基）丁酸共 8 种苯氧羧酸类除草剂的测定。

【采样容器】250 mL 磨口棕色玻璃瓶。

【采样方法】水样满瓶采集，加入 0.01～0.02 g 抗坏血酸去除余氯。

【固定剂】抗坏血酸。

【保存方法】0～5℃避光冷藏保存。

【保存期】24 h。

【采样量】1 L。

【容器洗涤】—

【检出限】直接进样法：0.5 μg/L；固相萃取法：0.006 μg/L。

【质量保证和质量控制】

校准：初次使用仪器或仪器维护维修后需进行初始校准。每 20 个样品或每批次需进行 1 次连续校准测定结果与初始校准的相对误差应在±20%之内。

空白实验：每批次样品应至少做 1 个全程序空白和实验室空白，目标化合物测定结果应低于方法检出限。

平行样：每 20 个样品或每批次样品（少于 20 个样品）至少做 1 个平行样，平行样测定结果的相对标准偏差应≤20%。

加标回收：每 20 个样品或每批次样品（少于 20 个样品）需做一个基体加标样，直接进样法加标回收率应在 85%～110%，固相萃取法加标回收率应在 70%～120%。

55. 2,4,6-三氯苯胺

水质 苯胺类化合物的测定 *N*-（1-萘基）乙二胺偶氮分光光度法（GB/T 11889—1989）

【适用范围】地表水、染料、制药等废水中芳香族伯胺类化合物的测定。

【采样容器】硬质玻璃瓶。

【采样方法】—

【固定剂】—

【保存方法】4℃冷藏保存。

【保存期】14 d。

【采样量】500 mL。

【容器洗涤】—

【检出限】0.03 mg/L。

【质量保证和质量控制】—

水质 氰化物等的测定 真空检测管-电子比色法（HJ 659—2013）

【适用范围】地下水、地表水、生活污水和工业废水。

【采样容器】聚乙烯瓶或玻璃瓶。

【采样方法】—

【固定剂】无须添加固定剂。

【保存方法】—

【保存期】现场测定。

【采样量】250 mL。

【容器洗涤】铬酸洗液洗 1 次，自来水洗 3 次，蒸馏水洗 1 次。

【检出限】0.05 mg/L。

【质量保证和质量控制】每批样品应同步做一个全程序空白，测定结果应低于方法检出限，否则应检查真空检测管。

【结果表示】有效位数保留到定量下限位数。

水质 苯胺类化合物的测定 气相色谱-质谱法（HJ 822—2017）

【适用范围】地表水、地下水、海水、生活污水和工业废水。

【采样容器】硬质棕色玻璃瓶（带聚四氟乙烯瓶盖）。

【采样方法】水样充满样品瓶，不留空隙。

【固定剂】10 mol/L 氢氧化钠或（1+1）硫酸；水样含有余氯：硫代硫酸钠。

【保存方法】调节 pH 值在 6～8，4℃冷藏保存；水样中有余氯，每 1 000 mL 样品中加入 80 mg 硫代硫酸钠。

【保存期】7 d 内萃取；萃取液在 40 d 内完成分析。

【采样量】1 000 mL。

【容器洗涤】—

【检出限】0.066 μg/L。

【质量保证和质量控制】—

56. 2,4,6-三氯苯酚

水质　酚类化合物的测定　气相色谱-质谱法（HJ 744—2015）

【适用范围】地表水、地下水、生活污水和工业废水。

【采样容器】磨口棕色玻璃瓶。

【采样方法】采样时，不要用水样预洗采样瓶，水样应充满样品瓶并加盖密封。

【固定剂】（1+1）硫酸。

【保存方法】采样后，用（1+1）硫酸溶液，将水样调节至 pH≤2。加入 0.01～0.02 g 抗坏血酸，在 4℃下避光保存。

【保存期】24 h。

【采样量】1 L。

【容器洗涤】—

【检出限】液液萃取法：0.1 μg/L；固相萃取法：0.1 μg/L。

【质量保证和质量控制】每 20 个样品或每批样品（少于 20 个样品/批）至少做 1 个全程序空白样品。全程序空白中目标物测定浓度均应低于方法检出限。否则应检查所有可能对全程序空白产生影响的环节，仔细查找干扰源。若确实发现采样、运输或保存过程存在影响分析结果的干扰，需对出现问题批次的样品进行重新采样分析。

57. 2,4,6-三氯酚

水质　酚类化合物的测定　液液萃取/气相色谱法（HJ 676—2013）

【适用范围】地表水、地下水、生活污水和工业废水。

【采样容器】棕色硬质玻璃瓶。

【采样方法】采样时，不要用水样预洗采样瓶，水样应充满样品瓶并加盖密封。

【固定剂】1+3 盐酸。

【保存方法】采样后，用 1+1 硫酸溶液，将水样调节至 pH≤2。加入 0.01～0.02 g 抗坏血酸，在 4℃下避光保存。

【保存期】24 h。

【采样量】1 L。

【容器洗涤】—

【检出限】1.2 μg/L。

【质量保证和质量控制】空白样品：每 20 个样品或每批样品（少于 20 个样品/批）至少做 1 个全程序空白样品，空白样品中目标化合物浓度应低于方法检出限。

58. 2,4,6-三硝基苯甲酸

水质　硝基苯类化合物的测定　气相色谱法（HJ 592—2010）

【适用范围】工业废水和生活污水中硝基苯类化合物的测定。

【采样容器】1 L 具磨口塞的棕色细口瓶。

【固定剂】—

【保存方法】若水样不能在 24 h 内测定，需加入浓硫酸调节 pH≤3，样品需在 7 d 内萃取，萃取液 4℃下避光保存，30 d 内进行分析。

【保存期】7 d 内萃取，30 d 内完成分析。

【采样量】1 000 mL。

【容器洗涤】—

【检出限】0.003 mg/L。

【质量保证和质量控制】—

59. 2,4,6-三硝基甲苯

水质　硝基苯类化合物的测定　气相色谱法（HJ 592—2010）

【适用范围】工业废水和生活污水中硝基苯类化合物的测定。

【采样容器】1 L 具磨口塞的棕色细口瓶。

【固定剂】—

【保存方法】若水样不能在 24 h 内测定，需加入浓硫酸调节 pH≤3，样品需在 7 d 内萃取，萃取液 4℃下避光保存，30 d 内进行分析。

【保存期】7 d 内萃取，30 d 内完成分析。

【采样量】1 000 mL。

【容器洗涤】—

【检出限】0.003 mg/L。

【质量保证和质量控制】—

水质　硝基苯类化合物的测定　液液萃取/固相萃取-气相色谱法（HJ 648—2013）

【适用范围】地表水、地下水、工业废水、生活污水和海水。

【采样容器】—

【采样方法】—

【固定剂】—

【保存方法】—

【保存期】—

【采样量】—

【容器洗涤】—

【检出限】液液萃取法：0.021 μg/L；固相萃取法：0.004 1 μg/L。

【质量保证和质量控制】空白试验：每批样品（以 10～20 个样品为一批次）应至少做一个全程序空白，目标化合物的浓度应低于检出限。

水质　硝基苯类化合物的测定　气相色谱-质谱法（HJ 716—2014）

【适用范围】地表水、地下水、工业废水、生活污水和海水。

【采样容器】硬质棕色玻璃瓶（带聚四氟乙烯瓶盖）。

【采样方法】采集样品时，不要用水样预洗采样瓶。水样应充满采样瓶并加盖密封。

【固定剂】硫代硫酸钠。

【保存方法】若水中有残余氯存在，要在每升水中加入 80 g 硫代硫酸钠除氯。样品采集后应避光于 4℃冷藏。

【保存期】在 7 d 内完成萃取。40 d 内完成分析。

【采样量】1 000～4 000 mL。

【容器洗涤】—

【检出限】液液萃取法：0.05 μg/L；固相萃取法：0.04 μg/L。

【质量保证和质量控制】—

60. 2,4-二甲酚

水质　酚类化合物的测定　液液萃取/气相色谱法（HJ 676—2013）

【适用范围】地表水、地下水、生活污水和工业废水。

【采样容器】棕色硬质玻璃瓶。

【采样方法】采样时，不要用水样预洗采样瓶，水样应充满样品瓶并加盖密封。

【保存方法】采样后，用 1+1 硫酸溶液，将水样调节至 pH≤2。加入 0.01～0.02 g 抗坏血酸，在 4℃下避光保存。

【保存期】24 h。

【采样量】1 L。

【容器洗涤】—

【检出限】0.7 μg/L。

【质量保证和质量控制】空白样品：每 20 个样品或每批样品（少于 20 个样品/批）至少做 1 个全程序空白样品，空白样品中目标化合物浓度应低于方法检出限。

水质　酚类化合物的测定　气相色谱-质谱法（HJ 744—2015）

【适用范围】地表水、地下水、生活污水和工业废水。

【采样容器】磨口棕色玻璃瓶。

【采样方法】采样时，不要用水样预洗采样瓶，水样应充满样品瓶并加盖密封。

【保存方法】采样后，用 1+1 硫酸溶液，将水样调节至 pH≤2。加入 0.01～0.02 g 抗坏血酸，在 4℃下避光保存。

【保存期】24 h。

【采样量】1 L。

【容器洗涤】—

【检出限】液液萃取法：0.1 μg/L；固相萃取法：0.1 μg/L。

【质量保证和质量控制】每 20 个样品或每批样品（少于 20 个样品/批）至少做 1 个全程序空白样品。全程序空白中目标物测定浓度均应低于方法检出限。否则应检查所有可能对全程序空白产生影响的环节，仔细查找干扰源。若确实发现采样、运输或保存过程存在影响分析结果的干扰，需对出现问题批次的样品进行重新采样分析。

61. 2,4-二氯苯酚

水质 酚类化合物的测定 气相色谱-质谱法（HJ 744—2015）

【适用范围】地表水、地下水、生活污水和工业废水。

【采样容器】磨口棕色玻璃瓶。

【采样方法】采样时，不要用水样预洗采样瓶，水样应充满样品瓶并加盖密封。

【固定剂】1+1 硫酸。

【保存方法】采样后，用 1+1 硫酸溶液，将水样调节至 pH≤2。加入 0.01～0.02 g 抗坏血酸，在 4℃下避光保存。

【保存期】24 h。

【采样量】1 L。

【容器洗涤】—

【检出限】液液萃取法：0.1 μg/L；固相萃取法：0.1 μg/L。

【质量保证和质量控制】每 20 个样品或每批样品（少于 20 个样品/批）至少做一个全程序空白样品。全程序空白中目标物测定浓度均应低于方法检出限。否则应检查所有可能对全程序空白产生影响的环节，仔细查找干扰源。若确实发现采样、运输或保存过程存在影响分析结果的干扰，需对出现问题批次的样品进行重新采样分析。

62. 2,4-二氯苯氧乙酸

水质 苯氧羧酸类除草剂的测定 液相色谱/串联质谱法（HJ 770—2015）

【适用范围】地表水、地下水和废水中 2-甲基-4-氯苯氧乙酸、2,4-二氯苯氧乙酸、2-（2-甲基-4-氯苯氧基）丙酸、2-（2,4-二氯苯氧基）-丙酸（或 2,4-滴丙酸）、2,4,5-三氯苯氧乙酸、2-（2,4,5-三氯苯氧基）-丙酸（或 2,4,5-涕丙酸）、4-（2,4-二氯苯氧）-丁酸和 4-（2-甲基-4-氯苯氧基）丁酸共 8 种苯氧羧酸类除草剂的测定。

【采样容器】250 mL 磨口棕色玻璃瓶。

【采样方法】水样满瓶采集，加入 0.01～0.02 g 抗坏血酸去除余氯。

【固定剂】抗坏血酸。

【保存方法】0～5℃避光冷藏保存。

【保存期】24 h。

【采样量】1 L。

【容器洗涤】—

【检出限】直接进样法：0.3 μg/L；固相萃取法：0.006 μg/L。

【质量保证和质量控制】

校准：初次使用仪器或仪器维护维修后需进行初始校准。每 20 个样品或每批次需进行一次连续校准测定结果与初始校准的相对误差应在±20%之内。

空白实验：每批次样品应至少做一个全程序空白和实验室空白，目标化合物测定结果应低于方法检出限。

平行样：每 20 个样品或每批次样品（少于 20 个样品）至少做一个平行样，平行样测定结果的相对标准偏差应≤20%。

加标回收：每 20 个样品或每批次样品（少于 20 个样品）需做一个基体加标样，直接进样法加标回收率应在 85%～110%，固相萃取法加标回收率应在 70%～120%。

63. 2,4-二氯酚

水质　酚类化合物的测定　液液萃取/气相色谱法（HJ 676—2013）

【适用范围】地表水、地下水、生活污水和工业废水。

【采样容器】棕色硬质玻璃瓶。

【采样方法】采样时，不要用水样预洗采样瓶，水样应充满样品瓶并加盖密封。

【保存方法】采样后，用 1+1 硫酸溶液，将水样调节至 pH≤2。加入 0.01～0.02 g 抗坏血酸，在 4℃下避光保存。

【保存期】24 h。

【采样量】1 L。

【容器洗涤】—

【检出限】1.1 μg/L。

【质量保证和质量控制】空白样品：每 20 个样品或每批样品（少于 20 个样品/批）至少做 1 个全程序空白样品，空白样品中目标化合物浓度应低于方法检出限。

64. 2,4-二硝基苯胺

水质　苯胺类化合物的测定　*N*-（1-萘基）乙二胺偶氮分光光度法（GB/T 11889—1989）

【适用范围】地表水、染料、制药等废水中芳香族伯胺类化合物的测定。

【采样容器】硬质玻璃瓶。

【采样方法】—

【固定剂】—

【保存方法】4℃冷藏保存。

【保存期】14 d。

【采样量】500 mL。

【容器洗涤】—

【检出限】0.03 mg/L。

【质量保证和质量控制】—

水质　氰化物等的测定　真空检测管-电子比色法（HJ 659—2013）

【适用范围】地下水、地表水、生活污水和工业废水。

【采样容器】聚乙烯瓶或玻璃瓶。

【采样方法】—

【固定剂】无须添加固定剂。

【保存方法】—

【保存期】现场测定。

【采样量】250 mL。

【容器洗涤】铬酸洗液洗 1 次，自来水洗 3 次，蒸馏水洗 1 次。

【检出限】0.05 mg/L。

【质量保证和质量控制】每批样品应同步做一个全程序空白，测定结果应低于方法检出限，否则应检查真空检测管。

【结果表示】有效位数保留到定量下限位数。

水质　苯胺类化合物的测定　气相色谱-质谱法（HJ 822—2017）

【适用范围】地表水、地下水、海水、生活污水和工业废水。

【采样容器】硬质棕色玻璃瓶（带聚四氟乙烯瓶盖）。

【采样方法】水样充满样品瓶，不留空隙。

【固定剂】10 mol/L 氢氧化钠或 1+1 硫酸；水样含有余氯：硫代硫酸钠。

【保存方法】调节 pH 值在 6～8，4℃冷藏保存；水样中有余氯，每 1 000 mL 样品中加入 80 mg 硫代硫酸钠。

【保存期】7 d 内萃取，萃取液在 40 d 内完成分析。

【采样量】1 000 mL。

【容器洗涤】—

【检出限】0.045 μg/L。

【质量保证和质量控制】—

65. 2,4-二硝基酚

水质　酚类化合物的测定　液液萃取/气相色谱法（HJ 676—2013）

【适用范围】地表水、地下水、生活污水和工业废水。

【采样容器】棕色硬质玻璃瓶。

【采样方法】采样时，不要用水样预洗采样瓶，水样应充满样品瓶并加盖密封。

【固定剂】1+3 盐酸。

【保存方法】采样后，用 1+1 硫酸溶液，将水样调节至 pH≤2。加入 0.01～0.02 g 抗坏血酸，在 4℃下避光保存。

【保存期】24 h。

【采样量】1 L。

【容器洗涤】—

【检出限】3.4 μg/L。

【质量保证和质量控制】空白样品：每 20 个样品或每批样品（少于 20 个样品/批）至少做一个全程序空白样品，空白样品中目标化合物浓度应低于方法检出限。

66. 2,4-二硝基甲苯

水质　硝基苯类化合物的测定　气相色谱法（HJ 592—2010）

【适用范围】工业废水和生活污水中硝基苯类化合物的测定。

【采样容器】1 L 具磨口塞的棕色细口瓶。

【固定剂】—

【保存方法】若水样不能在 24 h 内测定，需加入浓硫酸调节 pH≤3，样品需在 7 d 内萃取，萃取液 4℃下避光保存，30 d 内进行分析。

【保存期】7 d 内萃取，30 d 内完成分析。

【采样量】1 000 mL。

【容器洗涤】—

【检出限】0.002 mg/L。

【质量保证和质量控制】—

水质　硝基苯类化合物的测定　液液萃取/固相萃取-气相色谱法（HJ 648—2013）

【适用范围】地表水、地下水、工业废水、生活污水和海水。

【采样容器】—

【采样方法】—

【固定剂】—

【保存方法】—

【保存期】—

【采样量】—

【容器洗涤】—

【检出限】液液萃取法：0.018 μg/L；固相萃取法：0.0038 μg/L。

【质量保证和质量控制】空白试验：每批样品（以 10～20 个样品为一批次）应至少做一个全程序空白，目标化合物的浓度应低于检出限。

水质　硝基苯类化合物的测定　气相色谱-质谱法（HJ 716—2014）

【适用范围】地表水、地下水、工业废水、生活污水和海水。

【采样容器】硬质棕色玻璃瓶（带聚四氟乙烯瓶盖）。

【采样方法】采集样品时，不要用水样预洗采样瓶。水样应充满采样瓶并加盖密封。

【固定剂】硫代硫酸钠。

【保存方法】若水中有残余氯存在，要在每升水中加入 80 g 硫代硫酸钠除氯。样品采集后应避光于 4℃冷藏保存。

【保存期】在 7 d 内完成萃取，40 d 内完成分析。

【采样量】1 000～4 000 mL。

【容器洗涤】—

【检出限】液液萃取法：0.05 μg/L；固相萃取法：0.04 μg/L。

【质量保证和质量控制】—

67. 2,4-二硝基氯苯

水质 硝基苯类化合物的测定 液液萃取/固相萃取-气相色谱法（HJ 648—2013）

【适用范围】地表水、地下水、工业废水、生活污水和海水。

【采样容器】—

【采样方法】—

【固定剂】—

【保存方法】—

【保存期】—

【采样量】—

【容器洗涤】—

【检出限】液液萃取法：0.018 μg/L；固相萃取法：0.004 0 μg/L。

【质量保证和质量控制】空白试验：每批样品（以 10～20 个样品为一批次）应至少做一个全程序空白，目标化合物的浓度应低于检出限。

水质 硝基苯类化合物的测定 气相色谱-质谱法（HJ 716—2014）

【适用范围】地表水、地下水、工业废水、生活污水和海水。

【采样容器】硬质棕色玻璃瓶（带聚四氟乙烯瓶盖）。

【采样方法】采集样品时，不要用水样预洗采样瓶。水样应充满采样瓶并加盖密封。

【固定剂】硫代硫酸钠。

【保存方法】若水中有残余氯存在，要在每升水中加入 80 g 硫代硫酸钠除氯。样品采集后应避光于 4℃冷藏。

【保存期】在 7 d 内完成萃取，40 d 内完成分析。

【采样量】1 000～4 000 mL。

【容器洗涤】—

【检出限】液液萃取法：0.04 μg/L；固相萃取法：0.04 μg/L。

【质量保证和质量控制】—

68. 2,6-二氯-4-硝基苯胺

水质 苯胺类化合物的测定 *N*-（1-萘基）乙二胺偶氮分光光度法（GB/T 11889—1989）

【适用范围】地表水、染料、制药等废水中芳香族伯胺类化合物的测定。

【采样容器】硬质玻璃瓶。

【采样方法】—

【固定剂】—

【保存方法】4℃冷藏保存。

【保存期】14 d。

【采样量】500 mL。

【容器洗涤】—

【检出限】0.03 mg/L。

【质量保证和质量控制】—

水质　氰化物等的测定　真空检测管-电子比色法（HJ 659—2013）

【适用范围】地下水、地表水、生活污水和工业废水。

【采样容器】聚乙烯瓶或玻璃瓶。

【采样方法】—

【固定剂】无须添加固定剂。

【保存方法】—

【保存期】现场测定。

【采样量】250 mL。

【容器洗涤】铬酸洗液洗 1 次，自来水洗 3 次，蒸馏水洗 1 次。

【检出限】0.05 mg/L。

【质量保证和质量控制】每批样品应同步做一个全程序空白，测定结果应低于方法检出限，否则应检查真空检测管。

【结果表示】有效位数保留到定量下限位数。

水质　苯胺类化合物的测定　气相色谱-质谱法（HJ 822—2017）

【适用范围】地表水、地下水、海水、生活污水和工业废水。

【采样容器】硬质棕色玻璃瓶（带聚四氟乙烯瓶盖）。

【采样方法】水样充满样品瓶，不留空隙。

【固定剂】10 mol/L 氢氧化钠或 1+1 硫酸；水样含有余氯：硫代硫酸钠。

【保存方法】调节 pH 值在 6～8，4℃冷藏保存；水样中有余氯，每 1 000 mL 样品中加入 80 mg 硫代硫酸钠。

【保存期】7 d 内萃取，萃取液在 40 d 内完成分析。

【采样量】1 000 mL。

【容器洗涤】—

【检出限】0.054 μg/L。

【质量保证和质量控制】—

69. 2,6-二氯苯酚

水质　酚类化合物的测定　气相色谱-质谱法（HJ 744—2015）

【适用范围】地表水、地下水、生活污水和工业废水。

【采样容器】磨口棕色玻璃瓶。

【采样方法】采样时，不要用水样预洗采样瓶，水样应充满样品瓶并加盖密封。

【固定剂】1+1 硫酸。

【保存方法】采样后，用 1+1 硫酸溶液，将水样调节至 pH≤2。加入 0.01～0.02 g 抗坏血酸，在 4℃下避光保存。

【保存期】24 h。

【采样量】1 L。

【容器洗涤】—

【检出限】液液萃取法：0.1 μg/L；固相萃取法：0.1 μg/L。

【质量保证和质量控制】每 20 个样品或每批样品（少于 20 个样品/批）至少做一个全程序空白样品。全程序空白中目标物测定浓度均应低于方法检出限。否则应检查所有可能对全程序空白产生影响的环节，仔细查找干扰源。若确实发现采样、运输或保存过程存在影响分析结果的干扰，需对出现问题批次的样品进行重新采样分析。

70. 2,6-二硝基甲苯

水质 硝基苯类化合物的测定 气相色谱法（HJ 592—2010）

【适用范围】工业废水和生活污水中硝基苯类化合物的测定。

【采样容器】1 L 具磨口塞的棕色细口瓶。

【固定剂】—

【保存方法】若水样不能在 24 h 内测定，需加入浓硫酸调节 pH≤3，样品需在 7 d 内萃取，萃取液 4℃下避光保存，30 d 内进行分析。

【保存期】7 d 内萃取，30 d 内完成分析。

【采样量】1 000 mL。

【容器洗涤】—

【检出限】0.002 mg/L。

【质量保证和质量控制】—

水质 硝基苯类化合物的测定 液液萃取/固相萃取-气相色谱法（HJ 648—2013）

【适用范围】地表水、地下水、工业废水、生活污水和海水。

【采样容器】—

【采样方法】—

【固定剂】—

【保存方法】—

【保存期】—

【采样量】—

【容器洗涤】—

【检出限】液液萃取法：0.017 μg/L；固相萃取法：0.003 7 μg/L。

【质量保证和质量控制】空白试验：每批样品（以 10～20 个样品为一批次）应至少做一个全程序空

白，目标化合物的浓度应低于检出限。

水质　硝基苯类化合物的测定　气相色谱-质谱法（HJ 716—2014）

【适用范围】地表水、地下水、工业废水、生活污水和海水。

【采样容器】硬质棕色玻璃瓶（带聚四氟乙烯瓶盖）。

【采样方法】采集样品时，不要用水样预洗采样瓶。水样应充满采样瓶并加盖密封。

【固定剂】硫代硫酸钠。

【保存方法】若水中有残余氯存在，要在每升水中加入 80 g 硫代硫酸钠除氯。样品采集后应避光于 4℃冷藏保存。

【保存期】在 7 d 内完成萃取，40 d 内完成分析。

【采样量】1 000～4 000 mL。

【容器洗涤】—

【检出限】液液萃取法：0.05 μg/L；固相萃取法：0.05 μg/L。

【质量保证和质量控制】—

71. 2,6-二溴-4-硝基苯胺

水质　苯胺类化合物的测定　*N*-（1-萘基）乙二胺偶氮分光光度法（GB/T 11889—1989）

【适用范围】地表水、染料、制药等废水中芳香族伯胺类化合物的测定。

【采样容器】硬质玻璃瓶。

【采样方法】—

【固定剂】—

【保存方法】4℃冷藏保存。

【保存期】14 d。

【采样量】500 mL。

【容器洗涤】—

【检出限】0.03 mg/L。

【质量保证和质量控制】—

水质　氰化物等的测定　真空检测管-电子比色法（HJ 659—2013）

【适用范围】地下水、地表水、生活污水和工业废水。

【采样容器】聚乙烯瓶或玻璃瓶。

【采样方法】—

【固定剂】无须添加固定剂。

【保存方法】—

【保存期】现场测定。

【采样量】250 mL。

【容器洗涤】铬酸洗液洗 1 次，自来水洗 3 次，蒸馏水洗 1 次。

【检出限】0.05 mg/L。

【质量保证和质量控制】每批样品应同步做一个全程序空白，测定结果应低于方法检出限，否则应检查真空检测管。

【结果表示】有效位数保留到定量下限位数。

水质　苯胺类化合物的测定　气相色谱-质谱法（HJ 822—2017）

【适用范围】地表水、地下水、海水、生活污水和工业废水。

【采样容器】硬质棕色玻璃瓶（带聚四氟乙烯瓶盖）。

【采样方法】水样充满样品瓶，不留空隙。

【固定剂】10 mol/L 氢氧化钠或 1+1 硫酸；水样含有余氯：硫代硫酸钠。

【保存方法】调节 pH 值在 6～8，4℃冷藏保存；水样中有余氯，每 1 000 mL 样品中加入 80 mg 硫代硫酸钠。

【保存期】7 d 内萃取，萃取液在 40 d 内完成分析。

【采样量】1 000 mL。

【容器洗涤】—

【检出限】0.061 μg/L。

【质量保证和质量控制】—

72. 2′,3,4,4′,5-五氯联苯

水质　多氯联苯的测定　气相色谱-质谱法（HJ 715—2014）

【适用范围】地表水、地下水、工业废水和生活污水中 18 种多氯联苯的测定。

【采样容器】1 L、2 L 或 10 L 棕色具磨口玻璃瓶。

【采样方法】水样充满样品瓶。

【固定剂】硫代硫酸钠。

【保存方法】0～5℃冷藏，如有余氯，每升水中加 80 mg 硫代硫酸钠。

【保存期】7 d。

【采样量】1 L。

【容器洗涤】—

【检出限】固相萃取法：1.6 ng/L；液液萃取法：2.0 ng/L。

【质量保证和质量控制】

仪器性能检查：每 24 h 需进行仪器性能检查，得到的 DFTPP 关键离子和丰度全部满足要求。

校准：校准曲线至少需要 5 个浓度序列，目标化合物相对相应因子的 RSD 应小于 20%，或者校准曲线的相关系数应≥0.990。每 12 h 应测定一次校准曲线中间浓度点标准溶液，测定结果与该点浓度的相对偏差应在±30%之内。

内标在样品中特征离子的峰面积与校准曲线中的峰面积偏差在−50%～100%，内标在样品中的保留时间与校准曲线中的保留时间偏差在±30 s 以内。

空白实验：每批次样品应至少做一个全程序空白，目标化合物测定结果应低于方法检出限。

平行样：每批次样品至少做不少于 10%的平行双样，样品量少于 10 个时，至少测定一个平行双样。当测定结果≤10 倍检出限时，平行双样测定结果的相对偏差应≤50%，当测定结果＞10 倍检出

限时，平行双样测定结果的相对偏差应≤20%。

加标回收：每批样品至少做一次加标回收率的测定，实际样品加标平均回收率应在 70%～130%。

替代物加标回收：每个样品和空白中均应加入替代物，按与样品同样步骤分析，每种替代物的平均回收率应在 70%～130%。

73. 2-甲酚

水质　酚类化合物的测定　气相色谱-质谱法（HJ 744—2015）

【适用范围】地表水、地下水、生活污水和工业废水。

【采样容器】磨口棕色玻璃瓶。

【采样方法】采样时，不要用水样预洗采样瓶，水样应充满样品瓶并加盖密封。

【固定剂】1+1 硫酸。

【保存方法】采样后，用 1+1 硫酸溶液，将水样调节至 pH≤2。加入 0.01～0.02 g 抗坏血酸，在 4℃下避光保存。

【保存期】24 h。

【采样量】1 L。

【容器洗涤】—

【检出限】液液萃取法：0.1 μg/L；固相萃取法：0.1 μg/L。

【质量保证和质量控制】每 20 个样品或每批样品（少于 20 个样品/批）至少做一个全程序空白样品。全程序空白中目标物测定浓度均应低于方法检出限。否则应检查所有可能对全程序空白产生影响的环节，仔细查找干扰源。若确实发现采样、运输或保存过程存在影响分析结果的干扰，需对出现问题批次的样品进行重新采样分析。

74. 2-甲基-4,6-二硝基酚

水质　酚类化合物的测定　液液萃取/气相色谱法（HJ 676—2013）

【适用范围】地表水、地下水、生活污水和工业废水。

【采样容器】棕色硬质玻璃瓶。

【采样方法】采样时，不要用水样预洗采样瓶，水样应充满样品瓶并加盖密封。

【固定剂】1+3 盐酸。

【保存方法】采样后，用 1+1 硫酸溶液，将水样调节至 pH≤2。加入 0.01～0.02 g 抗坏血酸，在 4℃下避光保存。

【保存期】24 h。

【采样量】1 L。

【容器洗涤】—

【检出限】3.1 μg/L。

【质量保证和质量控制】空白样品：每 20 个样品或每批样品（少于 20 个样品/批）至少做一个全程序空白样品，空白样品中目标化合物浓度应低于方法检出限。

75. 2-甲基-4-氯苯氧乙酸

水质 苯氧羧酸类除草剂的测定 液相色谱/串联质谱法（HJ 770—2015）

【适用范围】地表水、地下水和废水中 2-甲基-4-氯苯氧乙酸、2,4-二氯苯氧乙酸、2-（2-甲基-4-氯苯氧基）丙酸、2-（2,4-二氯苯氧基）-丙酸（或 2,4-滴丙酸）、2,4,5-三氯苯氧乙酸、2-（2,4,5-三氯苯氧基）-丙酸（或 2,4,5-涕丙酸）、4-（2,4-二氯苯氧）-丁酸和 4-（2-甲基-4-氯苯氧基）丁酸共 8 种苯氧羧酸类除草剂的测定。

【采样容器】250 mL 磨口棕色玻璃瓶。

【采样方法】水样满瓶采集，加入 0.01～0.02 g 抗坏血酸去除余氯。

【固定剂】抗坏血酸。

【保存方法】0～5℃避光冷藏保存。

【保存期】24 h。

【采样量】1 L。

【容器洗涤】—

【检出限】直接进样法：0.5 μg/L；固相萃取法：0.009 μg/L。

【质量保证和质量控制】

校准：初次使用仪器或仪器维护维修后需进行初始校准。每 20 个样品或每批次需进行一次连续校准测定结果与初始校准的相对误差应在±20%之内。

空白实验：每批次样品应至少做一个全程序空白和实验室空白，目标化合物测定结果应低于方法检出限。

平行样：每 20 个样品或每批次样品（少于 20 个样品）至少做一个平行样，平行样测定结果的相对标准偏差应≤20%。

加标回收：每 20 个样品或每批次样品（少于 20 个样品）需做一个基体加标样，直接进样法加标回收率应在 85%～110%，固相萃取法加标回收率应在 70%～120%。

76. 2-氯-1,3-丁二烯

水质 挥发性卤代烃的测定 顶空气相色谱法（HJ 620—2011）

【适用范围】地表水、地下水、饮用水、海水、工业废水和生活污水。

【采样容器】有聚四氟乙烯衬垫的棕色螺口玻璃瓶或硬质棕色玻璃瓶（带聚四氟乙烯瓶盖）。

【采样方法】采样时样品沿瓶壁注入，防止气泡产生，水样充满后不留液上空间。所有样品均采集平行样。

【固定剂】抗坏血酸或硫代硫酸钠。

【保存方法】如果水样含有余氯，向采样瓶中加入 0.3～0.5 g 抗坏血酸或硫代硫酸钠。0～5℃冷藏保存。

【保存期】7 d。

【采样量】40 mL。

【容器洗涤】—

【检出限】0.36 μg/L。

【质量保证和质量控制】所有样品均采集平行样。平行样品：每分析一批（20 个）样品至少做 10%

的平行样品测定，平行样品相对偏差在30%以内。

水质　挥发性有机物的测定　吹扫捕集/气相色谱-质谱法（HJ 639—2012）

【适用范围】海水、地下水、地表水、生活污水和工业废水。

【采样容器】有聚四氟乙烯衬垫的棕色螺口玻璃瓶或硬质棕色玻璃瓶（带聚四氟乙烯瓶盖）。

【采样方法】采样时不需用样品进行荡洗，水样在样品瓶中溢流而不留空间。取样时应尽量避免或减少样品在空气中暴露。所有样品均采集平行双样，每批样品带一个全程序空白和一个运输空白。

【固定剂】抗坏血酸+盐酸。

【保存方法】（1）每40 mL样品需加入25 mg的抗坏血酸；若样品中总余氯的量超过5 mg/L，总余氯每超过5 mg/L，需要多加25 mg的抗坏血酸。采样时，水样呈中性时向每个样品瓶中加入0.5 mL盐酸溶液，拧紧瓶盖；水样呈碱性时应加入适量盐酸溶液使样品pH≤2，4℃保存。（2）当水样加盐酸溶液后产生大量气泡时，应弃去该样品，重新采集样品。重新采集的样品不应加盐酸溶液，样品标签上应注明未酸化，4℃保存。

【保存期】12 h。

【采样量】1 L。

【容器洗涤】样品瓶应在采样前用甲醇清洗。

【检出限】全扫描方式：1.5 μg/L；选择离子方式：0.5 μg/L。

【质量保证和质量控制】所有样品均采集平行双样，每批样品至少应采集一个运输空白和全程序空白样品。空白中目标化合物浓度应小于下列条件的最大值：（1）方法检出限；（2）相关环保标准限值的5%；（3）样品分析结果的5%。若空白试验未满足以上要求，则应采取措施排除污染并重新分析同批样品。

水质　挥发性有机物的测定　吹扫捕集/气相色谱法（HJ 686—2014）

【适用范围】地表水、地下水、生活污水和工业废水中挥发性有机物的测定。

【采样容器】有聚四氟乙烯衬垫的棕色螺口玻璃瓶或硬质棕色玻璃瓶（带聚四氟乙烯瓶盖）。

【采样方法】样品采集时不需用水样荡洗。所有样品均采集平行双样，每批样品带一个全程序空白和一个运输空白。

【固定剂】无余氯样品：盐酸溶液；有余氯样品：抗坏血酸+盐酸。

【保存方法】无余氯样品：0.5 mL盐酸溶液，4℃保存；有余氯样品：加入约25 mg抗坏血酸，再加0.5 mL盐酸溶液，4℃保存。

【保存期】12 h。

【采样量】1 L。

【容器洗涤】采样瓶应在采样前充分清洗。

【检出限】0.1 μg/L。

【质量保证和质量控制】

所有样品均采集平行双样，每批样品带一个全程序空白和一个运输空白。

（1）空白分析

①运输空白。采样前在实验室将一份空白试剂水放入样品瓶中密封，将其带到现场。采样时对其瓶盖一直处于密封状态，随样品运回实验室，按与样品相同的分析步骤进行处理和测定，用于检查样品运输过程中是否受到污染。

②全程序空白。采样前在实验室将一份空白试剂水放入样品瓶中密封，将其带到现场。与采样的样品瓶同时开盖和密封，随样品运回实验室，按与样品相同的分析步骤进行处理和测定，用于检查样品采集到分析全过程是否受到污染。

如全程序空白中目标化合物高于检出限时，不能从样品结果中扣除空白值。应检查所有可能对全程序空白产生影响的环节，仔细查找干扰源。如果确实发现采样、运输或保存过程存在影响分析结果的干扰，需对出现问题批次的样品进行重新采样分析。

（2）平行样品的测定

虽然每个样品均采集平行双样，一般每 10 个样品或每批次（少于 10 个样品/批）分析一个平行样，平行样品测定结果的相对偏差小于 20%。

77. 2-氯-4,6-二硝基苯胺

水质　苯胺类化合物的测定　*N*-（1-萘基）乙二胺偶氮分光光度法（GB/T 11889—1989）

【适用范围】地表水、染料、制药等废水中芳香族伯胺类化合物的测定。

【采样容器】硬质玻璃瓶。

【采样方法】—

【固定剂】—

【保存方法】4℃冷藏保存。

【保存期】14 d。

【采样量】500 mL。

【容器洗涤】—

【检出限】0.03 mg/L。

【质量保证和质量控制】—

水质　氰化物等的测定　真空检测管-电子比色法（HJ 659—2013）

【适用范围】地下水、地表水、生活污水和工业废水。

【采样容器】聚乙烯瓶或玻璃瓶。

【采样方法】—

【固定剂】无须添加固定剂。

【保存方法】—

【保存期】现场测定。

【采样量】250 mL。

【容器洗涤】铬酸洗液洗 1 次，自来水洗 3 次，蒸馏水洗 1 次。

【检出限】0.05 mg/L。

【质量保证和质量控制】每批样品应同步做一个全程序空白，测定结果应低于方法检出限，否则应检查真空检测管。

【结果表示】有效位数保留到定量下限位数。

水质　苯胺类化合物的测定　气相色谱-质谱法（HJ 822—2017）

【适用范围】地表水、地下水、海水、生活污水和工业废水。

【采样容器】硬质棕色玻璃瓶（带聚四氟乙烯瓶盖）。

【采样方法】水样充满样品瓶，不留空隙。

【固定剂】10 mol/L 氢氧化钠或 1+1 硫酸；水样含有余氯：硫代硫酸钠。

【保存方法】调节 pH 值在 6～8，4℃冷藏保存；水样中有余氯，每 1 000 mL 样品中加入 80 mg 硫代硫酸钠。

【保存期】7 d 内萃取，萃取液在 40 d 内完成分析。

【采样量】1 000 mL。

【容器洗涤】—

【检出限】0.083 μg/L。

【质量保证和质量控制】—

78. 2-氯-4-硝基苯胺

水质　苯胺类化合物的测定　*N*-（1-萘基）乙二胺偶氮分光光度法（GB/T 11889—1989）

【适用范围】地表水、染料、制药等废水中芳香族伯胺类化合物的测定。

【采样容器】硬质玻璃瓶。

【采样方法】—

【固定剂】—

【保存方法】4℃冷藏保存。

【保存期】14 d。

【采样量】500 mL。

【容器洗涤】—

【检出限】0.03 mg/L。

【质量保证和质量控制】—

水质　氰化物等的测定　真空检测管-电子比色法（HJ 659—2013）

【适用范围】地下水、地表水、生活污水和工业废水。

【采样容器】聚乙烯瓶或玻璃瓶。

【采样方法】—

【固定剂】无须添加固定剂。

【保存方法】—

【保存期】现场测定。

【采样量】250 mL。

【容器洗涤】铬酸洗液洗 1 次，自来水洗 3 次，蒸馏水洗 1 次。

【检出限】0.05 mg/L。

【质量保证和质量控制】每批样品应同步做一个全程序空白，测定结果应低于方法检出限，否则应检查真空检测管。

【结果表示】有效位数保留到定量下限位数。

水质　苯胺类化合物的测定　气相色谱-质谱法（HJ 822—2017）

【适用范围】地表水、地下水、海水、生活污水和工业废水。

【采样容器】硬质棕色玻璃瓶（带聚四氟乙烯瓶盖）。

【采样方法】水样充满样品瓶，不留空隙。

【固定剂】10 mol/L 氢氧化钠或 1+1 硫酸；水样含有余氯：硫代硫酸钠。

【保存方法】调节 pH 值在 6～8，4℃冷藏保存；水样中有余氯，每 1 000 mL 样品中加入 80 mg 硫代硫酸钠。

【保存期】7 d 内萃取，萃取液在 40 d 内完成分析。

【采样量】1 000 mL。

【容器洗涤】—

【检出限】0.052 μg/L。

【质量保证和质量控制】—

79. 2-氯苯胺

水质　苯胺类化合物的测定　*N*-（1-萘基）乙二胺偶氮分光光度法（GB/T 11889—1989）

【适用范围】地表水、染料、制药等废水中芳香族伯胺类化合物的测定。

【采样容器】硬质玻璃瓶。

【采样方法】—

【固定剂】—

【保存方法】4℃冷藏保存。

【保存期】14 d。

【采样量】500 mL。

【容器洗涤】—

【检出限】0.03 mg/L。

【质量保证和质量控制】—

水质　氰化物等的测定　真空检测管-电子比色法（HJ 659—2013）

【适用范围】地下水、地表水、生活污水和工业废水。

【采样容器】聚乙烯瓶或玻璃瓶。

【采样方法】—

【固定剂】无须添加固定剂。

【保存方法】—

【保存期】现场测定。

【采样量】250 mL。

【容器洗涤】铬酸洗液洗 1 次，自来水洗 3 次，蒸馏水洗 1 次。

【检出限】0.05 mg/L。

【质量保证和质量控制】每批样品应同步做一个全程序空白，测定结果应低于方法检出限，否则应检查真空检测管。

【结果表示】有效位数保留到定量下限位数。

水质　苯胺类化合物的测定　气相色谱-质谱法（HJ 822—2017）

【适用范围】地表水、地下水、海水、生活污水和工业废水。

【采样容器】硬质棕色玻璃瓶（带聚四氟乙烯瓶盖）。

【采样方法】水样充满样品瓶，不留空隙。

【固定剂】10 mol/L 氢氧化钠或 1+1 硫酸；水样含有余氯：硫代硫酸钠。

【保存方法】调节 pH 值在 6～8，4℃冷藏保存；水样中有余氯，每 1 000 mL 样品中加入 80 mg 硫代硫酸钠。

【保存期】7 d 内萃取，萃取液在 40 d 内完成分析。

【采样量】1 000 mL。

【容器洗涤】—

【检出限】0.065 μg/L。

【质量保证和质量控制】—

80. 2-氯苯酚

水质　酚类化合物的测定　气相色谱-质谱法（HJ 744—2015）

【适用范围】地表水、地下水、生活污水和工业废水。

【采样容器】磨口棕色玻璃瓶。

【采样方法】采样时，不要用水样预洗采样瓶，水样应充满样品瓶并加盖密封。

【固定剂】1+1 硫酸。

【保存方法】采样后，用 1+1 硫酸溶液，将水样调节至 pH≤2。加入 0.01～0.02 g 抗坏血酸，在 4℃下避光保存。

【保存期】24 h。

【采样量】1 L。

【容器洗涤】—

【检出限】液液萃取法：0.1 μg/L；固相萃取法：0.1 μg/L。

【质量保证和质量控制】每 20 个样品或每批样品（少于 20 个样品/批）至少做一个全程序空白样品。全程序空白中目标物测定浓度均应低于方法检出限。否则应检查所有可能对全程序空白产生影响的环节，仔细查找干扰源。若确实发现采样、运输或保存过程存在影响分析结果的干扰，需对出现问题批次的样品进行重新采样分析。

81．2-氯酚

水质　酚类化合物的测定　液液萃取/气相色谱法（HJ 676—2013）

【适用范围】地表水、地下水、生活污水和工业废水。

【采样容器】棕色硬质玻璃瓶。

【采样方法】采样时，不要用水样预洗采样瓶，水样应充满样品瓶并加盖密封。

【保存方法】采样后，用 1+1 硫酸溶液，将水样调节至 pH≤2。加入 0.01～0.02 g 抗坏血酸，在 4℃下避光保存。

【保存期】24 h。

【采样量】1 L。

【容器洗涤】—

【检出限】1.1 μg/L。

【质量保证和质量控制】空白样品：每 20 个样品或每批样品（少于 20 个样品/批）至少做一个全程序空白样品，空白样品中目标化合物浓度应低于方法检出限。

82．2-氯甲苯

水质　挥发性有机物的测定　吹扫捕集/气相色谱-质谱法（HJ 639—2012）

【适用范围】海水、地下水、地表水、生活污水和工业废水。

【采样容器】有聚四氟乙烯衬垫的棕色螺口玻璃瓶或硬质棕色玻璃瓶（带聚四氟乙烯瓶盖）。

【采样方法】采样时不需用样品进行荡洗。水样在样品瓶中溢流而不留空间。取样时应尽量避免或减少样品在空气中暴露。所有样品均采集平行双样，每批样品带一个全程序空白和一个运输空白。

【固定剂】抗坏血酸+盐酸。

【保存方法】（1）每 40 mL 样品需加入 25 mg 的抗坏血酸；若样品中总余氯的量超过 5 mg/L，总余氯每超过 5 mg/L，需要多加 25 mg 的抗坏血酸。采样时，水样呈中性时向每个样品瓶中加入 0.5 mL 盐酸溶液，拧紧瓶盖；水样呈碱性时应加入适量盐酸溶液使样品 pH≤2，4℃保存。（2）当水样加盐酸溶液后产生大量气泡时，应弃去该样品，重新采集样品。重新采集的样品不应加盐酸溶液，样品标签上应注明未酸化，4℃保存。

【保存期】12 h。

【采样量】1 L。

【容器洗涤】样品瓶应在采样前用甲醇清洗。

【检出限】全扫描方式：1.0 μg/L；选择离子方式：0.4 μg/L。

【质量保证和质量控制】所有样品均采集平行双样，每批样品至少应采集一个运输空白和全程序空白样品。空白中目标化合物浓度应小于下列条件的最大值：（1）方法检出限；（2）相关环保标准限值的 5%；（3）样品分析结果的 5%。若空白试验未满足以上要求，则应采取措施排除污染并重新分析同批样品。

水质　挥发性有机物的测定　顶空/气相色谱-质谱法（HJ 810—2016）

【适用范围】地表水、地下水、生活污水、工业废水和海水。

【采样容器】有聚四氟乙烯衬垫的棕色螺口玻璃瓶或硬质棕色玻璃瓶（带聚四氟乙烯瓶盖）。

【采样方法】采集样品时，不宜用水样进行荡洗，应使水样在样品瓶中溢流且不留空间。

【固定剂】抗坏血酸+盐酸。

【保存方法】（1）若水样中含有余氯，采样前，应向 40 mL 棕色采样瓶中加入 25 mg 的抗坏血酸。若水样中余氯含量超过 5 mg/L，应按比例增加抗坏血酸的加入量，余氯含量每增加 5 mg/L，则应多加入 25 mg 的抗坏血酸。样品采集后，应立即加入适量盐酸溶液，使样品 pH≤2，拧紧瓶盖，4℃以下冷藏，避光和密封保存。（2）当水样加盐酸溶液后有气泡产生，须重新采样，重新采集的样品不加盐酸溶液保存，样品标签上应注明未酸化。

【保存期】12 h。

【采样量】1 L。

【容器洗涤】—

【检出限】全扫描方式：3 μg/L；选择离子方式：0.5 μg/L。

【质量保证和质量控制】所有样品均采集平行双样。每批样品应至少做一个全程序空白：按照分析步骤，在实验室将一份实验用水放入样品瓶中密封，将其带到采样现场，与采样的样品瓶同时开盖和密封，之后随样品运回实验室。

83. 2-硝基苯胺

水质　苯胺类化合物的测定　*N*-（1-萘基）乙二胺偶氮分光光度法（GB/T 11889—1989）

【适用范围】地表水、染料、制药等废水中芳香族伯胺类化合物的测定。

【采样容器】硬质玻璃瓶。

【采样方法】—

【固定剂】—

【保存方法】4℃冷藏保存。

【保存期】14 d。

【采样量】500 mL。

【容器洗涤】—

【检出限】0.03 mg/L。

【质量保证和质量控制】—

水质　氰化物等的测定　真空检测管-电子比色法（HJ 659—2013）

【适用范围】地下水、地表水、生活污水和工业废水。

【采样容器】聚乙烯瓶或玻璃瓶。

【采样方法】—

【固定剂】无须添加固定剂。

【保存方法】—

【保存期】现场测定。

【采样量】250 mL。

【容器洗涤】铬酸洗液洗 1 次，自来水洗 3 次，蒸馏水洗 1 次。

【检出限】0.05 mg/L。

【质量保证和质量控制】每批样品应同步做一个全程序空白，测定结果应低于方法检出限，否则应检查真空检测管。

【结果表示】有效位数保留到定量下限位数。

水质 苯胺类化合物的测定 气相色谱-质谱法（HJ 822—2017）

【适用范围】地表水、地下水、海水、生活污水和工业废水。

【采样容器】硬质棕色玻璃瓶（带聚四氟乙烯瓶盖）。

【采样方法】水样充满样品瓶，不留空隙。

【固定剂】10 mol/L 氢氧化钠或 1+1 硫酸；水样含有余氯：硫代硫酸钠。

【保存方法】调节 pH 值在 6～8，4℃冷藏保存；水样中有余氯，每 1 000 mL 样品中加入 80 mg 硫代硫酸钠。

【保存期】7 d 内萃取；萃取液在 40 d 内完成分析。

【采样量】1 000 mL。

【容器洗涤】—

【检出限】0.056 μg/L。

【质量保证和质量控制】—

84. 2-硝基酚

水质 酚类化合物的测定 液液萃取/气相色谱法（HJ 676—2013）

【适用范围】地表水、地下水、生活污水和工业废水。

【采样容器】棕色硬质玻璃瓶。

【采样方法】采样时，不要用水样预洗采样瓶，水样应充满样品瓶并加盖密封。

【固定剂】1+3 盐酸。

【保存方法】采样后，用 1+1 硫酸溶液，将水样调节至 pH≤2。加入 0.01～0.02 g 抗坏血酸，在 4℃下避光保存。

【保存期】24 h。

【采样量】1 L。

【容器洗涤】—

【检出限】1.1 μg/L。

【质量保证和质量控制】空白样品：每 20 个样品或每批样品（少于 20 个样品/批）至少做一个全程序空白样品，空白样品中目标化合物浓度应低于方法检出限。

85. 2-溴-4,6-二硝基苯胺

水质 苯胺类化合物的测定 *N*-（1-萘基）乙二胺偶氮分光光度法（GB/T 11889—1989）

【适用范围】地表水、染料、制药等废水中芳香族伯胺类化合物的测定。

【采样容器】硬质玻璃瓶。

【采样方法】—

【固定剂】—

【保存方法】4℃冷藏保存。

【保存期】14 d。

【采样量】500 mL。

【容器洗涤】—

【检出限】0.03 mg/L。

【质量保证和质量控制】—

水质　氰化物等的测定　真空检测管-电子比色法（HJ 659—2013）

【适用范围】地下水、地表水、生活污水和工业废水。

【采样容器】聚乙烯瓶或玻璃瓶。

【采样方法】—

【固定剂】无须添加固定剂。

【保存方法】—

【保存期】现场测定。

【采样量】250 mL。

【容器洗涤】铬酸洗液洗 1 次，自来水洗 3 次，蒸馏水洗 1 次。

【检出限】0.05 mg/L。

【质量保证和质量控制】每批样品应同步做一个全程序空白，测定结果应低于方法检出限，否则应检查真空检测管。

【结果表示】有效位数保留到定量下限位数。

水质　苯胺类化合物的测定　气相色谱-质谱法（HJ 822—2017）

【适用范围】地表水、地下水、海水、生活污水和工业废水。

【采样容器】硬质棕色玻璃瓶（带聚四氟乙烯瓶盖）。

【采样方法】水样充满样品瓶，不留空隙。

【固定剂】10 mol/L 氢氧化钠或 1+1 硫酸；水样含有余氯：硫代硫酸钠。

【保存方法】调节 pH 值在 6～8，4℃冷藏保存；水样中有余氯，每 1 000 mL 样品中加入 80 mg 硫代硫酸钠。

【保存期】7 d 内萃取，萃取液在 40 d 内完成分析。

【采样量】1 000 mL。

【容器洗涤】—

【检出限】0.054 μg/L。

【质量保证和质量控制】—

86. 2-溴-6-氯-4-硝基苯胺

水质　苯胺类化合物的测定　*N*-（1-萘基）乙二胺偶氮分光光度法（GB/T 11889—1989）

【适用范围】地表水、染料、制药等废水中芳香族伯胺类化合物的测定。

【采样容器】硬质玻璃瓶。

【采样方法】—

【固定剂】—

【保存方法】4℃冷藏保存。

【保存期】14 d。

【采样量】500 mL。

【容器洗涤】—

【检出限】0.03 mg/L。

【质量保证和质量控制】—

水质　氰化物等的测定　真空检测管-电子比色法（HJ 659—2013）

【适用范围】地下水、地表水、生活污水和工业废水。

【采样容器】聚乙烯瓶或玻璃瓶。

【采样方法】—

【固定剂】无须添加固定剂。

【保存方法】—

【保存期】现场测定。

【采样量】250 mL。

【容器洗涤】铬酸洗液洗 1 次，自来水洗 3 次，蒸馏水洗 1 次。

【检出限】0.05 mg/L。

【质量保证和质量控制】每批样品应同步做一个全程序空白，测定结果应低于方法检出限，否则应检查真空检测管。

【结果表示】有效位数保留到定量下限位数。

水质　苯胺类化合物的测定　气相色谱-质谱法（HJ 822—2017）

【适用范围】地表水、地下水、海水、生活污水和工业废水。

【采样容器】硬质棕色玻璃瓶（带聚四氟乙烯瓶盖）。

【采样方法】水样充满样品瓶，不留空隙。

【固定剂】10 mol/L 氢氧化钠或 1+1 硫酸；水样含有余氯：硫代硫酸钠。

【保存方法】调节 pH 值在 6～8，4℃冷藏保存；水样中有余氯，每 1 000 mL 样品中加入 80 mg 硫代硫酸钠。

【保存期】7 d 内萃取，萃取液在 40 d 内完成分析。

【采样量】1 000 mL。

【容器洗涤】—

【检出限】0.047 μg/L。

【质量保证和质量控制】—

87. 3,3′,4,4′,5,5′-六氯联苯

水质 多氯联苯的测定 气相色谱-质谱法（HJ 715—2014）

【适用范围】地表水、地下水、工业废水和生活污水中 18 种多氯联苯的测定。

【采样容器】1 L、2 L 或 10 L 棕色具磨口玻璃瓶。

【采样方法】水样充满样品瓶。

【固定剂】硫代硫酸钠。

【保存方法】0～5℃冷藏，如有余氯，每升水中加 80 mg 硫代硫酸钠。

【保存期】7 d。

【采样量】1 L。

【容器洗涤】—

【检出限】固相萃取法：1.6 ng/L；液液萃取法：2.2 ng/L。

【质量保证和质量控制】

仪器性能检查：每 24 h 需进行仪器性能检查，得到的 DFTPP 关键离子和丰度全部满足要求。

校准：校准曲线至少需要 5 个浓度序列，目标化合物相对相应因子的 RSD 应小于 20%，或者校准曲线的相关系数应≥0.990。每 12 h 应测定一次校准曲线中间浓度点标准溶液，测定结果与该点浓度的相对偏差应在±30%之内。

内标在样品中特征离子的峰面积与校准曲线中的峰面积偏差在−50%～100%，内标在样品中的保留时间与校准曲线中的保留时间偏差在±30 s 以内。

空白实验：每批次样品应至少做一个全程序空白，目标化合物测定结果应低于方法检出限。

平行样：每批次样品至少做不少于 10%的平行双样，样品量少于 10 个时，至少测定一个平行双样。当测定结果≤10 倍检出限时，平行双样测定结果的相对偏差应≤50%，当测定结果＞10 倍检出限时，平行双样测定结果的相对偏差应≤20%。

加标回收：每批样品至少做一次加标回收率的测定，实际样品加标平均回收率应在 70%～130%。

替代物加标回收：每个样品和空白中均应加入替代物，按与样品同样步骤分析，每种替代物的平均回收率应在 70%～130%。

88. 3,3′,4,4′,5-五氯联苯

水质 多氯联苯的测定 气相色谱-质谱法（HJ 715—2014）

【适用范围】地表水、地下水、工业废水和生活污水中 18 种多氯联苯的测定。

【采样容器】1 L、2 L 或 10 L 棕色具磨口玻璃瓶。

【采样方法】水样充满样品瓶。

【固定剂】硫代硫酸钠。

【保存方法】0～5℃冷藏，如有余氯，每升水中加 80 mg 硫代硫酸钠。

【保存期】7 d。

【采样量】1 L。

【容器洗涤】—

【检出限】固相萃取法：2.2 ng/L；液液萃取法：2.2 ng/L。

【质量保证和质量控制】

仪器性能检查：每 24 h 需进行仪器性能检查，得到的 DFTPP 关键离子和丰度全部满足要求。

校准：校准曲线至少需要 5 个浓度序列，目标化合物相对相应因子的 RSD 应小于 20%，或者校准曲线的相关系数应≥0.990。每 12 h 应测定一次校准曲线中间浓度点标准溶液，测定结果与该点浓度的相对偏差应在±30%之内。

内标在样品中特征离子的峰面积与校准曲线中的峰面积偏差在−50%～100%，内标在样品中的保留时间与校准曲线中的保留时间偏差在±30 s 以内。

空白实验：每批次样品应至少做一个全程序空白，目标化合物测定结果应低于方法检出限。

平行样：每批次样品至少做不少于 10%的平行双样，样品量少于 10 个时，至少测定一个平行双样。当测定结果≤10 倍检出限时，平行双样测定结果的相对偏差应≤50%，当测定结果＞10 倍检出限时，平行双样测定结果的相对偏差应≤20%。

加标回收：每批样品至少做一次加标回收率的测定，实际样品加标平均回收率应在 70%～130%。

替代物加标回收：每个样品和空白中均应加入替代物，按与样品同样步骤分析，每种替代物的平均回收率应在 70%～130%。

89. 3,3′,4,4′-四氯联苯

水质　多氯联苯的测定　气相色谱-质谱法（HJ 715—2014）

【适用范围】地表水、地下水、工业废水和生活污水中 18 种多氯联苯的测定。

【采样容器】1 L、2 L 或 10 L 棕色具磨口玻璃瓶。

【采样方法】水样充满样品瓶。

【固定剂】硫代硫酸钠。

【保存方法】0～5℃冷藏，如有余氯，每升水中加 80 mg $Na_2S_2O_3·5H_2O$。

【保存期】7 d。

【采样量】1 L。

【容器洗涤】—

【检出限】固相萃取法：1.9 ng/L；液液萃取法：2.2 ng/L。

【质量保证和质量控制】

仪器性能检查：每 24 h 需进行仪器性能检查，得到的 DFTPP 关键离子和丰度全部满足要求。

校准：校准曲线至少需要 5 个浓度序列，目标化合物相对相应因子的 RSD 应小于 20%，或者校准曲线的相关系数应≥0.990。每 12 h 应测定一次校准曲线中间浓度点标准溶液，测定结果与该点浓度的相对偏差应在±30%之内。

内标在样品中特征离子的峰面积与校准曲线中的峰面积偏差在−50%～100%，内标在样品中的保留时间与校准曲线中的保留时间偏差在±30 s 以内。

空白实验：每批次样品应至少做一个全程序空白，目标化合物测定结果应低于方法检出限。

平行样：每批次样品至少做不少于 10%的平行双样，样品量少于 10 个时，至少测定一个平行双样。当测定结果≤10 倍检出限时，平行双样测定结果的相对偏差应≤50%，当测定结果＞10 倍检出限时，平行双样测定结果的相对偏差应≤20%。

加标回收：每批样品至少做一次加标回收率的测定，实际样品加标平均回收率应在 70%～130%。

替代物加标回收：每个样品和空白中均应加入替代物，按与样品同样步骤分析，每种替代物的平均回收率应在 70%～130%。

90. 3,4,4′,5-四氯联苯

水质　多氯联苯的测定　气相色谱-质谱法（HJ 715—2014）

【适用范围】地表水、地下水、工业废水和生活污水中 18 种多氯联苯的测定。

【采样容器】1 L、2 L 或 10 L 棕色具磨口玻璃瓶。

【采样方法】水样充满样品瓶。

【固定剂】硫代硫酸钠。

【保存方法】0～5℃冷藏，如有余氯，每升水中加 80 mg 硫代硫酸钠。

【保存期】7 d。

【采样量】1 L。

【容器洗涤】—

【检出限】固相萃取法：1.6 ng/L；液液萃取法：2.2 ng/L。

【质量保证和质量控制】

仪器性能检查：每 24 h 需进行仪器性能检查，得到的 DFTPP 关键离子和丰度全部满足要求。

校准：校准曲线至少需要 5 个浓度序列，目标化合物相对相应因子的 RSD 应小于 20%，或者校准曲线的相关系数应≥0.990。每 12 h 应测定一次校准曲线中间浓度点标准溶液，测定结果与该点浓度的相对偏差应在±30%之内。

内标在样品中特征离子的峰面积与校准曲线中的峰面积偏差在−50%～100%，内标在样品中的保留时间与校准曲线中的保留时间偏差在±30 s 以内。

空白实验：每批次样品应至少做一个全程序空白，目标化合物测定结果应低于方法检出限。

平行样：每批次样品至少做不少于 10%的平行双样，样品量少于 10 个时，至少测定一个平行双样。当测定结果≤10 倍检出限时，平行双样测定结果的相对偏差应≤50%，当测定结果＞10 倍检出限时，平行双样测定结果的相对偏差应≤20%。

加标回收：每批样品至少做一次加标回收率的测定，实际样品加标平均回收率应在 70%～130%。

替代物加标回收：每个样品和空白中均应加入替代物，按与样品同样步骤分析，每种替代物的平均回收率应在 70%～130%。

91. 3,4-二氯苯胺

水质　苯胺类化合物的测定　*N*-（1-萘基）乙二胺偶氮分光光度法（GB/T 11889—1989）

【适用范围】地表水、染料、制药等废水中芳香族伯胺类化合物的测定。

【采样容器】硬质玻璃瓶。

【采样方法】—

【固定剂】—

【保存方法】4℃冷藏保存。

【保存期】14 d。

【采样量】500 mL。

【容器洗涤】—

【检出限】0.03 mg/L。

【质量保证和质量控制】—

水质　氰化物等的测定　真空检测管-电子比色法（HJ 659—2013）

【适用范围】地下水、地表水、生活污水和工业废水。

【采样容器】聚乙烯瓶或玻璃瓶。

【采样方法】—

【固定剂】无须添加固定剂。

【保存方法】—

【保存期】现场测定。

【采样量】250 mL。

【容器洗涤】铬酸洗液洗 1 次，自来水洗 3 次，蒸馏水洗 1 次。

【检出限】0.05 mg/L。

【质量保证和质量控制】每批样品应同步做一个全程序空白，测定结果应低于方法检出限，否则应检查真空检测管。

【结果表示】有效位数保留到定量下限位数。

水质　苯胺类化合物的测定　气相色谱-质谱法（HJ 822—2017）

【适用范围】地表水、地下水、海水、生活污水和工业废水。

【采样容器】硬质棕色玻璃瓶（带聚四氟乙烯瓶盖）。

【采样方法】水样充满样品瓶，不留空隙。

【固定剂】10 mol/L 氢氧化钠或 1+1 硫酸；水样含有余氯：硫代硫酸钠。

【保存方法】调节 pH 值在 6～8，4℃冷藏保存；水样中有余氯，每 1 000 mL 样品中加入 80 mg 硫代硫酸钠。

【保存期】7 d 内萃取，萃取液在 40 d 内完成分析。

【采样量】1 000 mL。

【容器洗涤】—

【检出限】0.062 μg/L。

【质量保证和质量控制】—

92. 3,4-二硝基甲苯

水质　硝基苯类化合物的测定　液液萃取/固相萃取-气相色谱法（HJ 648—2013）

【适用范围】地表水、地下水、工业废水、生活污水和海水。

【采样容器】—

【采样方法】—

【固定剂】—

【保存方法】—

【保存期】—

【采样量】—

【容器洗涤】—

【检出限】液液萃取法：0.018 μg/L；固相萃取法：0.003 4 μg/L。

【质量保证和质量控制】空白试验：每批样品（以 10～20 个样品为一批次）应至少做一个全程序空白，目标化合物的浓度应低于检出限。

水质　硝基苯类化合物的测定　气相色谱-质谱法（HJ 716—2014）

【适用范围】地表水、地下水、工业废水、生活污水和海水。

【采样容器】硬质棕色玻璃瓶（带聚四氟乙烯瓶盖）。

【采样方法】采集样品时，不要用水样预洗采样瓶。水样应充满采样瓶并加盖密封。

【固定剂】硫代硫酸钠。

【保存方法】若水中有残余氯存在，要在每升水中加入 80 g 硫代硫酸钠除氯。样品采集后应避光于 4℃冷藏。

【保存期】在 7 d 内完成萃取，40 d 内完成分析。

【采样量】1 000～4 000 mL。

【容器洗涤】—

【检出限】液液萃取法：0.05 μg/L；固相萃取法：0.04 μg/L。

【质量保证和质量控制】—

93. 3-甲酚

水质　酚类化合物的测定　液液萃取/气相色谱法（HJ 676—2013）

【适用范围】地表水、地下水、生活污水和工业废水。

【采样容器】棕色硬质玻璃瓶。

【采样方法】采样时，不要用水样预洗采样瓶，水样应充满样品瓶并加盖密封。

【保存方法】采样后，用 1+1 硫酸溶液，将水样调节至 pH≤2。加入 0.01～0.02 g 抗坏血酸，在 4℃下避光保存。

【保存期】24 h。

【采样量】1 L。

【容器洗涤】—

【检出限】0.5 μg/L。

【质量保证和质量控制】空白样品：每 20 个样品或每批样品（少于 20 个样品/批）至少做一个全程序空白样品，空白样品中目标化合物浓度应低于方法检出限。

水质　酚类化合物的测定　气相色谱-质谱法（HJ 744—2015）

【适用范围】地表水、地下水、生活污水和工业废水。

【采样容器】棕色磨口玻璃瓶。

【采样方法】采样时，不要用水样预洗采样瓶，水样应充满样品瓶并加盖密封。

【保存方法】采样后，用 1+1 硫酸溶液，将水样调节至 pH≤2。加入 0.01～0.02 g 抗坏血酸，在 4℃下避光保存。

【保存期】24 h。

【采样量】1 L。

【容器洗涤】—

【检出限】液液萃取法：0.1 μg/L；固相萃取法：0.1 μg/L。

【质量保证和质量控制】每 20 个样品或每批样品（少于 20 个样品/批）至少做一个全程序空白样品。全程序空白中目标物测定浓度均应低于方法检出限。否则应检查所有可能对全程序空白产生影响的环节，仔细查找干扰源。若确实发现采样、运输或保存过程存在影响分析结果的干扰，需对出现问题批次的样品进行重新采样分析。

94. 3-氯苯胺

水质　苯胺类化合物的测定　*N*-（1-萘基）乙二胺偶氮分光光度法（GB/T 11889—1989）

【适用范围】地表水、染料、制药等废水中芳香族伯胺类化合物的测定。

【采样容器】硬质玻璃瓶。

【采样方法】—

【固定剂】—

【保存方法】4℃冷藏保存。

【保存期】14 d。

【采样量】500 mL。

【容器洗涤】—

【检出限】0.03 mg/L。

【质量保证和质量控制】—

水质　氰化物等的测定　真空检测管-电子比色法（HJ 659—2013）

【适用范围】地下水、地表水、生活污水和工业废水。

【采样容器】聚乙烯瓶或玻璃瓶。

【采样方法】—

【固定剂】无须添加固定剂。

【保存方法】—

【保存期】现场测定。

【采样量】250 mL。

【容器洗涤】铬酸洗液洗 1 次，自来水洗 3 次，蒸馏水洗 1 次。

【检出限】0.05 mg/L。

【质量保证和质量控制】每批样品应同步做一个全程序空白，测定结果应低于方法检出限，否则应检查真空检测管。

【结果表示】有效位数保留到定量下限位数。

水质 苯胺类化合物的测定 气相色谱-质谱法（HJ 822—2017）

【适用范围】地表水、地下水、海水、生活污水和工业废水。

【采样容器】硬质棕色玻璃瓶（带聚四氟乙烯瓶盖）。

【采样方法】水样充满样品瓶，不留空隙。

【固定剂】10 mol/L 氢氧化钠或 1+1 硫酸；水样含有余氯：硫代硫酸钠。

【保存方法】调节 pH 值在 6～8，4℃冷藏保存；水样中有余氯，每 1 000 mL 样品中加入 80 mg 硫代硫酸钠。

【保存期】7 d 内萃取，萃取液在 40 d 内完成分析。

【采样量】1 000 mL。

【容器洗涤】—

【检出限】0.057 μg/L。

【质量保证和质量控制】—

95. 3-羟基克百威

水质 氨基甲酸酯类农药的测定 超高效液相色谱-三重四极杆质谱法（HJ 827—2017）

【适用范围】地表水、地下水、工业废水和生活污水中 15 种氨基甲酸酯类农药的测定。

【采样容器】250 mL 具磨口塞的棕色玻璃瓶。

【采样方法】加入 0.01～0.02 g 抗坏血酸去除余氯。

【固定剂】抗坏血酸。

【保存方法】0～5℃避光保存。

【保存期】24 h。

【采样量】1 L。

【容器洗涤】—

【检出限】直接进样法：0.4 μg/L；固相萃取法：0.009 μg/L。

【质量保证和质量控制】

校准：每批样品应绘制校准曲线，相关系数应≥0.995。每 20 个样品或每批次需进行 1 次曲线中间浓度点测定，测定结果与该点浓度的相对偏差应在±20%之内。

空白实验：每次分析应至少做一个实验室空白，目标化合物测定结果应低于方法检出限。

平行样：每 20 个样品或每批次样品（少于 20 个样品）应做一个平行双样，平行样测定结果的相对标准偏差应≤20%。

加标回收：每 20 个样品或每批次样品（少于 20 个样品）需做一个基体加标样，直接进样法加标回收率应在 70%～115%，固相萃取法加标回收率应在 60%～120%。

96. 3-硝基苯胺

水质 苯胺类化合物的测定 *N*-（1-萘基）乙二胺偶氮分光光度法（GB 11889—1989）

【适用范围】地表水、染料、制药等废水中芳香族伯胺类化合物的测定。

【采样容器】硬质玻璃瓶。

【采样方法】—

【固定剂】—

【保存方法】4℃冷藏保存。

【保存期】14 d。

【采样量】500 mL。

【容器洗涤】—

【检出限】0.03 mg/L。

【质量保证和质量控制】—

水质　氰化物等的测定　真空检测管-电子比色法（HJ 659—2013）

【适用范围】地下水、地表水、生活污水和工业废水。

【采样容器】聚乙烯瓶或玻璃瓶。

【采样方法】—

【固定剂】无须添加固定剂。

【保存方法】—

【保存期】现场测定。

【采样量】250 mL。

【容器洗涤】铬酸洗液洗 1 次，自来水洗 3 次，蒸馏水洗 1 次。

【检出限】0.05 mg/L。

【质量保证和质量控制】每批样品应同步做一个全程序空白，测定结果应低于方法检出限，否则应检查真空检测管。

【结果表示】有效位数保留到定量下限位数。

水质　苯胺类化合物的测定　气相色谱-质谱法（HJ 822—2017）

【适用范围】地表水、地下水、海水、生活污水和工业废水。

【采样容器】硬质棕色玻璃瓶（带聚四氟乙烯瓶盖）。

【采样方法】水样充满样品瓶，不留空隙。

【固定剂】10 mol/L 氢氧化钠或 1+1 硫酸；水样含有余氯：硫代硫酸钠。

【保存方法】调节 pH 值在 6～8，4℃冷藏保存；水样中有余氯，每 1 000 mL 样品中加入 80 mg 硫代硫酸钠。

【保存期】7 d 内萃取，萃取液在 40 d 内完成分析。

【采样量】1 000 mL。

【容器洗涤】—

【检出限】0.046 μg/L。

【质量保证和质量控制】—

97. 4-（2,4-二氯苯氧）-丁酸

水质 苯氧羧酸类除草剂的测定 液相色谱/串联质谱法（HJ 770—2015）

【适用范围】地表水、地下水和废水中 2-甲基-4-氯苯氧乙酸、2,4-二氯苯氧乙酸、2-（2-甲基-4-氯苯氧基）丙酸、2-（2,4-二氯苯氧基）-丙酸（或 2,4-滴丙酸）、2,4,5-三氯苯氧乙酸、2-（2,4,5-三氯苯氧基）-丙酸（或 2,4,5-涕丙酸）、4-（2,4-二氯苯氧）-丁酸和 4-（2-甲基-4-氯苯氧基）丁酸共 8 种苯氧羧酸类除草剂的测定。

【采样容器】250 mL 磨口棕色玻璃瓶。

【采样方法】水样满瓶采集，加入 0.01～0.02 g 抗坏血酸去除余氯。

【固定剂】抗坏血酸。

【保存方法】0～5℃避光冷藏保存。

【保存期】24 h。

【采样量】1 L。

【容器洗涤】—

【检出限】直接进样法：0.4 μg/L；固相萃取法：0.006 μg/L。

【质量保证和质量控制】

校准：初次使用仪器或仪器维护维修后需进行初始校准。每 20 个样品或每批次需进行 1 次连续校准测定结果与初始校准的相对误差应在±20%之内。

空白实验：每批次样品应至少做一个全程序空白和实验室空白，目标化合物测定结果应低于方法检出限。

平行样：每 20 个样品或每批次样品（少于 20 个样品）至少做一个平行样，平行样测定结果的相对标准偏差应≤20%。

加标回收：每 20 个样品或每批次样品（少于 20 个样品）需做一个基体加标样，直接进样法加标回收率应在 85%～110%，固相萃取法加标回收率应在 70%～120%。

98. 4-（2-甲基-4-氯苯氧基）丁酸

水质 苯氧羧酸类除草剂的测定 液相色谱/串联质谱法（HJ 770—2015）

【适用范围】地表水、地下水和废水中 2-甲基-4-氯苯氧乙酸、2,4-二氯苯氧乙酸、2-（2-甲基-4-氯苯氧基）丙酸、2-（2,4-二氯苯氧基）-丙酸（或 2,4-滴丙酸）、2,4,5-三氯苯氧乙酸、2-（2,4,5-三氯苯氧基）-丙酸（或 2,4,5-涕丙酸）、4-（2,4-二氯苯氧）-丁酸和 4-（2-甲基-4-氯苯氧基）丁酸共 8 种苯氧羧酸类除草剂的测定。

【采样容器】250 mL 磨口棕色玻璃瓶。

【采样方法】水样满瓶采集，加入 0.01～0.02 g 抗坏血酸去除余氯。

【固定剂】抗坏血酸。

【保存方法】0～5℃避光冷藏保存。

【保存期】24 h。

【采样量】1 L。

【容器洗涤】—

【检出限】直接进样法：0.5 μg/L；固相萃取法：0.009 μg/L。

【质量保证和质量控制】

校准：初次使用仪器或仪器维护维修后需进行初始校准。每 20 个样品或每批次需进行 1 次连续校准测定结果与初始校准的相对误差应在±20%之内。

空白实验：每批次样品应至少做一个全程序空白和实验室空白，目标化合物测定结果应低于方法检出限。

平行样：每 20 个样品或每批次样品（少于 20 个样品）至少做一个平行样，平行样测定结果的相对标准偏差应≤20%。

加标回收：每 20 个样品或每批次样品（少于 20 个样品）需做一个基体加标样，直接进样法加标回收率应在 85%～110%，固相萃取法加标回收率应在 70%～120%。

99. 4-甲酚

水质　酚类化合物的测定　气相色谱-质谱法（HJ 744—2015）

【适用范围】地表水、地下水、生活污水和工业废水。

【采样容器】磨口棕色玻璃瓶。

【采样方法】采样时，不要用水样预洗采样瓶，水样应充满样品瓶并加盖密封。

【固定剂】1+1 硫酸。

【保存方法】采样后，用 1+1 硫酸溶液，将水样调节至 pH≤2。加入 0.01～0.02 g 抗坏血酸，在 4℃下避光保存。

【保存期】24 h。

【采样量】1 L。

【容器洗涤】—

【检出限】液液萃取法：0.1 μg/L；固相萃取法：0.1 μg/L。

【质量保证和质量控制】每 20 个样品或每批样品（少于 20 个样品/批）至少做一个全程序空白样品。全程序空白中目标物测定浓度均应低于方法检出限。否则应检查所有可能对全程序空白产生影响的环节，仔细查找干扰源。若确实发现采样、运输或保存过程存在影响分析结果的干扰，需对出现问题批次的样品进行重新采样分析。

100. 4-氯-2-硝基苯胺

水质　苯胺类化合物的测定　*N*-（1-萘基）乙二胺偶氮分光光度法（GB/T 11889—1989）

【适用范围】地表水、染料、制药等废水中芳香族伯胺类化合物的测定。

【采样容器】硬质玻璃瓶。

【采样方法】—

【固定剂】—

【保存方法】4℃冷藏保存。

【保存期】14 d。

【采样量】500 mL。

【容器洗涤】—

【检出限】0.03 mg/L。

【质量保证和质量控制】—

水质　氰化物等的测定　真空检测管-电子比色法（HJ 659—2013）

【适用范围】地下水、地表水、生活污水和工业废水。

【采样容器】聚乙烯瓶或玻璃瓶。

【采样方法】—

【固定剂】无须添加固定剂。

【保存方法】—

【保存期】现场测定。

【采样量】250 mL。

【容器洗涤】铬酸洗液洗 1 次，自来水洗 3 次，蒸馏水洗 1 次。

【检出限】0.05 mg/L。

【质量保证和质量控制】每批样品应同步做一个全程序空白，测定结果应低于方法检出限，否则应检查真空检测管。

【结果表示】有效位数保留到定量下限位数。

水质　苯胺类化合物的测定　气相色谱-质谱法（HJ 822—2017）

【适用范围】地表水、地下水、海水、生活污水和工业废水。

【采样容器】硬质棕色玻璃瓶（带聚四氟乙烯瓶盖）。

【采样方法】水样充满样品瓶，不留空隙。

【固定剂】10 mol/L 氢氧化钠或 1+1 硫酸；水样含有余氯：硫代硫酸钠。

【保存方法】调节 pH 值在 6～8，4℃冷藏保存；水样中有余氯，每 1 000 mL 样品中加入 80 mg 硫代硫酸钠。

【保存期】7 d 内萃取，萃取液在 40 d 内完成分析。

【采样量】1 000 mL。

【容器洗涤】—

【检出限】0.067 μg/L。

【质量保证和质量控制】—

101. 4-氯-3-甲酚

水质　酚类化合物的测定　液液萃取/气相色谱法（HJ 676—2013）

【适用范围】地表水、地下水、生活污水和工业废水。

【采样容器】棕色硬质玻璃瓶。

【采样方法】采样时，不要用水样预洗采样瓶，水样应充满样品瓶并加盖密封。

【保存方法】采样后，用 1+1 硫酸溶液，将水样调节至 pH≤2。加入 0.01～0.02 g 抗坏血酸，在 4℃下避光保存。

【保存期】24 h。

【采样量】1 L。

【容器洗涤】—

【检出限】0.7 μg/L。

【质量保证和质量控制】空白样品：每 20 个样品或每批样品（少于 20 个样品/批）至少做一个全程序空白样品，空白样品中目标化合物浓度应低于方法检出限。

102. 4-氯苯胺

水质　苯胺类化合物的测定　*N*-（1-萘基）乙二胺偶氮分光光度法（GB/T 11889—1989）

【适用范围】地表水、染料、制药等废水中芳香族伯胺类化合物的测定。

【采样容器】硬质玻璃瓶。

【采样方法】—

【固定剂】—

【保存方法】4℃冷藏保存。

【保存期】14 d。

【采样量】500 mL。

【容器洗涤】—

【检出限】0.03 mg/L。

【质量保证和质量控制】—

水质　氰化物等的测定　真空检测管-电子比色法（HJ 659—2013）

【适用范围】地下水、地表水、生活污水和工业废水。

【采样容器】聚乙烯瓶或玻璃瓶。

【采样方法】—

【固定剂】无须添加固定剂。

【保存方法】—

【保存期】现场测定。

【采样量】250 mL。

【容器洗涤】铬酸洗液洗 1 次，自来水洗 3 次，蒸馏水洗 1 次。

【检出限】0.05 mg/L。

【质量保证和质量控制】每批样品应同步做一个全程序空白，测定结果应低于方法检出限，否则应检查真空检测管。

【结果表示】有效位数保留到定量下限位数。

水质　苯胺类化合物的测定　气相色谱-质谱法（HJ 822—2017）

【适用范围】地表水、地下水、海水、生活污水和工业废水。

【采样容器】硬质棕色玻璃瓶（带聚四氟乙烯瓶盖）。

【采样方法】水样充满样品瓶，不留空隙。

【固定剂】10 mol/L 氢氧化钠或 1+1 硫酸；水样含有余氯：硫代硫酸钠。

【保存方法】调节 pH 值在 6～8，4℃冷藏保存；水样中有余氯，每 1 000 mL 样品中加入 80 mg 硫代硫酸钠。

【保存期】7 d 内萃取，萃取液在 40 d 内完成分析。

【采样量】1 000 mL。

【容器洗涤】—

【检出限】0.057 μg/L。

【质量保证和质量控制】—

103. 4-氯酚

水质 酚类化合物的测定 液液萃取/气相色谱法（HJ 676—2013）

【适用范围】地表水、地下水、生活污水和工业废水。

【采样容器】棕色硬质玻璃瓶。

【采样方法】采样时，不要用水样预洗采样瓶，水样应充满样品瓶并加盖密封。

【保存方法】采样后，用 1+1 硫酸溶液，将水样调节至 pH≤2。加入 0.01～0.02 g 抗坏血酸，在 4℃下避光保存。

【保存期】24 h。

【采样量】1 L。

【容器洗涤】—

【检出限】1.4 μg/L。

【质量保证和质量控制】空白样品：每 20 个样品或每批样品（少于 20 个样品/批）至少做一个全程序空白样品，空白样品中目标化合物浓度应低于方法检出限。

104. 4-氯甲苯

水质 挥发性有机物的测定 吹扫捕集/气相色谱-质谱法（HJ 639—2012）

【适用范围】海水、地下水、地表水、生活污水和工业废水。

【采样容器】有聚四氟乙烯衬垫的棕色螺口玻璃瓶或硬质棕色玻璃瓶（带聚四氟乙烯瓶盖）。

【采样方法】采样时不需用样品进行荡洗。水样在样品瓶中溢流而不留空间。取样时应尽量避免或减少样品在空气中暴露。所有样品均采集平行双样，每批样品带一个全程序空白和一个运输空白。

【固定剂】抗坏血酸+盐酸。

【保存方法】（1）每 40 mL 样品需加入 25 mg 的抗坏血酸；若样品中总余氯的量超过 5 mg/L，总余氯每超过 5 mg/L，需要多加 25 mg 的抗坏血酸。采样时，水样呈中性时向每个样品瓶中加入 0.5 mL 盐酸溶液，拧紧瓶盖；水样呈碱性时应加入适量盐酸溶液使样品 pH≤2，4℃保存。（2）当水样加盐酸溶液后产生大量气泡时，应弃去该样品，重新采集样品。重新采集的样品不应加盐酸溶液，样品标签上应注明未酸化，4℃保存。

【保存期】12 h。

【采样量】1 L。

【容器洗涤】样品瓶应在采样前用甲醇清洗。

【检出限】全扫描方式：0.9 μg/L；选择离子方式：0.3 μg/L。

【质量保证和质量控制】所有样品均采集平行双样，每批样品至少应采集一个运输空白和全程序空白样品。空白中目标化合物浓度应小于下列条件的最大值：（1）方法检出限；（2）相关环保标准限值的 5%；（3）样品分析结果的 5%。若空白试验未满足以上要求，则应采取措施排除污染并重新分析同批样品。

水质　挥发性有机物的测定　顶空/气相色谱-质谱法（HJ 810—2016）

【适用范围】地表水、地下水、生活污水、工业废水和海水。

【采样容器】有聚四氟乙烯衬垫的棕色螺口玻璃瓶或硬质棕色玻璃瓶（带聚四氟乙烯瓶盖）。

【采样方法】采集样品时，不宜用水样进行荡洗，应使水样在样品瓶中溢流且不留空间。

【固定剂】抗坏血酸+盐酸。

【保存方法】（1）若水样中含有余氯，采样前，应向 40 mL 棕色采样瓶中加入 25 mg 的抗坏血酸。若水样中余氯含量超过 5 mg/L，应按比例增加抗坏血酸的加入量，余氯含量每增加 5 mg/L，则应多加入 25 mg 的抗坏血酸。样品采集后，应立即加入适量盐酸溶液，使样品 pH≤2，拧紧瓶盖，4℃以下冷藏，避光和密封保存。（2）当水样加盐酸溶液后有气泡产生，须重新采样，重新采集的样品不加盐酸溶液保存，样品标签上应注明未酸化。

【保存期】12 h。

【采样量】1 L。

【容器洗涤】—

【检出限】全扫描方式：5 μg/L；选择离子方式：1.7 μg/L。

【质量保证和质量控制】所有样品均采集平行双样。每批样品应至少做一个全程序空白：按照分析步骤，在实验室将一份实验用水放入样品瓶中密封，将其带到采样现场，与采样的样品瓶同时开盖和密封，之后随样品运回实验室。

105. 4-硝基苯胺

水质　苯胺类化合物的测定　*N*-（1-萘基）乙二胺偶氮分光光度法（GB/T 11889—1989）

【适用范围】地表水、染料、制药等废水中芳香族伯胺类化合物的测定。

【采样容器】硬质玻璃瓶。

【采样方法】—

【固定剂】—

【保存方法】4℃冷藏保存。

【保存期】14 d。

【采样量】500 mL。

【容器洗涤】—

【检出限】0.03 mg/L。

【质量保证和质量控制】—

水质　氰化物等的测定　真空检测管-电子比色法（HJ 659—2013）

【适用范围】地下水、地表水、生活污水和工业废水。

【采样容器】聚乙烯瓶或玻璃瓶。

【采样方法】—

【固定剂】无须添加固定剂。

【保存方法】—

【保存期】现场测定。

【采样量】250 mL。

【容器洗涤】铬酸洗液洗 1 次，自来水洗 3 次，蒸馏水洗 1 次。

【检出限】0.05 mg/L。

【质量保证和质量控制】每批样品应同步做一个全程序空白，测定结果应低于方法检出限，否则应检查真空检测管。

【结果表示】有效位数保留到定量下限位数。

水质 苯胺类化合物的测定 气相色谱-质谱法（HJ 822—2017）

【适用范围】地表水、地下水、海水、生活污水和工业废水。

【采样容器】硬质棕色玻璃瓶（带聚四氟乙烯瓶盖）。

【采样方法】水样充满样品瓶，不留空隙。

【固定剂】10 mol/L 氢氧化钠或 1+1 硫酸；水样含有余氯：硫代硫酸钠。

【保存方法】调节 pH 值在 6～8，4℃冷藏保存；水样中有余氯，每 1 000 mL 样品中加入 80 mg 硫代硫酸钠。

【保存期】7 d 内萃取，萃取液在 40 d 内完成分析。

【采样量】1 000 mL。

【容器洗涤】—

【检出限】0.075 μg/L。

【质量保证和质量控制】—

106. 4-硝基苯酚

水质 酚类化合物的测定 气相色谱-质谱法（HJ 744—2015）

【适用范围】地表水、地下水、生活污水和工业废水。

【采样容器】磨口棕色玻璃瓶。

【采样方法】采样时，不要用水样预洗采样瓶，水样应充满样品瓶并加盖密封。

【固定剂】1+1 硫酸。

【保存方法】采样后，用 1+1 硫酸溶液，将水样调节至 pH≤2。加入 0.01～0.02 g 抗坏血酸，在 4℃下避光保存。

【保存期】24 h。

【采样量】1 L。

【容器洗涤】—

【检出限】液液萃取法：0.1 μg/L；固相萃取法：0.1 μg/L。

【质量保证和质量控制】每 20 个样品或每批样品（少于 20 个样品/批）至少做一个全程序空白样品。

全程序空白中目标物测定浓度均应低于方法检出限。否则应检查所有可能对全程序空白产生影响的环节，仔细查找干扰源。若确实发现采样、运输或保存过程存在影响分析结果的干扰，需对出现问题批次的样品进行重新采样分析。

107. 4-硝基酚

水质 酚类化合物的测定 液液萃取/气相色谱法（HJ 676—2013）

【适用范围】地表水、地下水、生活污水和工业废水。

【采样容器】棕色硬质玻璃瓶。

【采样方法】采样时，不要用水样预洗采样瓶，水样应充满样品瓶并加盖密封。

【固定剂】1+3 盐酸。

【保存方法】采样后，用 1+1 硫酸溶液，将水样调节至 pH≤2。加入 0.01～0.02 g 抗坏血酸，在 4℃下避光保存。

【保存期】24 h。

【采样量】1 L。

【容器洗涤】—

【检出限】1.2 μg/L。

【质量保证和质量控制】空白样品：每 20 个样品或每批样品（少于 20 个样品/批）至少做一个全程序空白样品，空白样品中目标化合物浓度应低于方法检出限。

108. 4-溴苯胺

水质 苯胺类化合物的测定 *N*-（1-萘基）乙二胺偶氮分光光度法（GB/T 11889—1989）

【适用范围】地表水、染料、制药等废水中芳香族伯胺类化合物的测定。

【采样容器】硬质玻璃瓶。

【采样方法】—

【固定剂】—

【保存方法】4℃冷藏保存。

【保存期】14 d。

【采样量】500 mL。

【容器洗涤】—

【检出限】0.03 mg/L。

【质量保证和质量控制】—

水质 氰化物等的测定 真空检测管-电子比色法（HJ 659—2013）

【适用范围】地下水、地表水、生活污水和工业废水。

【采样容器】聚乙烯瓶或玻璃瓶。

【采样方法】—

【固定剂】无须添加固定剂。

【保存方法】—

【保存期】现场测定。

【采样量】250 mL。

【容器洗涤】铬酸洗液洗 1 次，自来水洗 3 次，蒸馏水洗 1 次。

【检出限】0.05 mg/L。

【质量保证和质量控制】每批样品应同步做一个全程序空白，测定结果应低于方法检出限，否则应检查真空检测管。

【结果表示】有效位数保留到定量下限位数。

水质　苯胺类化合物的测定　气相色谱-质谱法（HJ 822—2017）

【适用范围】地表水、地下水、海水、生活污水和工业废水。

【采样容器】硬质棕色玻璃瓶（带聚四氟乙烯瓶盖）。

【采样方法】水样充满样品瓶，不留空隙。

【固定剂】10 mol/L 氢氧化钠或 1+1 硫酸；水样含有余氯：硫代硫酸钠。

【保存方法】调节 pH 值在 6～8，4℃冷藏保存；水样中有余氯，每 1 000 mL 样品中加入 80 mg 硫代硫酸钠。

【保存期】7 d 内萃取，萃取液在 40 d 内完成分析。

【采样量】1 000 mL。

【容器洗涤】—

【检出限】0.056 μg/L。

【质量保证和质量控制】—

【容器洗涤】—

【检出限】—

【质量保证和质量控制】—

109. 4-异丙基甲苯

水质　挥发性有机物的测定　吹扫捕集/气相色谱-质谱法（HJ 639—2012）

【适用范围】海水、地下水、地表水、生活污水和工业废水。

【采样容器】有聚四氟乙烯衬垫的棕色螺口玻璃瓶或硬质棕色玻璃瓶（带聚四氟乙烯瓶盖）。

【采样方法】采样时不需用样品进行荡洗。水样在样品瓶中溢流而不留空间。取样时应尽量避免或减少样品在空气中暴露。所有样品均采集平行双样，每批样品带一个全程序空白和一个运输空白。

【固定剂】抗坏血酸+盐酸。

【保存方法】（1）每 40 mL 样品需加入 25 mg 的抗坏血酸；若样品中总余氯的量超过 5 mg/L，总余氯每超过 5 mg/L，需要多加 25 mg 的抗坏血酸。采样时，水样呈中性时向每个样品瓶中加入 0.5 mL 盐酸溶液，拧紧瓶盖；水样呈碱性时应加入适量盐酸溶液使样品 pH≤2，4℃保存。（2）当水样加盐酸溶液后产生大量气泡时，应弃去该样品，重新采集样品。重新采集的样品不应加盐酸溶液，样品标签上应注明未酸化，4℃保存。

【保存期】12 h。

【采样量】1 L。

【容器洗涤】样品瓶应在采样前用甲醇清洗。

【检出限】全扫描方式：0.8 μg/L；选择离子方式：0.3 μg/L。

【质量保证和质量控制】所有样品均采集平行双样，每批样品至少应采集一个运输空白和全程序空白样品。空白中目标化合物浓度应小于下列条件的最大值：（1）方法检出限；（2）相关环保标准限值的 5%；（3）样品分析结果的 5%。若空白试验未满足以上要求，则应采取措施排除污染并重新分析同批样品。

水质　挥发性有机物的测定　顶空/气相色谱-质谱法（HJ 810—2016）

【适用范围】地表水、地下水、生活污水、工业废水和海水。

【采样容器】有聚四氟乙烯衬垫的棕色螺口玻璃瓶或硬质棕色玻璃瓶（带聚四氟乙烯瓶盖）。

【采样方法】采集样品时，不宜用水样进行荡洗，应使水样在样品瓶中溢流且不留空间。

【固定剂】抗坏血酸+盐酸。

【保存方法】（1）若水样中含有余氯，采样前，应向 40 mL 棕色采样瓶中加入 25 mg 的抗坏血酸。若水样中余氯含量超过 5 mg/L，应按比例增加抗坏血酸的加入量，余氯含量每增加 5 mg/L，则应多加入 25 mg 的抗坏血酸。样品采集后，应立即加入适量盐酸溶液，使样品 pH≤2，拧紧瓶盖，4℃以下冷藏，避光和密封保存。（2）当水样加盐酸溶液后有气泡产生，须重新采样，重新采集的样品不加盐酸溶液保存，样品标签上应注明未酸化。

【保存期】（1）14 d；（2）24 h。

【采样量】40 mL。

【容器洗涤】—

【检出限】全扫描方式：3 μg/L；选择离子方式：0.6 μg/L。

【质量保证和质量控制】所有样品均采集平行双样。每批样品应至少做一个全程序空白：按照分析步骤，在实验室将一份实验用水放入样品瓶中密封，将其带到采样现场，与采样的样品瓶同时开盖和密封，之后随样品运回实验室。

110. *N*-（1-萘基）乙二胺偶氮

水质　苯胺类化合物的测定　*N*-（1-萘基）乙二胺偶氮分光光度法（GB/T 11889—1989）

【适用范围】地表水、染料、制药等废水中芳香族伯胺类化合物的测定。

【采样容器】硬质玻璃瓶。

【采样方法】—

【固定剂】—

【保存方法】4℃冷藏保存。

【保存期】14 d。

【采样量】500 mL。

【容器洗涤】—

【检出限】0.03 mg/L。

【质量保证和质量控制】—

水质　氰化物等的测定　真空检测管-电子比色法（HJ 659—2013）

【适用范围】地下水、地表水、生活污水和工业废水。

【采样容器】聚乙烯瓶或玻璃瓶。

【采样方法】—

【固定剂】无须添加固定剂。

【保存方法】—

【保存期】现场测定。

【采样量】250 mL。

【容器洗涤】铬酸洗液洗 1 次，自来水洗 3 次，蒸馏水洗 1 次。

【检出限】0.05 mg/L。

【质量保证和质量控制】每批样品应同步做一个全程序空白，测定结果应低于方法检出限，否则应检查真空检测管。

【结果表示】有效位数保留到定量下限位数。

水质　苯胺类化合物的测定　气相色谱-质谱法（HJ 822—2017）

【适用范围】地表水、地下水、海水、生活污水和工业废水。

【采样容器】硬质棕色玻璃瓶（带聚四氟乙烯瓶盖）。

【采样方法】水样充满样品瓶，不留空隙。

【固定剂】10 mol/L 氢氧化钠或 1+1 硫酸；水样含有余氯：硫代硫酸钠。

【保存方法】调节 pH 值在 6～8，4℃冷藏保存；水样中有余氯，每 1 000 mL 样品中加入 80 mg 硫代硫酸钠。

【保存期】7 d 内萃取，萃取液在 40 d 内完成分析。

【采样量】1 000 mL。

【容器洗涤】—

【检出限】0.083 μg/L。

【质量保证和质量控制】—

111. *N*-亚硝基二苯胺

水质　亚硝胺类化合物的测定　气相色谱法（HJ 809—2016）

【适用范围】地表水、地下水、工业废水和生活污水中 *N*-亚硝基二甲胺、*N*-亚硝基二乙胺、*N*-亚硝基二正丙胺和 *N*-亚硝基二苯胺的测定。

【采样容器】具有玻璃塞的棕色磨口瓶或具有聚四氟乙烯衬垫的棕色螺口玻璃瓶。

【采样方法】水样充满样品瓶。

【固定剂】—

【保存方法】4℃避光保存。

【保存期】7 d 内萃取，30 d 内分析。

【采样量】—

【容器洗涤】—

【检出限】0.4 μg/L。

【质量保证和质量控制】—

112. *N*-亚硝基二甲胺

水质 亚硝胺类化合物的测定 气相色谱法（HJ 809—2016）

【适用范围】地表水、地下水、工业废水和生活污水中 *N*-亚硝基二甲胺、*N*-亚硝基二乙胺、*N*-亚硝基二正丙胺和 *N*-亚硝基二苯胺的测定。

【采样容器】具有玻璃塞的棕色磨口瓶或具有聚四氟乙烯衬垫的棕色螺口玻璃瓶。

【采样方法】水样充满样品瓶。

【固定剂】—

【保存方法】4℃避光保存。

【保存期】7 d 内萃取，30 d 内分析。

【采样量】—

【容器洗涤】—

【检出限】0.6 μg/L。

【质量保证和质量控制】—

113. *N*-亚硝基二乙胺

水质 亚硝胺类化合物的测定 气相色谱法（HJ 809—2016）

【适用范围】地表水、地下水、工业废水和生活污水中 *N*-亚硝基二甲胺、*N*-亚硝基二乙胺、*N*-亚硝基二正丙胺和 *N*-亚硝基二苯胺的测定。

【采样容器】具有玻璃塞的棕色磨口瓶或具有聚四氟乙烯衬垫的棕色螺口玻璃瓶。

【采样方法】水样充满样品瓶。

【固定剂】—

【保存方法】4℃避光保存。

【保存期】7 d 内萃取，30 d 内分析。

【采样量】—

【容器洗涤】—

【检出限】0.5 μg/L。

【质量保证和质量控制】—

114. *N*-亚硝基二正丙胺

水质 亚硝胺类化合物的测定 气相色谱法（HJ 809—2016）

【适用范围】地表水、地下水、工业废水和生活污水中 *N*-亚硝基二甲胺、*N*-亚硝基二乙胺、*N*-亚硝基二正丙胺和 *N*-亚硝基二苯胺的测定。

【采样容器】具有玻璃塞的棕色磨口瓶或具有聚四氟乙烯衬垫的棕色螺口玻璃瓶。

【采样方法】水样充满样品瓶。

【固定剂】—

【保存方法】4℃避光保存。

【保存期】7 d 内萃取，30 d 内分析。

【采样量】—

【容器洗涤】—

【检出限】0.5 μg/L。

【质量保证和质量控制】—

115. *o,p′*-DDE

水质　有机氯农药和氯苯类化合物的测定　气相色谱-质谱法（HJ 699—2014）

【适用范围】地表水、地下水、生活污水、工业废水和海水中有机氯农药和氯苯类化合物的测定。

【采样容器】有聚四氟乙烯衬垫的棕色螺口玻璃瓶，具有玻璃塞的棕色磨口瓶或具有聚四氟乙烯衬垫的棕色螺口玻璃瓶。

【采样方法】加入 0.01～0.02 g 抗坏血酸去除余氯。

【固定剂】抗坏血酸。

【保存方法】0～5℃避光保存。

【保存期】24 h。

【采样量】1 L。

【容器洗涤】—

【检出限】液液萃取法（取样量 100 mL）：0.046 μg/L；固相萃取法（取样量 200 mL）：0.027 μg/L。

【质量保证和质量控制】

仪器性能检查：样品分析前及每运行 12 h 需进行仪器性能检查。

校准：校准曲线的相关系数应≥0.995。每 12 h 应测定一次校准曲线中间浓度点标准溶液，测定结果与该点浓度的相对偏差应在±20%之内。内标在样品中特征离子的峰面积与校准曲线中的峰面积偏差在−50%～100%，内标在样品中的保留时间与校准曲线中的保留时间偏差在±30 s 以内。

空白实验：每批次样品应至少做一个全程序空白，目标化合物测定结果应低于方法检出限。

平行样：每批次样品至少做不少于 10%的平行双样，样品量少于 10 个时，至少测定一个平行双样。当测定结果≤10 倍检出限时，平行双样测定结果的相对偏差应≤50%，当测定结果＞10 倍检出限时，平行双样测定结果的相对偏差应≤20%。

加标回收：每批样品至少做一次加标回收率的测定，实际样品加标平均回收率应在允许范围内。

替代物加标回收：每个样品和空白中均应加入替代物，按与样品同样步骤分析，每种替代物的平均回收率应在允许范围内。

116. *o,p′*-DDT

水质　有机氯农药和氯苯类化合物的测定　气相色谱-质谱法（HJ 699—2014）

【适用范围】地表水、地下水、生活污水、工业废水和海水中有机氯农药和氯苯类化合物的测定。

【采样容器】有聚四氟乙烯衬垫的棕色螺口玻璃瓶，具有玻璃塞的棕色磨口瓶或具有聚四氟乙烯衬垫的棕色螺口玻璃瓶。

【采样方法】加入 0.01～0.02 g 抗坏血酸去除余氯。

【固定剂】抗坏血酸。

【保存方法】0～5℃避光保存。

【保存期】24 h。

【采样量】1 L。

【容器洗涤】—

【检出限】液液萃取法（取样量 100 mL）：0.031 μg/L；固相萃取法（取样量 200 mL）：0.031 μg/L。

【质量保证和质量控制】

仪器性能检查：样品分析前及每运行 12 h 需进行仪器性能检查。

校准：校准曲线的相关系数应≥0.995。每 12 h 应测定一次校准曲线中间浓度点标准溶液，测定结果与该点浓度的相对偏差应在±20%之内。内标在样品中特征离子的峰面积与校准曲线中的峰面积偏差在−50%～100%，内标在样品中的保留时间与校准曲线中的保留时间偏差在±30 s 以内。

空白实验：每批次样品应至少做一个全程序空白，目标化合物测定结果应低于方法检出限。

平行样：每批次样品至少做不少于 10%的平行双样，样品量少于 10 个时，至少测定一个平行双样。当测定结果≤10 倍检出限时，平行双样测定结果的相对偏差应≤50%，当测定结果＞10 倍检出限时，平行双样测定结果的相对偏差应≤20%。

加标回收：每批样品至少做一次加标回收率的测定，实际样品加标平均回收率应在允许范围内。

替代物加标回收：每个样品和空白中均应加入替代物，按与样品同样步骤分析，每种替代物的平均回收率应在允许范围内。

117. *o,p′*-DDD

水质　有机氯农药和氯苯类化合物的测定　气相色谱-质谱法（HJ 699—2014）

【适用范围】地表水、地下水、生活污水、工业废水和海水中有机氯农药和氯苯类化合物的测定。

【采样容器】有聚四氟乙烯衬垫的棕色螺口玻璃瓶，具有玻璃塞的棕色磨口瓶或具有聚四氟乙烯衬垫的棕色螺口玻璃瓶。

【采样方法】加入 0.01～0.02 g 抗坏血酸去除余氯。

【固定剂】抗坏血酸。

【保存方法】0～5℃避光保存。

【保存期】24 h。

【采样量】1 L。

【容器洗涤】—

【检出限】液液萃取法（取样量 100 mL）：0.038 μg/L；固相萃取法（取样量 200 mL）：0.025 μg/L。

【质量保证和质量控制】

仪器性能检查：样品分析前及每运行 12 h 需进行仪器性能检查。

校准：校准曲线的相关系数应≥0.995。每 12 h 应测定一次校准曲线中间浓度点标准溶液，测定结果与该点浓度的相对偏差应在±20%之内。内标在样品中特征离子的峰面积与校准曲线中的峰面积偏差在−50%～100%，内标在样品中的保留时间与校准曲线中的保留时间偏差在±30 s 以内。

空白实验：每批次样品应至少做一个全程序空白，目标化合物测定结果应低于方法检出限。

平行样：每批次样品至少做不少于10%的平行双样，样品量少于10个时，至少测定一个平行双样。当测定结果≤10倍检出限时，平行双样测定结果的相对偏差应≤50%，当测定结果＞10倍检出限时，平行双样测定结果的相对偏差应≤20%。

加标回收：每批样品至少做一次加标回收率的测定，实际样品加标平均回收率应在允许范围内。

替代物加标回收：每个样品和空白中均应加入替代物，按与样品同样步骤分析，每种替代物的平均回收率应在允许范围内。

118. *p,p'*-DDD

水质　有机氯农药和氯苯类化合物的测定　气相色谱-质谱法（HJ 699—2014）

【适用范围】地表水、地下水、生活污水、工业废水和海水中有机氯农药和氯苯类化合物的测定。

【采样容器】有聚四氟乙烯衬垫的棕色螺口玻璃瓶，具有玻璃塞的棕色磨口瓶或具有聚四氟乙烯衬垫的棕色螺口玻璃瓶。

【采样方法】加入0.01～0.02 g抗坏血酸去除余氯。

【固定剂】抗坏血酸。

【保存方法】0～5℃避光保存。

【保存期】24 h。

【采样量】1 L。

【容器洗涤】—

【检出限】液液萃取法（取样量100 mL）：0.048 μg/L；固相萃取法（取样量200 mL）：0.028 μg/L。

【质量保证和质量控制】

仪器性能检查：样品分析前及每运行12 h需进行仪器性能检查。

校准：校准曲线的相关系数应≥0.995。每12 h应测定一次校准曲线中间浓度点标准溶液，测定结果与该点浓度的相对偏差应在±20%之内。内标在样品中特征离子的峰面积与校准曲线中的峰面积偏差在−50%～100%，内标在样品中的保留时间与校准曲线中的保留时间偏差在±30 s以内。

空白实验：每批次样品应至少做一个全程序空白，目标化合物测定结果应低于方法检出限。

平行样：每批次样品至少做不少于10%的平行双样，样品量少于10个时，至少测定一个平行双样。当测定结果≤10倍检出限时，平行双样测定结果的相对偏差应≤50%，当测定结果＞10倍检出限时，平行双样测定结果的相对偏差应≤20%。

加标回收：每批样品至少做一次加标回收率的测定，实际样品加标平均回收率应在允许范围内。

替代物加标回收：每个样品和空白中均应加入替代物，按与样品同样步骤分析，每种替代物的平均回收率应在允许范围内。

119. *p,p'*-DDE

水质　有机氯农药和氯苯类化合物的测定　气相色谱-质谱法（HJ 699—2014）

【适用范围】地表水、地下水、生活污水、工业废水和海水中有机氯农药和氯苯类化合物的测定。

【采样容器】有聚四氟乙烯衬垫的棕色螺口玻璃瓶，具有玻璃塞的棕色磨口瓶或具有聚四氟乙烯衬垫的棕色螺口玻璃瓶。

【采样方法】加入 0.01～0.02 g 抗坏血酸去除余氯。

【固定剂】抗坏血酸。

【保存方法】0～5℃避光保存。

【保存期】24 h。

【采样量】1 L。

【容器洗涤】—

【检出限】液液萃取法（取样量 100 mL）：0.036 μg/L；固相萃取法（取样量 200 mL）：0.027 μg/L。

【质量保证和质量控制】

仪器性能检查：样品分析前及每运行 12 h 需进行仪器性能检查。

校准：校准曲线的相关系数应≥0.995。每 12 h 应测定一次校准曲线中间浓度点标准溶液，测定结果与该点浓度的相对偏差应在±20%之内。内标在样品中特征离子的峰面积与校准曲线中的峰面积偏差在−50%～100%，内标在样品中的保留时间与校准曲线中的保留时间偏差在±30 s 以内。

空白实验：每批次样品应至少做一个全程序空白，目标化合物测定结果应低于方法检出限。

平行样：每批次样品至少做不少于 10%的平行双样，样品量少于 10 个时，至少测定一个平行双样。当测定结果≤10 倍检出限时，平行双样测定结果的相对偏差应≤50%，当测定结果＞10 倍检出限时，平行双样测定结果的相对偏差应≤20%。

加标回收：每批样品至少做一次加标回收率的测定，实际样品加标平均回收率应在允许范围内。

替代物加标回收：每个样品和空白中均应加入替代物，按与样品同样步骤分析，每种替代物的平均回收率应在允许范围内。

120. *p,p'*-DDT

水质　有机氯农药和氯苯类化合物的测定　气相色谱-质谱法（HJ 699—2014）

【适用范围】地表水、地下水、生活污水、工业废水和海水中有机氯农药和氯苯类化合物的测定。

【采样容器】有聚四氟乙烯衬垫的棕色螺口玻璃瓶，具有玻璃塞的棕色磨口瓶或具有聚四氟乙烯衬垫的棕色螺口玻璃瓶。

【采样方法】加入 0.01～0.02 g 抗坏血酸去除余氯。

【固定剂】抗坏血酸。

【保存方法】0～5℃避光保存。

【保存期】24 h。

【采样量】1 L。

【容器洗涤】—

【检出限】液液萃取法（取样量 100 mL）：0.043 μg/L；固相萃取法（取样量 200 mL）：0.032 μg/L。

【质量保证和质量控制】

仪器性能检查：样品分析前及每运行 12 h 需进行仪器性能检查。

校准：校准曲线的相关系数应≥0.995。每 12 h 应测定一次校准曲线中间浓度点标准溶液，测定结果与该点浓度的相对偏差应在±20%之内。内标在样品中特征离子的峰面积与校准曲线中的峰面积偏差在−50%～100%，内标在样品中的保留时间与校准曲线中的保留时间偏差在±30 s 以内。

空白实验：每批次样品应至少做一个全程序空白，目标化合物测定结果应低于方法检出限。

平行样：每批次样品至少做不少于10%的平行双样，样品量少于10个时，至少测定一个平行双样。当测定结果≤10倍检出限时，平行双样测定结果的相对偏差应≤50%，当测定结果＞10倍检出限时，平行双样测定结果的相对偏差应≤20%。

加标回收：每批样品至少做一次加标回收率的测定，实际样品加标平均回收率应在允许范围内。

替代物加标回收：每个样品和空白中均应加入替代物，按与样品同样步骤分析，每种替代物的平均回收率应在允许范围内。

121. α-氯丹

水质 有机氯农药和氯苯类化合物的测定 气相色谱-质谱法（HJ 699—2014）

【适用范围】地表水、地下水、生活污水、工业废水和海水。

【采样容器】具有玻璃塞的棕色磨口瓶或具有聚四氟乙烯衬垫的棕色螺口玻璃瓶。

【采样方法】加入0.01～0.02 g抗坏血酸去除余氯。

【固定剂】抗坏血酸。

【保存方法】0～5℃避光保存。

【保存期】24 h。

【采样量】1 L。

【容器洗涤】—

【检出限】液液萃取法：0.055 μg/L；固相萃取法：0.027 μg/L。

【质量保证和质量控制】空白试验：每批样品至少做一个空白试验，即全程序空白试验。如果目标化合物有检查，应查明原因。

122. γ-氯丹

水质 有机氯农药和氯苯类化合物的测定 气相色谱-质谱法（HJ 699—2014）

【适用范围】地表水、地下水、生活污水、工业废水和海水。

【采样容器】具有玻璃塞的棕色磨口瓶或具有聚四氟乙烯衬垫的棕色螺口玻璃瓶。

【采样方法】加入0.01～0.02 g抗坏血酸去除余氯。

【固定剂】抗坏血酸。

【保存方法】0～5℃避光保存。

【保存期】24 h。

【采样量】1 L。

【容器洗涤】—

【检出限】液液萃取法：0.044 μg/L；固相萃取法：0.032 μg/L。

【质量保证和质量控制】空白试验：每批样品至少做一个空白试验，即全程序空白试验。如果目标化合物有检查，应查明原因。

123. 阿特拉津

废水中百草枯离子的测定 液相色谱法 （GB/T 21523—2008 附录 G）

【适用范围】工业废水和地面水2,2′,6′,2″-三联吡啶的测定。

【采样容器】—
【采样方法】—
【固定剂】—
【保存方法】—
【保存期】—
【采样量】—
【容器洗涤】—
【检出限】0.08 μg/L。
【质量保证和质量控制】—

水质　阿特拉津的测定　气相色谱法（HJ 754—2015）

【适用范围】地表水、地下水、工业废水和生活污水中阿特拉津的测定。
【采样容器】500 mL 具有玻璃塞的棕色磨口瓶或具有聚四氟乙烯衬垫的棕色螺口玻璃瓶。
【采样方法】样品充满样品瓶并加盖密封。
【固定剂】—
【保存方法】4℃冷藏保存。
【保存期】7 d。
【采样量】—
【容器洗涤】—
【检出限】0.2 μg/L。
【质量保证和质量控制】

校准：每次样品分析前应建立校准曲线，校准曲线相关系数≥0.995。每批样品需进行 1 次曲线中间点校准，测定结果与标准值的相对偏差应在±20%之内。

空白实验：每批次样品至少做一个实验空白，测定结果应低于方法检出限。

平行样：每批次样品至少做 10%的平行样品。

加标回收：每批次样品需做一个基体加标样，加标回收率应在 70%～120%。

124. 艾式剂

水质　有机氯农药和氯苯类化合物的测定　气相色谱-质谱法（HJ 699—2014）

【适用范围】地表水、地下水、生活污水、工业废水和海水中有机氯农药和氯苯类化合物的测定。
【采样容器】有聚四氟乙烯衬垫的棕色螺口玻璃瓶，具有玻璃塞的棕色磨口瓶或具有聚四氟乙烯衬垫的棕色螺口玻璃瓶。
【采样方法】加入 0.01～0.02 g 抗坏血酸去除余氯。
【固定剂】抗坏血酸。
【保存方法】0～5℃避光保存。
【保存期】24 h。
【采样量】1 L。
【容器洗涤】—

【检出限】液液萃取法（取样量 100 mL）：0.035 μg/L；固相萃取法（取样量 200 mL）：0.069 μg/L。

【质量保证和质量控制】

仪器性能检查：样品分析前及每运行 12 h 需进行仪器性能检查。

校准：校准曲线的相关系数应≥0.995。每 12 h 应测定一次校准曲线中间浓度点标准溶液，测定结果与该点浓度的相对偏差应在±20%之内。内标在样品中特征离子的峰面积与校准曲线中的峰面积偏差在−50%～100%，内标在样品中的保留时间与校准曲线中的保留时间偏差在±30 s 以内。

空白实验：每批次样品应至少做一个全程序空白，目标化合物测定结果应低于方法检出限。

平行样：每批次样品至少做不少于 10%的平行双样，样品量少于 10 个时，至少测定一个平行双样。当测定结果≤10 倍检出限时，平行双样测定结果的相对偏差应≤50%，当测定结果＞10 倍检出限时，平行双样测定结果的相对偏差应≤20%。

加标回收：每批样品至少做一次加标回收率的测定，实际样品加标平均回收率应在允许范围内。

替代物加标回收：每个样品和空白中均应加入替代物，按与样品同样步骤分析，每种替代物的平均回收率应在允许范围内。

125. 胺苯磺隆

水质　磺酰脲类农药的测定　高效液相色谱法（HJ 1018—2019）

【适用范围】地表水、地下水、工业废水和生活污水中 10 种磺酰脲类农药的测定。

【采样容器】1 000 mL 具磨口塞棕色细口瓶，棕色螺纹口玻璃瓶，螺旋盖（带聚四氟乙烯密封垫）。

【采样方法】加入 0.01～0.02 g 抗坏血酸去除余氯。

【固定剂】抗坏血酸。

【保存方法】0～5℃避光保存。

【保存期】24 h。

【采样量】1 L。

【容器洗涤】—

【检出限】直接进样法：0.006 mg/L；液液萃取法：0.07 mg/L；固相萃取法：0.09 mg/L。

【质量保证和质量控制】

空白实验：每 20 个样品或每批次（≤20 个样品/批）应至少做一个实验室空白，测定结果应低于方法检出限。

校准：校准曲线的相关系数应≥0.995。每 10 个样品或每批次（≤10 个样品/批）应测定一次校准曲线中间浓度点标准溶液，测定结果与该点浓度的相对误差应在±15%之内。

平行样：每 20 个样品或每批次（≤20 个样品/批）应做一个平行样。对于直接进样法，平行样的相对偏差应≤35%。

基体加标：每 20 个样品或每批次（≤20 个样品/批）应做一个基体加标样，对于直接进样法，基体加标回收率应在 70%～130%。对于液液萃取和固相萃取，基体加标回收率应在 60%～130%。

126. 胺菊酯

水质　百菌清及拟除虫菊酯类农药的测定　气相色谱-质谱法（HJ 753—2015）

【适用范围】地表水、地下水、工业废水和生活污水。

【采样方法】加入 0.01～0.02 g 抗坏血酸去除余氯。

【固定剂】抗坏血酸。

【保存方法】0～5℃避光保存。

【保存期】24 h。

【采样量】1 L。

【容器洗涤】—

【检出限】液液萃取法：0.006 μg/L；固相萃取法：0.005 μg/L。

【质量保证和质量控制】—

127. 百草枯离子

废水中百草枯离子的测定　液相色谱法（GB/T 21523—2008 附录 E）

【适用范围】工业废水和地面水中百草枯离子的测定。

【采样容器】—

【采样方法】—

【固定剂】—

【保存方法】—

【保存期】—

【采样量】—

【容器洗涤】—

【检出限】10 μg/L。

【质量保证和质量控制】—

水质　百草枯和杀草快的测定　固相萃取-高效液相色谱法（HJ 914—2017）

【适用范围】地表水、地下水和废水中百草枯和杀草快的测定。

【采样容器】聚氯乙烯或聚丙烯材质。

【采样方法】—

【固定剂】水样含余氯时：1+1 硫酸；硫代硫酸钠。

【保存方法】当水样 pH＞9 时，应用 1+1 硫酸溶液调节水样 pH 至中性，当水样中含余氯时，需加入硫代硫酸钠，每升水加入 0.1 g。于 0～4℃避光保存。

【保存期】7 d 内完成萃取，萃取后 21 d 内完成分析。

【采样量】—

【容器洗涤】—

【检出限】0.3 μg/L。

【质量保证和质量控制】—

128. 百菌清

水质　百菌清和溴氰菊酯的测定　气相色谱法（HJ 698—2014）

【适用范围】地表水、地下水、工业废水和生活污水。

【采样容器】具有玻璃塞的棕色磨口瓶或具有聚四氟乙烯衬垫的棕色螺口玻璃瓶。
【采样方法】—
【固定剂】—
【保存方法】于 2～5℃下保存。
【保存期】7 d 内完成萃取；萃取液可保存 40 d。
【采样量】—
【容器洗涤】—
【检出限】0.07 μg/L。
【质量保证和质量控制】—

水质　百菌清及拟除虫菊酯类农药的测定　气相色谱-质谱法（HJ 753—2015）
【适用范围】地表水、地下水、工业废水和生活污水。
【采样容器】具磨口塞的棕色玻璃细口瓶。
【采样方法】加入 0.01～0.02 g 抗坏血酸去除余氯。
【固定剂】抗坏血酸。
【保存方法】0～5℃避光保存。
【保存期】24 h。
【采样量】1 L。
【容器洗涤】—
【检出限】液液萃取法：0.005 μg/L；固相萃取法：0.008 μg/L。

129. 苯

水质　苯系物的测定　气相色谱法（GB/T 11890—1989）
【适用范围】工业废水及地表水。
【采样容器】玻璃瓶采集样品。
【采样方法】样品应充满瓶子，并加盖瓶子。
【固定剂】—
【保存方法】应尽快分析，如不能及时分析，在 0～5℃冷藏保存。
【保存期】14 d。
【采样量】—
【容器洗涤】—
【检出限】0.05 mg/L。
【质量保证和质量控制】—

水质　挥发性有机物的测定　吹扫捕集/气相色谱-质谱法（HJ 639—2012）
【适用范围】海水、地下水、地表水、生活污水和工业废水。
【采样容器】有聚四氟乙烯衬垫的棕色螺口玻璃瓶或硬质棕色玻璃瓶（带聚四氟乙烯瓶盖）。
【采样方法】采样时不需用样品进行荡洗。水样在样品瓶中溢流而不留空间。取样时应尽量避免或减少样品在空气中暴露。所有样品均采集平行双样，每批样品带一个全程序空白和一个运输空白。

【固定剂】抗坏血酸+盐酸。

【保存方法】（1）每 40 mL 样品需加入 25 mg 的抗坏血酸；若样品中总余氯的量超过 5 mg/L，总余氯每超过 5 mg/L，需要多加 25 mg 的抗坏血酸。采样时，水样呈中性时向每个样品瓶中加入 0.5 mL 盐酸溶液，拧紧瓶盖；水样呈碱性时应加入适量盐酸溶液使样品 pH≤2，4℃保存。（2）当水样加盐酸溶液后产生大量气泡时，应弃去该样品，重新采集样品。重新采集的样品不应加盐酸溶液，样品标签上应注明未酸化，4℃保存。

【保存期】12 h。

【采样量】1 L。

【容器洗涤】样品瓶应在采样前用甲醇清洗。

【检出限】全扫描方式：1.4 μg/L；选择离子方式：0.4 μg/L。

【质量保证和质量控制】所有样品均采集平行双样，每批样品至少应采集一个运输空白和全程序空白样品。空白中目标化合物浓度应小于下列条件的最大值：（1）方法检出限；（2）相关环保标准限值的 5%；（3）样品分析结果的 5%。若空白试验未满足以上要求，则应采取措施排除污染并重新分析同批样品。

水质 挥发性有机物的测定 吹扫捕集/气相色谱法（HJ 686—2014）

【适用范围】地表水、地下水、生活污水和工业废水中挥发性有机物的测定。

【采样容器】有聚四氟乙烯衬垫的棕色螺口玻璃瓶或硬质棕色玻璃瓶（带聚四氟乙烯瓶盖）。

【采样方法】样品采集时不需用水样荡洗。所有样品均采集平行双样，每批样品带一个全程序空白和一个运输空白。

【固定剂】无余氯样品：盐酸溶液；有余氯样品：抗坏血酸+盐酸。

【保存方法】无余氯样品：0.5 mL 盐酸溶液，4℃保存；有余氯样品：加入约 25 mg 抗坏血酸，再加 0.5 mL 盐酸溶液，4℃保存。

【保存期】12 h。

【采样量】1 L。

【容器洗涤】采样瓶应在采样前充分清洗。

【检出限】0.1 μg/L。

【质量保证和质量控制】

所有样品均采集平行双样，每批样品带一个全程序空白和一个运输空白。

（1）空白分析

①运输空白。采样前在实验室将一份空白试剂水放入样品瓶中密封，将其带到现场。采样时对其瓶盖一直处于密封状态，随样品运回实验室，按与样品相同的分析步骤进行处理和测定，用于检查样品运输过程中是否受到污染。

②全程序空白。采样前在实验室将一份空白试剂水放入样品瓶中密封，将其带到现场。与采样的样品瓶同时开盖和密封，随样品运回实验室，按与样品相同的分析步骤进行处理和测定，用于检查样品采集到分析全过程是否受到污染。

如全程序空白中目标化合物高于检出限时，不能从样品结果中扣除空白值。应检查所有可能对全程序空白产生影响的环节，仔细查找干扰源。如果确实发现采样、运输或保存过程存在影响分析结果的干扰，需对出现问题批次的样品进行重新采样分析。

（2）平行样品的测定

虽然每个样品均采集平行双样，一般每 10 个样品或每批次（少于 10 个样品/批）分析一个平行样，平行样品测定结果的相对偏差小于 20%。

水质　挥发性有机物的测定　顶空/气相色谱-质谱法（HJ 810—2016）

【适用范围】地表水、地下水、生活污水、工业废水和海水。

【采样容器】有聚四氟乙烯衬垫的棕色螺口玻璃瓶或硬质棕色玻璃瓶（带聚四氟乙烯瓶盖）。

【采样方法】采集样品时，不宜用水样进行荡洗，应使水样在样品瓶中溢流且不留空间。

【固定剂】抗坏血酸+盐酸。

【保存方法】（1）若水样中含有余氯，采样前，应向 40 mL 棕色采样瓶中加入 25 mg 的抗坏血酸。若水样中余氯含量超过 5 mg/L，应按比例增加抗坏血酸的加入量，余氯含量每增加 5 mg/L，则应多加入 25 mg 的抗坏血酸。样品采集后，应立即加入适量盐酸溶液，使样品 pH≤2，拧紧瓶盖，4℃以下冷藏，避光和密封保存。（2）当水样加盐酸溶液后有气泡产生，须重新采样，重新采集的样品不加盐酸溶液保存，样品标签上应注明未酸化。

【保存期】12 h。

【采样量】1 L。

【容器洗涤】—

【检出限】全扫描方式：3 μg/L；选择离子方式：0.8 μg/L。

【质量保证和质量控制】所有样品均采集平行双样。每批样品应至少做一个全程序空白：按照分析步骤，在实验室将一份实验用水放入样品瓶中密封，将其带到采样现场，与采样的样品瓶同时开盖和密封，之后随样品运回实验室。

130. 苯胺

水质　苯胺类化合物的测定　*N*-（1-萘基）乙二胺偶氮分光光度法（GB/T 11889—1989）

【适用范围】地表水、染料、制药等废水中芳香族伯胺类化合物的测定。

【采样容器】硬质玻璃瓶。

【采样方法】—

【固定剂】—

【保存方法】4℃冷藏保存。

【保存期】14 d。

【采样量】500 mL。

【容器洗涤】—

【检出限】0.03 mg/L。

【质量保证和质量控制】—

水质　氰化物等的测定　真空检测管-电子比色法（HJ 659—2013）

【适用范围】地下水、地表水、生活污水和工业废水。

【采样容器】聚乙烯瓶或玻璃瓶。

【采样方法】—

【固定剂】无须添加固定剂。

【保存方法】—

【保存期】现场测定。

【采样量】250 mL。

【容器洗涤】铬酸洗液洗 1 次，自来水洗 3 次，蒸馏水洗 1 次。

【检出限】0.05 mg/L。

【质量保证和质量控制】每批样品应同步做一个全程序空白，测定结果应低于方法检出限，否则应检查真空检测管。

【结果表示】有效位数保留到定量下限位数。

水质　苯胺类化合物的测定　气相色谱-质谱法（HJ 822—2017）

【适用范围】地表水、地下水、海水、生活污水和工业废水。

【采样容器】硬质棕色玻璃瓶（带聚四氟乙烯瓶盖）。

【采样方法】水样充满样品瓶，不留空隙。

【固定剂】10 mol/L 氢氧化钠或 1+1 硫酸；水样含有余氯：硫代硫酸钠。

【保存方法】调节 pH 值在 6～8，4℃冷藏保存；水样中有余氯，每 1 000 mL 样品中加入 80 mg 硫代硫酸钠。

【保存期】7 d 内萃取，萃取液在 40 d 内完成分析。

【采样量】1 000 mL。

【容器洗涤】—

【检出限】0.057 μg/L。

【质量保证和质量控制】—

131. 苯并[*a*]蒽

水质　苯并[*a*]芘的测定　乙酰化滤纸层析荧光分光光度法（GB/T 11895—1989）

【适用范围】饮用水、地面水、工业废水及生活污水。

【采样容器】—

【采样方法】—

【固定剂】—

【保存方法】玻璃瓶中避光。

【保存期】在 24 h 内环己烷萃取。

【采样量】—

【容器洗涤】—

【检出限】0.004 μg/L。

【质量保证和质量控制】—

水质　多环芳烃的测定　液液萃取和固相萃取高效液相色谱法（HJ 478—2009）

【适用范围】饮用水、地下水、地表水、海水、工业废水及生活污水。

【采样容器】具磨口塞的棕色玻璃细口瓶。

【采样方法】采样前不能用水样预洗采样瓶，以防止样品的沾染或吸附。采样瓶要完全注满，不留气泡。

【固定剂】硫代硫酸钠（有残余氯存在）。

【保存方法】若水中有残余氯存在，要在每升水中加入 80 g 硫代硫酸钠除氯。样品采集后应避光于 0～5℃冷藏保存。

【保存期】在 7 d 内萃取，萃取后 40 d 内分析完毕。

【采样量】500 mL。

【容器洗涤】样品必须采集在预先洗净烘干的采样瓶中。

【检出限】荧光检测器：0.007 μg/L；紫外检测器：0.012 μg/L。

【质量保证和质量控制】—

132. 苯并[*a*]芘

水质　多环芳烃的测定　液液萃取和固相萃取高效液相色谱法（HJ 478—2009）

【适用范围】饮用水、地下水、地表水、海水、工业废水及生活污水。

【采样容器】具磨口塞的棕色玻璃细口瓶。

【采样方法】采样前不能用水样预洗采样瓶，以防止样品的沾染或吸附。采样瓶要完全注满，不留气泡。

【固定剂】硫代硫酸钠（有残余氯存在）。

【保存方法】若水中有残余氯存在，要在每升水中加入 80 g 硫代硫酸钠除氯。样品采集后应避光于 0～5℃冷藏保存。

【保存期】在 7 d 内萃取，萃取后 40 d 内分析完毕。

【采样量】500 mL。

【容器洗涤】样品必须采集在预先洗净烘干的采样瓶中。

【检出限】荧光检测器：0.004 μg/L；紫外检测器：0.004 μg/L。

【质量保证和质量控制】—

水质　苯系物的测定　气相色谱法（GB/T 11890—1989）

【适用范围】工业废水及地表水。

【采样容器】玻璃瓶采集样品。

【采样方法】样品应充满瓶子，并加盖瓶子。

【固定剂】—

【保存方法】应尽快分析，如不能及时分析，在 0～5℃冷藏保存。

【保存期】14 d。

【采样量】—

【容器洗涤】—

【检出限】0.05 mg/L。

【质量保证和质量控制】—

133. 苯并[*b*]荧蒽

水质　多环芳烃的测定　液液萃取和固相萃取高效液相色谱法（HJ 478—2009）

【适用范围】饮用水、地下水、地表水、海水、工业废水及生活污水。

【采样容器】具磨口塞的棕色玻璃细口瓶。

【采样方法】采样前不能用水样预洗采样瓶，以防止样品的沾染或吸附。采样瓶要完全注满，不留气泡。

【固定剂】硫代硫酸钠（有残余氯存在）。

【保存方法】若水中有残余氯存在，要在每升水中加入 80 g 硫代硫酸钠除氯。样品采集后应避光于 0～5℃冷藏保存。

【保存期】在 7 d 内萃取。萃取后 40 d 内分析完毕。

【采样量】500 mL。

【容器洗涤】样品必须采集在预先洗净烘干的采样瓶中。

【检出限】荧光检测器：0.003 μg/L；紫外检测器：0.004 μg/L。

【质量保证和质量控制】—

134. 苯并[*g,h,i*]苝

水质　多环芳烃的测定　液液萃取和固相萃取高效液相色谱法（HJ 478—2009）

【适用范围】饮用水、地下水、地表水、海水、工业废水及生活污水。

【采样容器】具磨口塞的棕色玻璃细口瓶。

【采样方法】采样前不能用水样预洗采样瓶，以防止样品的沾染或吸附。采样瓶要完全注满，不留气泡。

【固定剂】硫代硫酸钠（有残余氯存在）。

【保存方法】若水中有残余氯存在，要在每升水中加入 80 g 硫代硫酸钠除氯。样品采集后应避光于 0～5℃冷藏保存。

【保存期】在 7 d 内萃取。萃取后 40 d 内分析完毕。

【采样量】500 mL。

【容器洗涤】样品必须采集在预先洗净烘干的采样瓶中。

【检出限】荧光检测器：0.004 μg/L；紫外检测器：0.005 μg/L。

【质量保证和质量控制】—

135. 苯并[*k*]荧蒽

水质　多环芳烃的测定　液液萃取和固相萃取高效液相色谱法（HJ 478—2009）

【适用范围】饮用水、地下水、地表水、海水、工业废水及生活污水。

【采样容器】具磨口塞的棕色玻璃细口瓶。

【采样方法】采样前不能用水样预洗采样瓶，以防止样品的沾染或吸附。采样瓶要完全注满，不留气泡。

【固定剂】硫代硫酸钠（有残余氯存在）。

【保存方法】若水中有残余氯存在，要在每升水中加入 80 g 硫代硫酸钠除氯。样品采集后应避光于 0～5℃冷藏保存。

【保存期】在 7 d 内萃取，萃取后 40 d 内分析完毕。

【采样量】500 mL。

【容器洗涤】样品必须采集在预先洗净烘干的采样瓶中。

【检出限】荧光检测器：0.004 μg/L；紫外检测器：0.004 μg/L。

【质量保证和质量控制】—

136. 苯酚

水质 酚类化合物的测定 液液萃取/气相色谱法（HJ 676—2013）

【适用范围】地表水、地下水、生活污水和工业废水。

【采样容器】磨口棕色玻璃瓶。

【采样方法】采样时，不要用水样预洗采样瓶，水样应充满样品瓶并加盖密封。

【固定剂】1+1 硫酸。

【保存方法】采样后，用 1+1 硫酸溶液，将水样调节至 pH≤2。加入 0.01～0.02 g 抗坏血酸，在 4℃下避光保存。

【保存期】24 h。

【采样量】1 L。

【容器洗涤】—

【检出限】0.5 μg/L。

【质量保证和质量控制】空白样品：每 20 个样品或每批样品（少于 20 个样品/批）至少做一个全程序空白样品，空白样品中目标化合物浓度应低于方法检出限。

水质 酚类化合物的测定 气相色谱-质谱法（HJ 744—2015）

【适用范围】地表水、地下水、生活污水和工业废水。

【采样容器】磨口棕色玻璃瓶。

【采样方法】采样时，不要用水样预洗采样瓶，水样应充满样品瓶并加盖密封。

【固定剂】1+1 硫酸。

【保存方法】采样后，用 1+1 硫酸溶液，将水样调节至 pH≤2。加入 0.01～0.02 g 抗坏血酸，在 4℃下避光保存。

【保存期】24 h。

【采样量】1 L。

【容器洗涤】—

【检出限】液液萃取法：0.1 μg/L；固相萃取法：0.1 μg/L。

【质量保证和质量控制】每 20 个样品或每批样品（少于 20 个样品/批）至少做一个全程序空白样品。全程序空白中目标物测定浓度均应低于方法检出限。否则应检查所有可能对全程序空白产生影响的环节，仔细查找干扰源。若确实发现采样、运输或保存过程存在影响分析结果的干扰，需对出现问题批次的样品进行重新采样分析。

137. 苯乙烯

水质 挥发性有机物的测定 吹扫捕集/气相色谱-质谱法（HJ 639—2012）

【适用范围】海水、地下水、地表水、生活污水和工业废水。

【采样容器】有聚四氟乙烯衬垫的棕色螺口玻璃瓶或硬质棕色玻璃瓶（带聚四氟乙烯瓶盖）。

【采样方法】采样时不需用样品进行荡洗，水样在样品瓶中溢流而不留空间。取样时应尽量避免或减少样品在空气中暴露。所有样品均采集平行双样，每批样品带一个全程序空白和一个运输空白。

【固定剂】抗坏血酸+盐酸。

【保存方法】（1）每 40 mL 样品需加入 25 mg 的抗坏血酸；若样品中总余氯的量超过 5 mg/L，总余氯每超过 5 mg/L，需要多加 25 mg 的抗坏血酸。采样时，水样呈中性时向每个样品瓶中加入 0.5 mL 盐酸溶液，拧紧瓶盖；水样呈碱性时应加入适量盐酸溶液使样品 pH≤2，4℃保存。（2）当水样加盐酸溶液后产生大量气泡时，应弃去该样品，重新采集样品。重新采集的样品不应加盐酸溶液，样品标签上应注明未酸化，4℃保存。

【保存期】12 h。

【采样量】1 L。

【容器洗涤】样品瓶应在采样前用甲醇清洗。

【检出限】全扫描方式：0.6 μg/L；选择离子方式：0.2 μg/L。

【质量保证和质量控制】所有样品均采集平行双样，每批样品至少应采集一个运输空白和全程序空白样品。空白中目标化合物浓度应小于下列条件的最大值：（1）方法检出限；（2）相关环保标准限值的 5%；（3）样品分析结果的 5%。若空白试验未满足以上要求，则应采取措施排除污染并重新分析同批样品。

水质 挥发性有机物的测定 吹扫捕集/气相色谱法（HJ 686—2014）

【适用范围】地表水、地下水、生活污水和工业废水中挥发性有机物的测定。

【采样容器】有聚四氟乙烯衬垫的棕色螺口玻璃瓶或硬质棕色玻璃瓶（带聚四氟乙烯瓶盖）。

【采样方法】样品采集时不需用水样荡洗。所有样品均采集平行双样，每批样品带一个全程序空白和一个运输空白。

【固定剂】无余氯样品：盐酸溶液；有余氯样品：抗坏血酸+盐酸。

【保存方法】无余氯样品：0.5 mL 盐酸溶液，4℃保存；有余氯样品：加入约 25 mg 抗坏血酸，再加 0.5 mL 盐酸溶液，4℃保存。

【保存期】12 h。

【采样量】1 L。

【容器洗涤】采样瓶应在采样前充分清洗。

【检出限】0.1 μg/L。

【质量保证和质量控制】

所有样品均采集平行双样，每批样品带一个全程序空白和一个运输空白。

（1）空白分析

①运输空白。采样前在实验室将一份空白试剂水放入样品瓶中密封，将其带到现场。采样时对其瓶盖一直处于密封状态，随样品运回实验室，按与样品相同的分析步骤进行处理和测定，用于检查样品运输过程中是否受到污染。

②全程序空白。采样前在实验室将一份空白试剂水放入样品瓶中密封，将其带到现场。与采样的样品瓶同时开盖和密封，随样品运回实验室，按与样品相同的分析步骤进行处理和测定，用于检查样品采集到分析全过程是否受到污染。

如全程序空白中目标化合物高于检出限时，不能从样品结果中扣除空白值。应检查所有可能对全程序空白产生影响的环节，仔细查找干扰源。如果确实发现采样、运输或保存过程存在影响分析结果的干扰，需对出现问题批次的样品进行重新采样分析。

（2）平行样品的测定

虽然每个样品均采集平行双样，一般每 10 个样品或每批次（少于 10 个样品/批）分析一个平行样，平行样品测定结果的相对偏差小于 20%。

水质　挥发性有机物的测定　顶空/气相色谱-质谱法（HJ 810—2016）

【适用范围】地表水、地下水、生活污水、工业废水和海水。

【采样容器】有聚四氟乙烯衬垫的棕色螺口玻璃瓶或硬质棕色玻璃瓶（带聚四氟乙烯瓶盖）。

【采样方法】采集样品时，不宜用水样进行荡洗，应使水样在样品瓶中溢流且不留空间。

【固定剂】抗坏血酸+盐酸。

【保存方法】（1）若水样中含有余氯，采样前，应向 40 mL 棕色采样瓶中加入 25 mg 的抗坏血酸。若水样中余氯含量超过 5 mg/L，应按比例增加抗坏血酸的加入量，余氯含量每增加 5 mg/L，则应多加入 25 mg 的抗坏血酸。样品采集后，应立即加入适量盐酸溶液，使样品 pH≤2，拧紧瓶盖，4℃以下冷藏，避光和密封保存。（2）当水样加盐酸溶液后有气泡产生，须重新采样，重新采集的样品不加盐酸溶液保存，样品标签上应注明未酸化。

【保存期】12 h。

【采样量】1 L。

【容器洗涤】—

【检出限】全扫描方式：5 μg/L；选择离子方式：0.8 μg/L。

【质量保证和质量控制】所有样品均采集平行双样，每批样品应至少做一个全程序空白：按照分析步骤，在实验室将一份实验用水放入样品瓶中密封，将其带到采样现场，与采样的样品瓶同时开盖和密封，之后随样品运回实验室。

水质　苯系物的测定　气相色谱法（GB/T 11890—1989）

【适用范围】工业废水及地表水。

【采样容器】玻璃瓶采集样品。

【采样方法】样品应充满瓶子，并加盖瓶子。

【固定剂】—

【保存方法】应尽快分析，如不能及时分析，在 0～5℃冷藏保存。

【保存期】14 d。

【采样量】—

【容器洗涤】—

【检出限】0.05 mg/L。

【质量保证和质量控制】—

138. 吡虫啉

废水中吡虫啉农药的测定　液相色谱法（GB/T 21523—2008 附录 A）

【适用范围】工业废水吡虫啉的测定。

【采样容器】硬质玻璃瓶。

【采样方法】加入 0.01～0.02 g 抗坏血酸去除余氯。

【固定剂】抗坏血酸。

【保存方法】0～5℃避光保存。

【保存期】24 h。

【采样量】1 L。

【容器洗涤】—

【检出限】0.01 mg/L。

【质量保证和质量控制】—

139. 吡啶

水质　吡啶的测定　气相色谱法（GB/T 14672—1993）

【适用范围】工业废水和地面水中百草枯离子的测定。

【采样容器】高 97 mm，瓶口内径 18 mm 的玻璃瓶。

【采样方法】水样充满不留气泡。

【固定剂】—

【保存方法】0～5℃保存。

【保存期】48 h。

【采样量】—

【容器洗涤】水样洗涤 2～3 次。

【检出限】0.031 mg/L。

【质量保证和质量控制】—

140. 吡嘧磺隆

水质 磺酰脲类农药的测定 高效液相色谱法（HJ 1018—2019）

【适用范围】地表水、地下水、工业废水和生活污水中 10 种磺酰脲类农药的测定。

【采样容器】1 000 mL 具磨口塞棕色细口瓶，棕色螺纹口玻璃瓶，螺旋盖（带聚四氟乙烯密封垫）。

【采样方法】加入 0.01～0.02 g 抗坏血酸去除余氯。

【固定剂】抗坏血酸。

【保存方法】0～5℃避光保存。

【保存期】24 h。

【采样量】1 L。

【容器洗涤】—

【检出限】直接进样法：0.006 mg/L；液液萃取法：0.06 mg/L；固相萃取法：0.06 mg/L。

【质量保证和质量控制】

空白实验：每 20 个样品或每批次（≤20 个样品/批）应至少做一个实验室空白，测定结果应低于方法检出限。

校准：校准曲线的相关系数应≥0.995。每 10 个样品或每批次（≤10 个样品/批）应测定一次校准曲线中间浓度点标准溶液，测定结果与该点浓度的相对误差应在±15%之内。

平行样：每 20 个样品或每批次（≤20 个样品/批）应做一个平行样。对于直接进样法，平行样的相对偏差应≤35%。

基体加标：每 20 个样品或每批次（≤20 个样品/批）应做一个基体加标样，对于直接进样法，基体加标回收率应在 70%～130%。对于液液萃取和固相萃取，基体加标回收率应在 60%～130%。

141. 苄嘧磺隆

水质 磺酰脲类农药的测定 高效液相色谱法（HJ 1018—2019）

【适用范围】地表水、地下水、工业废水和生活污水中 10 种磺酰脲类农药的测定。

【采样容器】1 000 mL 具磨口塞棕色细口瓶，棕色螺纹口玻璃瓶，螺旋盖（带聚四氟乙烯密封垫）。

【采样方法】加入 0.01～0.02 g 抗坏血酸去除余氯。

【固定剂】抗坏血酸。

【保存方法】0～5℃避光保存。

【保存期】24 h。

【采样量】1 L。

【容器洗涤】—

【检出限】直接进样法：0.009 mg/L；液液萃取法：0.09 mg/L；固相萃取法：0.08 mg/L。

【质量保证和质量控制】

空白实验：每 20 个样品或每批次（≤20 个样品/批）应至少做一个实验室空白，测定结果应低于方法检出限。

校准：校准曲线的相关系数应≥0.995。每 10 个样品或每批次（≤10 个样品/批）应测定一次校准曲线中间浓度点标准溶液，测定结果与该点浓度的相对误差应在±15%之内。

平行样：每 20 个样品或每批次（≤20 个样品/批）应做一个平行样。对于直接进样法，平行样的相对偏差应≤35%。

基体加标：每 20 个样品或每批次（≤20 个样品/批）应做一个基体加标样，对于直接进样法，基体加标回收率应在 70%～130%。对于液液萃取和固相萃取，基体加标回收率应在 60%～130%。

142. 丙体六六六

水质　有机氯农药和氯苯类化合物的测定　气相色谱-质谱法（HJ 699—2014）

【适用范围】地表水、地下水、生活污水、工业废水和海水。

【采样容器】具有玻璃塞的棕色磨口瓶或具有聚四氟乙烯衬垫的棕色螺口玻璃瓶。

【采样方法】加入 0.01～0.02 g 抗坏血酸去除余氯。

【固定剂】抗坏血酸。

【保存方法】0～5℃避光保存。

【保存期】24 h。

【采样量】1 L。

【容器洗涤】—

【检出限】液液萃取法：0.025 μg/L；固相萃取法：0.022 μg/L。

【质量保证和质量控制】空白试验：每批样品至少做一个空白试验，即全程序空白试验。如果目标化合物有检查，应查明原因。

143. 丙酮

水质　甲醇和丙酮的测定　顶空/气相色谱法（HJ 895—2017）

【适用范围】地表水、地下水、海水、工业废水和生活污水中甲醇和丙酮的测定。

【采样容器】40 mL 硬质棕色玻璃瓶（带聚四氟乙烯瓶盖）。

【采样方法】样品在采样瓶中溢流且不留空间。

【固定剂】—

【保存方法】pH≤2，4℃冷藏、密封避光保存。

【保存期】14 d。

【采样量】40 mL。

【容器洗涤】—

【检出限】0.02 mg/L。

【质量保证和质量控制】

校准：每次样品分析前应建立校准曲线，校准曲线相关系数≥0.995。每批需进行 1 次曲线中间点校准，测定结果与标准值的相对偏差应在±20%之内。

空白实验：每批次样品至少做一个实验室空白和全程序空白，测定结果应低于方法检出限。

平行样：每个样品均需采集平行双样，每 20 个样品或每批次样品（少于 20 个样品）至少做一个平行样，平行样测定结果的相对标准偏差应≤20%。

加标回收：每 20 个样品或每批次样品（少于 20 个样品）需做一个基体加标样，加标回收率应在 70%～120%。

144. 丙烯腈

水质 丙烯腈和丙烯醛的测定 吹扫捕集/气相色谱法（HJ 806—2016）

【适用范围】地表水、地下水、海水、工业废水和生活污水。

【采样容器】硬质棕色玻璃瓶（带聚四氟乙烯瓶盖）。

【采样方法】采样前加 0.3 g 抗坏血酸，采集时水样充满，不留气泡，加 1+9（体积分数）磷酸固定液，使样品 pH 值为 4～5。

【保存方法】加入数滴 1+9 磷酸溶液固定，使样品的 pH 值为 4～5，拧紧瓶盖。每份样品应采集平行双样，每批样品至少带一个全程序空白。0～5℃冷藏、避光和密封保存。

【保存期】5 d。

【采样量】40 mL。

【容器洗涤】—

【检出限】0.003 mg/L。

【质量保证和质量控制】每 20 个样品或每批次（少于 20 个样品）应做一个全程空白，空白中丙烯醛的测定结果应低于方法检出限。

水质 丙烯腈的测定 气相色谱法（HJ/T 73—2001）

【适用范围】废水中丙烯腈的测定。

【采样容器】玻璃瓶。

【采样方法】采样前加 0.3 g 抗坏血酸，采集时水样充满，不留气泡，加 1+9（体积分数）磷酸固定液，使样品 pH 值为 4～5。

【固定剂】—

【保存方法】0～5℃保存。

【保存期】24 h。

【采样量】40 mL。

【容器洗涤】—

【检出限】0.6 mg/L。

【质量保证和质量控制】—

145. 丙烯菊酯

水质 百菌清及拟除虫菊酯类农药的测定 气相色谱-质谱法（HJ 753—2015）

【适用范围】地表水、地下水、工业废水和生活污水。

【采样容器】具磨口塞的棕色玻璃细口瓶。

【采样方法】加入 0.01～0.02 g 抗坏血酸去除余氯。

【固定剂】抗坏血酸。

【保存方法】0～5℃避光保存。

【保存期】24 h。

【采样量】1 L。

【容器洗涤】—

【检出限】液液萃取法：0.006 μg/L；固相萃取法：0.007 μg/L。

【质量保证和质量控制】—

146. 丙烯醛

水质 丙烯腈和丙烯醛的测定 吹扫捕集/气相色谱法（HJ 806—2016）

【适用范围】地表水、地下水、海水、工业废水和生活污水。

【采样容器】硬质棕色玻璃瓶（带聚四氟乙烯瓶盖）。

【采样方法】采样前加 0.3 g 抗坏血酸，采集时水样充满，不留气泡，加 1+9（体积分数）磷酸固定液，使样品 pH 值为 4～5。

【固定剂】抗坏血酸和 1+9 磷酸。

【保存方法】加入数滴 1+9 磷酸溶液固定，使样品的 pH 值为 4～5，拧紧瓶盖。每份样品应采集平行双样，每批样品至少带一个全程序空白。0～5℃冷藏、避光和密封保存。

【保存期】5 d。

【采样量】40 mL。

【容器洗涤】—

【检出限】0.003 mg/L。

【质量保证和质量控制】每 20 个样品或每批次（少于 20 个样品）应做一个全程空白，空白中丙烯醛的测定结果应低于方法检出限。

147. 丙烯酰胺

水质 丙烯酰胺的测定 气相色谱法（HJ 697—2014）

【适用范围】地表水、地下水、工业废水和生活污水。

【采样容器】具有玻璃塞的棕色磨口瓶或具有聚四氟乙烯衬垫的棕色螺口玻璃瓶。

【采样方法】—

【固定剂】—

【保存方法】0～5℃避光保存。

【保存期】7 d 内完成萃取，萃取液可保存 30 d。

【采样量】250 mL。

【容器洗涤】—

【检出限】0.07 μg/L。

【质量保证和质量控制】—

148. 彩色显影剂

水质 彩色显影剂总量的测定 气相色谱法（169 成色剂分光光度）（HJ 595—2010）

【适用范围】洗印废水中彩色显影剂总量的测定。

【采样容器】棕色玻璃瓶。

【采样方法】充满采样瓶，避免光、热、剧烈震动，按 1 L 样品中加入 0.1 g 亚硫酸钠的比例加保护剂。

【固定剂】亚硫酸钠。

【保存方法】0～4℃冷藏保存。

【保存期】48 h。

【采样量】—

【容器洗涤】—

【检出限】1.03×10^{-6} mol/L。

【质量保证和质量控制】—

149. 残杀威

水质　氨基甲酸酯类农药的测定　超高效液相色谱-三重四极杆质谱法（HJ 827—2017）

【适用范围】地表水、地下水、工业废水和生活污水中 15 种氨基甲酸酯类农药的测定。

【采样容器】250 mL 具磨口塞的棕色玻璃瓶。

【采样方法】加入 0.01～0.02 g 抗坏血酸去除余氯。

【固定剂】抗坏血酸。

【保存方法】0～5℃避光保存。

【保存期】24 h。

【采样量】1 L。

【容器洗涤】—

【检出限】直接进样法：0.4 μg/L；固相萃取法：0.008 μg/L。

【质量保证和质量控制】

校准：每批样品应绘制校准曲线，相关系数应≥0.995。每 20 个样品或每批次需进行 1 次曲线中间浓度点测定，测定结果与该点浓度的相对偏差应在±20%之内。

空白实验：每次分析应至少做一个实验室空白，目标化合物测定结果应低于方法检出限。

平行样：每 20 个样品或每批次样品（少于 20 个样品）应做一个平行双样，平行样测定结果的相对标准偏差应≤20%。

加标回收：每 20 个样品或每批次样品（少于 20 个样品）需做一个基体加标样，直接进样法加标回收率应在 70%～115%，固相萃取法加标回收率应在 60%～120%。

150. 狄式剂

水质　有机氯农药和氯苯类化合物的测定　气相色谱-质谱法（HJ 699—2014）

【适用范围】地表水、地下水、生活污水、工业废水和海水中有机氯农药和氯苯类化合物的测定。

【采样容器】具有玻璃塞的棕色磨口瓶或具有聚四氟乙烯衬垫的棕色螺口玻璃瓶。

【采样方法】加入 0.01～0.02 g 抗坏血酸去除余氯。

【固定剂】抗坏血酸。

【保存方法】0～5℃避光保存。

【保存期】24 h。

【采样量】1 L。

【容器洗涤】—

【检出限】液液萃取法（取样量 100 mL）：0.034 μg/L；固相萃取法（取样量 200 mL）：0.027 μg/L。

【质量保证和质量控制】

仪器性能检查：样品分析前及每运行 12 h 需进行仪器性能检查。

校准：校准曲线的相关系数应≥0.995。每 12 h 应测定一次校准曲线中间浓度点标准溶液，测定结果与该点浓度的相对偏差应在±20%之内。内标在样品中特征离子的峰面积与校准曲线中的峰面积偏差在-50%～100%，内标在样品中的保留时间与校准曲线中的保留时间偏差在±30 s 以内。

空白实验：每批次样品应至少做一个全程序空白，目标化合物测定结果应低于方法检出限。

平行样：每批次样品至少做不少于 10%的平行双样，样品量少于 10 个时，至少测定一个平行双样。当测定结果≤10 倍检出限时，平行双样测定结果的相对偏差应≤50%，当测定结果＞10 倍检出限时，平行双样测定结果的相对偏差应≤20%。

加标回收：每批样品至少做一次加标回收率的测定，实际样品加标平均回收率应在允许范围内。

替代物加标回收：每个样品和空白中均应加入替代物，按与样品同样步骤分析，每种替代物的平均回收率应在允许范围内。

151．敌百虫

水质　有机磷农药的测定　气相色谱法（GB/T 13192—1991）

【适用范围】地面水、地下水及工业废水。

【采样容器】玻璃磨口瓶。

【采样方法】加入 0.01～0.02 g 抗坏血酸去除余氯。

【固定剂】抗坏血酸。

【保存方法】0～5℃避光保存。

【保存期】24 h。

【采样量】1 000 mL。

【容器洗涤】—

【检出限】3.4×10^{-10} g。

【质量保证和质量控制】—

152．敌敌畏

水质　有机磷农药的测定　气相色谱法（GB 13192—1991）

【适用范围】地面水、地下水及工业废水。

【采样容器】玻璃磨口瓶。

【采样方法】加入 0.01～0.02 g 抗坏血酸去除余氯。

【固定剂】抗坏血酸。

【保存方法】0～5℃避光保存。

【保存期】24 h。

【采样量】1 000 mL。

【容器洗涤】—

【检出限】4.0×10^{-10} g。

【质量保证和质量控制】—

153. 地恩梯（DNT）

水质　梯恩梯、黑索今、地恩梯的测定　气相色谱法（HJ 600—2011）

【适用范围】弹药装药工业废水中梯恩梯、黑索今和地恩梯的测定。

【采样容器】500 mL 棕色玻璃瓶。

【采样方法】—

【固定剂】—

【保存方法】于 0～4℃下保存。

【保存期】7 d 内完成萃取；萃取液可保存 30 d。

【采样量】—

【容器洗涤】—

【检出限】使用填充柱：0.01　mg/L；使用毛细管柱：0.01 mg/L。

【质量保证和质量控制】—

154. 丁基黄原酸

水质　丁基黄原酸的测定　紫外分光光度法（HJ 756—2015）

【适用范围】地表水、地下水、生活污水和工业废水中丁基黄原酸的测定。

【采样容器】棕色玻璃瓶。

【采样方法】—

【固定剂】0.01 mol/L 盐酸或 0.01 mol/L 氢氧化钠。

【保存方法】将水样 pH 值调至中性，4℃左右冷藏保存。

【保存期】3 d。

【采样量】—

【容器洗涤】使用的所有玻璃器皿应使用清洗溶液和实验用水清洗。

【检出限】0.004 mg/L。

【质量保证和质量控制】—

水质　丁基黄原酸的测定　吹扫捕集/气相色谱-质谱法（HJ 896—2017）

【适用范围】地表水、地下水、生活污水和工业废水。

【采样容器】40 mL 硬质棕色玻璃瓶（带聚四氟乙烯瓶盖）。

【采样方法】采集样品时，将样品缓慢导入样品瓶。

【固定剂】氢氧化钠；硫代硫酸钠（若不能及时分析时）。

【保存方法】接近满瓶时，加入氢氧化钠溶液（40 g/L），使样品 pH 在 10 左右，最后加满密封 4℃冷藏、避光保存。若不能及时分析，应加 5～20 mg 硫代硫酸钠，4℃冷藏、避光保存。

【保存期】2 周。

【采样量】40 mL。

【容器洗涤】—

【检出限】0.04 μg/L。

【质量保证和质量控制】—

水质 丁基黄原酸的测定 液相色谱-三重四极杆串联质谱法（HJ 1002—2018）

【适用范围】地表水、地下水、生活污水和工业废水。

【采样容器】硬质棕色玻璃瓶（带聚四氟乙烯瓶盖）。

【采样方法】将样品缓慢倒入采样瓶至满瓶，混匀。

【固定剂】1+1 氨水或 1+1 甲酸。

【保存方法】用 1+1 氨水溶液或 1+1 甲酸溶液调节样品 pH 值为 9～10，于 4℃以下冷藏避光保存。

【保存期】48 h。

【采样量】40 mL。

【容器洗涤】—

【检出限】0.2 g/L。

【质量保证和质量控制】—

155. 丁体六六六

水质 有机氯农药和氯苯类化合物的测定 气相色谱-质谱法（HJ 699—2014）

【适用范围】地表水、地下水、生活污水、工业废水和海水。

【采样容器】具有玻璃塞的棕色磨口瓶或具有聚四氟乙烯衬垫的棕色螺口玻璃瓶。

【采样方法】加入 0.01～0.02 g 抗坏血酸去除余氯。

【固定剂】抗坏血酸。

【保存方法】0～5℃避光保存。

【保存期】24 h。

【采样量】1 L。

【容器洗涤】—

【检出限】液液萃取法：0.060 μg/L；固相萃取法：0.033 μg/L。

【质量保证和质量控制】空白试验：每批样品至少做一个空白试验，即全程序空白试验。如果目标化合物有检查，应查明原因。

156. 对二甲苯

水质 苯系物的测定 气相色谱法（GB/T 11890—1989）

【适用范围】工业废水及地表水。

【采样容器】玻璃瓶采集样品。

【采样方法】样品应充满瓶子，并加盖瓶子。

【固定剂】—

【保存方法】应尽快分析，如不能及时分析，在 0～5℃冷藏保存。

【保存期】14 d。

【采样量】—

【容器洗涤】—

【检出限】0.05 mg/L。

【质量保证和质量控制】—

水质　挥发性有机物的测定　吹扫捕集/气相色谱-质谱法（HJ 639—2012）

【适用范围】海水、地下水、地表水、生活污水和工业废水。

【采样容器】有聚四氟乙烯衬垫的棕色螺口玻璃瓶或硬质棕色玻璃瓶（带聚四氟乙烯瓶盖）。

【采样方法】采样时不需用样品进行荡洗，水样在样品瓶中溢流而不留空间。取样时应尽量避免或减少样品在空气中暴露。所有样品均采集平行双样，每批样品带一个全程序空白和一个运输空白。

【固定剂】抗坏血酸+盐酸。

【保存方法】（1）每 40 mL 样品需加入 25 mg 的抗坏血酸；若样品中总余氯的量超过 5 mg/L，总余氯每超过 5 mg/L，需要多加 25 mg 的抗坏血酸。采样时，水样呈中性时向每个样品瓶中加入 0.5 mL 盐酸溶液，拧紧瓶盖；水样呈碱性时应加入适量盐酸溶液使样品 pH≤2，4℃保存。（2）当水样加盐酸溶液后产生大量气泡时，应弃去该样品，重新采集样品。重新采集的样品不应加盐酸溶液，样品标签上应注明未酸化，4℃保存。

【保存期】12 h。

【采样量】1 L。

【容器洗涤】样品瓶应在采样前用甲醇清洗。

【检出限】全扫描方式：2.2 μg/L；选择离子方式：0.5 μg/L。

【质量保证和质量控制】所有样品均采集平行双样，每批样品至少应采集一个运输空白和全程序空白样品。空白中目标化合物浓度应小于下列条件的最大值：（1）方法检出限；（2）相关环保标准限值的 5%；（3）样品分析结果的 5%。若空白试验未满足以上要求，则应采取措施排除污染并重新分析同批样品。

水质　挥发性有机物的测定　吹扫捕集/气相色谱法（HJ 686—2014）

【适用范围】地表水、地下水、生活污水和工业废水中挥发性有机物的测定。

【采样容器】有聚四氟乙烯衬垫的棕色螺口玻璃瓶或硬质棕色玻璃瓶（带聚四氟乙烯瓶盖）。

【采样方法】样品采集时不需用水样荡洗。所有样品均采集平行双样，每批样品带一个全程序空白和一个运输空白。

【固定剂】无余氯样品：盐酸溶液；有余氯样品：抗坏血酸+盐酸。

【保存方法】无余氯样品：0.5 mL 盐酸溶液，4℃保存；有余氯样品：加入约 25 mg 抗坏血酸，再加 0.5 mL 盐酸溶液，4℃保存。

【保存期】12 h。

【采样量】1 L。

【容器洗涤】采样瓶应在采样前充分清洗。

【检出限】0.1 μg/L。

【质量保证和质量控制】

所有样品均采集平行双样，每批样品带一个全程序空白和一个运输空白。

（1）空白分析

①运输空白。采样前在实验室将一份空白试剂水放入样品瓶中密封，将其带到现场。采样时对其瓶盖一直处于密封状态，随样品运回实验室，按与样品相同的分析步骤进行处理和测定，用于检查样品运输过程中是否受到污染。

②全程序空白。采样前在实验室将一份空白试剂水放入样品瓶中密封，将其带到现场。与采样的样品瓶同时开盖和密封，随样品运回实验室，按与样品相同的分析步骤进行处理和测定，用于检查样品采集到分析全过程是否受到污染。

如全程序空白中目标化合物高于检出限时，不能从样品结果中扣除空白值。应检查所有可能对全程序空白产生影响的环节，仔细查找干扰源。如果确实发现采样、运输或保存过程存在影响分析结果的干扰，需对出现问题批次的样品进行重新采样分析。

（2）平行样品的测定

虽然每个样品均采集平行双样，一般每 10 个样品或每批次（少于 10 个样品/批）分析一个平行样，平行样品测定结果的相对偏差小于 20%。

水质　挥发性有机物的测定　顶空/气相色谱-质谱法（HJ 810—2016）

【适用范围】地表水、地下水、生活污水、工业废水和海水。

【采样容器】有聚四氟乙烯衬垫的棕色螺口玻璃瓶或硬质棕色玻璃瓶（带聚四氟乙烯瓶盖）。

【采样方法】采集样品时，不宜用水样进行荡洗，应使水样在样品瓶中溢流且不留空间。

【固定剂】抗坏血酸+盐酸。

【保存方法】（1）若水样中含有余氯，采样前，应向 40 mL 棕色采样瓶中加入 25 mg 的抗坏血酸。若水样中余氯含量超过 5 mg/L，应按比例增加抗坏血酸的加入量，余氯含量每增加 5 mg/L，则应多加入 25 mg 的抗坏血酸。样品采集后，应立即加入适量盐酸溶液，使样品 pH≤2，拧紧瓶盖，4℃以下冷藏，避光和密封保存。（2）当水样加盐酸溶液后有气泡产生，须重新采样，重新采集的样品不加盐酸溶液保存，样品标签上应注明未酸化。

【保存期】12 h。

【采样量】1 L。

【容器洗涤】—

【检出限】全扫描方式：8 μg/L；选择离子方式：0.7 μg/L。

【质量保证和质量控制】所有样品均采集平行双样。每批样品应至少做一个全程序空白：按照分析步骤，在实验室将一份实验用水放入样品瓶中密封，将其带到采样现场，与采样的样品瓶同时开盖和密封，之后随样品运回实验室。

157. 对二硝基苯

水质　硝基苯类化合物的测定　液液萃取/固相萃取-气相色谱法（HJ 648—2013）

【适用范围】地表水、地下水、工业废水、生活污水和海水。

【采样容器】—

【采样方法】—

【固定剂】—

【保存方法】—

【保存期】—

【采样量】—

【容器洗涤】—

【检出限】液液萃取法：0.024 μg/L；固相萃取法：0.005 3 μg/L。

【质量保证和质量控制】空白试验：每批样品（以 10～20 个样品为一批次）应至少做一个全程序空白，目标化合物的浓度应低于检出限。

水质　硝基苯类化合物的测定　气相色谱-质谱法（HJ 716—2014）

【适用范围】地表水、地下水、工业废水、生活污水和海水。

【采样容器】硬质棕色玻璃瓶（带聚四氟乙烯瓶盖）。

【采样方法】采集样品时，不要用水样预洗采样瓶。水样应充满采样瓶并加盖密封。

【固定剂】硫代硫酸钠。

【保存方法】若水中有残余氯存在，要在每升水中加入 80 g 硫代硫酸钠除氯。样品采集后应避光于 4℃冷藏保存。

【保存期】在 7 d 内完成萃取，40 d 内完成分析。

【采样量】1 000～4 000 mL。

【容器洗涤】—

【检出限】液液萃取法：0.05 μg/L；固相萃取法：0.04 μg/L。

【质量保证和质量控制】—

158. 对硫磷

水质　有机磷农药的测定　气相色谱法（GB/T 13192—1991）

【适用范围】地面水、地下水及工业废水。

【采样容器】玻璃磨口瓶。

【采样方法】加入 0.01～0.02 g 抗坏血酸去除余氯。

【固定剂】抗坏血酸。

【保存方法】0～5℃避光保存。

【保存期】24 h。

【采样量】1 000 mL。

【容器洗涤】—

【检出限】3.6×10^{-9} g。

【质量保证和质量控制】—

159. 对氯苯酚（4-氯苯酚）

水质　酚类化合物的测定　气相色谱-质谱法（HJ 744—2015）

【适用范围】地表水、地下水、生活污水和工业废水。

【采样容器】磨口棕色玻璃瓶。

【采样方法】采样时，不要用水样预洗采样瓶，水样应充满样品瓶并加盖密封。

【固定剂】1+1 硫酸。

【保存方法】采样后，用 1+1 硫酸溶液，将水样调节至 pH≤2。加入 0.01～0.02 g 抗坏血酸，在 4℃下避光保存。

【保存期】24 h。

【采样量】1 L。

【容器洗涤】—

【检出限】液液萃取法：0.1 μg/L；固相萃取法：0.1 μg/L。

【质量保证和质量控制】每 20 个样品或每批样品（少于 20 个样品/批）至少做一个全程序空白样品。全程序空白中目标物测定浓度均应低于方法检出限。否则应检查所有可能对全程序空白产生影响的环节，仔细查找干扰源。若确实发现采样、运输或保存过程存在影响分析结果的干扰，需对出现问题批次的样品进行重新采样分析。

废水中对氯苯酚的测定　液相色谱法（GB/T 21523—2008 附录 H）

【适用范围】工业废水和地表水中对氯苯酚的测定。

【采样容器】—

【采样方法】—

【固定剂】—

【保存方法】—

【保存期】—

【采样量】—

【容器洗涤】—

【检出限】0.01 mg/L。

【质量保证和质量控制】—

160. 对硝基甲苯

水质　硝基苯类化合物的测定　气相色谱法（HJ 592—2010）

【适用范围】工业废水和生活污水中硝基苯类化合物的测定。

【采样容器】1 L 具磨口塞的棕色细口瓶。

【固定剂】—

【保存方法】若水样不能在 24 h 内测定，需加入浓硫酸调节 pH≤3，样品需在 7 d 内萃取，萃取液 4℃下避光保存，30 d 内进行分析。

【保存期】7 d 内萃取，30 d 内完成分析。

【采样量】1 000 mL。

【容器洗涤】—

【检出限】0.002 mg/L。

【质量保证和质量控制】—

水质　硝基苯类化合物的测定　液液萃取/固相萃取-气相色谱法（HJ 648—2013）

【适用范围】地表水、地下水、工业废水、生活污水和海水。

【采样容器】—

【采样方法】—

【固定剂】—

【保存方法】—

【保存期】—

【采样量】—

【容器洗涤】—

【检出限】液液萃取法：0.022 μg/L；固相萃取法：0.003 2 μg/L。

【质量保证和质量控制】空白试验：每批样品（以 10～20 个样品为一批次）应至少做一个全程序空白，目标化合物的浓度应低于检出限。

水质　硝基苯类化合物的测定　气相色谱-质谱法（HJ 716—2014）

【适用范围】地表水、地下水、工业废水、生活污水和海水。

【采样容器】硬质棕色玻璃瓶（带聚四氟乙烯瓶盖）。

【采样方法】采集样品时，不要用水样预洗采样瓶。水样应充满采样瓶并加盖密封。

【固定剂】硫代硫酸钠。

【保存方法】若水中有残余氯存在，要在每升水中加入 80 g 硫代硫酸钠除氯。样品采集后应避光于 4℃冷藏。

【保存期】在 7 d 内完成萃取，40 d 内完成分析。

【采样量】1 000～4 000 mL。

【容器洗涤】—

【检出限】液液萃取法：0.04 μg/L；固相萃取法：0.04 μg/L。

【质量保证和质量控制】—

水质　二硝基甲苯的测定　示波极谱法（GB/T 13901—1992）

【适用范围】本方法适用于硝化甘油系列火炸药工业废水中二硝基甲苯的测定。

【采样容器】—

【采样方法】—

【固定剂】—

【保存方法】—

【保存期】—

【容器洗涤】—

【检出限】0.05 mg/L。

【质量保证和质量控制】—

161. 对硝基氯苯

水质 硝基苯类化合物的测定 液液萃取/固相萃取-气相色谱法（HJ 648—2013）

【适用范围】地表水、地下水、工业废水、生活污水和海水。

【采样容器】—

【采样方法】—

【固定剂】—

【保存方法】—

【保存期】—

【采样量】—

【容器洗涤】—

【检出限】液液萃取法：0.019 μg/L；固相萃取法：0.003 2 μg/L。

【质量保证和质量控制】空白试验：每批样品（以 10～20 个样品为一批次）应至少做一个全程序空白，目标化合物的浓度应低于检出限。

水质 硝基苯类化合物的测定 气相色谱-质谱法（HJ 716—2014）

【适用范围】地表水、地下水、工业废水、生活污水和海水。

【采样容器】硬质棕色玻璃瓶（带聚四氟乙烯瓶盖）。

【采样方法】采集样品时，不要用水样预洗采样瓶。水样应充满采样瓶并加盖密封。

【固定剂】硫代硫酸钠。

【保存方法】若水中有残余氯存在，要在每升水中加入 80 g 硫代硫酸钠除氯。样品采集后应避光于 4℃冷藏保存。

【保存期】在 7 d 内完成萃取，40 d 内完成分析。

【采样量】1 000～4 000 mL。

【容器洗涤】—

【检出限】液液萃取法：0.04 μg/L；固相萃取法：0.04 μg/L。

【质量保证和质量控制】—

162. 多菌灵

废水中多菌灵农药的测定 气相色谱法（GB/T 21523—2008 附录 D）

【适用范围】工业废水和地表水中多菌灵的测定。

【采样容器】硬质玻璃瓶。

【采样方法】加入 0.01～0.02 g 抗坏血酸去除余氯。

【固定剂】抗坏血酸。

【保存方法】0～5℃避光保存。

【保存期】24 h。

【采样量】1 L。

【容器洗涤】—

【检出限】0.01 mg/L。

【质量保证和质量控制】—

163. 苊

水质　多环芳烃的测定　液液萃取和固相萃取高效液相色谱法（HJ 478—2009）

【适用范围】饮用水、地下水、地表水、海水、工业废水及生活污水。

【采样容器】具磨口塞的棕色玻璃细口瓶。

【采样方法】采样前不能用水样预洗采样瓶，以防止样品的沾染或吸附。采样瓶要完全注满，不留气泡。

【固定剂】硫代硫酸钠（有残余氯存在）。

【保存方法】若水中有残余氯存在，要在每升水中加入 80 g 硫代硫酸钠除氯。样品采集后应避光于 0～5℃冷藏保存。

【保存期】在 7 d 内萃取，萃取后 40 d 内分析完毕。

【采样量】500 mL。

【容器洗涤】样品必须采集在预先洗净烘干的采样瓶中。

【检出限】荧光检测器：—；紫外检测器：0.005 μg/L。

【质量保证和质量控制】—

164. 恶虫威

水质　氨基甲酸酯类农药的测定　超高效液相色谱-三重四极杆质谱法（HJ 827—2017）

【适用范围】地表水、地下水、工业废水和生活污水中 15 种氨基甲酸酯类农药的测定。

【采样容器】250 mL 具磨口塞的棕色玻璃瓶。

【采样方法】加入 0.01～0.02 g 抗坏血酸去除余氯。

【固定剂】抗坏血酸。

【保存方法】0～5℃避光保存。

【保存期】24 h。

【采样量】1 L。

【容器洗涤】—

【检出限】直接进样法：0.6 μg/L；固相萃取法：0.007 μg/L。

【质量保证和质量控制】

校准：每批样品应绘制校准曲线，相关系数应≥0.995。每 20 个样品或每批次需进行 1 次曲线中间浓度点测定，测定结果与该点浓度的相对偏差应在±20%之内。

空白实验：每次分析应至少做一个实验室空白，目标化合物测定结果应低于方法检出限。

平行样：每 20 个样品或每批次样品（少于 20 个样品）应做一个平行双样，平行样测定结果的相对标准偏差应≤20%。

加标回收：每 20 个样品或每批次样品（少于 20 个样品）需做一个基体加标样，直接进样法加标回收率应在 70%～115%，固相萃取法加标回收率应在 60%～120%。

165. 蒽

水质 多环芳烃的测定 液液萃取和固相萃取高效液相色谱法（HJ 478—2009）

【适用范围】饮用水、地下水、地表水、海水、工业废水及生活污水。

【采样容器】具磨口塞的棕色玻璃细口瓶。

【采样方法】采样前不能用水样预洗采样瓶，以防止样品的沾染或吸附。采样瓶要完全注满，不留气泡。

【固定剂】硫代硫酸钠（有残余氯存在）。

【保存方法】若水中有残余氯存在，要在每升水中加入 80 g 硫代硫酸钠除氯。样品采集后应避光于 0～5℃冷藏保存。

【保存期】在 7 d 内萃取，萃取后 40 d 内分析完毕。

【采样量】500 mL。

【容器洗涤】样品必须采集在预先洗净烘干的采样瓶中。

【检出限】荧光检测器：0.005 μg/L；紫外检测器：0.004 μg/L。

【质量保证和质量控制】—

166. 二苯并[*a*,*h*]蒽

水质 多环芳烃的测定 液液萃取和固相萃取高效液相色谱法（HJ 478—2009）

【适用范围】饮用水、地下水、地表水、海水、工业废水及生活污水。

【采样容器】具磨口塞的棕色玻璃细口瓶。

【采样方法】采样前不能用水样预洗采样瓶，以防止样品的沾染或吸附。采样瓶要完全注满，不留气泡。

【固定剂】硫代硫酸钠（有残余氯存在）。

【保存方法】若水中有残余氯存在，要在每升水中加入 80 g 硫代硫酸钠除氯。样品采集后应避光于 0～5℃冷藏保存。

【保存期】在 7 d 内萃取，萃取后 40 d 内分析完毕。

【采样量】500 mL。

【容器洗涤】样品必须采集在预先洗净烘干的采样瓶中。

【检出限】荧光检测器：0.003 μg/L；紫外检测器：0.003 μg/L。

【质量保证和质量控制】—

167. 二噁英类

水质 二噁英类的测定 同位素稀释高分辨气相色谱-高分辨质谱法（HJ 77.1—2008）

【适用范围】地表水、地下水、工业废水和生活污水中。

【采样容器】玻璃或不锈钢材质可密封器具。

【采样方法】使用前采样器具用甲醇及甲苯充分清洗。

【固定剂】—

【保存方法】4～10℃避光密封保存。

【保存期】尽快分析。

【采样量】一般不少于 10 L。

【容器洗涤】使用前采样器具用甲醇及甲苯充分清洗。

【检出限】取样量为 10 L 时，2,3,7,8-T_4CDD 检出限为 0.5 pg/L。

【质量保证和质量控制】

数据可靠性保证：保证内标回收率、检出限、空白实验、平行实验及标准溶液等符合相关要求。

操作要求：保证样品采集、制备、定性定量等操作准确规范。准确无遗漏地填写相关记录。记录与质量保证和质量控制相关的信息。

168. 二氯甲烷

水质　挥发性卤代烃的测定　顶空气相色谱法（HJ 620—2011）

【适用范围】地表水、地下水、饮用水、海水、工业废水和生活污水。

【采样容器】有聚四氟乙烯衬垫的棕色螺口玻璃瓶或 40 mL 硬质棕色玻璃瓶（带聚四氟乙烯瓶盖）。

【采样方法】采样时样品沿瓶壁注入，防止气泡产生，水样充满后不留液上空间。所有样品均采集平行样。

【固定剂】抗坏血酸或硫代硫酸钠。

【保存方法】如果水样含有余氯，向采样瓶中加入 0.3～0.5 g 抗坏血酸或硫代硫酸钠。0～5℃冷藏保存。

【保存期】7 d。

【采样量】40 mL。

【容器洗涤】—

【检出限】6.13 μg/L。

【质量保证和质量控制】所有样品均采集平行样。平行样品：每分析一批（20 个）样品至少做 10%的平行样品测定，平行样品相对偏差在 30%以内。

水质　挥发性有机物的测定　吹扫捕集/气相色谱-质谱法（HJ 639—2012）

【适用范围】海水、地下水、地表水、生活污水和工业废水。

【采样容器】有聚四氟乙烯衬垫的棕色螺口玻璃瓶或硬质棕色玻璃瓶（带聚四氟乙烯瓶盖）。

【采样方法】采样时不需用样品进行荡洗，水样在样品瓶中溢流而不留空间。取样时应尽量避免或减少样品在空气中暴露。所有样品均采集平行双样，每批样品带一个全程序空白和一个运输空白。

【固定剂】抗坏血酸+盐酸。

【保存方法】（1）每 40 mL 样品需加入 25 mg 的抗坏血酸；若样品中总余氯的量超过 5 mg/L，总余氯每超过 5 mg/L，需要多加 25 mg 的抗坏血酸。采样时，水样呈中性时向每个样品瓶中加入 0.5 mL 盐酸溶液，拧紧瓶盖；水样呈碱性时应加入适量盐酸溶液使样品 pH≤2，4℃保存。（2）当水样加盐酸溶液后产生大量气泡时，应弃去该样品，重新采集样品。重新采集的样品不应加盐酸溶液，样品标签上应注明未酸化，4℃保存。

【保存期】12 h。

【采样量】1 L。

【容器洗涤】样品瓶应在采样前用甲醇清洗。

【检出限】全扫描方式：1.0 μg/L；选择离子方式：0.5 μg/L。

【质量保证和质量控制】所有样品均采集平行双样，每批样品至少应采集一个运输空白和全程序空白样品。空白中目标化合物浓度应小于下列条件的最大值：（1）方法检出限；（2）相关环保标准限值的 5%；（3）样品分析结果的 5%。若空白试验未满足以上要求，则应采取措施排除污染并重新分析同批样品。

水质 挥发性有机物的测定 吹扫捕集/气相色谱法（HJ 686—2014）

【适用范围】地表水、地下水、生活污水和工业废水中挥发性有机物的测定。

【采样容器】有聚四氟乙烯衬垫的棕色螺口玻璃瓶或硬质棕色玻璃瓶（带聚四氟乙烯瓶盖）。

【采样方法】样品采集时不需用水样荡洗。所有样品均采集平行双样，每批样品带一个全程序空白和一个运输空白。

【固定剂】无余氯样品：盐酸溶液；有余氯样品：抗坏血酸+盐酸。

【保存方法】无余氯样品：0.5 mL 盐酸溶液，4℃保存；有余氯样品：加入约 25 mg 抗坏血酸，再加 0.5 mL 盐酸溶液，4℃保存。

【保存期】12 h。

【采样量】1 L。

【容器洗涤】采样瓶应在采样前充分清洗。

【检出限】0.5 μg/L。

【质量保证和质量控制】

所有样品均采集平行双样。

（1）空白分析

①运输空白。采样前在实验室将一份空白试剂水放入样品瓶中密封，将其带到现场。采样时对其瓶盖一直处于密封状态，随样品运回实验室，按与样品相同的分析步骤进行处理和测定，用于检查样品运输过程中是否受到污染。

②全程序空白。采样前在实验室将一份空白试剂水放入样品瓶中密封，将其带到现场。与采样的样品瓶同时开盖和密封，随样品运回实验室，按与样品相同的分析步骤进行处理和测定，用于检查样品采集到分析全过程是否受到污染。

如全程序空白中目标化合物高于检出限时，不能从样品结果中扣除空白值。应检查所有可能对全程序空白产生影响的环节，仔细查找干扰源。如果确实发现采样、运输或保存过程存在影响分析结果的干扰，需对出现问题批次的样品进行重新采样分析。

（2）平行样品的测定

虽然每个样品均采集平行双样，一般每 10 个样品或每批次（少于 10 个样品/批）分析一个平行样，平行样品测定结果的相对偏差小于 20%。

水质 挥发性有机物的测定 顶空/气相色谱-质谱法（HJ 810—2016）

【适用范围】地表水、地下水、生活污水、工业废水和海水。

【采样容器】有聚四氟乙烯衬垫的棕色螺口玻璃瓶或硬质棕色玻璃瓶（带聚四氟乙烯瓶盖）。

【采样方法】采集样品时，不宜用水样进行荡洗，应使水样在样品瓶中溢流且不留空间。

【固定剂】抗坏血酸+盐酸。

【保存方法】（1）若水样中含有余氯，采样前，应向 40 mL 棕色采样瓶中加入 25 mg 的抗坏血酸。若水样中余氯含量超过 5 mg/L，应按比例增加抗坏血酸的加入量，余氯含量每增加 5 mg/L，则应多加入 25 mg 的抗坏血酸。样品采集后，应立即加入适量盐酸溶液，使样品 pH≤2，拧紧瓶盖，4℃以下冷藏，避光和密封保存。（2）当水样加盐酸溶液后有气泡产生，须重新采样，重新采集的样品不加盐酸溶液保存，样品标签上应注明未酸化。

【保存期】12 h。

【采样量】1 L。

【容器洗涤】—

【检出限】全扫描方式：7 μg/L；选择离子方式：0.6 μg/L。

【质量保证和质量控制】所有样品均采集平行双样。每批样品应至少做一个全程序空白：按照分析步骤，在实验室将一份实验用水放入样品瓶中密封，将其带到采样现场，与采样的样品瓶同时开盖和密封，之后随样品运回实验室。

169. 二氯乙酸

水质　卤代乙酸类化合物的测定　气相色谱法（HJ 758—2015）

【适用范围】地表水、地下水、生活污水和工业废水中一氯乙酸、一溴乙酸、二氯乙酸、三氯乙酸、一溴一氯乙酸、一溴二氯乙酸、二溴乙酸、一氯二溴乙酸和三溴乙酸共九种卤代乙酸类化合物的测定。

【采样容器】100 mL 棕色玻璃瓶。

【采样方法】每 100 mL 水样加 1.0 mL 氯化铵溶液，使水样中氯化铵含量约 100 mg/L。

【固定剂】—

【保存方法】4℃避光冷藏保存。

【保存期】14 d。

【采样量】—

【容器洗涤】—

【检出限】2 μg/L。

【质量保证和质量控制】

校准：初次校准曲线的相关系数应≥0.995，否则应查找原因重新绘制校准曲线。每 20 个样品应测定一次校准曲线中间浓度点标准溶液，测定结果与初始校准的相对误差应在±30%之内。

内标：若校准曲线不是初次校准时，内标峰面积应在初次校准时内标峰面积的±50 以内，否则需重新校准。

空白实验：每批次样品应至少做一个全程序空白和实验室空白，目标化合物测定结果应低于方法检出限。

平行样：每批次样品至少做不少于 10%的平行双样，样品量少于 10 个时，至少测定一个平行双样。平行双样测定结果的相对偏差应≤30%。

加标回收：每批样品至少做 1 次基体加标回收率的测定，实际样品加标平均回收率应在 70%～130%。

替代物加标回收：每个样品和空白中均应加入替代物，按与样品同样步骤分析，每种替代物的平均回收率应在 70%～130%。

170. 二氢苊

水质 多环芳烃的测定 液液萃取和固相萃取高效液相色谱法（HJ 478—2009）

【适用范围】饮用水、地下水、地表水、海水、工业废水及生活污水。

【采样容器】具磨口塞的棕色玻璃细口瓶。

【采样方法】采样前不能用水样预洗采样瓶，以防止样品的沾染或吸附。采样瓶要完全注满，不留气泡。

【固定剂】硫代硫酸钠（有残余氯存在）。

【保存方法】若水中有残余氯存在，要在每升水中加入 80 g 硫代硫酸钠除氯。样品采集后应避光于 0～5℃冷藏保存。

【保存期】在 7 d 内萃取，萃取后 40 d 内分析完毕。

【采样量】500 mL。

【容器洗涤】样品必须采集在预先洗净烘干的采样瓶中。

【检出限】荧光检测器：0.006 μg/L；紫外检测器：0.008 μg/L。

【质量保证和质量控制】—

171. 二溴甲烷

水质 挥发性有机物的测定 吹扫捕集/气相色谱-质谱法（HJ 639—2012）

【适用范围】海水、地下水、地表水、生活污水和工业废水。

【采样容器】有聚四氟乙烯衬垫的棕色螺口玻璃瓶或硬质棕色玻璃瓶（带聚四氟乙烯瓶盖）。

【采样方法】采样时不需用样品进行荡洗，水样在样品瓶中溢流而不留空间。取样时应尽量避免或减少样品在空气中暴露。所有样品均采集平行双样，每批样品带一个全程序空白和一个运输空白。

【固定剂】抗坏血酸+盐酸。

【保存方法】（1）每 40 mL 样品需加入 25 mg 的抗坏血酸；若样品中总余氯的量超过 5 mg/L，总余氯每超过 5 mg/L，需要多加 25 mg 的抗坏血酸。采样时，水样呈中性时向每个样品瓶中加入 0.5 mL 盐酸溶液，拧紧瓶盖；水样呈碱性时应加入适量盐酸溶液使样品 pH≤2，4℃保存。（2）当水样加盐酸溶液后产生大量气泡时，应弃去该样品，重新采集样品。重新采集的样品不应加盐酸溶液，样品标签上应注明未酸化，4℃保存。

【保存期】12 h。

【采样量】1 L。

【容器洗涤】样品瓶应在采样前用甲醇清洗。

【检出限】全扫描方式：1.5 μg/L；选择离子方式：0.4 μg/L。

【质量保证和质量控制】所有样品均采集平行双样，每批样品至少应采集一个运输空白和全程序空白样品。空白中目标化合物浓度应小于下列条件的最大值：（1）方法检出限；（2）相关环保标准限值的 5%；（3）样品分析结果的 5%。若空白试验未满

足以上要求，则应采取措施排除污染并重新分析同批样品。

水质　挥发性有机物的测定　顶空/气相色谱-质谱法（HJ 810—2016）

【适用范围】地表水、地下水、生活污水、工业废水和海水。

【采样容器】有聚四氟乙烯衬垫的棕色螺口玻璃瓶或硬质棕色玻璃瓶（带聚四氟乙烯瓶盖）。

【采样方法】采集样品时，不宜用水样进行荡洗，应使水样在样品瓶中溢流且不留空间。

【固定剂】抗坏血酸+盐酸。

【保存方法】（1）若水样中含有余氯，采样前，应向 40 mL 棕色采样瓶中加入 25 mg 的抗坏血酸。若水样中余氯含量超过 5 mg/L，应按比例增加抗坏血酸的加入量，余氯含量每增加 5 mg/L，则应多加入 25 mg 的抗坏血酸。样品采集后，应立即加入适量盐酸溶液，使样品 pH≤2，拧紧瓶盖，4℃以下冷藏，避光和密封保存。（2）当水样加盐酸溶液后有气泡产生，须重新采样，重新采集的样品不加盐酸溶液保存，样品标签上应注明未酸化。

【保存期】12 h。

【采样量】1 L。

【容器洗涤】—

【检出限】全扫描方式：4 μg/L；选择离子方式：0.7 μg/L。

【质量保证和质量控制】所有样品均采集平行双样。每批样品应至少做一个全程序空白：按照分析步骤，在实验室将一份实验用水放入样品瓶中密封，将其带到采样现场，与采样的样品瓶同时开盖和密封，之后随样品运回实验室。

172. 二溴一氯甲烷

水质　挥发性卤代烃的测定　顶空气相色谱法（HJ 620—2011）

【适用范围】地表水、地下水、饮用水、海水、工业废水和生活污水。

【采样容器】有聚四氟乙烯衬垫的棕色螺口玻璃瓶或 40 mL 硬质棕色玻璃瓶（带聚四氟乙烯瓶盖）。

【采样方法】采样时样品沿瓶壁注入，防止气泡产生，水样充满后不留液上空间。所有样品均采集平行样。

【固定剂】抗坏血酸或硫代硫酸钠。

【保存方法】如果水样含有余氯，向采样瓶中加入 0.3～0.5 g 抗坏血酸或硫代硫酸钠，0～5℃冷藏保存。

【保存期】7 d。

【采样量】40 mL。

【容器洗涤】—

【检出限】0.02 μg/L。

【质量保证和质量控制】所有样品均采集平行样。平行样品：每分析一批（20 个）样品至少做 10%的平行样品测定，平行样品相对偏差在 30%以内。

水质　挥发性有机物的测定　吹扫捕集/气相色谱-质谱法（HJ 639—2012）

【适用范围】海水、地下水、地表水、生活污水和工业废水。

【采样容器】有聚四氟乙烯衬垫的棕色螺口玻璃瓶或硬质棕色玻璃瓶（带聚四氟乙烯瓶盖）。

【采样方法】采样时不需用样品进行荡洗，水样在样品瓶中溢流而不留空间。取样时应尽量避免或减少样品在空气中暴露。所有样品均采集平行双样，每批样品带一个全程序空白和一个运输空白。

【固定剂】抗坏血酸+盐酸。

【保存方法】（1）每 40 mL 样品需加入 25 mg 的抗坏血酸；若样品中总余氯的量超过 5 mg/L，总余氯每超过 5 mg/L，需要多加 25 mg 的抗坏血酸。采样时，水样呈中性时向每个样品瓶中加入 0.5 mL 盐酸溶液，拧紧瓶盖；水样呈碱性时应加入适量盐酸溶液使样品 pH≤2，4℃保存。（2）当水样加盐酸溶液后产生大量气泡时，应弃去该样品，重新采集样品。重新采集的样品不应加盐酸溶液，样品标签上应注明未酸化，4℃保存。

【保存期】12 h。

【采样量】1 L。

【容器洗涤】样品瓶应在采样前用甲醇清洗。

【检出限】全扫描方式：1.2 μg/L；选择离子方式：0.4 μg/L。

【质量保证和质量控制】所有样品均采集平行双样，每批样品至少应采集一个运输空白和全程序空白样品。空白中目标化合物浓度应小于下列条件的最大值：（1）方法检出限；（2）相关环保标准限值的 5%；（3）样品分析结果的 5%。若空白试验未满足以上要求，则应采取措施排除污染并重新分析同批样品。

水质　挥发性有机物的测定　顶空/气相色谱-质谱法（HJ 810—2016）

【适用范围】地表水、地下水、生活污水、工业废水和海水。

【采样容器】有聚四氟乙烯衬垫的棕色螺口玻璃瓶或硬质棕色玻璃瓶（带聚四氟乙烯瓶盖）。

【采样方法】采集样品时，不宜用水样进行荡洗，应使水样在样品瓶中溢流且不留空间。

【固定剂】抗坏血酸+盐酸。

【保存方法】（1）若水样中含有余氯，采样前，应向 40 mL 棕色采样瓶中加入 25 mg 的抗坏血酸。若水样中余氯含量超过 5 mg/L，应按比例增加抗坏血酸的加入量，余氯含量每增加 5 mg/L，则应多加入 25 mg 的抗坏血酸。样品采集后，应立即加入适量盐酸溶液，使样品 pH≤2，拧紧瓶盖，4℃以下冷藏，避光和密封保存。（2）当水样加盐酸溶液后有气泡产生，须重新采样，重新采集的样品不加盐酸溶液保存，样品标签上应注明未酸化。

【保存期】12 h。

【采样量】1 L。

【容器洗涤】—

【检出限】全扫描方式：4 μg/L；选择离子方式：0.9 μg/L。

【质量保证和质量控制】所有样品均采集平行双样，每批样品应至少做一个全程序空白：按照分析步骤，在实验室将一份实验用水放入样品瓶中密封，将其带到采样现场，与采样的样品瓶同时开盖和密封，之后随样品运回实验室。

173. 二溴乙酸

水质 卤代乙酸类化合物的测定 气相色谱法（HJ 758—2015）

【适用范围】地表水、地下水、生活污水和工业废水中一氯乙酸、一溴乙酸、二氯乙酸、三氯乙酸、一溴一氯乙酸、一溴二氯乙酸、二溴乙酸、一氯二溴乙酸和三溴乙酸共九种卤代乙酸类化合物的测定。

【采样容器】100 mL 棕色玻璃瓶。

【采样方法】每 100 mL 水样加 1.0 mL 氯化铵溶液，使水样中氯化铵含量约 100 mg/L。

【固定剂】—

【保存方法】4℃避光冷藏保存。

【保存期】14 d。

【采样量】—

【容器洗涤】—

【检出限】2 μg/L。

【质量保证和质量控制】

校准：初次校准曲线的相关系数应≥0.995，否则应查找原因重新绘制校准曲线。每 20 个样品应测定一次校准曲线中间浓度点标准溶液，测定结果与初始校准的相对误差应在±30%之内。

内标：若校准曲线不是初次校准时，内标峰面积应在初次校准时内标峰面积的±50 以内，否则需重新校准。

空白实验：每批次样品应至少做一个全程序空白和实验室空白，目标化合物测定结果应低于方法检出限。

平行样：每批次样品至少做不少于 10%的平行双样，样品量少于 10 个时，至少测定一个平行双样。平行双样测定结果的相对偏差应≤30%。

加标回收：每批样品至少做 1 次基体加标回收率的测定，实际样品加标平均回收率应在 70%～130%。

替代物加标回收：每个样品和空白中均应加入替代物，按与样品同样步骤分析，每种替代物的平均回收率应在 70%～130%。

174. 二乙烯三胺

水质 二乙烯三胺的测定 水杨醛分光光度法（GB/T 14378—1993）

【适用范围】地面水、航天工业废水中二乙烯三胺的测定。

【采样容器】—

【采样方法】—

【固定剂】—

【保存方法】—

【保存期】—

【采样量】—

【容器洗涤】—

【检出限】0.4 mg/L。

【质量保证和质量控制】—

175. 反-1,3-二氯丙烯

水质 挥发性有机物的测定 吹扫捕集/气相色谱-质谱法（HJ 639—2012）

【适用范围】海水、地下水、地表水、生活污水和工业废水。

【采样容器】有聚四氟乙烯衬垫的棕色螺口玻璃瓶或硬质棕色玻璃瓶（带聚四氟乙烯瓶盖）。

【采样方法】采样时不需用样品进行荡洗，水样在样品瓶中溢流而不留空间。取样时应尽量避免或减少样品在空气中暴露。所有样品均采集平行双样，每批样品带一个全程序空白和一个运输空白。

【固定剂】抗坏血酸+盐酸。

【保存方法】（1）每 40 mL 样品需加入 25 mg 的抗坏血酸；若样品中总余氯的量超过 5 mg/L，总余氯每超过 5 mg/L，需要多加 25 mg 的抗坏血酸。采样时，水样呈中性时向每个样品瓶中加入 0.5 mL 盐酸溶液，拧紧瓶盖；水样呈碱性时应加入适量盐酸溶液使样品 pH≤2，4℃保存。（2）当水样加盐酸溶液后产生大量气泡时，应弃去该样品，重新采集样品。重新采集的样品不应加盐酸溶液，样品标签上应注明未酸化，4℃保存。

【保存期】12 h。

【采样量】1 L。

【容器洗涤】样品瓶应在采样前用甲醇清洗。

【检出限】全扫描方式：1.4 μg/L；选择离子方式：0.3 μg/L。

【质量保证和质量控制】所有样品均采集平行双样，每批样品至少应采集一个运输空白和全程序空白样品。空白中目标化合物浓度应小于下列条件的最大值：（1）方法检出限；（2）相关环保标准限值的 5%；（3）样品分析结果的 5%。若空白试验未满足以上要求，则应采取措施排除污染并重新分析同批样品。

水质 挥发性有机物的测定 顶空/气相色谱-质谱法（HJ 810—2016）

【适用范围】地表水、地下水、生活污水、工业废水和海水。

【采样容器】有聚四氟乙烯衬垫的棕色螺口玻璃瓶或硬质棕色玻璃瓶（带聚四氟乙烯瓶盖）。

【采样方法】采集样品时，不宜用水样进行荡洗，应使水样在样品瓶中溢流且不留空间。

【固定剂】抗坏血酸+盐酸。

【保存方法】（1）若水样中含有余氯，采样前，应向 40 mL 棕色采样瓶中加入 25 mg 的抗坏血酸。若水样中余氯含量超过 5 mg/L，应按比例增加抗坏血酸的加入量，余氯含量每增加 5 mg/L，则应多加入 25 mg 的抗坏血酸。样品采集后，应立即加入适量盐酸溶液，使样品 pH≤2，拧紧瓶盖，4℃以下冷藏，避光和密封保存。（2）当水样加盐酸溶液后有气泡产生，须重新采样，重新采集的样品不加盐酸溶液保存，样品标签上应注明未酸化。

【保存期】12 h。

【采样量】1 L。

【容器洗涤】—

【检出限】全扫描方式：8 μg/L；选择离子方式：1.1 μg/L。

【质量保证和质量控制】所有样品均采集平行双样。每批样品应至少做一个全程序空白：按照分析步骤，在实验室将一份实验用水放入样品瓶中密封，将其带到采样现场，与采样的样品瓶同时开盖和密封，之后随样品运回实验室。

176. 反-1,2-二氯乙烯

水质 挥发性卤代烃的测定 顶空气相色谱法（HJ 620—2011）

【适用范围】地表水、地下水、饮用水、海水、工业废水和生活污水。

【采样容器】有聚四氟乙烯衬垫的棕色螺口玻璃瓶或 40 mL 硬质棕色玻璃瓶（带聚四氟乙烯瓶盖）。

【采样方法】采样时样品沿瓶壁注入，防止气泡产生，水样充满后不留液上空间。所有样品均采集平行样。

【固定剂】抗坏血酸或硫代硫酸钠。

【保存方法】如果水样含有余氯，向采样瓶中加入 0.3～0.5 g 抗坏血酸或硫代硫酸钠，0～5℃冷藏保存。

【保存期】7 d。

【采样量】40 mL。

【容器洗涤】—

【检出限】2.52 μg/L。

【质量保证和质量控制】所有样品均采集平行样。平行样品：每分析一批（20 个）样品至少做 10%的平行样品测定，平行样品相对偏差在 30%以内。

水质 挥发性有机物的测定 吹扫捕集/气相色谱-质谱法（HJ 639—2012）

【适用范围】海水、地下水、地表水、生活污水和工业废水。

【采样容器】有聚四氟乙烯衬垫的棕色螺口玻璃瓶或硬质棕色玻璃瓶（带聚四氟乙烯瓶盖）。

【采样方法】采样时不需用样品进行荡洗，水样在样品瓶中溢流而不留空间。取样时应尽量避免或减少样品在空气中暴露。所有样品均采集平行双样，每批样品带一个全程序空白和一个运输空白。

【固定剂】抗坏血酸+盐酸。

【保存方法】（1）每 40 mL 样品需加入 25 mg 的抗坏血酸；若样品中总余氯的量超过 5 mg/L，总余氯每超过 5 mg/L，需要多加 25 mg 的抗坏血酸。采样时，水样呈中性时向每个样品瓶中加入 0.5 mL 盐酸溶液，拧紧瓶盖；水样呈碱性时应加入适量盐酸溶液使样品 pH≤2，4℃保存。（2）当水样加盐酸溶液后产生大量气泡时，应弃去该样品，重新采集样品。重新采集的样品不应加盐酸溶液，样品标签上应注明未酸化，4℃保存。

【保存期】12 h。

【采样量】1 L。

【容器洗涤】样品瓶应在采样前用甲醇清洗。

【检出限】全扫描方式：1.1 μg/L；选择离子方式：0.3 μg/L。

【质量保证和质量控制】所有样品均采集平行双样，每批样品至少应采集一个运输空白和全程序空白样品。空白中目标化合物浓度应小于下列条件的最大值：（1）方法检出限；（2）相关环保标准限值的 5%；（3）样品分析结果的 5%。若空白试验未满

足以上要求，则应采取措施排除污染并重新分析同批样品。

水质　挥发性有机物的测定　吹扫捕集/气相色谱法（HJ 686—2014）

【适用范围】地表水、地下水、生活污水和工业废水中挥发性有机物的测定。

【采样容器】有聚四氟乙烯衬垫的棕色螺口玻璃瓶或硬质棕色玻璃瓶（带聚四氟乙烯瓶盖）。

【采样方法】样品采集时不需用水样荡洗。所有样品均采集平行双样，每批样品带一个全程序空白和一个运输空白。

【固定剂】无余氯样品：盐酸溶液；有余氯样品：抗坏血酸+盐酸。

【保存方法】无余氯样品：0.5 mL 盐酸溶液，4℃保存；有余氯样品：加入约 25 mg 抗坏血酸，再加 0.5 mL 盐酸溶液，4℃保存。

【保存期】14 d。

【采样量】40 mL。

【容器洗涤】采样瓶应在采样前充分清洗。

【检出限】0.1 μg/L。

【质量保证和质量控制】

所有样品均采集平行双样，每批样品带一个全程序空白和一个运输空白。

（1）空白分析

①运输空白。采样前在实验室将一份空白试剂水放入样品瓶中密封，将其带到现场。采样时对其瓶盖一直处于密封状态，随样品运回实验室，按与样品相同的分析步骤进行处理和测定，用于检查样品运输过程中是否受到污染。

②全程序空白。采样前在实验室将一份空白试剂水放入样品瓶中密封，将其带到现场。与采样的样品瓶同时开盖和密封，随样品运回实验室，按与样品相同的分析步骤进行处理和测定，用于检查样品采集到分析全过程是否受到污染。

如全程序空白中目标化合物高于检出限时，不能从样品结果中扣除空白值。应检查所有可能对全程序空白产生影响的环节，仔细查找干扰源。如果确实发现采样、运输或保存过程存在影响分析结果的干扰，需对出现问题批次的样品进行重新采样分析。

（2）平行样品的测定

虽然每个样品均采集平行双样，一般每 10 个样品或每批次（少于 10 个样品/批）分析一个平行样，平行样品测定结果的相对偏差小于 20%。

水质　挥发性有机物的测定　顶空/气相色谱-质谱法（HJ 810—2016）

【适用范围】地表水、地下水、生活污水、工业废水和海水。

【采样容器】有聚四氟乙烯衬垫的棕色螺口玻璃瓶或硬质棕色玻璃瓶（带聚四氟乙烯瓶盖）。

【采样方法】采集样品时，不宜用水样进行荡洗，应使水样在样品瓶中溢流且不留空间。

【固定剂】抗坏血酸+盐酸。

【保存方法】（1）若水样中含有余氯，采样前，应向 40 mL 棕色采样瓶中加入 25 mg 的抗坏血酸。若水样中余氯含量超过 5 mg/L，应按比例增加抗坏血酸的加入量，余氯含量每增加 5 mg/L，则应多加入 25 mg 的抗坏血酸。样品采集后，应立即加入适量盐酸溶液，使样品 pH≤2，拧紧瓶盖，4℃以下冷藏，避光和密封保存。（2）当水样加盐酸溶液后有气泡产生，须重新采样，重新采集的样品不加盐酸溶液保存，样品标签上应注明未酸化。

【保存期】12 h。

【采样量】1 L。

【容器洗涤】—

【检出限】全扫描方式：4 μg/L；选择离子方式：0.6 μg/L。

【质量保证和质量控制】所有样品均采集平行双样。每批样品应至少做一个全程序空白：按照分析步骤，在实验室将一份实验用水放入样品瓶中密封，将其带到采样现场，与采样的样品瓶同时开盖和密封，之后随样品运回实验室。

177. 菲

水质　多环芳烃的测定　液液萃取和固相萃取高效液相色谱法（HJ 478—2009）

【适用范围】饮用水、地下水、地表水、海水、工业废水及生活污水。

【采样容器】具磨口塞的棕色玻璃细口瓶。

【采样方法】采样前不能用水样预洗采样瓶，以防止样品的沾染或吸附。采样瓶要完全注满，不留气泡。

【固定剂】硫代硫酸钠（有残余氯存在）。

【保存方法】若水中有残余氯存在，要在每升水中加入 80 g 硫代硫酸钠除氯。样品采集后应避光于 0～5℃冷藏保存。

【保存期】在 7 d 内萃取，萃取后 40 d 内分析完毕。

【采样量】500 mL。

【容器洗涤】样品必须采集在预先洗净烘干的采样瓶中。

【检出限】荧光检测器：0.012 μg/L；紫外检测器：0.012 μg/L。

【质量保证和质量控制】—

178. 氟虫腈

废水中氟虫腈的测定　气相色谱法（GB 21523—2008 附录 I）

【适用范围】工业废水和地表水中对氟虫腈的测定。

【采样容器】—

【采样方法】—

【固定剂】—

【保存方法】—

【保存期】—

【采样量】—

【容器洗涤】—

【检出限】0.0025 μg/L。

【质量保证和质量控制】—

179. 黑索今（RDX）

水质 黑索今的测定 分光光度法（GB/T 13900—1992）

【适用范围】弹药装药工业废水中黑索今含量的测定。

【采样容器】棕色玻璃瓶。

【采样方法】—

【固定剂】—

【保存方法】于 2～5℃下保存。

【保存期】7 d 内萃取，30 d 内测定。

【采样量】—

【容器洗涤】—

【检出限】0.05 mg/L。

【质量保证和质量控制】—

水质 梯恩梯、黑索今、地恩梯的测定 气相色谱法（HJ 600—2011）

【适用范围】弹药装药工业废水中梯恩梯、黑索今和地恩梯的测定。

【采样容器】500 mL 棕色玻璃瓶。

【采样方法】—

【固定剂】—

【保存方法】于 0～4℃下保存。

【保存期】7 d 内完成萃取，萃取液可保存 30 d。

【采样量】—

【容器洗涤】—

【检出限】使用填充柱：0.1 mg/L；使用毛细管柱：0.05 mg/L。

【质量保证和质量控制】—

180. 环氧氯丙烷

水质 挥发性有机物的测定 吹扫捕集/气相色谱-质谱法（HJ 639—2012）

【适用范围】海水、地下水、地表水、生活污水和工业废水。

【采样容器】有聚四氟乙烯衬垫的棕色螺口玻璃瓶或硬质棕色玻璃瓶（带聚四氟乙烯瓶盖）。

【采样方法】采样时不需用样品进行荡洗，水样在样品瓶中溢流而不留空间。取样时应尽量避免或减少样品在空气中暴露。所有样品均采集平行双样，每批样品带一个全程序空白和一个运输空白。

【固定剂】抗坏血酸+盐酸。

【保存方法】（1）每 40 mL 样品需加入 25 mg 的抗坏血酸；若样品中总余氯的量超过 5 mg/L，总余氯每超过 5 mg/L，需要多加 25 mg 的抗坏血酸。采样时，水样呈中性时向每个样品瓶中加入 0.5 mL 盐酸溶液，拧紧瓶盖；水样呈碱性时应加入适量盐酸溶液使样品 pH≤2，4℃保存。（2）当水样加盐酸溶液后产生大量气泡时，应弃去该样品，重新采集样品。重新采集的样品不应加盐酸溶液，样品标签上应注明未酸化，4℃保存。

【保存期】12 h。

【采样量】1 L。

【容器洗涤】样品瓶应在采样前用甲醇清洗。

【检出限】全扫描方式：5.0 μg/L；选择离子方式：2.3 μg/L。

【质量保证和质量控制】所有样品均采集平行双样，每批样品至少应采集一个运输空白和全程序空白样品。空白中目标化合物浓度应小于下列条件的最大值：（1）方法检出限；（2）相关环保标准限值的 5%；（3）样品分析结果的 5%。若空白试验未满足以上要求，则应采取措施排除污染并重新分析同批样品。

水质　挥发性有机物的测定　吹扫捕集/气相色谱法（HJ 686—2014）

【适用范围】地表水、地下水、生活污水和工业废水中挥发性有机物的测定。

【采样容器】有聚四氟乙烯衬垫的棕色螺口玻璃瓶或硬质棕色玻璃瓶（带聚四氟乙烯瓶盖）。

【采样方法】样品采集时不需用水样荡洗。所有样品均采集平行双样，每批样品带一个全程序空白和一个运输空白。

【固定剂】无余氯样品：盐酸溶液；有余氯样品：抗坏血酸+盐酸。

【保存方法】无余氯样品：0.5 mL 盐酸溶液，4℃保存；有余氯样品：加入约 25 mg 抗坏血酸，再加 0.5 mL 盐酸溶液，4℃保存。

【保存期】12 h。

【采样量】1 L。

【容器洗涤】采样瓶应在采样前充分清洗。

【检出限】0.1 μg/L。

【质量保证和质量控制】

所有样品均采集平行双样，每批样品带一个全程序空白和一个运输空白。

（1）空白分析

①运输空白。采样前在实验室将一份空白试剂水放入样品瓶中密封，将其带到现场。采样时对其瓶盖一直处于密封状态，随样品运回实验室，按与样品相同的分析步骤进行处理和测定，用于检查样品运输过程中是否受到污染。

②全程序空白。采样前在实验室将一份空白试剂水放入样品瓶中密封，将其带到现场。与采样的样品瓶同时开盖和密封，随样品运回实验室，按与样品相同的分析步骤进行处理和测定，用于检查样品采集到分析全过程是否受到污染。

如全程序空白中目标化合物高于检出限时，不能从样品结果中扣除空白值。应检查所有可能对全程序空白产生影响的环节，仔细查找干扰源。如果确实发现采样、运输或保存过程存在影响分析结果的干扰，需对出现问题批次的样品进行重新采样分析。

（2）平行样品的测定

虽然每个样品均采集平行双样，一般每 10 个样品或每批次（少于 10 个样品/批）分析一个平行样，平行样品测定结果的相对偏差小于 20%。

181. 环氧七氯

水质　有机氯农药和氯苯类化合物的测定　气相色谱-质谱法（HJ 699—2014）

【适用范围】地表水、地下水、生活污水、工业废水和海水。

【采样容器】具有玻璃塞的棕色磨口瓶或具有聚四氟乙烯衬垫的棕色螺口玻璃瓶。

【采样方法】加入 0.01～0.02 g 抗坏血酸去除余氯。

【固定剂】抗坏血酸。

【保存方法】0～5℃避光保存。

【保存期】24 h。

【采样量】1 L。

【容器洗涤】—

【检出限】液液萃取法：0.040 μg/L；固相萃取法：0.026 μg/L。

【质量保证和质量控制】空白试验：每批样品至少做一个空白试验，即全程序空白试验。如果目标化合物有检查，应查明原因。

182. 黄磷

水质　黄磷的测定　气相色谱法（HJ 701—2014）

【适用范围】地表水、地下水、生活污水和工业废水中黄磷的测定。

【采样容器】500 mL 棕色玻璃瓶。

【采样方法】水样沿瓶壁缓慢流入，水样充满不留气泡。

【固定剂】—

【保存方法】4℃避光冷藏保存。

【保存期】7 d。

【采样量】500 mL。

【容器洗涤】—

【检出限】氮磷检测器（NPD）：0.04 μg/L；火焰光度检测器（FPD）：0.1 μg/L。

【质量保证和质量控制】—

183. 挥发酚

水质　挥发酚的测定　溴化容量法（HJ 502—2009）

【适用范围】含高浓度挥发酚工业废水。

【采样容器】硬质玻璃瓶。

【采样方法】—

【固定剂】磷酸。

【保存方法】加磷酸酸化至 pH 值约为 2.0，并加硫酸铜，4℃冷藏保存。

【保存期】24 h 内进行测定。

【采样量】500 mL。

【容器洗涤】—

【检出限】0.1 mg/L。

【质量保证和质量控制】—

【结果表示】当结果小于 10 mg/L 时，保留到小数点后一位；大于等于 10 mg/L 时，保留三位有效数字。

水质　挥发酚的测定　4-氨基安替比林分光光度法（HJ 503—2009）

【适用范围】地表水、地下水、饮用水、工业废水和生活污水。

【采样容器】硬质玻璃瓶。

【采样方法】—

【固定剂】磷酸。

【保存方法】加磷酸酸化至 pH 值约为 2.0，并加硫酸铜，4℃冷藏保存。

【保存期】24 h 内进行测定。

【采样量】500 mL。

【容器洗涤】—

【检出限】萃取分光光度法：0.000 3 mg/L；直接分光光度法：0.01 mg/L。

【质量保证和质量控制】—

【结果表示】当结果小于 0.1 mg/L 时，保留到小数点后四位；大于等于 0.1 mg/L 时，保留三位有效数字。当结果小于 1 mg/L 时，保留到小数点后三位；大于等于 1 mg/L 时，保留三位有效数字。

水质　挥发酚的测定　流动注射-4-氨基安替比林分光光度法（HJ 825—2017）

【适用范围】地表水、地下水、生活污水和工业废水。

【采样容器】玻璃瓶。

【采样方法】—

【固定剂】磷酸。

【保存方法】加磷酸调 pH 至 2，或用 0.01～0.02 g 抗坏血酸去除残余氯。用氢氧化钠固定，使样品 pH≥12，4℃下冷藏、避光保存。

【保存期】24 h。

【采样量】—

【容器洗涤】—

【检出限】0.002 mg/L。

【质量保证和质量控制】每批样品至少测定一个全程序空白，空白值不得超过方法测定下限，否则应查明原因，重新分析直至合格后才能测定样品。

【结果表示】当结果小于 1.00 mg/L 时，保留至小数点后三位；大于等于 1.00 mg/L 时，结果保留三位有效数字。

污水监测技术规范（HJ 91.1—2019）

【适用范围】采用手工方法对排污单位污水进行监测。

【采样容器】玻璃瓶。

【采样方法】—

【固定剂】磷酸、抗坏血酸。

【保存方法】加磷酸至 pH 值约为 2，用 0.01～0.02 g 抗坏血酸去除余氯。

【保存期】24 h。

【采样量】1 000 mL。

【容器洗涤】—

【检出限】—

【质量保证和质量控制】—

184. 挥发性石油烃（C_{10}～C_{40}）

水质 可萃取性石油烃（C_{10}～C_{40}）的测定 气相色谱法（HJ 894—2017）

【适用范围】地表水、地下水、生活污水、工业废水和海水中可萃取性石油烃（C_{10}～C_{40}）的测定。

【采样容器】1 L 具磨口塞的棕色玻璃瓶。

【采样方法】盐酸酸化至 pH≤2。

【固定剂】—

【保存方法】4℃保存。

【保存期】14 d 内萃取，40 d 内分析。

【采样量】1 000 mL。

【容器洗涤】—

【检出限】0.01 mg/L。

【质量保证和质量控制】—

185. 挥发性石油烃（C_6～C_9）

水质 挥发性石油烃（C_6～C_9）的测定 吹扫捕集/气相色谱法（HJ 893—2017）

【适用范围】地表水、地下水、海水、生活污水和工业废水中挥发性石油烃（C_6～C_9）的测定。

【采样容器】40 mL 硬质棕色玻璃瓶（带聚四氟乙烯瓶盖）。

【采样方法】加 0.3 g 抗坏血酸，水样充满样品瓶不留气泡，磷酸调节 pH≤2。

【固定剂】抗坏血酸。

【保存方法】4℃冷藏避光保存。

【保存期】3 d。

【采样量】40 mL。

【容器洗涤】—

【检出限】当取样量为 10.0 mL 时，本标准测定的挥发性石油烃（C_6～C_9）方法检出限为 0.02 mg/L，当取样量为 20.0 mL 时，本标准测定的挥发性石油烃（C_6～C_9）方法检出限为 0.01 mg/L。

【质量保证和质量控制】全程空白样品带至现场，用同批次实验用水装满，与样品一起带回实验室。

186. 混杀威

水质 氨基甲酸酯类农药的测定 超高效液相色谱-三重四极杆质谱法（HJ 827—2017）

【适用范围】地表水、地下水、工业废水和生活污水中 15 种氨基甲酸酯类农药的测定。

【采样容器】250 mL 具磨口塞的棕色玻璃瓶。

【采样方法】加入 0.01～0.02 g 抗坏血酸去除余氯。

【固定剂】抗坏血酸。

【保存方法】0～5℃避光保存。

【保存期】24 h。

【采样量】1 L。

【容器洗涤】—

【检出限】直接进样法：0.3 μg/L；固相萃取法：0.007 μg/L。

【质量保证和质量控制】

校准：每批样品应绘制校准曲线，相关系数应≥0.995。每 20 个样品或每批次需进行 1 次曲线中间浓度点测定，测定结果与该点浓度的相对偏差应在±20%之内。

空白实验：每次分析应至少做一个实验室空白，目标化合物测定结果应低于方法检出限。

平行样：每 20 个样品或每批次样品（少于 20 个样品）应做一个平行双样，平行样测定结果的相对标准偏差应≤20%。

加标回收：每 20 个样品或每批次样品（少于 20 个样品）需做一个基体加标样，直接进样法加标回收率应在 70%～115%，固相萃取法加标回收率应在 60%～120%。

187. 甲苯

水质　苯系物的测定　气相色谱法（GB/T 11890—1989）

【适用范围】工业废水及地表水。

【采样容器】玻璃瓶采集样品。

【采样方法】样品应充满瓶子，并加盖瓶子。

【固定剂】—

【保存方法】应尽快分析，如不能及时分析，在 0～5℃冷藏保存。

【保存期】14 d。

【采样量】—

【容器洗涤】—

【检出限】0.05 mg/L。

【质量保证和质量控制】—

水质　挥发性有机物的测定　吹扫捕集/气相色谱-质谱法（HJ 639—2012）

【适用范围】海水、地下水、地表水、生活污水和工业废水。

【采样容器】有聚四氟乙烯衬垫的棕色螺口玻璃瓶或硬质棕色玻璃瓶（带聚四氟乙烯瓶盖）。

【采样方法】采样时不需用样品进行荡洗。水样在样品瓶中溢流而不留空间。取样时应尽量避免或减少样品在空气中暴露。所有样品均采集平行双样，每批样品带一个全程序空白和一个运输空白。

【固定剂】抗坏血酸+盐酸。

【保存方法】（1）每 40 mL 样品需加入 25 mg 的抗坏血酸；若样品中总余氯的量超过 5 mg/L，总余氯每超过 5 mg/L，需要多加 25 mg 的抗坏血酸。采样时，水样呈中性时向每个样品瓶中加入 0.5 mL 盐酸溶液，拧紧瓶盖；水样呈碱性时应加入适量盐酸溶液使样品 pH≤2，4℃保存。（2）当水样加盐酸溶液后产生大量气泡时，应弃去该样品，重新采集样品。重新采集的样品不应加盐酸溶液，样品标签上应注明未酸化，4℃保存。

【保存期】12 h。

【采样量】1 L。

【容器洗涤】样品瓶应在采样前用甲醇清洗。

【检出限】全扫描方式：1.4 μg/L；选择离子方式：0.3 μg/L。

【质量保证和质量控制】所有样品均采集平行双样，每批样品至少应采集一个运输空白和全程序空白样品。空白中目标化合物浓度应小于下列条件的最大值：（1）方法检出限；（2）相关环保标准限值的 5%；（3）样品分析结果的 5%。若空白试验未满足以上要求，则应采取措施排除污染并重新分析同批样品。

水质　挥发性有机物的测定　吹扫捕集/气相色谱法（HJ 686—2014）

【适用范围】地表水、地下水、生活污水和工业废水中挥发性有机物的测定。

【采样容器】有聚四氟乙烯衬垫的棕色螺口玻璃瓶或硬质棕色玻璃瓶（带聚四氟乙烯瓶盖）。

【采样方法】样品采集时不需用水样荡洗。所有样品均采集平行双样，每批样品带一个全程序空白和一个运输空白。

【固定剂】无余氯样品：盐酸溶液；有余氯样品：抗坏血酸+盐酸。

【保存方法】无余氯样品：0.5 mL 盐酸溶液，4℃保存；有余氯样品：加入约 25 mg 抗坏血酸，再加 0.5 mL 盐酸溶液，4℃保存。

【保存期】12 h。

【采样量】1 L。

【容器洗涤】采样瓶应在采样前充分清洗。

【检出限】0.1 μg/L。

【质量保证和质量控制】

所有样品均采集平行双样，每批样品带一个全程序空白和一个运输空白。

（1）空白分析

①运输空白。采样前在实验室将一份空白试剂水放入样品瓶中密封，将其带到现场。采样时对其瓶盖一直处于密封状态，随样品运回实验室，按与样品相同的分析步骤进行处理和测定，用于检查样品运输过程中是否受到污染。

②全程序空白。采样前在实验室将一份空白试剂水放入样品瓶中密封，将其带到现场。与采样的样品瓶同时开盖和密封，随样品运回实验室，按与样品相同的分析步骤进行处理和测定，用于检查样品采集到分析全过程是否受到污染。

如全程序空白中目标化合物高于检出限时，不能从样品结果中扣除空白值。应检查所有可能对全程序空白产生影响的环节，仔细查找干扰源。如果确实发现采样、运输或保存过程存在影响分析结果的干扰，需对出现问题批次的样品进行重新采样分析。

（2）平行样品的测定

虽然每个样品均采集平行双样，一般每 10 个样品或每批次（少于 10 个样品/批）分析一个平行样，平行样品测定结果的相对偏差小于 20%。

水质　挥发性有机物的测定　顶空/气相色谱-质谱法（HJ 810—2016）

【适用范围】地表水、地下水、生活污水、工业废水和海水。

【采样容器】有聚四氟乙烯衬垫的棕色螺口玻璃瓶或硬质棕色玻璃瓶（带聚四氟乙烯瓶盖）。

【采样方法】采集样品时，不宜用水样进行荡洗，应使水样在样品瓶中溢流且不留空间。

【固定剂】抗坏血酸+盐酸。

【保存方法】（1）若水样中含有余氯，采样前，应向 40 mL 棕色采样瓶中加入 25 mg 的抗坏血酸。若水样中余氯含量超过 5 mg/L，应按比例增加抗坏血酸的加入量，余氯含量每增加 5 mg/L，则应多加入 25 mg 的抗坏血酸。样品采集后，应立即加入适量盐酸溶液，使样品 pH≤2，拧紧瓶盖，4℃以下冷藏，避光和密封保存。（2）当水样加盐酸溶液后有气泡产生，须重新采样，重新采集的样品不加盐酸溶液保存，样品标签上应注明未酸化。

【保存期】12 h。

【采样量】1 L。

【容器洗涤】—

【检出限】全扫描方式：3 μg/L；选择离子方式：1.0 μg/L。

【质量保证和质量控制】所有样品均采集平行双样。每批样品应至少做一个全程序空白：按照分析步骤，在实验室将一份实验用水放入样品瓶中密封，将其带到采样现场，与采样的样品瓶同时开盖和密封，之后随样品运回实验室。

188. 甲醇

水质　甲醇和丙酮的测定　顶空/气相色谱法（HJ 895—2017）

【适用范围】地表水、地下水、海水、工业废水和生活污水中甲醇和丙酮的测定。

【采样容器】40 mL 硬质棕色玻璃瓶（带聚四氟乙烯瓶盖）。

【采样方法】样品在采样瓶中溢流且不留空间。

【固定剂】—

【保存方法】pH≤2，4℃冷藏、密封避光保存。

【保存期】14 d。

【采样量】40 mL。

【容器洗涤】—

【检出限】0.2 mg/L。

【质量保证和质量控制】

校准：每次样品分析前应建立校准曲线，校准曲线相关系数≥0.995。每批需进行 1 次曲线中间点校准，测定结果与标准值的相对偏差应在±20%之内。

空白实验：每批次样品至少做一个实验室空白和全程序空白，测定结果应低于方法检出限。

平行样：每个样品均需采集平行双样，每 20 个样品或每批次样品（少于 20 个样品）至少做一个平行样，平行样测定结果的相对标准偏差应≤20%。

加标回收：每 20 个样品或每批次样品（少于 20 个样品）需做一个基体加标样，加标回收率应在 70%～120%。

189. 甲磺隆

水质　磺酰脲类农药的测定　高效液相色谱法（HJ 1018—2019）

【适用范围】地表水、地下水、工业废水和生活污水中 10 种磺酰脲类农药的测定。

【采样容器】1 000 mL 具磨口塞棕色细口瓶，棕色螺纹口玻璃瓶，螺旋盖（带聚四氟乙烯密封垫）。

【采样方法】加入 0.01～0.02 g 抗坏血酸去除余氯。

【固定剂】抗坏血酸。

【保存方法】0～5℃避光保存。

【保存期】24 h。

【采样量】1 L。

【容器洗涤】—

【检出限】直接进样法：0.006 mg/L；液液萃取法：0.06 mg/L；固相萃取法：0.09 mg/L。

【质量保证和质量控制】

空白实验：每 20 个样品或每批次（≤20 个样品/批）应至少做一个实验室空白，测定结果应低于方法检出限。

校准：校准曲线的相关系数应≥0.995。每 10 个样品或每批次（≤10 个样品/批）应测定一次校准曲线中间浓度点标准溶液，测定结果与该点浓度的相对误差应在±15%之内。

平行样：每 20 个样品或每批次（≤20 个样品/批）应做一个平行样。对于直接进样法，平行样的相对偏差应≤35%。

基体加标：每 20 个样品或每批次（≤20 个样品/批）应做一个基体加标样，对于直接进样法，基体加标回收率应在 70%～130%。对于液液萃取和固相萃取，基体加标回收率应在 60%～130%。

190. 甲基对硫磷

水质　有机磷农药的测定　气相色谱法（GB/T 13192—1991）

【适用范围】地面水、地下水及工业废水。

【采样容器】玻璃磨口瓶。

【采样方法】加入 0.01～0.02 g 抗坏血酸去除余氯。

【固定剂】抗坏血酸。

【保存方法】0～5℃避光保存。

【保存期】24 h。

【采样量】1 000 mL。

【容器洗涤】—

【检出限】2.8×10^{-9} g。

【质量保证和质量控制】—

191. 甲基汞

环境 甲基汞的测定 气相色谱法（GB/T 17132—1997）

【适用范围】地面水、生活饮用水、生活污水、工业废水、沉积物、鱼体及人发和人尿中甲基汞含量的测定。

【采样容器】聚乙烯塑料桶。

【采样方法】每升水样加硫酸铜溶液 1 mL，调节 pH=3。

【固定剂】—

【保存方法】24℃且 pH=3。

【保存期】12 h。

【采样量】—

【容器洗涤】—

【检出限】水、沉积物和尿通常可检出浓度分别为 0.01 ng/L、0.02 mg/kg 和 2 ng/L；鱼肉和人发通常可检出浓度分别为 0.1 mg/kg 和 1 mg/kg。

【质量保证和质量控制】—

水质 烷基汞的测定 气相色谱法（GB/T 14204—1993）

【适用范围】地面水及污水中烷基汞的测定。

【采样容器】2.5 L 塑料瓶。

【采样方法】样品瓶中预先加每升水 1 g 硫酸铜溶液。

【固定剂】—

【保存方法】2～5℃保存。

【保存期】—

【采样量】—

【容器洗涤】—

【检出限】10 ng/L。

【质量保证和质量控制】全部样品的 10%做加标分析。

水质 烷基汞的测定 吹扫捕集/气相色谱法-冷原子荧光光谱法（HJ 977—2018）

【适用范围】地表水、地下水、海水、工业废水和生活污水中烷基汞（甲基汞、乙基汞）的测定。

【采样容器】500 mL 或 1 L 具螺口的高密度聚乙烯瓶、硼硅玻璃瓶或氟化聚乙烯瓶。

【采样方法】加盐酸使 pH 值在 1～2，加 2 mL 饱和硫酸铜溶液。

【固定剂】—

【保存方法】4℃避光冷藏保存。

【保存期】3 d。

【采样量】—

【容器洗涤】—

【检出限】0.02 ng/L。

【质量保证和质量控制】

校准：每次样品分析前应建立校准曲线，校准曲线相关系数≥0.996。每天需进行 1 次曲线中间点校准，测定结果与标准值的相对偏差应在±20%之内。

空白实验：每 20 个样品或每批次样品（少于 20 个样品）至少做一个实验室空白，目标化合物测定结果应低于方法检出限。

平行样：每 20 个样品或每批次样品（少于 20 个样品）至少做一个平行样，平行样测定结果的相对标准偏差应≤20%。

加标回收：每 20 个样品或每批次样品（少于 20 个样品）需做一个基体加标样，加标回收率应在 75%～120%。

192. 甲嘧磺隆

水质　磺酰脲类农药的测定　高效液相色谱法（HJ 1018—2019）

【适用范围】地表水、地下水、工业废水和生活污水中 10 种磺酰脲类农药的测定。

【采样容器】1 000 mL 具磨口塞棕色细口瓶，棕色螺纹口玻璃瓶，螺旋盖（带聚四氟乙烯密封垫）。

【采样方法】加入 0.01～0.02 g 抗坏血酸去除余氯。

【固定剂】抗坏血酸。

【保存方法】0～5℃避光保存。

【保存期】24 h。

【采样量】1 L。

【容器洗涤】—

【检出限】直接进样法：0.006 mg/L；液液萃取法：0.06 mg/L；固相萃取法：0.07 mg/L。

【质量保证和质量控制】

空白实验：每 20 个样品或每批次（≤20 个样品/批）应至少做一个实验室空白，测定结果应低于方法检出限。

校准：校准曲线的相关系数应≥0.995。每 10 个样品或每批次（≤10 个样品/批）应测定一次校准曲线中间浓度点标准溶液，测定结果与该点浓度的相对误差应在±15%之内。

平行样：每 20 个样品或每批次（≤20 个样品/批）应做一个平行样。对于直接进样法，平行样的相对偏差应≤35%。

基体加标：每 20 个样品或每批次（≤20 个样品/批）应做一个基体加标样，对于直接进样法，基体加标回收率应在 70%～130%。对于液液萃取和固相萃取，基体加标回收率应在 60%～130%。

193. 甲萘威

水质　氨基甲酸酯类农药的测定　超高效液相色谱-三重四极杆质谱法（HJ 827—2017）

【适用范围】地表水、地下水、工业废水和生活污水中 15 种氨基甲酸酯类农药的测定。

【采样容器】250 mL 具磨口塞的棕色玻璃瓶。

【采样方法】加入 0.01～0.02 g 抗坏血酸去除余氯。

【固定剂】抗坏血酸。

【保存方法】0～5℃避光保存。

【保存期】24 h。

【采样量】1 L。

【容器洗涤】—

【检出限】直接进样法：0.3 μg/L；固相萃取法：0.010 μg/L。

【质量保证和质量控制】

校准：每批样品应绘制校准曲线，相关系数应≥0.995。每 20 个样品或每批次需进行 1 次曲线中间浓度点测定，测定结果与该点浓度的相对偏差应在±20%之内。

空白实验：每次分析应至少做一个实验室空白，目标化合物测定结果应低于方法检出限。

平行样：每 20 个样品或每批次样品（少于 20 个样品）应做一个平行双样，平行样测定结果的相对标准偏差应≤20%。

加标回收：每 20 个样品或每批次样品（少于 20 个样品）需做一个基体加标样，直接进样法加标回收率应在 70%～115%，固相萃取法加标回收率应在 60%～120%。

194. 甲氰菊酯

水质　百菌清及拟除虫菊酯类农药的测定　气相色谱-质谱法（HJ 753—2015）

【适用范围】地表水、地下水、工业废水和生活污水。

【采样容器】具磨口塞的棕色玻璃细口瓶。

【采样方法】加入 0.01～0.02 g 抗坏血酸去除余氯。

【固定剂】抗坏血酸。

【保存方法】0～5℃避光保存。

【保存期】24 h。

【采样量】1 L。

【容器洗涤】—

【检出限】液液萃取法：0.005 μg/L；固相萃取法：0.007 μg/L。

【质量保证和质量控制】—

195. 甲醛

水质　甲醛的测定　乙酰丙酮分光光度法（HJ 601—2011）

【适用范围】地表水、地下水和工业废水。

【采样容器】聚乙烯瓶或硬质玻璃瓶。

【采样方法】采集时应使水样从瓶口溢出后盖上瓶塞塞紧。

【固定剂】硫酸。

【保存方法】加硫酸酸化至 pH≤2。

【保存期】24 h。

【采样量】—

【容器洗涤】—

【检出限】0.05 mg/L。

【质量保证和质量控制】每批样品至少测定一个全程序空白，要求空白值不得超过方法检出限。条件允许时，采集现场空白样作为现场样的质量控制样，评价采样过程环境、运输对水样的影响。

【结果表示】—

污水监测技术规范（HJ 91.1—2019）

【适用范围】采用手工方法对排污单位污水进行监测。

【采样容器】玻璃瓶。

【采样方法】—

【固定剂】五水硫代硫酸钠。

【保存方法】加入 0.2～0.5 g/L 五水硫代硫酸钠除去残余氯，0～5℃冷藏、避光保存。

【保存期】24 h。

【采样量】250 mL。

【容器洗涤】—

【检出限】—

【质量保证和质量控制】—

196. 甲体六六六

水质　有机氯农药和氯苯类化合物的测定　气相色谱-质谱法（HJ 699—2014）

【适用范围】地表水、地下水、生活污水、工业废水和海水。

【采样容器】具有玻璃塞的棕色磨口瓶或具有聚四氟乙烯衬垫的棕色螺口玻璃瓶。

【采样方法】加入 0.01～0.02 g 抗坏血酸去除余氯。

【固定剂】抗坏血酸。

【保存方法】0～5℃避光保存。

【保存期】24 h。

【采样量】1 L。

【容器洗涤】—

【检出限】液液萃取法：0.056 μg/L；固相萃取法：0.025 μg/L。

【质量保证和质量控制】空白试验：每批样品至少做一个空白试验，即全程序空白试验。如果目标化合物有检查，应查明原因。

197. 甲氧滴滴涕

水质　有机氯农药和氯苯类化合物的测定　气相色谱-质谱法（HJ 699—2014）

【适用范围】地表水、地下水、生活污水、工业废水和海水。

【采样容器】具有玻璃塞的棕色磨口瓶或具有聚四氟乙烯衬垫的棕色螺口玻璃瓶。

【采样方法】加入 0.01～0.02 g 抗坏血酸去除余氯。

【固定剂】抗坏血酸。

【保存方法】0～5℃避光保存。

【保存期】24 h。

【采样量】1 L。

【容器洗涤】—

【检出限】液液萃取法：0.039 μg/L；固相萃取法：0.065 μg/L。

【质量保证和质量控制】空白试验：每批样品至少做一个空白试验，即全程序空白试验。如果目标化合物有检查，应查明原因。

198. 间二甲苯

水质 苯系物的测定 气相色谱法（GB/T 11890—1989）

【适用范围】工业废水及地表水。

【采样容器】玻璃瓶采集样品。

【采样方法】样品应充满瓶子，并加盖瓶子。

【固定剂】—

【保存方法】应尽快分析，如不能及时分析，在 0～5℃冷藏保存。

【保存期】14 d。

【采样量】—

【容器洗涤】—

【检出限】0.05 mg/L。

【质量保证和质量控制】—

水质 挥发性有机物的测定 吹扫捕集/气相色谱-质谱法（HJ 639—2012）

【适用范围】海水、地下水、地表水、生活污水和工业废水。

【采样容器】有聚四氟乙烯衬垫的棕色螺口玻璃瓶或硬质棕色玻璃瓶（带聚四氟乙烯瓶盖）。

【采样方法】采样时不需用样品进行荡洗，水样在样品瓶中溢流而不留空间。取样时应尽量避免或减少样品在空气中暴露。所有样品均采集平行双样，每批样品带一个全程序空白和一个运输空白。

【固定剂】抗坏血酸+盐酸。

【保存方法】（1）每 40 mL 样品需加入 25 mg 的抗坏血酸；若样品中总余氯的量超过 5 mg/L，总余氯每超过 5 mg/L，需要多加 25 mg 的抗坏血酸。采样时，水样呈中性时向每个样品瓶中加入 0.5 mL 盐酸溶液，拧紧瓶盖；水样呈碱性时应加入适量盐酸溶液使样品 pH≤2，4℃保存。（2）当水样加盐酸溶液后产生大量气泡时，应弃去该样品，重新采集样品。重新采集的样品不应加盐酸溶液，样品标签上应注明未酸化，4℃保存。

【保存期】12 h。

【采样量】1 L。

【容器洗涤】样品瓶应在采样前用甲醇清洗。

【检出限】全扫描方式：0.8 μg/L；选择离子方式：0.3 μg/L。

【质量保证和质量控制】所有样品均采集平行双样，每批样品至少应采集一个运输空白和全程序空白样品。空白中目标化合物浓度应小于下列条件的最大值：（1）方法检出限；（2）相关环保标准限值的 5%；（3）样品分析结果的 5%。若空白试验未满足以上要求，则应采取措施排除污染并重新分析同批样品。

水质 挥发性有机物的测定 吹扫捕集/气相色谱法（HJ 686—2014）

【适用范围】地表水、地下水、生活污水和工业废水中挥发性有机物的测定。

【采样容器】有聚四氟乙烯衬垫的棕色螺口玻璃瓶或硬质棕色玻璃瓶（带聚四氟乙烯瓶盖）。

【采样方法】样品采集时不需用水样荡洗。所有样品均采集平行双样，每批样品带一个全程序空白和一个运输空白。

【固定剂】无余氯样品：盐酸溶液；有余氯样品：抗坏血酸+盐酸。

【保存方法】无余氯样品：0.5 mL 盐酸溶液，4℃保存；有余氯样品：加入约 25 mg 抗坏血酸，再加 0.5 mL 盐酸溶液，4℃保存。

【保存期】12 h。

【采样量】1 L。

【容器洗涤】采样瓶应在采样前充分清洗。

【检出限】0.1 μg/L。

【质量保证和质量控制】

所有样品均采集平行双样，每批样品带一个全程序空白和一个运输空白。

（1）空白分析

①运输空白。采样前在实验室将一份空白试剂水放入样品瓶中密封，将其带到现场。采样时对其瓶盖一直处于密封状态，随样品运回实验室，按与样品相同的分析步骤进行处理和测定，用于检查样品运输过程中是否受到污染。

②全程序空白。采样前在实验室将一份空白试剂水放入样品瓶中密封，将其带到现场。与采样的样品瓶同时开盖和密封，随样品运回实验室，按与样品相同的分析步骤进行处理和测定，用于检查样品采集到分析全过程是否受到污染。

如全程序空白中目标化合物高于检出限时，不能从样品结果中扣除空白值。应检查所有可能对全程序空白产生影响的环节，仔细查找干扰源。如果确实发现采样、运输或保存过程存在影响分析结果的干扰，需对出现问题批次的样品进行重新采样分析。

（2）平行样品的测定

虽然每个样品均采集平行双样，一般每 10 个样品或每批次（少于 10 个样品/批）分析一个平行样，平行样品测定结果的相对偏差小于 20%。

水质 挥发性有机物的测定 顶空/气相色谱-质谱法（HJ 810—2016）

【适用范围】地表水、地下水、生活污水、工业废水和海水。

【采样容器】有聚四氟乙烯衬垫的棕色螺口玻璃瓶或硬质棕色玻璃瓶（带聚四氟乙烯瓶盖）。

【采样方法】采集样品时，不宜用水样进行荡洗，应使水样在样品瓶中溢流且不留空间。

【固定剂】抗坏血酸+盐酸。

【保存方法】（1）若水样中含有余氯，采样前，应向 40 mL 棕色采样瓶中加入 25 mg 的抗坏血酸。若水样中余氯含量超过 5 mg/L，应按比例增加抗坏血酸的加入量，余氯含量每增加 5 mg/L，则应多加入 25 mg 的抗坏血酸。样品采集后，应立即加入适量盐酸溶液，使样品 pH≤2，拧紧瓶盖，4℃以下冷藏，避光和密封保存。（2）当水样加盐酸溶液后有气泡产生，须重新采样，重新采集的样品不加盐酸溶液保存，样品标签上应注明未酸化。

【保存期】12 h。

【采样量】1 L。

【容器洗涤】—

【检出限】全扫描方式：4 μg/L；选择离子方式：1.0 μg/L。

【质量保证和质量控制】所有样品均采集平行双样。每批样品应至少做一个全程序空白：按照分析步骤，在实验室将一份实验用水放入样品瓶中密封，将其带到采样现场，与采样的样品瓶同时开盖和密封，之后随样品运回实验室。

199. 间二硝基苯

水质 硝基苯类化合物的测定 液液萃取/固相萃取-气相色谱法（HJ 648—2013）

【适用范围】地表水、地下水、工业废水、生活污水和海水。

【采样容器】—

【采样方法】—

【固定剂】—

【保存方法】—

【保存期】—

【采样量】—

【容器洗涤】—

【检出限】液液萃取法：0.020 μg/L；固相萃取法：0.004 6 μg/L。

【质量保证和质量控制】空白试验：每批样品（以 10～20 个样品为一批次）应至少做一个全程序空白，目标化合物的浓度应低于检出限。

水质 硝基苯类化合物的测定 气相色谱-质谱法（HJ 716—2014）

【适用范围】地表水、地下水、工业废水、生活污水和海水。

【采样容器】硬质棕色玻璃瓶（带聚四氟乙烯瓶盖）。

【采样方法】采集样品时，不要用水样预洗采样瓶。水样应充满采样瓶并加盖密封。

【固定剂】硫代硫酸钠。

【保存方法】若水中有残余氯存在，要在每升水中加入 80 g 硫代硫酸钠除氯。样品采集后应避光于 4℃冷藏。

【保存期】在 7 d 内完成萃取，40 d 内完成分析。

【采样量】1 000～4 000 mL。

【容器洗涤】—

【检出限】液液萃取法：0.05 μg/L；固相萃取法：0.05 μg/L。

【质量保证和质量控制】—

200. 间硝基甲苯

水质 硝基苯类化合物的测定 气相色谱法（HJ 592—2010）

【适用范围】工业废水和生活污水中硝基苯类化合物的测定。

【采样容器】1 L 具磨口塞的棕色细口瓶。

【固定剂】—

【保存方法】若水样不能在 24 h 内测定，需加入浓硫酸调节 pH≤3，样品需在 7 d 内萃取，萃取液 4℃下避光保存，30 d 内进行分析。

【保存期】7 d 内萃取，30 d 内完成分析。

【采样量】1 000 mL。

【容器洗涤】—

【检出限】0.002 mg/L。

【质量保证和质量控制】—

水质　硝基苯类化合物的测定　液液萃取/固相萃取-气相色谱法（HJ 648—2013）

【适用范围】地表水、地下水、工业废水、生活污水和海水。

【采样容器】—

【采样方法】—

【固定剂】—

【保存方法】—

【保存期】—

【采样量】—

【容器洗涤】—

【检出限】液液萃取法：0.022 μg/L；固相萃取法：0.004 5 μg/L。

【质量保证和质量控制】空白试验：每批样品（以 10～20 个样品为一批次）应至少做一个全程序空白，目标化合物的浓度应低于检出限。

水质　硝基苯类化合物的测定　气相色谱-质谱法（HJ 716—2014）

【适用范围】地表水、地下水、工业废水、生活污水和海水。

【采样容器】硬质棕色玻璃瓶（带聚四氟乙烯瓶盖）。

【采样方法】采集样品时，不要用水样预洗采样瓶。水样应充满采样瓶并加盖密封。

【固定剂】硫代硫酸钠。

【保存方法】若水中有残余氯存在，要在每升水中加入 80 g 硫代硫酸钠除氯。样品采集后应避光于 4℃冷藏。

【保存期】在 7 d 内完成萃取，40 d 内完成分析。

【采样量】1 000～4 000 mL。

【容器洗涤】—

【检出限】液液萃取法：0.04 μg/L；固相萃取法：0.04 μg/L。

【质量保证和质量控制】—

水质　二硝基甲苯的测定　示波极谱法（GB/T 13901—1992）

【适用范围】硝化甘油系列火炸药工业废水中二硝基甲苯的测定。

【采样容器】—

【采样方法】—

【固定剂】—

【保存方法】—

【保存期】—

【容器洗涤】—

【检出限】0.05 mg/L。

【质量保证和质量控制】—

201. 间硝基氯苯

水质　硝基苯类化合物的测定　液液萃取/固相萃取-气相色谱法（HJ 648—2013）

【适用范围】地表水、地下水、工业废水、生活污水和海水。

【采样容器】—

【采样方法】—

【固定剂】—

【保存方法】—

【保存期】—

【采样量】—

【容器洗涤】—

【检出限】液液萃取法：0.017 μg/L；固相萃取法：0.003 6 μg/L。

【质量保证和质量控制】空白试验：每批样品（以 10～20 个样品为一批次）应至少做一个全程序空白，目标化合物的浓度应低于检出限。

水质　硝基苯类化合物的测定　气相色谱-质谱法（HJ 716—2014）

【适用范围】地表水、地下水、工业废水、生活污水和海水。

【采样容器】硬质棕色玻璃瓶（带聚四氟乙烯瓶盖）。

【采样方法】采集样品时，不要用水样预洗采样瓶。水样应充满采样瓶并加盖密封。

【固定剂】硫代硫酸钠。

【保存方法】若水中有残余氯存在，要在每升水中加入 80 g 硫代硫酸钠除氯。样品采集后应避光于 4℃冷藏。

【保存期】在 7 d 内完成萃取，40 d 内完成分析。

【采样量】1 000～4 000 mL。

【容器洗涤】—

【检出限】液液萃取法：0.05 μg/L；固相萃取法：0.04 μg/L。

【质量保证和质量控制】—

202. 抗蚜威

水质 氨基甲酸酯类农药的测定 超高效液相色谱-三重四极杆质谱法（HJ 827—2017）

【适用范围】地表水、地下水、工业废水和生活污水中 15 种氨基甲酸酯类农药的测定。

【采样容器】250 mL 具磨口塞的棕色玻璃瓶。

【采样方法】加入 0.01～0.02 g 抗坏血酸去除余氯。

【固定剂】抗坏血酸。

【保存方法】0～5℃避光保存。

【保存期】24 h。

【采样量】1 L。

【容器洗涤】—

【检出限】直接进样法：0.2 μg/L；固相萃取法：0.002 μg/L。

【质量保证和质量控制】

校准：每批样品应绘制校准曲线，相关系数应≥0.995。每 20 个样品或每批次需进行 1 次曲线中间浓度点测定，测定结果与该点浓度的相对偏差应在±20%之内。

空白实验：每次分析应至少做一个实验室空白，目标化合物测定结果应低于方法检出限。

平行样：每 20 个样品或每批次样品（少于 20 个样品）应做一个平行双样，平行样测定结果的相对标准偏差应≤20%。

加标回收：每 20 个样品或每批次样品（少于 20 个样品）需做一个基体加标样，直接进样法加标回收率应在 70%～115%，固相萃取法加标回收率应在 60%～120%。

203. 可吸附有机卤化物（AOX）

水质 可吸附有机卤素（AOX）的测定 微库仑法（GB/T 15959—1995）

【适用范围】饮用水、地表水、地下水、污水中有机卤化物（AOX）的测定。

【采样容器】—

【采样方法】硝酸调节水样 pH 值在 1.5～2.0，必要时放置 8 h，瓶内充满水不留气泡。

【固定剂】—

【保存方法】酸化，4℃保存。

【保存期】3 个月。

【采样量】—

【容器洗涤】—

【检出限】2.5 μg/L。

【质量保证和质量控制】—

水质 可吸附有机卤素（AOX）的测定 离子色谱法（HJ/T 83—2001）

【适用范围】水和污水。

【采样容器】—

【采样方法】瓶内充满水不留气泡。

【固定剂】—

【保存方法】硝酸调节水样 pH 值在 1.5～2.0，冰箱冷藏保存。

【保存期】7 d。

【采样量】—

【容器洗涤】—

【检出限】2.5 μg/L。

【质量保证和质量控制】—

204. 克百威

水质　氨基甲酸酯类农药的测定　超高效液相色谱-三重四极杆质谱法（HJ 827—2017）

【适用范围】地表水、地下水、工业废水和生活污水中 15 种氨基甲酸酯类农药的测定。

【采样容器】250 mL 具磨口塞的棕色玻璃瓶。

【采样方法】加入 0.01～0.02 g 抗坏血酸去除余氯。

【固定剂】抗坏血酸。

【保存方法】0～5℃避光保存。

【保存期】24 h。

【采样量】1 L。

【容器洗涤】—

【检出限】直接进样法：0.1 μg/L；固相萃取法：0.005 μg/L。

【质量保证和质量控制】

校准：每批样品应绘制校准曲线，相关系数应≥0.995。每 20 个样品或每批次需进行 1 次曲线中间浓度点测定，测定结果与该点浓度的相对偏差应在±20%之内。

空白实验：每次分析应至少做一个实验室空白，目标化合物测定结果应低于方法检出限。

平行样：每 20 个样品或每批次样品（少于 20 个样品）应做一个平行双样，平行样测定结果的相对标准偏差应≤20%。

加标回收：每 20 个样品或每批次样品（少于 20 个样品）需做一个基体加标样，直接进样法加标回收率应在 70%～115%，固相萃取法加标回收率应在 60%～120%。

205. 乐果

水质　有机磷农药的测定　气相色谱法（GB/T 13192—1991）

【适用范围】地面水、地下水及工业废水。

【采样容器】玻璃磨口瓶。

【采样方法】加入 0.01～0.02 g 抗坏血酸去除余氯。

【固定剂】抗坏血酸。

【保存方法】0～5℃避光保存。

【保存期】24 h。

【采样量】1 000 mL。

【容器洗涤】—

【检出限】3.8×10^{-9} g。

【质量保证和质量控制】—

206. 联苯胺

水质 联苯胺的测定 高效液相色谱法（HJ 1017—2019）

【适用范围】地表水、地下水、工业废水和生活污水中联苯胺的测定。

【采样容器】500 mL 具磨口塞棕色细口瓶，棕色螺纹口玻璃瓶，螺旋盖（带聚四氟乙烯密封垫）。

【采样方法】水样充满不留液上空间，调节 pH 在 6～9。

【固定剂】—

【保存方法】4℃冷藏避光保存。

【保存期】5 d。

【采样量】150 mL。

【容器洗涤】—

【检出限】0.006 μg/L。

【质量保证和质量控制】

空白实验：每 20 个样品或每批次（≤20 个样品/批）应至少做一个实验室空白，测定结果应低于方法检出限。

校准：校准曲线的相关系数应≥0.999。每 20 个样品或每批次（≤20 个样品/批）应测定一次校准曲线中间浓度点标准溶液，测定结果与该点浓度的相对误差应在±15%之内。

平行样：每 20 个样品或每批次（≤20 个样品/批）至少做一个平行样。平行样的相对偏差应≤20%。

基体加标：每 20 个样品或每批次（≤20 个样品/批）应至少做一个基体加标样，基体加标回收率应在 70%～120%。

207. 联苯菊酯

水质 百菌清及拟除虫菊酯类农药的测定 气相色谱-质谱法（HJ 753—2015）

【适用范围】地表水、地下水、工业废水和生活污水。

【采样容器】具磨口塞的棕色玻璃细口瓶。

【采样方法】加入 0.01～0.02 g 抗坏血酸去除余氯。

【固定剂】抗坏血酸。

【保存方法】0～5℃避光保存。

【保存期】24 h。

【采样量】1 L。

【容器洗涤】—

【检出限】液液萃取法：0.005 μg/L；固相萃取法：0.007 μg/L。

【质量保证和质量控制】—

208. 邻苯二甲酸二丁酯

水质 邻苯二甲酸二甲（二丁、二辛）酯的测定 液相色谱法（HJ/T 72—2001）

【适用范围】水和废水中邻苯二甲酸二甲酯、邻苯二甲酸二丁酯、邻苯二甲酸二辛酯的测定。

【采样容器】带玻璃磨口塞的细口瓶。

【采样方法】在灌瓶前要把采样瓶用所需采用的水冲洗 3 次，加入 0.01～0.02 g 抗坏血酸去除余氯。

【固定剂】抗坏血酸。

【保存方法】0～5℃避光保存。

【保存期】24 h。

【采样量】1 L。

【容器洗涤】—

【检出限】0.1 μg/L。

【质量保证和质量控制】—

209. 邻苯二甲酸二甲酯

水质　邻苯二甲酸二甲（二丁、二辛）酯的测定　液相色谱法（HJ/T 72—2001）

【适用范围】水和废水中邻苯二甲酸二甲酯、邻苯二甲酸二丁酯、邻苯二甲酸二辛酯的测定。

【采样容器】带玻璃磨口塞的细口瓶。

【采样方法】在灌瓶前要把采样瓶用所需采用的水冲洗 3 次，加入 0.01～0.02 g 抗坏血酸去除余氯。

【固定剂】抗坏血酸。

【保存方法】0～5℃避光保存。

【保存期】24 h。

【采样量】1 L。

【容器洗涤】—

【检出限】0.1 μg/L。

【质量保证和质量控制】—

210. 邻苯二甲酸二辛酯

水质　邻苯二甲酸二甲（二丁、二辛）酯的测定　液相色谱法（HJ/T 72—2001）

【适用范围】水和废水中邻苯二甲酸二甲酯、邻苯二甲酸二丁酯、邻苯二甲酸二辛酯的测定。

【采样容器】带玻璃磨口塞的细口瓶。

【采样方法】在灌瓶前要把采样瓶用所需采用的水冲洗 3 次，加入 0.01～0.02 g 抗坏血酸去除余氯。

【固定剂】抗坏血酸。

【保存方法】0～5℃避光保存。

【保存期】24 h。

【采样量】1 L。

【容器洗涤】—

【检出限】0.2 μg/L。

【质量保证和质量控制】—

211. 邻二甲苯

水质　苯系物的测定　气相色谱法（GB/T 11890—1989）

【适用范围】工业废水及地表水。

【采样容器】玻璃瓶采集样品。

【采样方法】样品应充满瓶子，并加盖瓶子。

【固定剂】—

【保存方法】应尽快分析，如不能及时分析，在 0～5℃冷藏保存。

【保存期】14 d。

【采样量】—

【容器洗涤】—

【检出限】0.05 mg/L。

【质量保证和质量控制】—

水质　挥发性有机物的测定　吹扫捕集/气相色谱-质谱法（HJ 639—2012）

【适用范围】海水、地下水、地表水、生活污水和工业废水。

【采样容器】有聚四氟乙烯衬垫的棕色螺口玻璃瓶或硬质棕色玻璃瓶（带聚四氟乙烯瓶盖）。

【采样方法】采样时不需用样品进行荡洗，水样在样品瓶中溢流而不留空间。取样时应尽量避免或减少样品在空气中暴露。所有样品均采集平行双样，每批样品带一个全程序空白和一个运输空白。

【固定剂】抗坏血酸+盐酸。

【保存方法】（1）每 40 mL 样品需加入 25 mg 的抗坏血酸；若样品中总余氯的量超过 5 mg/L，总余氯每超过 5 mg/L，需要多加 25 mg 的抗坏血酸。采样时，水样呈中性时向每个样品瓶中加入 0.5 mL 盐酸溶液，拧紧瓶盖；水样呈碱性时应加入适量盐酸溶液使样品 pH≤2，4℃保存。（2）当水样加盐酸溶液后产生大量气泡时，应弃去该样品，重新采集样品。重新采集的样品不应加盐酸溶液，样品标签上应注明未酸化，4℃保存。

【保存期】12 h。

【采样量】1 L。

【容器洗涤】样品瓶应在采样前用甲醇清洗。

【检出限】全扫描方式：1.4 μg/L；选择离子方式：0.2 μg/L。

【质量保证和质量控制】所有样品均采集平行双样，每批样品至少应采集一个运输空白和全程序空白样品。空白中目标化合物浓度应小于下列条件的最大值：（1）方法检出限；（2）相关环保标准限值的 5%；（3）样品分析结果的 5%。若空白试验未满足以上要求，则应采取措施排除污染并重新分析同批样品。

水质　挥发性有机物的测定　吹扫捕集/气相色谱法（HJ 686—2014）

【适用范围】地表水、地下水、生活污水和工业废水中挥发性有机物的测定。

【采样容器】有聚四氟乙烯衬垫的棕色螺口玻璃瓶或硬质棕色玻璃瓶（带聚四氟乙烯瓶盖）。

【采样方法】样品采集时不需用水样荡洗。所有样品均采集平行双样，每批样品带一个全程序空白和一个运输空白。

【固定剂】无余氯样品：盐酸溶液；有余氯样品：抗坏血酸+盐酸。

【保存方法】无余氯样品：0.5 mL 盐酸溶液，4℃保存；有余氯样品：加入约 25 mg 抗坏血酸，再加 0.5 mL 盐酸溶液，4℃保存。

【保存期】12 h。

【采样量】1 L。

【容器洗涤】采样瓶应在采样前充分清洗。

【检出限】0.1 μg/L。

【质量保证和质量控制】

所有样品均采集平行双样，每批样品带一个全程序空白和一个运输空白。

（1）空白分析

①运输空白。采样前在实验室将一份空白试剂水放入样品瓶中密封，将其带到现场。采样时对其瓶盖一直处于密封状态，随样品运回实验室，按与样品相同的分析步骤进行处理和测定，用于检查样品运输过程中是否受到污染。

②全程序空白。采样前在实验室将一份空白试剂水放入样品瓶中密封，将其带到现场。与采样的样品瓶同时开盖和密封，随样品运回实验室，按与样品相同的分析步骤进行处理和测定，用于检查样品采集到分析全过程是否受到污染。

如全程序空白中目标化合物高于检出限时，不能从样品结果中扣除空白值。应检查所有可能对全程序空白产生影响的环节，仔细查找干扰源。如果确实发现采样、运输或保存过程存在影响分析结果的干扰，需对出现问题批次的样品进行重新采样分析。

（2）平行样品的测定

虽然每个样品均采集平行双样，一般每 10 个样品或每批次（少于 10 个样品/批）分析一个平行样，平行样品测定结果的相对偏差小于 20%。

水质　挥发性有机物的测定　顶空/气相色谱-质谱法（HJ 810—2016）

【适用范围】地表水、地下水、生活污水、工业废水和海水。

【采样容器】有聚四氟乙烯衬垫的棕色螺口玻璃瓶或硬质棕色玻璃瓶（带聚四氟乙烯瓶盖）。

【采样方法】采集样品时，不宜用水样进行荡洗，应使水样在样品瓶中溢流且不留空间。

【固定剂】抗坏血酸+盐酸。

【保存方法】（1）若水样中含有余氯，采样前，应向 40 mL 棕色采样瓶中加入 25 mg 的抗坏血酸。若水样中余氯含量超过 5 mg/L，应按比例增加抗坏血酸的加入量，余氯含量每增加 5 mg/L，则应多加入 25 mg 的抗坏血酸。样品采集后，应立即加入适量盐酸溶液，使样品 pH≤2，拧紧瓶盖，4℃以下冷藏，避光和密封保存。（2）当水样加盐酸溶液后有气泡产生，须重新采样，重新采集的样品不加盐酸溶液保存，样品标签上应注明未酸化。

【保存期】12 h。

【采样量】1 L。

【容器洗涤】—

【检出限】全扫描方式：4 μg/L；选择离子方式：0.8 μg/L。

【质量保证和质量控制】所有样品均采集平行双样。每批样品应至少做一个全程序空白：按照分析步骤，在实验室将一份实验用水放入样品瓶中密封，将其带到采样现场，与采样的样品瓶同时开盖和密封，之后随样品运回实验室。

212. 邻二硝基苯

水质 硝基苯类化合物的测定 液液萃取/固相萃取-气相色谱法（HJ 648—2013）

【适用范围】地表水、地下水、工业废水、生活污水和海水。

【采样容器】—

【采样方法】—

【固定剂】—

【保存方法】—

【保存期】—

【采样量】—

【容器洗涤】—

【检出限】液液萃取法：0.019 μg/L；固相萃取法：0.003 9 μg/L。

【质量保证和质量控制】空白试验：每批样品（以 10～20 个样品为一批次）应至少做一个全程序空白，目标化合物的浓度应低于检出限。

水质 硝基苯类化合物的测定 气相色谱-质谱法（HJ 716—2014）

【适用范围】地表水、地下水、工业废水、生活污水和海水。

【采样容器】硬质棕色玻璃瓶（带聚四氟乙烯瓶盖）。

【采样方法】采集样品时，不要用水样预洗采样瓶。水样应充满采样瓶并加盖密封。

【固定剂】硫代硫酸钠。

【保存方法】若水中有残余氯存在，要在每升水中加入 80 g 硫代硫酸钠除氯。样品采集后应避光于 4℃冷藏。

【保存期】在 7 d 内完成萃取，40 d 内完成分析。

【采样量】1 000～4 000 mL。

【容器洗涤】—

【检出限】液液萃取法：0.05 μg/L；固相萃取法：0.05 μg/L。

【质量保证和质量控制】—

213. 邻硝基甲苯

水质 硝基苯类化合物的测定 气相色谱法（HJ 592—2010）

【适用范围】工业废水和生活污水中硝基苯类化合物的测定。

【采样容器】1 L 具磨口塞的棕色细口瓶。

【固定剂】—

【保存方法】若水样不能在 24 h 内测定，需加入浓硫酸调节 pH≤3，样品需在 7 d 内萃取，萃取液 4℃下避光保存，30 d 内进行分析。

【保存期】7 d 内萃取，30 d 内完成分析。

【采样量】1 000 mL。

【容器洗涤】—

【检出限】0.002 mg/L。

【质量保证和质量控制】—

水质　硝基苯类化合物的测定　液液萃取/固相萃取-气相色谱法（HJ 648—2013）

【适用范围】地表水、地下水、工业废水、生活污水和海水。

【采样容器】—

【采样方法】—

【固定剂】—

【保存方法】—

【保存期】—

【采样量】—

【容器洗涤】—

【检出限】液液萃取法：0.020 μg/L；固相萃取法：0.004 5 μg/L。

【质量保证和质量控制】空白试验：每批样品（以 10～20 个样品为一批次）应至少做一个全程序空白，目标化合物的浓度应低于检出限。

水质　硝基苯类化合物的测定　气相色谱-质谱法（HJ 716—2014）

【适用范围】地表水、地下水、工业废水、生活污水和海水。

【采样容器】硬质棕色玻璃瓶（带聚四氟乙烯瓶盖）。

【采样方法】采集样品时，不要用水样预洗采样瓶。水样应充满采样瓶并加盖密封。

【固定剂】硫代硫酸钠。

【保存方法】若水中有残余氯存在，要在每升水中加入 80 g 硫代硫酸钠除氯。样品采集后应避光于 4℃冷藏。

【保存期】在 7 d 内完成萃取，40 d 内完成分析。

【采样量】1 000～4 000 mL。

【容器洗涤】—

【检出限】液液萃取法：0.04 μg/L；固相萃取法：0.04 μg/L。

【质量保证和质量控制】—

水质　二硝基甲苯的测定　示波极谱法（GB/T 13901—1992）

【适用范围】硝化甘油系列火炸药工业废水中二硝基甲苯的测定。

【采样容器】—

【采样方法】—

【固定剂】—

【保存方法】—

【保存期】—

【容器洗涤】—

【检出限】0.05 mg/L。

【质量保证和质量控制】—

214. 邻硝基氯苯

水质 硝基苯类化合物的测定 液液萃取/固相萃取-气相色谱法（HJ 648—2013）

【适用范围】地表水、地下水、工业废水、生活污水和海水。

【采样容器】—

【采样方法】—

【固定剂】—

【保存方法】—

【保存期】—

【采样量】—

【容器洗涤】—

【检出限】液液萃取法：0.017 μg/L；固相萃取法：0.003 8 μg/L。

【质量保证和质量控制】空白试验：每批样品（以 10～20 个样品为一批次）应至少做一个全程序空白，目标化合物的浓度应低于检出限。

水质 硝基苯类化合物的测定 气相色谱-质谱法（HJ 716—2014）

【适用范围】地表水、地下水、工业废水、生活污水和海水。

【采样容器】硬质棕色玻璃瓶（带聚四氟乙烯瓶盖）。

【采样方法】采集样品时，不要用水样预洗采样瓶。水样应充满采样瓶并加盖密封。

【固定剂】硫代硫酸钠。

【保存方法】若水中有残余氯存在，要在每升水中加入 80 g 硫代硫酸钠除氯。样品采集后应避光于 4℃冷藏。

【保存期】在 7 d 内完成萃取，40 d 内完成分析。

【采样量】1 000～4 000 mL。

【容器洗涤】—

【检出限】液液萃取法：0.05 μg/L；固相萃取法：0.04 μg/L。

【质量保证和质量控制】—

215. 林丹（γ-六六六）

水质 六六六、滴滴涕的测定 气相色谱法（GB/T 7492—1987）

【适用范围】地面水、地下水及部分污水。

【采样容器】玻璃细口瓶，具磨口瓶塞。

【采样方法】在灌瓶前要把采样瓶用所需采用的水冲洗 2～3 次。

【固定剂】—

【保存方法】4℃冷藏箱中储存。

【保存期】7 d。

【采样量】1 000 mL。

【容器洗涤】—

【检出限】—

【质量保证和质量控制】200 ng/L。

216. 硫丹Ⅰ

水质 有机氯农药和氯苯类化合物的测定 气相色谱-质谱法（HJ 699—2014）

【适用范围】地表水、地下水、生活污水、工业废水和海水中有机氯农药和氯苯类化合物的测定。

【采样容器】具有玻璃塞的棕色磨口瓶或具有聚四氟乙烯衬垫的棕色螺口玻璃瓶。

【采样方法】加入 0.01～0.02 g 抗坏血酸去除余氯。

【固定剂】抗坏血酸。

【保存方法】0～5℃避光保存。

【保存期】24 h。

【采样量】1 L。

【容器洗涤】—

【检出限】液液萃取法（取样量 100 mL）：0.032 μg/L；固相萃取法（取样量 200 mL）：0.033 μg/L。

【质量保证和质量控制】

仪器性能检查：样品分析前及每运行 12 h 需进行仪器性能检查。

校准：校准曲线的相关系数应≥0.995。每 12 h 应测定一次校准曲线中间浓度点标准溶液，测定结果与该点浓度的相对偏差应在±20%之内。内标在样品中特征离子的峰面积与校准曲线中的峰面积偏差在−50%～100%，内标在样品中的保留时间与校准曲线中的保留时间偏差在±30 s 以内。

空白实验：每批次样品应至少做一个全程序空白，目标化合物测定结果应低于方法检出限。

平行样：每批次样品至少做不少于 10%的平行双样，样品量少于 10 个时，至少测定一个平行双样。当测定结果≤10 倍检出限时，平行双样测定结果的相对偏差应≤50%，当测定结果＞10 倍检出限时，平行双样测定结果的相对偏差应≤20%。

加标回收：每批样品至少做一次加标回收率的测定，实际样品加标平均回收率应在允许范围内。

替代物加标回收：每个样品和空白中均应加入替代物，按与样品同样步骤分析，每种替代物的平均回收率应在允许范围内。

217. 硫丹Ⅱ

水质 有机氯农药和氯苯类化合物的测定 气相色谱-质谱法（HJ 699—2014）

【适用范围】地表水、地下水、生活污水、工业废水和海水中有机氯农药和氯苯类化合物的测定。

【采样容器】具有玻璃塞的棕色磨口瓶或具有聚四氟乙烯衬垫的棕色螺口玻璃瓶。

【采样方法】加入 0.01～0.02 g 抗坏血酸去除余氯。

【固定剂】抗坏血酸。

【保存方法】0～5℃避光保存。

【保存期】24 h。

【采样量】1 L。

【容器洗涤】—

【检出限】液液萃取法（取样量 100 mL）：0.044 μg/L；固相萃取法（取样量 200 mL）：0.037 μg/L。

【质量保证和质量控制】

仪器性能检查：样品分析前及每运行 12 h 需进行仪器性能检查。

校准：校准曲线的相关系数应≥0.995。每 12 h 应测定一次校准曲线中间浓度点标准溶液，测定结果与该点浓度的相对偏差应在±20%之内。内标在样品中特征离子的峰面积与校准曲线中的峰面积偏差在−50%～100%，内标在样品中的保留时间与校准曲线中的保留时间偏差在±30 s 以内。

空白实验：每批次样品应至少做一个全程序空白，目标化合物测定结果应低于方法检出限。

平行样：每批次样品至少做不少于 10%的平行双样，样品量少于 10 个时，至少测定一个平行双样。当测定结果≤10 倍检出限时，平行双样测定结果的相对偏差应≤50%，当测定结果＞10 倍检出限时，平行双样测定结果的相对偏差应≤20%。

加标回收：每批样品至少做一次加标回收率的测定，实际样品加标平均回收率应在允许范围内。

替代物加标回收：每个样品和空白中均应加入替代物，按与样品同样步骤分析，每种替代物的平均回收率应在允许范围内。

218. 硫丹硫酸酯

水质　有机氯农药和氯苯类化合物的测定　气相色谱-质谱法（HJ 699—2014）

【适用范围】地表水、地下水、生活污水、工业废水和海水中有机氯农药和氯苯类化合物的测定。

【采样容器】具有玻璃塞的棕色磨口瓶或具有聚四氟乙烯衬垫的棕色螺口玻璃瓶。

【采样方法】加入 0.01～0.02 g 抗坏血酸去除余氯。

【固定剂】抗坏血酸。

【保存方法】0～5℃避光保存。

【保存期】24 h。

【采样量】1 L。

【容器洗涤】—

【检出限】液液萃取法（取样量 100 mL）：0.043 μg/L；固相萃取法（取样量 200 mL）：0.024 μg/L。

【质量保证和质量控制】

仪器性能检查：样品分析前及每运行 12 h 需进行仪器性能检查。

校准：校准曲线的相关系数应≥0.995。每 12 h 应测定一次校准曲线中间浓度点标准溶液，测定结果与该点浓度的相对偏差应在±20%之内。内标在样品中特征离子的峰面积与校准曲线中的峰面积偏差在−50%～100%，内标在样品中的保留时间与校准曲线中的保留时间偏差在±30 s 以内。

空白实验：每批次样品应至少做一个全程序空白，目标化合物测定结果应低于方法检出限。

平行样：每批次样品至少做不少于 10%的平行双样，样品量少于 10 个时，至少测定一个平行双样。当测定结果≤10 倍检出限时，平行双样测定结果的相对偏差应≤50%，当测定结果＞10 倍检出限时，平行双样测定结果的相对偏差应≤20%。

加标回收：每批样品至少做一次加标回收率的测定，实际样品加标平均回收率应在允许范围内。

替代物加标回收：每个样品和空白中均应加入替代物，按与样品同样步骤分析，每种替代物的平均回收率应在允许范围内。

219. 六六六

水质　六六六、滴滴涕的测定　气相色谱法（GB/T 7492—1987）

【适用范围】地面水、地下水及部分污水。

【采样容器】玻璃细口瓶，具磨口瓶塞。

【采样方法】在灌瓶前要把采样瓶用所需采用的水冲洗 2～3 次。

【固定剂】—

【保存方法】4℃冷藏箱中储存。

【保存期】7 d。

【采样量】1 000 mL。

【容器洗涤】—

【检出限】—

【质量保证和质量控制】4ng/L。

220. 六氯-1,3-丁二烯

水质　挥发性卤代烃的测定　顶空气相色谱法（HJ 620—2011）

【适用范围】地表水、地下水、饮用水、海水、工业废水和生活污水。

【采样容器】有聚四氟乙烯衬垫的棕色螺口玻璃瓶或 40 mL 硬质棕色玻璃瓶（带聚四氟乙烯瓶盖）。

【采样方法】采样时样品沿瓶壁注入，防止气泡产生，水样充满后不留液上空间。所有样品均采集平行样。

【固定剂】抗坏血酸或硫代硫酸钠。

【保存方法】如果水样含有余氯，向采样瓶中加入 0.3～0.5 g 抗坏血酸或硫代硫酸钠。0～5℃冷藏。

【保存期】7 d。

【采样量】40 mL。

【容器洗涤】—

【检出限】0.02 μg/L。

【质量保证和质量控制】所有样品均采集平行样。平行样品：每分析一批（20 个）样品至少做 10%的平行样品测定，平行样品相对偏差在 30%以内。

水质　挥发性有机物的测定　吹扫捕集/气相色谱-质谱法（HJ 639—2012）

【适用范围】海水、地下水、地表水、生活污水和工业废水。

【采样容器】有聚四氟乙烯衬垫的棕色螺口玻璃瓶或硬质棕色玻璃瓶（带聚四氟乙烯瓶盖）。

【采样方法】采样时不需用样品进行荡洗，水样在样品瓶中溢流而不留空间。取样时应尽量避免或减少样品在空气中暴露。所有样品均采集平行双样，每批样品带一个全程序空白和一个运输空白。

【固定剂】抗坏血酸+盐酸。

【保存方法】（1）每 40 mL 样品需加入 25 mg 的抗坏血酸；若样品中总余氯的量超过 5 mg/L，总余氯每超过 5 mg/L，需要多加 25 mg 的抗坏血酸。采样时，水样呈中性时向每个样品瓶中加入 0.5 mL 盐酸溶液，拧紧瓶盖；水样呈碱性时应加入适量盐酸溶液使样品 pH≤2，4℃保存。（2）当水样加盐酸溶液后产生大量气泡时，应弃去该样品，重新采集样品。重新采集的样品不应加盐酸溶液，样品标签上应注明未酸化，4℃保存。

【保存期】12 h。

【采样量】1 L。

【容器洗涤】样品瓶应在采样前用甲醇清洗。

【检出限】全扫描方式：0.6 μg/L。选择离子方式：0.4 μg/L。

【质量保证和质量控制】所有样品均采集平行双样，每批样品至少应采集一个运输空白和全程序空白样品。空白中目标化合物浓度应小于下列条件的最大值：（1）方法检出限；（2）相关环保标准限值的 5%；（3）样品分析结果的 5%。若空白试验未满足以上要求，则应采取措施排除污染并重新分析同批样品。

水质 挥发性有机物的测定 吹扫捕集/气相色谱法（HJ 686—2014）

【适用范围】地表水、地下水、生活污水和工业废水中挥发性有机物的测定。

【采样容器】有聚四氟乙烯衬垫的棕色螺口玻璃瓶或硬质棕色玻璃瓶（带聚四氟乙烯瓶盖）。

【采样方法】样品采集时不需用水样荡洗。所有样品均采集平行双样，每批样品带一个全程序空白和一个运输空白。

【固定剂】无余氯样品：盐酸溶液；有余氯样品：抗坏血酸+盐酸。

【保存方法】无余氯样品：0.5 mL 盐酸溶液，4℃保存；有余氯样品：加入约 25 mg 抗坏血酸，再加 0.5 mL 盐酸溶液，4℃保存。

【保存期】12 h。

【采样量】1 L。

【容器洗涤】采样瓶应在采样前充分清洗。

【检出限】0.1 μg/L。

【质量保证和质量控制】

所有样品均采集平行双样，每批样品带一个全程序空白和一个运输空白。

（1）空白分析

①运输空白。采样前在实验室将一份空白试剂水放入样品瓶中密封，将其带到现场。采样时对其瓶盖一直处于密封状态，随样品运回实验室，按与样品相同的分析步骤进行处理和测定，用于检查样品运输过程中是否受到污染。

②全程序空白。采样前在实验室将一份空白试剂水放入样品瓶中密封，将其带到现场。与采样的样品瓶同时开盖和密封，随样品运回实验室，按与样品相同的分析步骤进行处理和测定，用于检查样品采集到分析全过程是否受到污染。

如全程序空白中目标化合物高于检出限时，不能从样品结果中扣除空白值。应检查所有可能对全程序空白产生影响的环节，仔细查找干扰源。如果确实发现采样、运输或保存过程存在影响分析结果的干扰，需对出现问题批次的样品进行重新采样分析。

（2）平行样品的测定

虽然每个样品均采集平行双样，一般每 10 个样品或每批次（少于 10 个样品/批）分析一个平行样，平行样品测定结果的相对偏差小于 20%。

水质　挥发性有机物的测定　顶空/气相色谱-质谱法（HJ 810—2016）

【适用范围】地表水、地下水、生活污水、工业废水和海水。

【采样容器】有聚四氟乙烯衬垫的棕色螺口玻璃瓶或硬质棕色玻璃瓶（带聚四氟乙烯瓶盖）。

【采样方法】采集样品时，不宜用水样进行荡洗，应使水样在样品瓶中溢流且不留空间。

【固定剂】抗坏血酸+盐酸。

【保存方法】（1）若水样中含有余氯，采样前，应向 40 mL 棕色采样瓶中加入 25 mg 的抗坏血酸。若水样中余氯含量超过 5 mg/L，应按比例增加抗坏血酸的加入量，余氯含量每增加 5 mg/L，则应多加入 25 mg 的抗坏血酸。样品采集后，应立即加入适量盐酸溶液，使样品 pH≤2，拧紧瓶盖，4℃以下冷藏，避光和密封保存。（2）当水样加盐酸溶液后有气泡产生，须重新采样，重新采集的样品不加盐酸溶液保存，样品标签上应注明未酸化。

【保存期】12 h。

【采样量】1 L。

【容器洗涤】—

【检出限】全扫描方式：7 μg/L；选择离子方式：0.6 μg/L。

【质量保证和质量控制】所有样品均采集平行双样。每批样品应至少做一个全程序空白：按照分析步骤，在实验室将一份实验用水放入样品瓶中密封，将其带到采样现场，与采样的样品瓶同时开盖和密封，之后随样品运回实验室。

221. 六氯苯

水质　氯苯类化合物的测定　气相色谱法（HJ 621—2011）

【适用范围】地表水、地下水、饮用水、海水、工业废水和生活污水。

【采样容器】棕色玻璃瓶。

【采样方法】样品充满采样瓶。用内衬聚四氟乙烯硅胶垫（或铝箔垫）的瓶盖密封。

【固定剂】浓硫酸。

【保存方法】采样时每升水样中加入 1.0 mL 浓硫酸，于 2～5℃下保存。

【保存期】7 d。

【采样量】1 000 mL。

【容器洗涤】—

【检出限】0.003 μg/L。

【质量保证和质量控制】空白样品：每批样品应至少分析一个全程序空白样，全程序空白测定值应低于检出限。

水质　有机氯农药和氯苯类化合物的测定　气相色谱-质谱法（HJ 699—2014）

【适用范围】地表水、地下水、生活污水、工业废水和海水。

【采样容器】具有玻璃塞的棕色磨口瓶或具有聚四氟乙烯衬垫的棕色螺口玻璃瓶。

【采样方法】加入 0.01～0.02 g 抗坏血酸去除余氯。

【固定剂】抗坏血酸。

【保存方法】0～5℃避光保存。

【保存期】24 h。

【采样量】1 L。

【容器洗涤】—

【检出限】液液萃取法：0.043 μg/L；固相萃取法：0.026 μg/L。

【质量保证和质量控制】空白试验：每批样品至少做一个空白试验，即全程序空白试验。如果目标化合物有检查，应查明原因。

水质　氯苯的测定　气相色谱法（HJ/T 74—2001）

【适用范围】地表水、地下水及废水。

【采样容器】玻璃细口瓶，具磨口瓶塞。

【采样方法】在采集前用水样将取样瓶洗涤 2～3 次，样品应充满瓶子，加盖密封，不得有气泡。

【固定剂】—

【保存方法】2～5℃冷藏保存。

【保存期】7 d。

【采样量】1 000 mL。

【容器洗涤】—

【检出限】0.01 mg/L。

【质量保证和质量控制】—

222. 氯苯

水质　氯苯类化合物的测定　气相色谱法（HJ 621—2011）

【适用范围】地表水、地下水、饮用水、海水、工业废水和生活污水。

【采样容器】棕色玻璃瓶。

【采样方法】样品充满采样瓶。用内衬聚四氟乙烯硅胶垫（或铝箔垫）的瓶盖密封。

【固定剂】浓硫酸。

【保存方法】采样时每升水样中加入 1.0 mL 浓硫酸，于 2～5℃下保存。

【保存期】7 d。

【采样量】1 000 mL。

【容器洗涤】—

【检出限】12 μg/L。

【质量保证和质量控制】空白样品：每批样品应至少分析一个全程序空白样，全程序空白测定值应低于检出限。

水质　挥发性有机物的测定　吹扫捕集/气相色谱-质谱法（HJ 639—2012）

【适用范围】海水、地下水、地表水、生活污水和工业废水。

【采样容器】有聚四氟乙烯衬垫的棕色螺口玻璃瓶或硬质棕色玻璃瓶（带聚四氟乙烯瓶盖）。

【采样方法】采样时不需用样品进行荡洗。水样在样品瓶中溢流而不留空间。取样时应尽量避免或减少样品在空气中暴露。所有样品均采集平行双样，每批样品带一个全程序空白和一个运输空白。

【固定剂】抗坏血酸+盐酸。

【保存方法】（1）每 40 mL 样品需加入 25 mg 的抗坏血酸；若样品中总余氯的量超过 5 mg/L，总余氯每超过 5 mg/L，需要多加 25 mg 的抗坏血酸。采样时，水样呈中性时向每个样品瓶中加入 0.5 mL 盐酸溶液，拧紧瓶盖；水样呈碱性时应加入适量盐酸溶液使样品 pH≤2，4℃保存。（2）当水样加盐酸溶液后产生大量气泡时，应弃去该样品，重新采集样品。重新采集的样品不应加盐酸溶液，样品标签上应注明未酸化，4℃保存。

【保存期】12 h。

【采样量】1 L。

【容器洗涤】样品瓶应在采样前用甲醇清洗。

【检出限】全扫描方式：1.0 μg/L；选择离子方式：0.2 μg/L。

【质量保证和质量控制】所有样品均采集平行双样，每批样品至少应采集一个运输空白和全程序空白样品。空白中目标化合物浓度应小于下列条件的最大值：（1）方法检出限；（2）相关环保标准限值的 5%；（3）样品分析结果的 5%。若空白试验未满足以上要求，则应采取措施排除污染并重新分析同批样品。

水质　挥发性有机物的测定　顶空/气相色谱-质谱法（HJ 810—2016）

【适用范围】地表水、地下水、生活污水、工业废水和海水。

【采样容器】有聚四氟乙烯衬垫的棕色螺口玻璃瓶或硬质棕色玻璃瓶（带聚四氟乙烯瓶盖）。

【采样方法】采集样品时，不宜用水样进行荡洗，应使水样在样品瓶中溢流且不留空间。

【固定剂】抗坏血酸+盐酸。

【保存方法】（1）若水样中含有余氯，采样前，应向 40 mL 棕色采样瓶中加入 25 mg 的抗坏血酸。若水样中余氯含量超过 5 mg/L，应按比例增加抗坏血酸的加入量，余氯含量每增加 5 mg/L，则应多加入 25 mg 的抗坏血酸。样品采集后，应立即加入适量盐酸溶液，使样品 pH≤2，拧紧瓶盖，4℃以下冷藏，避光和密封保存。（2）当水样加盐酸溶液后有气泡产生，须重新采样，重新采集的样品不加盐酸溶液保存，样品标签上应注明未酸化。

【保存期】12 h。

【采样量】1 L。

【容器洗涤】—

【检出限】全扫描方式：4 μg/L；选择离子方式：1.0 μg/L。

【质量保证和质量控制】所有样品均采集平行双样。每批样品应至少做一个全程序空白：按照分析步骤，在实验室将一份实验用水放入样品瓶中密封，将其带到采样现场，与采样的样品瓶同时开盖和密封，之后随样品运回实验室。

水质　氯苯的测定　气相色谱法（HJ/T 74—2001）

【适用范围】地表水、地下水及废水。

【采样容器】玻璃细口瓶，具磨口瓶塞。

【采样方法】在采集前用水样将取样瓶洗涤 2～3 次，样品应充满瓶子，加盖密封，不得有气泡。

【固定剂】—

【保存方法】2～5℃冷藏保存。

【保存期】7 d。

【采样量】1 000 mL。

【容器洗涤】—

【检出限】0.01 mg/L。

【质量保证和质量控制】—

223. 氯氟氰菊酯

水质　百菌清及拟除虫菊酯类农药的测定　气相色谱-质谱法（HJ 753—2015）

【适用范围】地表水、地下水、工业废水和生活污水。

【采样容器】具磨口塞的棕色玻璃细口瓶。

【采样方法】加入 0.01～0.02 g 抗坏血酸去除余氯。

【固定剂】抗坏血酸。

【保存方法】0～5℃避光保存。

【保存期】24 h。

【采样量】1 L。

【容器洗涤】—

【检出限】液液萃取法：0.03 μg/L；固相萃取法：0.05 μg/L。

【质量保证和质量控制】—

224. 氯磺隆

水质　磺酰脲类农药的测定　高效液相色谱法（HJ 1018—2019）

【适用范围】地表水、地下水、工业废水和生活污水中 10 种磺酰脲类农药的测定。

【采样容器】1 000 mL 具磨口塞棕色细口瓶，棕色螺纹口玻璃瓶，螺旋盖（带聚四氟乙烯密封垫）。

【采样方法】加入 0.01～0.02 g 抗坏血酸去除余氯。

【固定剂】抗坏血酸。

【保存方法】0～5℃避光保存。

【保存期】24 h。

【采样量】1L。

【容器洗涤】—

【检出限】直接进样法：0.006 mg/L；液液萃取法：0.07 mg/L；固相萃取法：0.09 mg/L。

【质量保证和质量控制】

空白实验：每 20 个样品或每批次（≤20 个样品/批）应至少做一个实验室空白，测定结果应低于方法检出限。

校准：校准曲线的相关系数应≥0.995。每 10 个样品或每批次（≤10 个样品/批）应测定一次校准曲线中间浓度点标准溶液，测定结果与该点浓度的相对误差应在±15%之内。

平行样：每 20 个样品或每批次（≤20 个样品/批）应做一个平行样。对于直接进样法，平行样的相对偏差应≤35%。

基体加标：每 20 个样品或每批次（≤20 个样品/批）应做一个基体加标样，对于直接进样法，基体加标回收率应在 70%～130%。对于液液萃取和固相萃取，基体加标回收率应在 60%～130%。

225. 氯嘧磺隆

水质　磺酰脲类农药的测定　高效液相色谱法（HJ 1018—2019）

【适用范围】地表水、地下水、工业废水和生活污水中 10 种磺酰脲类农药的测定。

【采样容器】1 000 mL 具磨口塞棕色细口瓶，棕色螺纹口玻璃瓶，螺旋盖（带聚四氟乙烯密封垫）。

【采样方法】加入 0.01～0.02 g 抗坏血酸去除余氯。

【固定剂】抗坏血酸。

【保存方法】0～5℃避光保存。

【保存期】24 h。

【采样量】1 L。

【容器洗涤】—

【检出限】直接进样法：0.006 mg/L；液液萃取法：0.06 mg/L；固相萃取法：0.09 mg/L。

【质量保证和质量控制】

空白实验：每 20 个样品或每批次（≤20 个样品/批）应至少做一个实验室空白，测定结果应低于方法检出限。

校准：校准曲线的相关系数应≥0.995。每 10 个样品或每批次（≤10 个样品/批）应测定一次校准曲线中间浓度点标准溶液，测定结果与该点浓度的相对误差应在±15%之内。

平行样：每 20 个样品或每批次（≤20 个样品/批）应做一个平行样。对于直接进样法，平行样的相对偏差应≤35%。

基体加标：每 20 个样品或每批次（≤20 个样品/批）应做一个基体加标样，对于直接进样法，基体加标回收率应在 70%～130%。对于液液萃取和固相萃取，基体加标回收率应在 60%～130%。

226. 氯灭杀威

水质　氨基甲酸酯类农药的测定　超高效液相色谱-三重四极杆质谱法（HJ 827—2017）

【适用范围】地表水、地下水、工业废水和生活污水中 15 种氨基甲酸酯类农药的测定。

【采样容器】250 mL 具磨口塞的棕色玻璃瓶。

【采样方法】加入 0.01～0.02 g 抗坏血酸去除余氯。

【固定剂】抗坏血酸。

【保存方法】0～5℃避光保存。

【保存期】24 h。

【采样量】1 L。

【容器洗涤】—

【检出限】直接进样法：0.2 μg/L；固相萃取法：0.006 μg/L。

【质量保证和质量控制】

校准：每批样品应绘制校准曲线，相关系数应≥0.995。每 20 个样品或每批次需进行 1 次曲线中间浓度点测定，测定结果与该点浓度的相对偏差应在±20%之内。

空白实验：每次分析应至少做一个实验室空白，目标化合物测定结果应低于方法检出限。

平行样：每 20 个样品或每批次样品（少于 20 个样品）应做一个平行双样，平行样测定结果的相对标准偏差应≤20%。

加标回收：每 20 个样品或每批次样品（少于 20 个样品）需做一个基体加标样，直接进样法加标回收率应在 70%～115%，固相萃取法加标回收率应在 60%～120%。

227. 氯氰菊酯

水质　百菌清及拟除虫菊酯类农药的测定　气相色谱-质谱法（HJ 753—2015）

【适用范围】地表水、地下水、工业废水和生活污水。

【采样容器】具磨口塞的棕色玻璃细口瓶。

【采样方法】加入 0.01～0.02 g 抗坏血酸去除余氯。

【固定剂】抗坏血酸。

【保存方法】0～5℃避光保存。

【保存期】24 h。

【采样量】1 L。

【容器洗涤】—

【检出限】液液萃取法：0.04 μg/L；固相萃取法：0.07 μg/L。

【质量保证和质量控制】—

228. 氯乙烯

水质　挥发性有机物的测定　吹扫捕集/气相色谱-质谱法（HJ 639—2012）

【适用范围】海水、地下水、地表水、生活污水和工业废水。

【采样容器】有聚四氟乙烯衬垫的棕色螺口玻璃瓶或硬质棕色玻璃瓶（带聚四氟乙烯瓶盖）。

【采样方法】采样时不需用样品进行荡洗，水样在样品瓶中溢流而不留空间。取样时应尽量避免或减少样品在空气中暴露。所有样品均采集平行双样，每批样品带一个全程序空白和一个运输空白。

【固定剂】抗坏血酸+盐酸。

【保存方法】（1）每 40 mL 样品需加入 25 mg 的抗坏血酸；若样品中总余氯的量超过 5 mg/L，总余氯每超过 5 mg/L，需要多加 25 mg 的抗坏血酸。采样时，水样呈中性时向每个样品瓶中加入 0.5 mL 盐酸溶液，拧紧瓶盖；水样呈碱性时应加入适量盐酸溶液使样品 pH≤2，4℃保存。（2）当水样加盐酸溶液后产生大量气泡时，应弃去该样品，重新采集样品。重新采集的样品不应加盐酸溶液，样品标签上应注明未酸化，4℃保存。

【保存期】12 h。

【采样量】1 L。

【容器洗涤】样品瓶应在采样前用甲醇清洗。

【检出限】全扫描方式：1.5 μg/L；选择离子方式：0.5 μg/L。

【质量保证和质量控制】所有样品均采集平行双样，每批样品至少应采集一个运输空白和全程序空白样品。空白中目标化合物浓度应小于下列条件的最大值：（1）方法检出限；（2）相关环保标准限值的 5%；（3）样品分析结果的 5%。若空白试验未满足以上要求，则应采取措施排除污染并重新分析同批样品。

水质　挥发性有机物的测定　顶空/气相色谱-质谱法（HJ 810—2016）

【适用范围】地表水、地下水、生活污水、工业废水和海水。

【采样容器】有聚四氟乙烯衬垫的棕色螺口玻璃瓶或硬质棕色玻璃瓶（带聚四氟乙烯瓶盖）。

【采样方法】采集样品时，不宜用水样进行荡洗，应使水样在样品瓶中溢流且不留空间。

【固定剂】抗坏血酸+盐酸。

【保存方法】（1）若水样中含有余氯，采样前，应向 40 mL 棕色采样瓶中加入 25 mg 的抗坏血酸。若水样中余氯含量超过 5 mg/L，应按比例增加抗坏血酸的加入量，余氯含量每增加 5 mg/L，则应多加入 25 mg 的抗坏血酸。样品采集后，应立即加入适量盐酸溶液，使样品 pH≤2，拧紧瓶盖，4℃以下冷藏，避光和密封保存。（2）当水样加盐酸溶液后有气泡产生，须重新采样，重新采集的样品不加盐酸溶液保存，样品标签上应注明未酸化。

【保存期】12 h。

【采样量】1 L。

【容器洗涤】—

【检出限】全扫描方式：5 μg/L；选择离子方式：0.7 μg/L。

【质量保证和质量控制】所有样品均采集平行双样。每批样品应至少做一个全程序空白：按照分析步骤，在实验室将一份实验用水放入样品瓶中密封，将其带到采样现场，与采样的样品瓶同时开盖和密封，之后随样品运回实验室。

229. 马拉硫磷

水质　有机磷农药的测定　气相色谱法（GB/T 13192—1991）

【适用范围】地面水、地下水及工业废水。

【采样容器】玻璃磨口瓶。

【采样方法】加入 0.01～0.02 g 抗坏血酸去除余氯。

【固定剂】抗坏血酸。

【保存方法】0～5℃避光保存。

【保存期】24 h。

【采样量】1 000 mL。

【容器洗涤】—

【检出限】4.3×10^{-9} g。

【质量保证和质量控制】—

230. 锰杀威

水质　氨基甲酸酯类农药的测定　超高效液相色谱-三重四极杆质谱法（HJ 827—2017）

【适用范围】地表水、地下水、工业废水和生活污水中 15 种氨基甲酸酯类农药的测定。

【采样容器】250 mL 具磨口塞的棕色玻璃瓶。

【采样方法】加入 0.01～0.02 g 抗坏血酸去除余氯。

【固定剂】抗坏血酸。

【保存方法】0～5℃避光保存。

【保存期】24 h。

【采样量】1 L。

【容器洗涤】—

【检出限】直接进样法：0.2 μg/L；固相萃取法：0.004 μg/L。

【质量保证和质量控制】

校准：每批样品应绘制校准曲线，相关系数应≥0.995。每 20 个样品或每批次需进行 1 次曲线中间浓度点测定，测定结果与该点浓度的相对偏差应在±20%之内。

空白实验：每次分析应至少做一个实验室空白，目标化合物测定结果应低于方法检出限。

平行样：每 20 个样品或每批次样品（少于 20 个样品）应做一个平行双样，平行样测定结果的相对标准偏差应≤20%。

加标回收：每 20 个样品或每批次样品（少于 20 个样品）需做一个基体加标样，直接进样法加标回收率应在 70%～115%，固相萃取法加标回收率应在 60%～120%。

231. 咪唑烷

废水中咪唑烷农药的测定　气相色谱法（GB/T 21523—2008 附录 B）

【适用范围】工业废水咪唑烷的测定。

【采样容器】硬质玻璃瓶。

【采样方法】加入 0.01～0.02 g 抗坏血酸去除余氯。

【固定剂】抗坏血酸。

【保存方法】0～5℃避光保存。

【保存期】24 h。

【采样量】1 L。

【容器洗涤】—

【检出限】0.2 mg/L。

【质量保证和质量控制】—

232. 醚苯磺隆

水质　磺酰脲类农药的测定　高效液相色谱法（HJ 1018—2019）

【适用范围】地表水、地下水、工业废水和生活污水中 10 种磺酰脲类农药的测定。

【采样容器】1 000 mL 具磨口塞棕色细口瓶，棕色螺纹口玻璃瓶，螺旋盖（带聚四氟乙烯密封垫）。

【采样方法】加入 0.01～0.02 g 抗坏血酸去除余氯。

【固定剂】抗坏血酸。

【保存方法】0～5℃避光保存。

【保存期】24 h。

【采样量】1 L。

【容器洗涤】—

【检出限】直接进样法：0.009 mg/L；液液萃取法：0.06 mg/L；固相萃取法：0.09 mg/L。

【质量保证和质量控制】

空白实验：每 20 个样品或每批次（≤20 个样品/批）应至少做一个实验室空白，测定结果应低于方法检出限。

校准：校准曲线的相关系数应≥0.995。每 10 个样品或每批次（≤10 个样品/批）应测定一次校准曲线中间浓度点标准溶液，测定结果与该点浓度的相对误差应在±15%之内。

平行样：每 20 个样品或每批次（≤20 个样品/批）应做一个平行样。对于直接进样法，平行样的相对偏差应≤35%。

基体加标：每 20 个样品或每批次（≤20 个样品/批）应做一个基体加标样，对于直接进样法，基体加标回收率应在 70%～130%。对于液液萃取和固相萃取，基体加标回收率应在 60%～130%。

233. 灭虫威

水质　氨基甲酸酯类农药的测定　超高效液相色谱-三重四极杆质谱法（HJ 827—2017）

【适用范围】地表水、地下水、工业废水和生活污水中 15 种氨基甲酸酯类农药的测定。

【采样容器】250 mL 具磨口塞的棕色玻璃瓶。

【采样方法】加入 0.01～0.02 g 抗坏血酸去除余氯。

【固定剂】抗坏血酸。

【保存方法】0～5℃避光保存。

【保存期】24 h。

【采样量】1 L。

【容器洗涤】—

【检出限】直接进样法：0.2 μg/L；固相萃取法：0.004 μg/L。

【质量保证和质量控制】

校准：每批样品应绘制校准曲线，相关系数应≥0.995。每 20 个样品或每批次需进行 1 次曲线中间浓度点测定，测定结果与该点浓度的相对偏差应在±20%之内。

空白实验：每次分析应至少做一个实验室空白，目标化合物测定结果应低于方法检出限。

平行样：每 20 个样品或每批次样品（少于 20 个样品）应做一个平行双样，平行样测定结果的相对标准偏差应≤20%。

加标回收：每 20 个样品或每批次样品（少于 20 个样品）需做一个基体加标样，直接进样法加标回收率应在 70%～115%，固相萃取法加标回收率应在 60%～120%。

234. 灭多威

水质 灭多威和灭多威肟的测定 液相色谱法（HJ 851—2017）

【适用范围】地表水、地下水、工业废水和生活污水中灭多威和灭多威肟的测定。

【采样容器】100 mL 具磨口塞的棕色玻璃细口瓶。

【采样方法】调节 pH 值为 4～6。

【固定剂】—

【保存方法】避光保存。

【保存期】8 d。

【采样量】—

【容器洗涤】—

【检出限】1 μg/L。

【质量保证和质量控制】

校准：每批样品应绘制校准曲线，相关系数应≥0.995。每 20 个样品或每批次需进行 1 次曲线中间浓度点测定，测定结果与该点浓度的相对偏差应在±15%之内。

空白实验：每 20 个样品或每批次样品（少于 20 个样品）应至少做一个实验室空白，目标化合物测定结果应低于方法检出限。

平行样：每 10 个样品或每批次样品（少于 10 个样品）应做一个平行双样，平行样测定结果的相对标准偏差应≤15%。

加标回收：每 20 个样品或每批次样品（少于 20 个样品）需做一个基体加标样，加标回收率应在 80%～120%。

水质 氨基甲酸酯类农药的测定 超高效液相色谱-三重四极杆质谱法（HJ 827—2017）

【适用范围】地表水、地下水、工业废水和生活污水中 15 种氨基甲酸酯类农药的测定。

【采样容器】250 mL 具磨口塞的棕色玻璃瓶。

【采样方法】加入 0.01～0.02 g 抗坏血酸去除余氯。

【固定剂】抗坏血酸。

【保存方法】0～5℃避光保存。

【保存期】24 h。

【采样量】1 L。

【容器洗涤】—

【检出限】直接进样法：0.6 μg/L；固相萃取法：0.012 μg/L。

【质量保证和质量控制】

校准：每批样品应绘制校准曲线，相关系数应≥0.995。每 20 个样品或每批次需进行 1 次曲线中间浓度点测定，测定结果与该点浓度的相对偏差应在±20%之内。

空白实验：每次分析应至少做一个实验室空白，目标化合物测定结果应低于方法检出限。

平行样：每 20 个样品或每批次样品（少于 20 个样品）应做一个平行双样，平行样测定结果的相对标准偏差应≤20%。

加标回收：每 20 个样品或每批次样品（少于 20 个样品）需做一个基体加标样，直接进样法加标回收率应在 70%～115%，固相萃取法加标回收率应在 60%～120%。

235. 灭多威肟

水质 灭多威和灭多威肟的测定 液相色谱法（HJ 851—2017）

【适用范围】地表水、地下水、工业废水和生活污水中灭多威和灭多威肟的测定。

【采样容器】100 mL 具磨口塞的棕色玻璃细口瓶。

【采样方法】调节 pH 值为 4～6。

【固定剂】—

【保存方法】避光保存。

【保存期】8 d。

【采样量】—

【容器洗涤】—

【检出限】1 μg/L。

【质量保证和质量控制】

校准：每批样品应绘制校准曲线，相关系数应≥0.995。每 20 个样品或每批次需进行 1 次曲线中间浓度点测定，测定结果与该点浓度的相对偏差应在±15%之内。

空白实验：每 20 个样品或每批次样品（少于 20 个样品）应至少做一个实验室空白，目标化合物测定结果应低于方法检出限。

平行样：每 10 个样品或每批次样品（少于 10 个样品）应做一个平行双样，平行样测定结果的相对标准偏差应≤15%。

加标回收：每 20 个样品或每批次样品（少于 20 个样品）需做一个基体加标样，加标回收率应在 80%～120%。

水质 氨基甲酸酯类农药的测定 超高效液相色谱-三重四极杆质谱法（HJ 827—2017）

【适用范围】地表水、地下水、工业废水和生活污水中 15 种氨基甲酸酯类农药的测定。

【采样容器】250 mL 具磨口塞的棕色玻璃瓶。

【采样方法】加入 0.01～0.02 g 抗坏血酸去除余氯。

【固定剂】抗坏血酸。

【保存方法】0～5℃避光保存。

【保存期】24 h。

【采样量】1 L。

【容器洗涤】—

【检出限】直接进样法：2 μg/L；固相萃取法：0.031 μg/L。

【质量保证和质量控制】

校准：每批样品应绘制校准曲线，相关系数应≥0.995。每 20 个样品或每批次需进行 1 次曲线中间浓度点测定，测定结果与该点浓度的相对偏差应在±20%之内。

空白实验：每次分析应至少做一个实验室空白，目标化合物测定结果应低于方法检出限。

平行样：每 20 个样品或每批次样品（少于 20 个样品）应做一个平行双样，平行样测定结果的相对标准偏差应≤20%。

加标回收：每 20 个样品或每批次样品（少于 20 个样品）需做一个基体加标样，直接进样法加标回收率应在 70%～115%，固相萃取法加标回收率应在 60%～120%。

236. 萘

水质 挥发性有机物的测定 吹扫捕集/气相色谱-质谱法（HJ 639—2012）

【适用范围】海水、地下水、地表水、生活污水和工业废水。

【采样容器】有聚四氟乙烯衬垫的棕色螺口玻璃瓶或硬质棕色玻璃瓶（带聚四氟乙烯瓶盖）。

【采样方法】采样时不需用样品进行荡洗。水样在样品瓶中溢流而不留空间。取样时应尽量避免或减少样品在空气中暴露。所有样品均采集平行双样，每批样品带一个全程序空白和一个运输空白。

【固定剂】抗坏血酸+盐酸。

【保存方法】（1）每 40 mL 样品需加入 25 mg 的抗坏血酸；若样品中总余氯的量超过 5 mg/L，总余氯每超过 5 mg/L，需要多加 25 mg 的抗坏血酸。采样时，水样呈中性时向每个样品瓶中加入 0.5 mL 盐酸溶液，拧紧瓶盖；水样呈碱性时应加入适量盐酸溶液使样品 pH≤2，4℃保存。（2）当水样加盐酸溶液后产生大量气泡时，应弃去该样品，重新采集样品。重新采集的样品不应加盐酸溶液，样品标签上应注明未酸化，0～5℃保存。

【保存期】12 h。

【采样量】1 L。

【容器洗涤】样品瓶应在采样前用甲醇清洗。

【检出限】全扫描方式：1.0 μg/L；选择离子方式：0.4 μg/L。

【质量保证和质量控制】所有样品均采集平行双样，每批样品至少应采集一个运输空白和全程序空白样品。空白中目标化合物浓度应小于下列条件的最大值：（1）方法检出限；（2）相关环保标准限值的 5%；（3）样品分析结果的 5%。若空白试验未满足以上要求，则应采取措施排除污染并重新分析同批样品。

水质 挥发性有机物的测定 顶空/气相色谱-质谱法（HJ 810—2016）

【适用范围】地表水、地下水、生活污水、工业废水和海水。

【采样容器】有聚四氟乙烯衬垫的棕色螺口玻璃瓶或硬质棕色玻璃瓶（带聚四氟乙烯瓶盖）。

【采样方法】采集样品时，不宜用水样进行荡洗，应使水样在样品瓶中溢流且不留空间。

【固定剂】抗坏血酸+盐酸。

【保存方法】（1）若水样中含有余氯，采样前，应向 40 mL 棕色采样瓶中加入 25 mg 的抗坏血酸。若水样中余氯含量超过 5 mg/L，应按比例增加抗坏血酸的加入量，余氯含量每增加 5 mg/L，则应多加入 25 mg 的抗坏血酸。样品采集后，应立即加入适量盐酸溶液，使样品 pH≤2，拧紧瓶盖，4℃以下冷藏，避光和密封保存。（2）当水样加盐酸溶液后有气泡产生，须重新采样，重新采集的样品不加盐酸溶液保存，样品标签上应注明未酸化。

【保存期】12 h。

【采样量】1 L。

【容器洗涤】—

【检出限】全扫描方式：8 μg/L；选择离子方式：0.6 μg/L。

【质量保证和质量控制】所有样品均采集平行双样。每批样品应至少做一个全程序空白：按照分析步骤，在实验室将一份实验用水放入样品瓶中密封，将其带到采样现场，与采样的样品瓶同时开盖和密封，之后随样品运回实验室。

水质 多环芳烃的测定 液液萃取和固相萃取高效液相色谱法（HJ 478—2009）

【适用范围】饮用水、地下水、地表水、海水、工业废水及生活污水。

【采样容器】具磨口塞的棕色玻璃细口瓶。

【采样方法】采样前不能用水样预洗采样瓶，以防止样品的沾染或吸附。采样瓶要完全注满，不留气泡。

【固定剂】硫代硫酸钠（有残余氯存在）。

【保存方法】若水中有残余氯存在，要在每升水中加入 80 g 硫代硫酸钠除氯。样品采集后应避光于 0～5℃冷藏。

【保存期】在 7 d 内萃取，萃取后 40 d 内分析完毕。

【采样量】500 mL。

【容器洗涤】样品必须采集在预先洗净烘干的采样瓶中。

【检出限】荧光检测器：0.011 μg/L；紫外检测器：0.012 μg/L。

【质量保证和质量控制】—

237. 芘

水质 多环芳烃的测定 液液萃取和固相萃取高效液相色谱法（HJ 478—2009）

【适用范围】饮用水、地下水、地表水、海水、工业废水及生活污水。

【采样容器】具磨口塞的棕色玻璃细口瓶。

【采样方法】采样前不能用水样预洗采样瓶，以防止样品的沾染或吸附。采样瓶要完全注满，不留气泡。

【固定剂】硫代硫酸钠（有残余氯存在）。

【保存方法】若水中有残余氯存在，要在每升水中加入 80 g 硫代硫酸钠除氯。样品采集后应避光于 0～5℃冷藏。

【保存期】在 7 d 内萃取，萃取后 40 d 内分析完毕。

【采样量】500 mL。

【容器洗涤】样品必须采集在预先洗净烘干的采样瓶中。

【检出限】荧光检测器：0.003 μg/L；紫外检测器：0.016 μg/L。

【质量保证和质量控制】—

238. 偏二甲基肼

水质 偏二甲基肼的测定 氨基亚铁氰化钠分光光度法（GB/T 14376—1993）

【适用范围】地面水、航天工业废水中偏二甲基肼的测定。

【采样容器】—

【采样方法】—

【固定剂】硫酸。

【保存方法】—

【保存期】1 d。

【采样量】—

【容器洗涤】—

【检出限】0.01 mg/L。

【质量保证和质量控制】—

239. 七氯

水质 有机氯农药和氯苯类化合物的测定 气相色谱-质谱法（HJ 699—2014）

【适用范围】地表水、地下水、生活污水、工业废水和海水。

【采样容器】具有玻璃塞的棕色磨口瓶或具有聚四氟乙烯衬垫的棕色螺口玻璃瓶。

【采样方法】加入 0.01～0.02 g 抗坏血酸去除余氯。

【固定剂】抗坏血酸。

【保存方法】0～5℃避光保存。

【保存期】24 h。

【采样量】1 L。

【容器洗涤】—

【检出限】液液萃取法：0.042 μg/L；固相萃取法：0.031 μg/L。

【质量保证和质量控制】空白试验：每批样品至少做一个空白试验，即全程序空白试验。如果目标化合物有检查，应查明原因。

240. 氰戊菊酯

水质 百菌清及拟除虫菊酯类农药的测定 气相色谱-质谱法（HJ 753—2015）

【适用范围】地表水、地下水、工业废水和生活污水。

【采样容器】具磨口塞的棕色玻璃细口瓶。

【采样方法】加入 0.01～0.02 g 抗坏血酸去除余氯。

【固定剂】抗坏血酸。

【保存方法】0～5℃避光保存。

【保存期】24 h。

【采样量】1 L。

【容器洗涤】—

【检出限】液液萃取法：0.05 μg/L；固相萃取法：0.07 μg/L。

241. 䓛

水质 多环芳烃的测定 液液萃取和固相萃取高效液相色谱法（HJ 478—2009）

【适用范围】饮用水、地下水、地表水、海水、工业废水及生活污水。

【采样容器】具磨口塞的棕色玻璃细口瓶。

【采样方法】采样前不能用水样预洗采样瓶，以防止样品的沾染或吸附。采样瓶要完全注满，不留气泡。

【固定剂】硫代硫酸钠（有残余氯存在）。

【保存方法】若水中有残余氯存在，要在每升水中加入 80 g 硫代硫酸钠除氯。样品采集后应避光于 0～5℃冷藏。

【保存期】在 7 d 内萃取，萃取后 40 d 内分析完毕。

【采样量】500 mL。

【容器洗涤】样品必须采集在预先洗净烘干的采样瓶中。

【检出限】荧光检测器：0.008 μg/L；紫外检测器：0.005 μg/L。

【质量保证和质量控制】—

242. 噻吩磺隆

水质 磺酰脲类农药的测定 高效液相色谱法（HJ 1018—2019）

【适用范围】地表水、地下水、工业废水和生活污水中 10 种磺酰脲类农药的测定。

【采样容器】1 000 mL 具磨口塞棕色细口瓶，棕色螺纹口玻璃瓶，螺旋盖（带聚四氟乙烯密封垫）。

【采样方法】加入 0.01～0.02 g 抗坏血酸去除余氯。

【固定剂】抗坏血酸。

【保存方法】0～5℃避光保存。

【保存期】24 h。

【采样量】1 L。

【容器洗涤】—

【检出限】直接进样法：0.009 mg/L；液液萃取法：0.05 mg/L；固相萃取法：0.07 mg/L。

【质量保证和质量控制】

空白实验：每 20 个样品或每批次（≤20 个样品/批）应至少做一个实验室空白，测定结果应低于方法检出限。

校准：校准曲线的相关系数应≥0.995。每 10 个样品或每批次（≤10 个样品/批）应测定一次校准曲线中间浓度点标准溶液，测定结果与该点浓度的相对误差应在±15%之内。

平行样：每 20 个样品或每批次（≤20 个样品/批）应做一个平行样。对于直接进样法，平行样的相对偏差应≤35%。

基体加标：每 20 个样品或每批次（≤20 个样品/批）应做一个基体加标样，对于直接进样法，基体加标回收率应在 70%～130%。对于液液萃取和固相萃取，基体加标回收率应在 60%～130%。

243. 三氯甲烷

水质 挥发性卤代烃的测定 顶空气相色谱法（HJ 620—2011）

【适用范围】地表水、地下水、饮用水、海水、工业废水和生活污水。

【采样容器】有聚四氟乙烯衬垫的棕色螺口玻璃瓶或 40 mL 硬质棕色玻璃瓶（带聚四氟乙烯瓶盖）。

【采样方法】采样时样品沿瓶壁注入，防止气泡产生，水样充满后不留液上空间。所有样品均采集平行样。

【固定剂】抗坏血酸或硫代硫酸钠。

【保存方法】如果水样含有余氯，向采样瓶中加入 0.3～0.5 g 抗坏血酸或硫代硫酸钠，0～5℃冷藏。

【保存期】7 d。

【采样量】40 mL。

【容器洗涤】—

【检出限】0.02 μg/L。

【质量保证和质量控制】所有样品均采集平行样。平行样品：每分析一批（20 个）样品至少做 10%的平行样品测定，平行样品相对偏差在 30%以内。

水质 挥发性有机物的测定 吹扫捕集/气相色谱-质谱法（HJ 639—2012）

【适用范围】海水、地下水、地表水、生活污水和工业废水。

【采样容器】有聚四氟乙烯衬垫的棕色螺口玻璃瓶或硬质棕色玻璃瓶（带聚四氟乙烯瓶盖）。

【采样方法】采样时不需用样品进行荡洗，水样在样品瓶中溢流而不留空间。取样时应尽量避免或减少样品在空气中暴露。所有样品均采集平行双样，每批样品带一个全程序空白和一个运输空白。

【固定剂】抗坏血酸+盐酸。

【保存方法】（1）每 40 mL 样品需加入 25 mg 的抗坏血酸；若样品中总余氯的量超过 5 mg/L，总余氯每超过 5 mg/L，需要多加 25 mg 的抗坏血酸。采样时，水样呈中性时向每个样品瓶中加入 0.5 mL 盐酸溶液，拧紧瓶盖；水样呈碱性时应加入适量盐酸溶液使样品 pH≤2，4℃保存。（2）当水样加盐酸溶液后产生大量气泡时，应弃去该样品，重新采集样品。重新采集的样品不应加盐酸溶液，样品标签上应注明未酸化，4℃保存。

【保存期】12 h。

【采样量】1 L。

【容器洗涤】样品瓶应在采样前用甲醇清洗。

【检出限】全扫描方式：1.4 μg/L；选择离子方式：0.4 μg/L。

【质量保证和质量控制】所有样品均采集平行双样，每批样品至少应采集一个运输空白和全程序空白样品。空白中目标化合物浓度应小于下列条件的最大值：（1）方法检出限；（2）相关环保标准限值的 5%；（3）样品分析结果的 5%。若空白试验未满足以上要求，则应采取措施排除污染并重新分析同批样品。

水质 挥发性有机物的测定 吹扫捕集/气相色谱法（HJ 686—2014）

【适用范围】地表水、地下水、生活污水和工业废水中挥发性有机物的测定。

【采样容器】有聚四氟乙烯衬垫的棕色螺口玻璃瓶或硬质棕色玻璃瓶（带聚四氟乙烯瓶盖）。

【采样方法】样品采集时不需用水样荡洗。所有样品均采集平行双样，每批样品带一个全程序空白和一个运输空白。

【固定剂】无余氯样品：盐酸溶液；有余氯样品：抗坏血酸+盐酸。

【保存方法】无余氯样品：0.5 mL 盐酸溶液，4℃保存；有余氯样品：加入约 25 mg 抗坏血酸，再加 0.5 mL 盐酸溶液，4℃保存。

【保存期】12 h。

【采样量】1 L。

【容器洗涤】采样瓶应在采样前充分清洗。

【检出限】0.1 μg/L。

【质量保证和质量控制】

所有样品均采集平行双样，每批样品带一个全程序空白和一个运输空白。

（1）空白分析

①运输空白。采样前在实验室将一份空白试剂水放入样品瓶中密封，将其带到现场。采样时对其瓶盖一直处于密封状态，随样品运回实验室，按与样品相同的分析步骤进行处理和测定，用于检查样品运输过程中是否受到污染。

②全程序空白。采样前在实验室将一份空白试剂水放入样品瓶中密封，将其带到现场。与采样的样品瓶同时开盖和密封，随样品运回实验室，按与样品相同的分析步骤进行处理和测定，用于检查样品采集到分析全过程是否受到污染。

如全程序空白中目标化合物高于检出限时，不能从样品结果中扣除空白值。应检查所有可能对全程序空白产生影响的环节，仔细查找干扰源。如果确实发现采样、运输或保存过程存在影响分析结果的干扰，需对出现问题批次的样品进行重新采样分析。

（2）平行样品的测定

虽然每个样品均采集平行双样，一般每 10 个样品或每批次（少于 10 个样品/批）分析一个平行样，平行样品测定结果的相对偏差小于 20%。

水质　挥发性有机物的测定　顶空/气相色谱-质谱法（HJ 810—2016）

【适用范围】地表水、地下水、生活污水、工业废水和海水。

【采样容器】有聚四氟乙烯衬垫的棕色螺口玻璃瓶或硬质棕色玻璃瓶（带聚四氟乙烯瓶盖）。

【采样方法】采集样品时，不宜用水样进行荡洗，应使水样在样品瓶中溢流且不留空间。

【固定剂】抗坏血酸+盐酸。

【保存方法】（1）若水样中含有余氯，采样前，应向 40 mL 棕色采样瓶中加入 25 mg 的抗坏血酸。若水样中余氯含量超过 5 mg/L，应按比例增加抗坏血酸的加入量，余氯含量每增加 5 mg/L，则应多加入 25 mg 的抗坏血酸。样品采集后，应立即加入适量盐酸溶液，使样品 pH≤2，拧紧瓶盖，4℃以下冷藏，避光和密封保存。（2）当水样加盐酸溶液后有气泡产生，须重新采样，重新采集的样品不加盐酸溶液保存，样品标签上应注明未酸化。

【保存期】12 h。

【采样量】1 L。

【容器洗涤】—

【检出限】全扫描方式：6 μg/L；选择离子方式：1.3 μg/L。

【质量保证和质量控制】所有样品均采集平行双样。每批样品应至少做一个全程序空白：按照分析步骤，在实验室将一份实验用水放入样品瓶中密封，将其带到采样现场，与采样的样品瓶同时开盖和密封，之后随样品运回实验室。

244. 三氯杀螨醇

水质　有机氯农药和氯苯类化合物的测定　气相色谱-质谱法（HJ 699—2014）

【适用范围】地表水、地下水、生活污水、工业废水和海水。

【采样容器】具有玻璃塞的棕色磨口瓶或具有聚四氟乙烯衬垫的棕色螺口玻璃瓶。

【采样方法】加入 0.01～0.02 g 抗坏血酸去除余氯。

【固定剂】抗坏血酸。

【保存方法】0～5℃避光保存。

【保存期】24 h。

【采样量】1 L。

【容器洗涤】—

【检出限】液液萃取法：0.031 μg/L；固相萃取法：0.025 μg/L。

【质量保证和质量控制】空白试验：每批样品至少做一个空白试验，即全程序空白试验。如果目标化合物有检查，应查明原因。

245. 三氯乙醛

水质　三氯乙醛的测定　吡啶啉酮分光光度法（HJ/T 50—1999）

【适用范围】农田灌溉水质、地下水和城市污水。

【采样容器】玻璃瓶采集样品。

【采样方法】—

【固定剂】—

【保存方法】中性条件下 0～5℃冷藏保存。

【保存期】72 h。

【采样量】—

【容器洗涤】—

【检出限】0.08 mg/L。

【质量保证和质量控制】—

污水监测技术规范（HJ 91.1—2019）

【适用范围】采用手工方法对排污单位污水进行监测。

【采样容器】玻璃瓶。

【采样方法】—

【固定剂】—

【保存方法】中性条件下 4℃冷藏保存。

【保存期】3 d。

【采样量】—

【容器洗涤】—

【检出限】—

【质量保证和质量控制】—

246. 三氯乙酸

水质 卤代乙酸类化合物的测定 气相色谱法（HJ 758—2015）

【适用范围】地表水、地下水、生活污水和工业废水中一氯乙酸、一溴乙酸、二氯乙酸、三氯乙酸、一溴一氯乙酸、一溴二氯乙酸、二溴乙酸、一氯二溴乙酸和三溴乙酸共九种卤代乙酸类化合物的测定。

【采样容器】100 mL 棕色玻璃瓶。

【采样方法】每 100 mL 水样加 1.0 mL 氯化铵溶液，使水样中氯化铵含量约 100 mg/L。

【固定剂】—

【保存方法】4℃避光冷藏保存。

【保存期】14 d。

【采样量】—

【容器洗涤】—

【检出限】2 μg/L。

【质量保证和质量控制】

校准：初次校准曲线的相关系数应≥0.995，否则应查找原因重新绘制校准曲线。每 20 个样品应测定一次校准曲线中间浓度点标准溶液，测定结果与初始校准的相对误差应在±30%之内。

内标：若校准曲线不是初次校准时，内标峰面积应在初次校准时内标峰面积的±50 以内，否则需重新校准。

空白实验：每批次样品应至少做一个全程序空白和实验室空白，目标化合物测定结果应低于方法检出限。

平行样：每批次样品至少做不少于 10%的平行双样，样品量少于 10 个时，至少测定一个平行双样。平行双样测定结果的相对偏差应≤30%。

加标回收：每批样品至少做 1 次基体加标回收率的测定，实际样品加标平均回收率应在 70%～130%。

替代物加标回收：每个样品和空白中均应加入替代物，按与样品同样步骤分析，每种替代物的平均回收率应在 70%～130%。

247. 三氯乙烯

水质 挥发性卤代烃的测定 顶空气相色谱法（HJ 620—2011）

【适用范围】地表水、地下水、饮用水、海水、工业废水和生活污水。

【采样容器】有聚四氟乙烯衬垫的棕色螺口玻璃瓶或 40 mL 硬质棕色玻璃瓶（带聚四氟乙烯瓶盖）。

【采样方法】采样时样品沿瓶壁注入，防止气泡产生，水样充满后不留液上空间。所有样品均采集平行样。

【固定剂】抗坏血酸或硫代硫酸钠。

【保存方法】如果水样含有余氯，向采样瓶中加入0.3～0.5 g抗坏血酸或硫代硫酸钠。0～5℃冷藏。

【保存期】7 d。

【采样量】40 mL。

【容器洗涤】—

【检出限】0.02 μg/L。

【质量保证和质量控制】所有样品均采集平行样。平行样品：每分析一批（20个）样品至少做10%的平行样品测定，平行样品相对偏差在30%以内。

水质　挥发性有机物的测定　吹扫捕集/气相色谱-质谱法（HJ 639—2012）

【适用范围】海水、地下水、地表水、生活污水和工业废水。

【采样容器】有聚四氟乙烯衬垫的棕色螺口玻璃瓶或硬质棕色玻璃瓶（带聚四氟乙烯瓶盖）。

【采样方法】采样时不需用样品进行荡洗，水样在样品瓶中溢流而不留空间。取样时应尽量避免或减少样品在空气中暴露。所有样品均采集平行双样，每批样品带一个全程序空白和一个运输空白。

【固定剂】抗坏血酸+盐酸。

【保存方法】（1）每40 mL样品需加入25 mg的抗坏血酸；若样品中总余氯的量超过5 mg/L，总余氯每超过5 mg/L，需要多加25 mg的抗坏血酸。采样时，水样呈中性时向每个样品瓶中加入0.5 mL盐酸溶液，拧紧瓶盖；水样呈碱性时应加入适量盐酸溶液使样品pH≤2，4℃保存。（2）当水样加盐酸溶液后产生大量气泡时，应弃去该样品，重新采集样品。重新采集的样品不应加盐酸溶液，样品标签上应注明未酸化，4℃保存。

【保存期】12 h。

【采样量】1 L。

【容器洗涤】样品瓶应在采样前用甲醇清洗。

【检出限】全扫描方式：1.2 μg/L；选择离子方式：0.4 μg/L。

【质量保证和质量控制】所有样品均采集平行双样，每批样品至少应采集一个运输空白和全程序空白样品。空白中目标化合物浓度应小于下列条件的最大值：（1）方法检出限；（2）相关环保标准限值的5%；（3）样品分析结果的5%。若空白试验未满足以上要求，则应采取措施排除污染并重新分析同批样品。

水质　挥发性有机物的测定　吹扫捕集/气相色谱法（HJ 686—2014）

【适用范围】地表水、地下水、生活污水和工业废水中挥发性有机物的测定。

【采样容器】有聚四氟乙烯衬垫的棕色螺口玻璃瓶或硬质棕色玻璃瓶（带聚四氟乙烯瓶盖）。

【采样方法】样品采集时不需用水样荡洗。所有样品均采集平行双样，每批样品带一个全程序空白和一个运输空白。

【固定剂】无余氯样品：盐酸溶液；有余氯样品：抗坏血酸+盐酸。

【保存方法】无余氯样品：0.5 mL 盐酸溶液，4℃保存；有余氯样品：加入约 25 mg 抗坏血酸，再加 0.5 mL 盐酸溶液，4℃保存。

【保存期】12 h。

【采样量】1 L。

【容器洗涤】采样瓶应在采样前充分清洗。

【检出限】0.1 μg/L。

【质量保证和质量控制】

所有样品均采集平行双样，每批样品带一个全程序空白和一个运输空白。

（1）空白分析

①运输空白。采样前在实验室将一份空白试剂水放入样品瓶中密封，将其带到现场。采样时对其瓶盖一直处于密封状态，随样品运回实验室，按与样品相同的分析步骤进行处理和测定，用于检查样品运输过程中是否受到污染。

②全程序空白。采样前在实验室将一份空白试剂水放入样品瓶中密封，将其带到现场。与采样的样品瓶同时开盖和密封，随样品运回实验室，按与样品相同的分析步骤进行处理和测定，用于检查样品采集到分析全过程是否受到污染。

如全程序空白中目标化合物高于检出限时，不能从样品结果中扣除空白值。应检查所有可能对全程序空白产生影响的环节，仔细查找干扰源。如果确实发现采样、运输或保存过程存在影响分析结果的干扰，需对出现问题批次的样品进行重新采样分析。

（2）平行样品的测定

虽然每个样品均采集平行双样，一般每 10 个样品或每批次（少于 10 个样品/批）分析一个平行样，平行样品测定结果的相对偏差小于 20%。

水质 挥发性有机物的测定 顶空/气相色谱-质谱法（HJ 810—2016）

【适用范围】地表水、地下水、生活污水、工业废水和海水。

【采样容器】有聚四氟乙烯衬垫的棕色螺口玻璃瓶或硬质棕色玻璃瓶（带聚四氟乙烯瓶盖）。

【采样方法】采集样品时，不宜用水样进行荡洗，应使水样在样品瓶中溢流且不留空间。

【固定剂】抗坏血酸+盐酸。

【保存方法】（1）若水样中含有余氯，采样前，应向 40 mL 棕色采样瓶中加入 25 mg 的抗坏血酸。若水样中余氯含量超过 5 mg/L，应按比例增加抗坏血酸的加入量，余氯含量每增加 5 mg/L，则应多加入 25 mg 的抗坏血酸。样品采集后，应立即加入适量盐酸溶液，使样品 pH≤2，拧紧瓶盖，4℃以下冷藏，避光和密封保存。（2）当水样加盐酸溶液后有气泡产生，须重新采样，重新采集的样品不加盐酸溶液保存，样品标签上应注明未酸化。

【保存期】12 h。

【采样量】1 L。

【容器洗涤】—

【检出限】全扫描方式：6 μg/L；选择离子方式：0.8 μg/L。

【质量保证和质量控制】所有样品均采集平行双样。每批样品应至少做一个全程序空白：按照分析步骤，在实验室将一份实验用水放入样品瓶中密封，将其带到采样现场，与采样的样品瓶同时开盖和密封，之后随样品运回实验室。

248. 三溴甲烷

水质　挥发性卤代烃的测定　顶空气相色谱法（HJ 620—2011）

【适用范围】地表水、地下水、饮用水、海水、工业废水和生活污水。

【采样容器】有聚四氟乙烯衬垫的棕色螺口玻璃瓶或 40 mL 硬质棕色玻璃瓶（带聚四氟乙烯瓶盖）。

【采样方法】采样时样品沿瓶壁注入，防止气泡产生，水样充满后不留液上空间。所有样品均采集平行样。

【固定剂】抗坏血酸或硫代硫酸钠。

【保存方法】如果水样含有余氯，向采样瓶中加入 0.3～0.5 g 抗坏血酸或硫代硫酸钠。0～5℃冷藏。

【保存期】7 d。

【采样量】40 mL。

【容器洗涤】—

【检出限】0.04 μg/L。

【质量保证和质量控制】所有样品均采集平行样。平行样品：每分析一批（20 个）样品至少做 10%的平行样品测定，平行样品相对偏差在 30%以内。

水质　挥发性有机物的测定　吹扫捕集/气相色谱-质谱法（HJ 639—2012）

【适用范围】海水、地下水、地表水、生活污水和工业废水。

【采样容器】有聚四氟乙烯衬垫的棕色螺口玻璃瓶或硬质棕色玻璃瓶（带聚四氟乙烯瓶盖）。

【采样方法】采样时不需用样品进行荡洗，水样在样品瓶中溢流而不留空间。取样时应尽量避免或减少样品在空气中暴露。所有样品均采集平行双样，每批样品带一个全程序空白和一个运输空白。

【固定剂】抗坏血酸+盐酸。

【保存方法】（1）每 40 mL 样品需加入 25 mg 的抗坏血酸；若样品中总余氯的量超过 5 mg/L，总余氯每超过 5 mg/L，需要多加 25 mg 的抗坏血酸。采样时，水样呈中性时向每个样品瓶中加入 0.5 mL 盐酸溶液，拧紧瓶盖；水样呈碱性时应加入适量盐酸溶液使样品 pH≤2，4℃保存。（2）当水样加盐酸溶液后产生大量气泡时，应弃去该样品，重新采集样品。重新采集的样品不应加盐酸溶液，样品标签上应注明未酸化，4℃保存。

【保存期】12 h。

【采样量】1 L。

【容器洗涤】样品瓶应在采样前用甲醇清洗。

【检出限】全扫描方式：0.6 μg/L；选择离子方式：0.5 μg/L。

【质量保证和质量控制】所有样品均采集平行双样，每批样品至少应采集一个运输空白和全程序空白样品。空白中目标化合物浓度应小于下列条件的最大值：（1）方法检出限；（2）相关环保标准限值的 5%；（3）样品分析结果的 5%。若空白试验未满足以上要求，则应采取措施排除污染并重新分析同批样品。

水质 挥发性有机物的测定 吹扫捕集/气相色谱法（HJ 686—2014）

【适用范围】地表水、地下水、生活污水和工业废水中挥发性有机物的测定。

【采样容器】有聚四氟乙烯衬垫的棕色螺口玻璃瓶或硬质棕色玻璃瓶（带聚四氟乙烯瓶盖）。

【采样方法】样品采集时不需用水样荡洗。所有样品均采集平行双样，每批样品带一个全程序空白和一个运输空白。

【固定剂】无余氯样品：盐酸溶液；有余氯样品：抗坏血酸+盐酸。

【保存方法】无余氯样品：0.5 mL 盐酸溶液，4℃保存；有余氯样品：加入约 25 mg 抗坏血酸，再加 0.5 mL 盐酸溶液，4℃保存。

【保存期】12 h。

【采样量】1 L。

【容器洗涤】采样瓶应在采样前充分清洗。

【检出限】0.1 μg/L。

【质量保证和质量控制】

所有样品均采集平行双样，每批样品带一个全程序空白和一个运输空白。

（1）空白分析

①运输空白。采样前在实验室将一份空白试剂水放入样品瓶中密封，将其带到现场。采样时对其瓶盖一直处于密封状态，随样品运回实验室，按与样品相同的分析步骤进行处理和测定，用于检查样品运输过程中是否受到污染。

②全程序空白。采样前在实验室将一份空白试剂水放入样品瓶中密封，将其带到现场。与采样的样品瓶同时开盖和密封，随样品运回实验室，按与样品相同的分析步骤进行处理和测定，用于检查样品采集到分析全过程是否受到污染。

如全程序空白中目标化合物高于检出限时，不能从样品结果中扣除空白值。应检查所有可能对全程序空白产生影响的环节，仔细查找干扰源。如果确实发现采样、运输或保存过程存在影响分析结果的干扰，需对出现问题批次的样品进行重新采样分析。

（2）平行样品的测定

虽然每个样品均采集平行双样，一般每 10 个样品或每批次（少于 10 个样品/批）分析一个平行样，平行样品测定结果的相对偏差小于 20%。

水质 挥发性有机物的测定 顶空/气相色谱-质谱法（HJ 810—2016）

【适用范围】地表水、地下水、生活污水、工业废水和海水。

【采样容器】有聚四氟乙烯衬垫的棕色螺口玻璃瓶或硬质棕色玻璃瓶（带聚四氟乙烯瓶盖）。

【采样方法】采集样品时，不宜用水样进行荡洗，应使水样在样品瓶中溢流且不留空间。

【固定剂】抗坏血酸+盐酸。

【保存方法】（1）若水样中含有余氯，采样前，应向 40 mL 棕色采样瓶中加入 25 mg 的抗坏血酸。若水样中余氯含量超过 5 mg/L，应按比例增加抗坏血酸的加入量，余氯含量每增加 5 mg/L，则应多加入 25 mg 的抗坏血酸。样品采集后，应立即加入适量盐酸溶液，使样品 pH≤2，拧紧瓶盖，4℃以下冷藏，避光和密封保存。（2）当水样加盐酸溶液后有气泡产生，须重新采样，重新采集的样品不加盐酸溶液保存，样品标签上应注明未酸化。

【保存期】12 h。

【采样量】1 L。

【容器洗涤】—

【检出限】全扫描方式：6 μg/L；选择离子方式：0.9 μg/L。

【质量保证和质量控制】所有样品均采集平行双样。每批样品应至少做一个全程序空白：按照分析步骤，在实验室将一份实验用水放入样品瓶中密封，将其带到采样现场，与采样的样品瓶同时开盖和密封，之后随样品运回实验室。

249. 三溴乙酸

水质　卤代乙酸类化合物的测定　气相色谱法（HJ 758—2015）

【适用范围】地表水、地下水、生活污水和工业废水中一氯乙酸、一溴乙酸、二氯乙酸、三氯乙酸、一溴一氯乙酸、一溴二氯乙酸、二溴乙酸、一氯二溴乙酸和三溴乙酸共九种卤代乙酸类化合物的测定。

【采样容器】100 mL 棕色玻璃瓶。

【采样方法】每 100 mL 水样加 1.0 mL 氯化铵溶液，使水样中氯化铵含量约 100 mg/L。

【固定剂】—

【保存方法】4℃避光冷藏保存。

【保存期】14 d。

【采样量】—

【容器洗涤】—

【检出限】2 μg/L。

【质量保证和质量控制】

校准：初次校准曲线的相关系数应≥0.995，否则应查找原因重新绘制校准曲线。每 20 个样品应测定一次校准曲线中间浓度点标准溶液，测定结果与初始校准的相对误差应在±30%之内。

内标：若校准曲线不是初次校准时，内标峰面积应在初次校准时内标峰面积的±50 以内，否则需重新校准。

空白实验：每批次样品应至少做一个全程序空白和实验室空白，目标化合物测定结果应低于方法检出限。

平行样：每批次样品至少做不少于 10%的平行双样，样品量少于 10 个时，至少测定一个平行双样。平行双样测定结果的相对偏差应≤30%。

加标回收：每批样品至少做 1 次基体加标回收率的测定，实际样品加标平均回收率应在 70%～130%。

替代物加标回收：每个样品和空白中均应加入替代物，按与样品同样步骤分析，每种替代物的平均回收率应在 70%～130%。

250. 三乙胺

水质　三乙胺的测定　溴酚蓝分光光度法（GB/T 14377—1993）

【适用范围】地面水、航天工业废水中三乙胺的测定。

【采样容器】硬质玻璃瓶。

【采样方法】—

【固定剂】—

【保存方法】—

【保存期】24 h。

【采样量】—

【容器洗涤】—

【检出限】0.5 mg/L。

【质量保证和质量控制】—

251. 三唑酮

废水中三唑酮农药的测定　气相色谱法（GB/T 21523—2008 附录 C）

【适用范围】工业废水和地表水中三唑酮的测定。

【采样容器】硬质玻璃瓶。

【采样方法】加入 0.01～0.02 g 抗坏血酸去除余氯。

【固定剂】抗坏血酸。

【保存方法】0～5℃避光保存。

【保存期】24 h。

【采样量】1 L。

【容器洗涤】—

【检出限】0.001 mg/L。

【质量保证和质量控制】—

252. 杀草快

水质　百草枯和杀草快的测定　固相萃取-高效液相色谱法（HJ 914—2017）

【适用范围】地表水、地下水和废水中百草枯和杀草快的测定。

【采样容器】聚氯乙烯或聚丙烯材质。

【采样方法】—

【固定剂】水样含余氯时：1+1 硫酸；硫代硫酸钠。

【保存方法】当水样 pH＞9 时，应用 1+1 硫酸溶液调节水样 pH 至中性，当水样中含余氯时，需加入硫代硫酸钠，每升水加入 0.1 g。于 0～4℃避光保存。

【保存期】7 d 内完成萃取，萃取后 21 d 内完成分析。

【采样量】—

【容器洗涤】—

【检出限】0.4 μg/L。

【质量保证和质量控制】—

253. 十溴二苯醚

水质 多溴二苯醚的测定 气相色谱-质谱法（HJ 909—2017）

【适用范围】地表水、地下水、工业废水和生活污水中 8 种多溴二苯醚的测定。

【采样容器】1～4 L 棕色细口玻璃瓶，螺旋盖（带聚四氟乙烯密封垫）。

【采样方法】每升水加 80 mg 硫代硫酸钠。

【固定剂】—

【保存方法】4℃保存。

【保存期】14 d。

【采样量】—

【容器洗涤】—

【检出限】0.02 μg/L。

【质量保证和质量控制】

空白实验：每 20 个样品或每批次（≤20 个样品/批）应至少做一个实验室空白，测定结果应低于方法检出限。

校准：校准曲线的相关系数应≥0.997。每 20 个样品或每批次（≤20 个样品/批）应测定一次校准曲线中间浓度点标准溶液，测定结果与该点浓度的相对误差应在±30%之内。

平行样：每 20 个样品或每批次（≤20 个样品/批）至少做一个平行样。平行样的相对偏差应≤40%。

基体加标：每批样品应进行不少于 10%的空白加标实验，当加标浓度≤10 倍方法检出限时，十溴二苯醚的加标回收率应在 60%～200%；当加标浓度＞10 倍方法检出限时，加标回收率应在 60%～140%，样品净化内标加标回收率应在 50%～180%。

内标在样品中特征离子的峰面积与校准曲线中的峰面积偏差在 50%～200%，内标在样品中的保留时间与校准曲线中的保留时间偏差在 20 s 以内。

254. 石油类和动植物油

水质 石油类和动植物油的测定 红外分光光度法（HJ 637—2018）

【适用范围】工业废水和生活污水。

【采样容器】玻璃瓶。

【采样方法】—

【固定剂】盐酸。

【保存方法】加盐酸至 pH＜2，0～4℃冷藏保存。

【保存期】3 d。

【采样量】500 mL。

【容器洗涤】—

【检出限】0.06 mg/L。

【质量保证和质量控制】（1）四氯乙烯品质检验：四氯乙烯须避光保存，使用前按照方法（5.3）进行四氯乙烯品质检验和判定，确认符合要求后方可使用。（2）空白试验：每分析一批（≤20 个）样品至少做一个实验室空白试验，空白试验结果应低于方法判定下限。（3）校准检验：包括校正系数的检验和标准样品的检验，校正系数的检验要求石油类标准溶液测定值与标准值的相对误差在±10%以内。

【结果表示】测定结果小数点后位数的保留与方法检出限一致，最多保留三位有效数字。

污水监测技术规范（HJ 91.1—2019）

【适用范围】采用手工方法对排污单位污水进行监测。

【采样容器】玻璃瓶。

【采样方法】—

【固定剂】盐酸。

【保存方法】加盐酸至 pH≤2。

【保存期】7 d。

【采样量】500 mL。

【容器洗涤】—

【检出限】—

【质量保证和质量控制】—

255. 叔丁基苯

水质　挥发性有机物的测定　吹扫捕集/气相色谱-质谱法（HJ 639—2012）

【适用范围】海水、地下水、地表水、生活污水和工业废水。

【采样容器】有聚四氟乙烯衬垫的棕色螺口玻璃瓶或硬质棕色玻璃瓶（带聚四氟乙烯瓶盖）。

【采样方法】采样时不需用样品进行荡洗。水样在样品瓶中溢流而不留空间。取样时应尽量避免或减少样品在空气中暴露。所有样品均采集平行双样，每批样品带一个全程序空白和一个运输空白。

【固定剂】抗坏血酸+盐酸。

【保存方法】（1）每 40 mL 样品需加入 25 mg 的抗坏血酸；若样品中总余氯的量超过 5 mg/L，总余氯每超过 5 mg/L，需要多加 25 mg 的抗坏血酸。采样时，水样呈中性时向每个样品瓶中加入 0.5 mL 盐酸溶液，拧紧瓶盖；水样呈碱性时应加入适量盐酸溶液使样品 pH≤2，4℃保存。（2）当水样加盐酸溶液后产生大量气泡时，应弃去该样品，重新采集样品。重新采集的样品不应加盐酸溶液，样品标签上应注明未酸化，4℃保存。

【保存期】12 h。

【采样量】1 L。

【容器洗涤】样品瓶应在采样前用甲醇清洗。

【检出限】全扫描方式：1.2 μg/L；选择离子方式：0.4 μg/L。

【质量保证和质量控制】所有样品均采集平行双样，每批样品至少应采集一个运输空白和全程序空白样品。空白中目标化合物浓度应小于下列条件的最大值：（1）方法检出限；（2）相关环保标准限值的 5%；（3）样品分析结果的 5%。若空白试验未满足以上要求，则应采取措施排除污染并重新分析同批样品。

水质 挥发性有机物的测定 顶空/气相色谱-质谱法（HJ 810—2016）

【适用范围】地表水、地下水、生活污水、工业废水和海水。

【采样容器】有聚四氟乙烯衬垫的棕色螺口玻璃瓶或硬质棕色玻璃瓶（带聚四氟乙烯瓶盖）。

【采样方法】采集样品时，不宜用水样进行荡洗，应使水样在样品瓶中溢流且不留空间。

【固定剂】抗坏血酸+盐酸。

【保存方法】（1）若水样中含有余氯，采样前，应向 40 mL 棕色采样瓶中加入 25 mg 的抗坏血酸。若水样中余氯含量超过 5 mg/L，应按比例增加抗坏血酸的加入量，余氯含量每增加 5 mg/L，则应多加入 25 mg 的抗坏血酸。样品采集后，应立即加入适量盐酸溶液，使样品 pH≤2，拧紧瓶盖，4℃以下冷藏，避光和密封保存。（2）当水样加盐酸溶液后有气泡产生，须重新采样，重新采集的样品不加盐酸溶液保存，样品标签上应注明未酸化。

【保存期】12 h。

【采样量】1 L。

【容器洗涤】—

【检出限】全扫描方式：3 μg/L；选择离子方式：0.8 μg/L。

【质量保证和质量控制】所有样品均采集平行双样。每批样品应至少做一个全程序空白：按照分析步骤，在实验室将一份实验用水放入样品瓶中密封，将其带到采样现场，与采样的样品瓶同时开盖和密封，之后随样品运回实验室。

256. 顺-1,3-二氯丙烯

水质 挥发性有机物的测定 吹扫捕集/气相色谱-质谱法（HJ 639—2012）

【适用范围】海水、地下水、地表水、生活污水和工业废水。

【采样容器】有聚四氟乙烯衬垫的棕色螺口玻璃瓶或硬质棕色玻璃瓶（带聚四氟乙烯瓶盖）。

【采样方法】采样时不需用样品进行荡洗，水样在样品瓶中溢流而不留空间。取样时应尽量避免或减少样品在空气中暴露。所有样品均采集平行双样，每批样品带一个全程序空白和一个运输空白。

【固定剂】抗坏血酸+盐酸。

【保存方法】（1）每 40 mL 样品需加入 25 mg 的抗坏血酸；若样品中总余氯的量超过 5 mg/L，总余氯每超过 5 mg/L，需要多加 25 mg 的抗坏血酸。采样时，水样呈中性时向每个样品瓶中加入 0.5 mL 盐酸溶液，拧紧瓶盖；水样呈碱性时应加入适量盐酸溶液使样品 pH≤2，4℃保存。（2）当水样加盐酸溶液后产生大量气泡时，应弃去该样品，重新采集样品。重新采集的样品不应加盐酸溶液，样品标签上应注明未酸化，4℃保存。

【保存期】12 h。

【采样量】1 L。

【容器洗涤】样品瓶应在采样前用甲醇清洗。

【检出限】全扫描方式：1.4 μg/L；选择离子方式：0.3 μg/L。

【质量保证和质量控制】所有样品均采集平行双样，每批样品至少应采集一个运输空白和全程序空白样品。空白中目标化合物浓度应小于下列条件的最大值：（1）方法检出限；（2）相关环保标准限值的 5%；（3）样品分析结果的 5%。若空白试验未满

足以上要求，则应采取措施排除污染并重新分析同批样品。

水质 挥发性有机物的测定 顶空/气相色谱-质谱法（HJ 810—2016）

【适用范围】地表水、地下水、生活污水、工业废水和海水。

【采样容器】有聚四氟乙烯衬垫的棕色螺口玻璃瓶或硬质棕色玻璃瓶（带聚四氟乙烯瓶盖）。

【采样方法】采集样品时，不宜用水样进行荡洗，应使水样在样品瓶中溢流且不留空间。

【固定剂】抗坏血酸+盐酸。

【保存方法】（1）若水样中含有余氯，采样前，应向 40 mL 棕色采样瓶中加入 25 mg 的抗坏血酸。若水样中余氯含量超过 5 mg/L，应按比例增加抗坏血酸的加入量，余氯含量每增加 5 mg/L，则应多加入 25 mg 的抗坏血酸。样品采集后，应立即加入适量盐酸溶液，使样品 pH≤2，拧紧瓶盖，4℃以下冷藏，避光和密封保存。（2）当水样加盐酸溶液后有气泡产生，须重新采样，重新采集的样品不加盐酸溶液保存，样品标签上应注明未酸化。

【保存期】12 h。

【采样量】1 L。

【容器洗涤】—

【检出限】全扫描方式：7 μg/L；选择离子方式：1.2 μg/L。

【质量保证和质量控制】所有样品均采集平行双样。每批样品应至少做一个全程序空白：按照分析步骤，在实验室将一份实验用水放入样品瓶中密封，将其带到采样现场，与采样的样品瓶同时开盖和密封，之后随样品运回实验室。

257. 顺-1,2-二氯乙烯

水质 挥发性卤代烃的测定 顶空气相色谱法（HJ 620—2011）

【适用范围】地表水、地下水、饮用水、海水、工业废水和生活污水。

【采样容器】有聚四氟乙烯衬垫的棕色螺口玻璃瓶或 40 mL 硬质棕色玻璃瓶（带聚四氟乙烯瓶盖）。

【采样方法】采样时样品沿瓶壁注入，防止气泡产生，水样充满后不留液上空间。所有样品均采集平行样。

【固定剂】抗坏血酸或硫代硫酸钠。

【保存方法】如果水样含有余氯，向采样瓶中加入 0.3～0.5 g 抗坏血酸或硫代硫酸钠。0～5℃冷藏。

【保存期】7 d。

【采样量】40 mL。

【容器洗涤】—

【检出限】1.38 μg/L。

【质量保证和质量控制】所有样品均采集平行样。平行样品：每分析一批（20 个）样品至少做 10%的平行样品测定，平行样品相对偏差在 30%以内。

水质 挥发性有机物的测定 吹扫捕集/气相色谱-质谱法（HJ 639—2012）

【适用范围】海水、地下水、地表水、生活污水和工业废水。

【采样容器】有聚四氟乙烯衬垫的棕色螺口玻璃瓶或硬质棕色玻璃瓶（带聚四氟乙烯瓶盖）。

【采样方法】采样时不需用样品进行荡洗，水样在样品瓶中溢流而不留空间。取样时应尽量避免或减少样品在空气中暴露。所有样品均采集平行双样，每批样品带一个全程序空白和一个运输空白。

【固定剂】抗坏血酸+盐酸。

【保存方法】（1）每 40 mL 样品需加入 25 mg 的抗坏血酸；若样品中总余氯的量超过 5 mg/L，总余氯每超过 5 mg/L，需要多加 25 mg 的抗坏血酸。采样时，水样呈中性时向每个样品瓶中加入 0.5 mL 盐酸溶液，拧紧瓶盖；水样呈碱性时应加入适量盐酸溶液使样品 pH≤2，4℃保存。（2）当水样加盐酸溶液后产生大量气泡时，应弃去该样品，重新采集样品。重新采集的样品不应加盐酸溶液，样品标签上应注明未酸化，4℃保存。

【保存期】12 h。

【采样量】1 L。

【容器洗涤】样品瓶应在采样前用甲醇清洗。

【检出限】全扫描方式：1.2 μg/L；选择离子方式：0.4 μg/L。

【质量保证和质量控制】所有样品均采集平行双样，每批样品至少应采集一个运输空白和全程序空白样品。空白中目标化合物浓度应小于下列条件的最大值：（1）方法检出限；（2）相关环保标准限值的 5%；（3）样品分析结果的 5%。若空白试验未满足以上要求，则应采取措施排除污染并重新分析同批样品。

水质　挥发性有机物的测定　吹扫捕集/气相色谱法（HJ 686—2014）

【适用范围】地表水、地下水、生活污水和工业废水中挥发性有机物的测定。

【采样容器】有聚四氟乙烯衬垫的棕色螺口玻璃瓶或硬质棕色玻璃瓶（带聚四氟乙烯瓶盖）。

【采样方法】样品采集时不需用水样荡洗。所有样品均采集平行双样，每批样品带一个全程序空白和一个运输空白。

【固定剂】无余氯样品：盐酸溶液；有余氯样品：抗坏血酸+盐酸。

【保存方法】无余氯样品：0.5 mL 盐酸溶液，4℃保存；有余氯样品：加入约 25 mg 抗坏血酸，再加 0.5 mL 盐酸溶液，4℃保存。

【保存期】12 h。

【采样量】1 L。

【容器洗涤】采样瓶应在采样前充分清洗。

【检出限】0.1 μg/L。

【质量保证和质量控制】

所有样品均采集平行双样，每批样品带一个全程序空白和一个运输空白。

（1）空白分析

①运输空白。采样前在实验室将一份空白试剂水放入样品瓶中密封，将其带到现场。采样时对其瓶盖一直处于密封状态，随样品运回实验室，按与样品相同的分析步骤进行处理和测定，用于检查样品运输过程中是否受到污染。

②全程序空白。采样前在实验室将一份空白试剂水放入样品瓶中密封，将其带到现场。与采样的样品瓶同时开盖和密封，随样品运回实验室，按与样品相同的分析步骤进行处理和测定，用于检

查样品采集到分析全过程是否受到污染。

如全程序空白中目标化合物高于检出限时，不能从样品结果中扣除空白值。应检查所有可能对全程序空白产生影响的环节，仔细查找干扰源。如果确实发现采样、运输或保存过程存在影响分析结果的干扰，需对出现问题批次的样品进行重新采样分析。

（2）平行样品的测定

虽然每个样品均采集平行双样，一般每 10 个样品或每批次（少于 10 个样品/批）分析一个平行样，平行样品测定结果的相对偏差小于 20%。

水质　挥发性有机物的测定　顶空/气相色谱-质谱法（HJ 810—2016）

【适用范围】地表水、地下水、生活污水、工业废水和海水。

【采样容器】有聚四氟乙烯衬垫的棕色螺口玻璃瓶或硬质棕色玻璃瓶（带聚四氟乙烯瓶盖）。

【采样方法】采集样品时，不宜用水样进行荡洗，应使水样在样品瓶中溢流且不留空间。

【固定剂】抗坏血酸+盐酸。

【保存方法】（1）若水样中含有余氯，采样前，应向 40 mL 棕色采样瓶中加入 25 mg 的抗坏血酸。若水样中余氯含量超过 5 mg/L，应按比例增加抗坏血酸的加入量，余氯含量每增加 5 mg/L，则应多加入 25 mg 的抗坏血酸。样品采集后，应立即加入适量盐酸溶液，使样品 pH≤2，拧紧瓶盖，4℃以下冷藏，避光和密封保存。（2）当水样加盐酸溶液后有气泡产生，须重新采样，重新采集的样品不加盐酸溶液保存，样品标签上应注明未酸化。

【保存期】12 h。

【采样量】1 L。

【容器洗涤】—

【检出限】全扫描方式：3 μg/L；选择离子方式：0.5 μg/L。

【质量保证和质量控制】所有样品均采集平行双样。每批样品应至少做一个全程序空白：按照分析步骤，在实验室将一份实验用水放入样品瓶中密封，将其带到采样现场，与采样的样品瓶同时开盖和密封，之后随样品运回实验室。

258. 四氯化碳

水质　挥发性卤代烃的测定　顶空气相色谱法（HJ 620—2011）

【适用范围】地表水、地下水、饮用水、海水、工业废水和生活污水。

【采样容器】有聚四氟乙烯衬垫的棕色螺口玻璃瓶或 40 mL 硬质棕色玻璃瓶（带聚四氟乙烯瓶盖）。

【采样方法】采样时样品沿瓶壁注入，防止气泡产生，水样充满后不留液上空间。所有样品均采集平行样。

【固定剂】抗坏血酸或硫代硫酸钠。

【保存方法】如果水样含有余氯，向采样瓶中加入 0.3～0.5 g 抗坏血酸或硫代硫酸钠。0～5℃冷藏。

【保存期】7 d。

【采样量】40 mL。

【容器洗涤】—

【检出限】0.03 μg/L。

【质量保证和质量控制】所有样品均采集平行样。平行样品：每分析一批（20 个）样品至少做 10%的平行样品测定，平行样品相对偏差在 30%以内。

水质 挥发性有机物的测定 吹扫捕集/气相色谱-质谱法（HJ 639—2012）

【适用范围】海水、地下水、地表水、生活污水和工业废水。

【采样容器】有聚四氟乙烯衬垫的棕色螺口玻璃瓶或硬质棕色玻璃瓶（带聚四氟乙烯瓶盖）。

【采样方法】采样时不需用样品进行荡洗，水样在样品瓶中溢流而不留空间。取样时应尽量避免或减少样品在空气中暴露。所有样品均采集平行双样，每批样品带一个全程序空白和一个运输空白。

【固定剂】抗坏血酸+盐酸。

【保存方法】（1）每 40 mL 样品需加入 25 mg 的抗坏血酸；若样品中总余氯的量超过 5 mg/L，总余氯每超过 5 mg/L，需要多加 25 mg 的抗坏血酸。采样时，水样呈中性时向每个样品瓶中加入 0.5 mL 盐酸溶液，拧紧瓶盖；水样呈碱性时应加入适量盐酸溶液使样品 pH≤2，4℃保存。（2）当水样加盐酸溶液后产生大量气泡时，应弃去该样品，重新采集样品。重新采集的样品不应加盐酸溶液，样品标签上应注明未酸化，4℃保存。

【保存期】12 h。

【采样量】1 L。

【容器洗涤】样品瓶应在采样前用甲醇清洗。

【检出限】全扫描方式：1.5 μg/L；选择离子方式：0.4 μg/L。

【质量保证和质量控制】所有样品均采集平行双样，每批样品至少应采集一个运输空白和全程序空白样品。空白中目标化合物浓度应小于下列条件的最大值：（1）方法检出限；（2）相关环保标准限值的 5%；（3）样品分析结果的 5%。若空白试验未满足以上要求，则应采取措施排除污染并重新分析同批样品。

水质 挥发性有机物的测定 吹扫捕集/气相色谱法（HJ 686—2014）

【适用范围】地表水、地下水、生活污水和工业废水中挥发性有机物的测定。

【采样容器】有聚四氟乙烯衬垫的棕色螺口玻璃瓶或硬质棕色玻璃瓶（带聚四氟乙烯瓶盖）。

【采样方法】样品采集时不需用水样荡洗。所有样品均采集平行双样，每批样品带一个全程序空白和一个运输空白。

【固定剂】无余氯样品：盐酸溶液；有余氯样品：抗坏血酸+盐酸。

【保存方法】无余氯样品：0.5 mL 盐酸溶液，4℃保存；有余氯样品：加入约 25 mg 抗坏血酸，再加 0.5 mL 盐酸溶液，4℃保存。

【保存期】12 h。

【采样量】1 L。

【容器洗涤】采样瓶应在采样前充分清洗。

【检出限】0.1 μg/L。

【质量保证和质量控制】

所有样品均采集平行双样，每批样品带一个全程序空白和一个运输空白。

（1）空白分析

①运输空白。采样前在实验室将一份空白试剂水放入样品瓶中密封，将其带到现场。采样时对其瓶盖一直处于密封状态，随样品运回实验室，按与样品相同的分析步骤进行处理和测定，用于检查样品运输过程中是否受到污染。

②全程序空白。采样前在实验室将一份空白试剂水放入样品瓶中密封，将其带到现场。与采样的样品瓶同时开盖和密封，随样品运回实验室，按与样品相同的分析步骤进行处理和测定，用于检查样品采集到分析全过程是否受到污染。

如全程序空白中目标化合物高于检出限时，不能从样品结果中扣除空白值。应检查所有可能对全程序空白产生影响的环节，仔细查找干扰源。如果确实发现采样、运输或保存过程存在影响分析结果的干扰，需对出现问题批次的样品进行重新采样分析。

（2）平行样品的测定

虽然每个样品均采集平行双样，一般每 10 个样品或每批次（少于 10 个样品/批）分析一个平行样，平行样品测定结果的相对偏差小于 20%。

水质　挥发性有机物的测定　顶空/气相色谱-质谱法（HJ 810—2016）

【适用范围】地表水、地下水、生活污水、工业废水和海水。

【采样容器】有聚四氟乙烯衬垫的棕色螺口玻璃瓶或硬质棕色玻璃瓶（带聚四氟乙烯瓶盖）。

【采样方法】采集样品时，不宜用水样进行荡洗，应使水样在样品瓶中溢流且不留空间。

【固定剂】抗坏血酸+盐酸。

【保存方法】（1）若水样中含有余氯，采样前，应向 40 mL 棕色采样瓶中加入 25 mg 的抗坏血酸。若水样中余氯含量超过 5 mg/L，应按比例增加抗坏血酸的加入量，余氯含量每增加 5 mg/L，则应多加入 25 mg 的抗坏血酸。样品采集后，应立即加入适量盐酸溶液，使样品 pH≤2，拧紧瓶盖，4℃以下冷藏，避光和密封保存。（2）当水样加盐酸溶液后有气泡产生，须重新采样，重新采集的样品不加盐酸溶液保存，样品标签上应注明未酸化。

【保存期】12 h。

【采样量】1 L。

【容器洗涤】—

【检出限】全扫描方式：3 μg/L；选择离子方式：0.8 μg/L。

【质量保证和质量控制】所有样品均采集平行双样。每批样品应至少做一个全程序空白：按照分析步骤，在实验室将一份实验用水放入样品瓶中密封，将其带到采样现场，与采样的样品瓶同时开盖和密封，之后随样品运回实验室。

259. 四氯乙烯

水质　挥发性卤代烃的测定　顶空气相色谱法（HJ 620—2011）

【适用范围】地表水、地下水、饮用水、海水、工业废水和生活污水。

【采样容器】有聚四氟乙烯衬垫的棕色螺口玻璃瓶或 40 mL 硬质棕色玻璃瓶（带聚四氟乙烯瓶盖）。

【采样方法】采样时样品沿瓶壁注入，防止气泡产生，水样充满后不留液上空间。所有样品均采集平行样。

【固定剂】抗坏血酸或硫代硫酸钠。

【保存方法】如果水样含有余氯，向采样瓶中加入 0.3～0.5 g 抗坏血酸或硫代硫酸钠。0～5℃冷藏。

【保存期】7 d。

【采样量】40 mL。

【容器洗涤】—

【检出限】0.03 μg/L。

【质量保证和质量控制】所有样品均采集平行样。平行样品：每分析一批（20 个）样品至少做 10%的平行样品测定，平行样品相对偏差在 30%以内。

水质　挥发性有机物的测定　吹扫捕集/气相色谱-质谱法（HJ 639—2012）

【适用范围】海水、地下水、地表水、生活污水和工业废水。

【采样容器】有聚四氟乙烯衬垫的棕色螺口玻璃瓶或硬质棕色玻璃瓶（带聚四氟乙烯瓶盖）。

【采样方法】采样时不需用样品进行荡洗，水样在样品瓶中溢流而不留空间。取样时应尽量避免或减少样品在空气中暴露。所有样品均采集平行双样，每批样品带一个全程序空白和一个运输空白。

【固定剂】抗坏血酸+盐酸。

【保存方法】（1）每 40 mL 样品需加入 25 mg 的抗坏血酸；若样品中总余氯的量超过 5 mg/L，总余氯每超过 5 mg/L，需要多加 25 mg 的抗坏血酸。采样时，水样呈中性时向每个样品瓶中加入 0.5 mL 盐酸溶液，拧紧瓶盖；水样呈碱性时应加入适量盐酸溶液使样品 pH≤2，4℃保存。（2）当水样加盐酸溶液后产生大量气泡时，应弃去该样品，重新采集样品。重新采集的样品不应加盐酸溶液，样品标签上应注明未酸化，4℃保存。

【保存期】12 h。

【采样量】1 L。

【容器洗涤】样品瓶应在采样前用甲醇清洗。

【检出限】全扫描方式：1.2 μg/L；选择离子方式：0.2 μg/L。

【质量保证和质量控制】所有样品均采集平行双样，每批样品至少应采集一个运输空白和全程序空白样品。空白中目标化合物浓度应小于下列条件的最大值：（1）方法检出限；（2）相关环保标准限值的 5%；（3）样品分析结果的 5%。若空白试验未满足以上要求，则应采取措施排除污染并重新分析同批样品。

水质　挥发性有机物的测定　吹扫捕集/气相色谱法（HJ 686—2014）

【适用范围】地表水、地下水、生活污水和工业废水中挥发性有机物的测定。

【采样容器】有聚四氟乙烯衬垫的棕色螺口玻璃瓶或硬质棕色玻璃瓶（带聚四氟乙烯瓶盖）。

【采样方法】样品采集时不需用水样荡洗。所有样品均采集平行双样，每批样品带一个全程序空白和一个运输空白。

【固定剂】无余氯样品：盐酸溶液；有余氯样品：抗坏血酸+盐酸。

【保存方法】无余氯样品：0.5 mL 盐酸溶液，4℃保存；有余氯样品：加入约 25 mg 抗坏血酸，再加 0.5 mL 盐酸溶液，4℃保存。

【保存期】12 h。

【采样量】1 L。

【容器洗涤】采样瓶应在采样前充分清洗。

【检出限】0.1 μg/L。

【质量保证和质量控制】

所有样品均采集平行双样，每批样品带一个全程序空白和一个运输空白。

（1）空白分析

①运输空白。采样前在实验室将一份空白试剂水放入样品瓶中密封，将其带到现场。采样时对其瓶盖一直处于密封状态，随样品运回实验室，按与样品相同的分析步骤进行处理和测定，用于检查样品运输过程中是否受到污染。

②全程序空白。采样前在实验室将一份空白试剂水放入样品瓶中密封，将其带到现场。与采样的样品瓶同时开盖和密封，随样品运回实验室，按与样品相同的分析步骤进行处理和测定，用于检查样品采集到分析全过程是否受到污染。

如全程序空白中目标化合物高于检出限时，不能从样品结果中扣除空白值。应检查所有可能对全程序空白产生影响的环节，仔细查找干扰源。如果确实发现采样、运输或保存过程存在影响分析结果的干扰，需对出现问题批次的样品进行重新采样分析。

（2）平行样品的测定

虽然每个样品均采集平行双样，一般每 10 个样品或每批次（少于 10 个样品/批）分析一个平行样，平行样品测定结果的相对偏差小于 20%。

水质　挥发性有机物的测定　顶空/气相色谱-质谱法（HJ 810—2016）

【适用范围】地表水、地下水、生活污水、工业废水和海水。

【采样容器】有聚四氟乙烯衬垫的棕色螺口玻璃瓶或硬质棕色玻璃瓶（带聚四氟乙烯瓶盖）。

【采样方法】采集样品时，不宜用水样进行荡洗，应使水样在样品瓶中溢流且不留空间。

【固定剂】抗坏血酸+盐酸。

【保存方法】（1）若水样中含有余氯，采样前，应向 40 mL 棕色采样瓶中加入 25 mg 的抗坏血酸。若水样中余氯含量超过 5 mg/L，应按比例增加抗坏血酸的加入量，余氯含量每增加 5 mg/L，则应多加入 25 mg 的抗坏血酸。样品采集后，应立即加入适量盐酸溶液，使样品 pH≤2，拧紧瓶盖，4℃以下冷藏，避光和密封保存。（2）当水样加盐酸溶液后有气泡产生，须重新采样，重新采集的样品不加盐酸溶液保存，样品标签上应注明未酸化。

【保存期】12 h。

【采样量】1 L。

【容器洗涤】—

【检出限】全扫描方式：3 μg/L；选择离子方式：0.8 μg/L。

【质量保证和质量控制】所有样品均采集平行双样。每批样品应至少做一个全程序空白：按照分析步骤，在实验室将一份实验用水放入样品瓶中密封，将其带到采样现场，与采样的样品瓶同时开盖和密封，之后随样品运回实验室。

260. 四乙基铅

水质 四乙基铅的测定 顶空/气相色谱-质谱法（HJ 959—2018）

【适用范围】地表水、地下水、生活污水和工业废水。

【采样容器】硬质棕色玻璃瓶（带聚四氟乙烯瓶盖）。

【采样方法】将样品沿瓶壁缓慢导入采样瓶，直至满瓶，尽量减少由于搅动引起的四乙基铅溢出，并避免将空气气泡引入采样瓶。现场采集平行双样。

【固定剂】甲醇。

【保存方法】向 40 mL 采样瓶内加入 800 μL 甲醇保存剂（每 10 mL 水样加入 200 μL 甲醇保存剂），4℃左右避光保存。

【保存期】24 h。

【采样量】40 mL。

【容器洗涤】—

【检出限】0.02 g/L。

【质量保证和质量控制】现场采集平行双样。

261. 松节油

水质 松节油的测定 气相色谱法（HJ 696—2014）

【适用范围】地表水、地下水、生活污水和工业废水中松节油的测定。

【采样容器】有聚四氟乙烯衬垫的棕色螺口玻璃瓶或 25 mL 硬质棕色玻璃瓶（带聚四氟乙烯瓶盖）。

【采样方法】—

【固定剂】—

【保存方法】4℃下保存。

【保存期】48 h。

【采样量】—

【容器洗涤】—

【检出限】0.03 mg/L。

【质量保证和质量控制】—

262. 速灭威

水质 氨基甲酸酯类农药的测定 超高效液相色谱-三重四极杆质谱法（HJ 827—2017）

【适用范围】地表水、地下水、工业废水和生活污水中 15 种氨基甲酸酯类农药的测定。

【采样容器】250 mL 具磨口塞的棕色玻璃瓶。

【采样方法】加入 0.01～0.02 g 抗坏血酸去除余氯。

【固定剂】抗坏血酸。

【保存方法】0～5℃避光保存。

【保存期】24 h。

【采样量】1 L。

【容器洗涤】—

【检出限】直接进样法：0.3 μg/L；固相萃取法：0.004 μg/L。

【质量保证和质量控制】

校准：每批样品应绘制校准曲线，相关系数应≥0.995。每 20 个样品或每批次需进行 1 次曲线中间浓度点测定，测定结果与该点浓度的相对偏差应在±20%之内。

空白实验：每次分析应至少做一个实验室空白，目标化合物测定结果应低于方法检出限。

平行样：每 20 个样品或每批次样品（少于 20 个样品）应做一个平行双样，平行样测定结果的相对标准偏差应≤20%。

加标回收：每 20 个样品或每批次样品（少于 20 个样品）需做一个基体加标样，直接进样法加标回收率应在 70%～115%，固相萃取法加标回收率应在 60%～120%。

263. 梯恩梯（TNT）

水质　梯恩梯的测定　亚硫酸钠分光光度法（HJ 598—2011）

【适用范围】生产和使用粉状铵梯炸药过程中排放的工业废水中梯恩梯的测定。

【采样容器】棕色玻璃瓶。

【采样方法】—

【固定剂】—

【保存方法】于 0～4℃下避光保存。

【保存期】7 d 内萃取，30 d 内测定。

【采样量】—

【容器洗涤】—

【检出限】0.1 mg/L。

【质量保证和质量控制】—

水质　梯恩梯的测定　*N*-氯代十六烷基吡啶-亚硫酸钠分光光度法（HJ 599—2011）

【适用范围】弹药装药工业废水中梯恩梯的测定。

【采样容器】棕色玻璃瓶。

【采样方法】—

【固定剂】—

【保存方法】于 0～4℃下避光保存。

【保存期】7 d 内萃取，30 d 内测定。

【采样量】—

【容器洗涤】—

【检出限】0.05 mg/L。

【质量保证和质量控制】—

水质　梯恩梯、黑索今、地恩梯的测定　气相色谱法（HJ 600—2011）

【适用范围】弹药装药工业废水中梯恩梯、黑索今和地恩梯的测定。

【采样容器】500 mL 棕色玻璃瓶。

【采样方法】—

【固定剂】—

【保存方法】于 0～4℃下保存。

【保存期】7 d 内完成萃取，萃取液可保存 30 d。

【采样量】—

【容器洗涤】—

【检出限】使用填充柱：0.02 mg/L；使用毛细管柱：0.08 mg/L。

【质量保证和质量控制】—

264. 外环氧七氯

水质　有机氯农药和氯苯类化合物的测定　气相色谱-质谱法（HJ 699—2014）

【适用范围】地表水、地下水、生活污水、工业废水和海水。

【采样容器】具有玻璃塞的棕色磨口瓶或具有聚四氟乙烯衬垫的棕色螺口玻璃瓶。

【采样方法】加入 0.01～0.02 g 抗坏血酸去除余氯。

【固定剂】抗坏血酸。

【保存方法】0～5℃避光保存。

【保存期】24 h。

【采样量】1 L。

【容器洗涤】—

【检出限】液液萃取法：0.053 μg/L；固相萃取法：0.031 μg/L。

【质量保证和质量控制】空白试验：每批样品至少做一个空白试验，即全程序空白试验。如果目标化合物有检查，应查明原因。

265. 五氯苯

水质　氯苯类化合物的测定　气相色谱法（HJ 621—2011）

【适用范围】地表水、地下水、饮用水、海水、工业废水和生活污水。

【采样容器】棕色玻璃瓶。

【采样方法】样品充满采样瓶。用内衬聚四氟乙烯硅胶垫（或铝箔垫）的瓶盖密封。

【固定剂】浓硫酸。

【保存方法】采样时每升水样中加入 1.0 mL 浓硫酸，于 2～5℃下保存。

【保存期】7 d。

【采样量】1 000 mL。

【容器洗涤】—

【检出限】0.03 μg/L。

【质量保证和质量控制】空白样品：每批样品应至少分析一个全程序空白样，全程序空白测定值应低于检出限。

水质　有机氯农药和氯苯类化合物的测定　气相色谱-质谱法（HJ 699—2014）

【适用范围】地表水、地下水、生活污水、工业废水和海水。

【采样容器】具有玻璃塞的棕色磨口瓶或具有聚四氟乙烯衬垫的棕色螺口玻璃瓶。

【采样方法】加入 0.01～0.02 g 抗坏血酸去除余氯。

【固定剂】抗坏血酸。

【保存方法】0～5℃避光保存。

【保存期】24 h。

【采样量】1 L。

【容器洗涤】—

【检出限】液液萃取法：0.043 μg/L；固相萃取法：0.030 μg/L。

【质量保证和质量控制】空白试验：每批样品至少做一个空白试验，即全程序空白试验。如果目标化合物有检查，应查明原因。

水质　氯苯的测定　气相色谱法（HJ/T 74—2001）

【适用范围】地表水、地下水及废水。

【采样容器】玻璃细口瓶，具磨口瓶塞。

【采样方法】在采集前用水样将取样瓶洗涤 2～3 次，样品应充满瓶子，加盖密封，不得有气泡。

【固定剂】—

【保存方法】2～5℃冷藏保存。

【保存期】7 d。

【采样量】1 000 mL。

【容器洗涤】—

【检出限】0.01 mg/L。

【质量保证和质量控制】—

266. 五氯酚

水质　五氯酚的测定　藏红 T 分光光度法（GB/T 9803—1988）

【适用范围】工业废水。

【采样容器】—

【采样方法】—

【固定剂】磷酸，硫酸铜。

【保存方法】避光冷藏。

【保存期】24 h。

【采样量】—

【容器洗涤】—

【检出限】0.01 mg/L。

【质量保证和质量控制】—

水质　五氯酚的测定　气相色谱（HJ 591—2010）

【适用范围】地表水、地下水、海水、生活污水和工业废水。

【采样容器】棕色玻璃瓶。

【采样方法】—

【固定剂】1+9 硫酸，硫酸铜；余氯存在时：硫代硫酸钠。

【保存方法】每 100 mL 水样中加入 1 mL 1+9 硫酸溶液和 0.5 g 硫酸铜，在 4℃下暗处保存；若有余氯存在，每 100 mL 水样中加入约 80 mg 硫代硫酸钠，摇匀。样品应避免阳光直射。

【保存期】在 7 d 内萃取，萃取液 4℃避光保存，30 d 内进行分析。

【采样量】—

【容器洗涤】—

【检出限】0.01 μg/L。

【质量保证和质量控制】—

水质　酚类化合物的测定　液液萃取/气相色谱法（HJ 676—2013）

【适用范围】地表水、地下水、生活污水和工业废水。

【采样容器】棕色硬质玻璃瓶。

【采样方法】采样时，不要用水样预洗采样瓶，水样应充满样品瓶并加盖密封。

【固定剂】1+3 盐酸。

【保存方法】采样后，加入适量盐酸溶液将水样调节至 pH＜2 在 4℃下避光保存。

【保存期】在 7 d 内萃取，萃取液在 4℃下避光保存，20 d 内完成分析。

【采样量】1 000 mL。

【容器洗涤】—

【检出限】1.1 μg/L。

【质量保证和质量控制】空白样品：每 20 个样品或每批样品（少于 20 个样品/批）至少做一个全程序空白样品，空白样品中目标化合物浓度应低于方法检出限。

水质　酚类化合物的测定　气相色谱-质谱法（HJ 744—2015）

【适用范围】地表水、地下水、生活污水和工业废水。

【采样容器】磨口棕色玻璃瓶。

【采样方法】采样时，不要用水样预洗采样瓶，水样应充满样品瓶并加盖密封。

【固定剂】1+1 硫酸。

【保存方法】采样后，用 1+1 硫酸溶液，将水样调节至 pH≤2。在 4℃下避光保存。

【保存期】在 7 d 内萃取，萃取液在 4℃下避光保存，20 d 内完成分析。

【采样量】—

【容器洗涤】—

【检出限】液液萃取法：0.1 μg/L；固相萃取法：0.1 μg/L。

【质量保证和质量控制】每 20 个样品或每批样品（少于 20 个样品/批）至少做一个全程序空白样品。全程序空白中目标物测定浓度均应低于方法检出限。否则应检查所有可能对全程序空白产生影响的环节，仔细查找干扰源。若确实发现采样、运输或保存过程存在影响分析结果的干扰，需对出现问题批次的样品进行重新采样分析。

267. 五氯硝基苯

水质　有机氯农药和氯苯类化合物的测定　气相色谱-质谱法（HJ 699—2014）

【适用范围】地表水、地下水、生活污水、工业废水和海水。

【采样容器】具有玻璃塞的棕色磨口瓶或具有聚四氟乙烯衬垫的棕色螺口玻璃瓶。

【采样方法】加入 0.01～0.02 g 抗坏血酸去除余氯。

【固定剂】抗坏血酸。

【保存方法】0～5℃避光保存。

【保存期】24 h。

【采样量】1 L。

【容器洗涤】—

【检出限】液液萃取法：0.036 μg/L；固相萃取法：0.021 μg/L。

【质量保证和质量控制】空白试验：每批样品至少做一个空白试验，即全程序空白试验。如果目标化合物有检查，应查明原因。

268. 芴

水质　多环芳烃的测定　液液萃取和固相萃取高效液相色谱法（HJ 478—2009）

【适用范围】饮用水、地下水、地表水、海水、工业废水及生活污水。

【采样容器】具磨口塞的棕色玻璃细口瓶。

【采样方法】采样前不能用水样预洗采样瓶，以防止样品的沾染或吸附。采样瓶要完全注满，不留气泡。

【固定剂】硫代硫酸钠（有残余氯存在）。

【保存方法】若水中有残余氯存在，要在每升水中加入 80 g 硫代硫酸钠除氯。样品采集后应避光于 0～5℃冷藏。

【保存期】在 7 d 内萃取，萃取后 40 d 内分析完毕。

【采样量】500 mL。

【容器洗涤】样品必须采集在预先洗净烘干的采样瓶中。

【检出限】荧光检测器：0.004 μg/L；紫外检测器：0.013 μg/L。

【质量保证和质量控制】—

269. 显影剂及氧化物总量

水质　显影剂及氧化物总量的测定　碘-淀粉分光光度法（HJ 594—2010）

【适用范围】彩色和黑白片洗片排放废水显影剂及氧化物总量的测定。

【采样容器】棕色玻璃磨口瓶或聚乙烯塑料瓶。

【采样方法】充满采样瓶，避免光、热、剧烈震动，按 1 L 样品中加入 0.1 g Na_2SO_3 的比例加保护剂。

【固定剂】硫代硫酸钠。

【保存方法】0～4℃冷藏。

【保存期】48 h。

【采样量】—

【容器洗涤】—

【检出限】1×10^{-6} mol/L。

【质量保证和质量控制】—

270. 硝化甘油

水质　二硝基甲苯的测定　示波极谱法（GB/T 13901—1992）

【适用范围】硝化甘油系列火炸药工业废水中二硝基甲苯的测定。

【采样容器】—

【采样方法】—

【固定剂】—

【保存方法】—

【保存期】—

【容器洗涤】—

【检出限】0.05 mg/L。

【质量保证和质量控制】—

271. 硝磺草酮

水质　硝磺草酮的测定　液相色谱法（HJ 850—2017）

【适用范围】地表水、地下水、生活污水和工业废水中硝磺草酮的测定。

【采样容器】100 mL 具磨口塞的棕色玻璃细口瓶。

【采样方法】水样满瓶采集。

【固定剂】—

【保存方法】4℃避光冷藏保存。

【保存期】7 d。

【采样量】—

【容器洗涤】—

【检出限】0.01 mg/L。

【质量保证和质量控制】

校准：初始校准曲线相关系数≥0.995。每 20 个样品或每批次需进行 1 次连续校准，测定结果与初始校准的相对偏差应在±15%之内。

空白实验：每 20 个样品或每批次样品（少于 20 个样品）至少做一个实验室空白，目标化合物测定结果应低于方法检出限。

平行样：每 10 个样品或每批次样品（少于 10 个样品）至少做一个平行样，平行样测定结果的相对标准偏差应≤15%。

加标回收：每 20 个样品或每批次样品（少于 20 个样品）需做一个基体加标样，加标回收率应在 70%～130%。

272. 硝基苯

水质　硝基苯类化合物的测定　气相色谱法（HJ 592—2010）

【适用范围】工业废水和生活污水中硝基苯类化合物的测定。

【采样容器】1 L 具磨口塞的棕色细口瓶。

【固定剂】—

【保存方法】若水样不能在 24 h 内测定，需加入浓硫酸调节 pH≤3，样品需在 7 d 内萃取，萃取液 4℃下避光保存，30 d 内进行分析。

【保存期】7 d 内萃取，30 d 内完成分析。

【采样量】1 000 mL。

【容器洗涤】—

【检出限】0.002 mg/L。

【质量保证和质量控制】—

水质　硝基苯类化合物的测定　液液萃取/固相萃取-气相色谱法（HJ 648—2013）

【适用范围】地表水、地下水、工业废水、生活污水和海水。

【采样容器】—

【采样方法】—

【固定剂】—

【保存方法】—

【保存期】—

【采样量】—

【容器洗涤】—

【检出限】液液萃取法：0.17 μg/L；固相萃取法：0.032 μg/L。

【质量保证和质量控制】空白试验：每批样品（以 10～20 个样品为一批次）应至少做一个全程序空白，目标化合物的浓度应低于检出限。

水质　硝基苯类化合物的测定　气相色谱-质谱法（HJ 716—2014）

【适用范围】地表水、地下水、工业废水、生活污水和海水。

【采样容器】硬质棕色玻璃瓶（带聚四氟乙烯瓶盖）。

【采样方法】采集样品时，不要用水样预洗采样瓶。水样应充满采样瓶并加盖密封。

【固定剂】硫代硫酸钠。

【保存方法】若水中有残余氯存在，要在每升水中加入 80 g 硫代硫酸钠除氯。样品采集后应避光于 4℃冷藏。

【保存期】在 7 d 内完成萃取，40 d 内完成分析。

【采样量】1 000～4 000 mL。

【容器洗涤】—

【检出限】液液萃取法：0.04 μg/L；固相萃取法：0.04 μg/L。

【质量保证和质量控制】—

273. 硝基酚类

兵器工业水污染物排放标准（GB/T 14470.2—2002）附录 A 火工药剂废水中硝基酚类的分析方法 分光光度法

【适用范围】火工药剂生产工厂排出口废水中硝基酚类含量的测定。

【采样容器】玻璃瓶。

【固定剂】亚硫酸钠。

【保存方法】用氢氧化钠溶液调整 pH 值为 8～9，于 2～5℃下冷藏。

【保存期】应在 24 h 内进行测定。

【采样量】大于 100 mL。

【容器洗涤】—

【检出限】—

【质量保证和质量控制】—

274. 溴苯

水质 挥发性有机物的测定 吹扫捕集/气相色谱-质谱法（HJ 639—2012）

【适用范围】海水、地下水、地表水、生活污水和工业废水。

【采样容器】有聚四氟乙烯衬垫的棕色螺口玻璃瓶或硬质棕色玻璃瓶（带聚四氟乙烯瓶盖）。

【采样方法】采样时不需用样品进行荡洗。水样在样品瓶中溢流而不留空间。取样时应尽量避免或减少样品在空气中暴露。所有样品均采集平行双样，每批样品带一个全程序空白和一个运输空白。

【固定剂】抗坏血酸+盐酸。

【保存方法】（1）每 40 mL 样品需加入 25 mg 的抗坏血酸；若样品中总余氯的量超过 5 m g/L，总余氯每超过 5 mg/L，需要多加 25 mg 的抗坏血酸。采样时，水样呈中性时向每个样品瓶中加入 0.5 mL 盐酸溶液，拧紧瓶盖；水样呈碱性时应加入适量盐酸溶液使样品 pH≤2，4℃保存。（2）当水样加盐酸溶液后产生大量气泡时，应弃去该样品，重新采集样品。重新采集的样品不应加盐酸溶液，样品标签上应注明未酸化，4℃保存。

【保存期】12 h。

【采样量】1 L。

【容器洗涤】样品瓶应在采样前用甲醇清洗。

【检出限】全扫描方式：0.8 μg/L；选择离子方式：0.4 μg/L。

【质量保证和质量控制】所有样品均采集平行双样，每批样品至少应采集一个运输空白和全程序空白样品。空白中目标化合物浓度应小于下列条件的最大值：（1）方法检出限；（2）相关环保标准限值的 5%；（3）样品分析结果的 5%。若空白试验未满足以上要求，则应采取措施排除污染并重新分析同批样品。

水质　挥发性有机物的测定　顶空/气相色谱-质谱法（HJ 810—2016）

【适用范围】地表水、地下水、生活污水、工业废水和海水。

【采样容器】有聚四氟乙烯衬垫的棕色螺口玻璃瓶或硬质棕色玻璃瓶（带聚四氟乙烯瓶盖）。

【采样方法】采集样品时，不宜用水样进行荡洗，应使水样在样品瓶中溢流且不留空间。

【固定剂】抗坏血酸+盐酸。

【保存方法】（1）若水样中含有余氯，采样前，应向 40 mL 棕色采样瓶中加入 25 mg 的抗坏血酸。若水样中余氯含量超过 5 mg/L，应按比例增加抗坏血酸的加入量，余氯含量每增加 5 mg/L，则应多加入 25 mg 的抗坏血酸。样品采集后，应立即加入适量盐酸溶液，使样品 pH≤2，拧紧瓶盖，4℃以下冷藏，避光和密封保存。（2）当水样加盐酸溶液后有气泡产生，须重新采样，重新采集的样品不加盐酸溶液保存，样品标签上应注明未酸化。

【保存期】12 h。

【采样量】1 L。

【容器洗涤】—

【检出限】全扫描方式：4 μg/L；选择离子方式：1.0 μg/L。

【质量保证和质量控制】所有样品均采集平行双样。每批样品应至少做一个全程序空白：按照分析步骤，在实验室将一份实验用水放入样品瓶中密封，将其带到采样现场，与采样的样品瓶同时开盖和密封，之后随样品运回实验室。

275. 溴氯甲烷

水质　挥发性有机物的测定　吹扫捕集/气相色谱-质谱法（HJ 639—2012）

【适用范围】海水、地下水、地表水、生活污水和工业废水。

【采样容器】有聚四氟乙烯衬垫的棕色螺口玻璃瓶或硬质棕色玻璃瓶（带聚四氟乙烯瓶盖）。

【采样方法】采样时不需用样品进行荡洗，水样在样品瓶中溢流而不留空间。取样时应尽量避免或减少样品在空气中暴露。所有样品均采集平行双样，每批样品带一个全程序空白和一个运输空白。

【固定剂】抗坏血酸+盐酸。

【保存方法】（1）每 40 mL 样品需加入 25 mg 的抗坏血酸；若样品中总余氯的量超过 5 mg/L，总余氯每超过 5 mg/L，需要多加 25 mg 的抗坏血酸。采样时，水样呈中性时向每个样品瓶中加入 0.5 mL 盐酸溶液，拧紧瓶盖；水样呈碱性时应加入适量盐酸溶液使样品 pH≤2，4℃保存。（2）当水样加盐酸溶液后产生大量气泡时，应弃去该样品，重新采集样品。重新采集的样品不应加盐酸溶液，样品标签上应注明未酸化，4℃保存。

【保存期】12 h。

【采样量】1 L。

【容器洗涤】样品瓶应在采样前用甲醇清洗。

【检出限】全扫描方式：1.5 μg/L；选择离子方式：0.5 μg/L。

【质量保证和质量控制】所有样品均采集平行双样，每批样品至少应采集一个运输空白和全程序空白样品。空白中目标化合物浓度应小于下列条件的最大值：（1）方法检出限；（2）相关环保标准限值的 5%；（3）样品分析结果的 5%。若空白试验未满

足以上要求，则应采取措施排除污染并重新分析同批样品。

水质　挥发性有机物的测定　顶空/气相色谱-质谱法（HJ 810—2016）

【适用范围】地表水、地下水、生活污水、工业废水和海水。

【采样容器】有聚四氟乙烯衬垫的棕色螺口玻璃瓶或硬质棕色玻璃瓶（带聚四氟乙烯瓶盖）。

【采样方法】采集样品时，不宜用水样进行荡洗，应使水样在样品瓶中溢流且不留空间。

【固定剂】抗坏血酸+盐酸。

【保存方法】（1）若水样中含有余氯，采样前，应向 40 mL 棕色采样瓶中加入 25 mg 的抗坏血酸。若水样中余氯含量超过 5 mg/L，应按比例增加抗坏血酸的加入量，余氯含量每增加 5 mg/L，则应多加入 25 mg 的抗坏血酸。样品采集后，应立即加入适量盐酸溶液，使样品 pH≤2，拧紧瓶盖，4℃以下冷藏，避光和密封保存。（2）当水样加盐酸溶液后有气泡产生，须重新采样，重新采集的样品不加盐酸溶液保存，样品标签上应注明未酸化。

【保存期】12 h。

【采样量】1 L。

【容器洗涤】—

【检出限】全扫描方式：6 μg/L；选择离子方式：0.4 μg/L。

【质量保证和质量控制】所有样品均采集平行双样。每批样品应至少做一个全程序空白：按照分析步骤，在实验室将一份实验用水放入样品瓶中密封，将其带到采样现场，与采样的样品瓶同时开盖和密封，之后随样品运回实验室。

276. 溴氰菊酯

水质　百菌清及拟除虫菊酯类农药的测定　气相色谱-质谱法（HJ 753—2015）

【适用范围】地表水、地下水、工业废水和生活污水。

【采样容器】具磨口塞的棕色玻璃细口瓶。

【采样方法】加入 0.01～0.02 g 抗坏血酸去除余氯。

【固定剂】抗坏血酸。

【保存方法】0～5℃避光保存。

【保存期】24 h。

【采样量】1 L。

【容器洗涤】—

【检出限】液液萃取法：0.04 μg/L；固相萃取法：0.08 μg/L。

【质量保证和质量控制】—

277. 烟嘧磺隆

水质　磺酰脲类农药的测定　高效液相色谱法（HJ 1018—2019）

【适用范围】地表水、地下水、工业废水和生活污水中 10 种磺酰脲类农药的测定。

【采样容器】1 000 mL 具磨口塞棕色细口瓶，棕色螺纹口玻璃瓶，螺旋盖（带聚四氟乙烯密封垫）。

【采样方法】加入 0.01～0.02 g 抗坏血酸去除余氯。

【固定剂】抗坏血酸。

【保存方法】0～5℃避光保存。

【保存期】24 h。

【采样量】1 L。

【容器洗涤】—

【检出限】直接进样法：0.009 mg/L；液液萃取法：0.05 mg/L；固相萃取法：0.05 mg/L。

【质量保证和质量控制】

空白实验：每 20 个样品或每批次（≤20 个样品/批）应至少做一个实验室空白，测定结果应低于方法检出限。

校准：校准曲线的相关系数应≥0.995。每 10 个样品或每批次（≤10 个样品/批）应测定一次校准曲线中间浓度点标准溶液，测定结果与该点浓度的相对误差应在±15%之内。

平行样：每 20 个样品或每批次（≤20 个样品/批）应做一个平行样。对于直接进样法，平行样的相对偏差应≤35%。

基体加标：每 20 个样品或每批次（≤20 个样品/批）应做一个基体加标样，对于直接进样法，基体加标回收率应在 70%～130%。对于液液萃取和固相萃取，基体加标回收率应在 60%～130%。

278. 一甲基肼

水质　肼和甲基肼的测定　对二甲氨基苯甲醛分光光度法（HJ 674—2013）

【适用范围】水中肼和甲基肼的对二甲氨基苯甲醛分光光度法。

【采样容器】玻璃瓶。

【采样方法】—

【固定剂】—

【保存方法】调节至中性。

【保存期】24 h。

【采样量】—

【容器洗涤】—

【检出限】0.015 mg/L。

【质量保证和质量控制】—

279. 一氯二溴乙酸

水质　卤代乙酸类化合物的测定　气相色谱法（HJ 758—2015）

【适用范围】地表水、地下水、生活污水和工业废水中一氯乙酸、一溴乙酸、二氯乙酸、三氯乙酸、一溴一氯乙酸、一溴二氯乙酸、二溴乙酸、一氯二溴乙酸和三溴乙酸共九种卤代乙酸类化合物的测定。

【采样容器】100 mL 棕色玻璃瓶。

【采样方法】每 100 mL 水样加 1.0 mL 氯化铵溶液，使水样中氯化铵含量约 100 mg/L。

【固定剂】—

【保存方法】4℃避光冷藏保存。

【保存期】14 d。

【采样量】—

【容器洗涤】—

【检出限】2 μg/L。

【质量保证和质量控制】

校准：初次校准曲线的相关系数应≥0.995，否则应查找原因重新绘制校准曲线。每 20 个样品应测定一次校准曲线中间浓度点标准溶液，测定结果与初始校准的相对误差应在±30%之内。

内标：若校准曲线不是初次校准时，内标峰面积应在初次校准时内标峰面积的±50 以内，否则需重新校准。

空白实验：每批次样品应至少做一个全程序空白和实验室空白，目标化合物测定结果应低于方法检出限。

平行样：每批次样品至少做不少于 10%的平行双样，样品量少于 10 个时，至少测定一个平行双样。平行双样测定结果的相对偏差应≤30%。

加标回收：每批样品至少做 1 次基体加标回收率的测定，实际样品加标平均回收率应在 70%～130%。

替代物加标回收：每个样品和空白中均应加入替代物，按与样品同样步骤分析，每种替代物的平均回收率应在 70%～130%。

280. 一氯乙酸

水质　卤代乙酸类化合物的测定　气相色谱法（HJ 758—2015）

【适用范围】地表水、地下水、生活污水和工业废水中一氯乙酸、一溴乙酸、二氯乙酸、三氯乙酸、一溴一氯乙酸、一溴二氯乙酸、二溴乙酸、一氯二溴乙酸和三溴乙酸共九种卤代乙酸类化合物的测定。

【采样容器】100 mL 棕色玻璃瓶。

【采样方法】每 100 mL 水样加 1.0 mL 氯化铵溶液，使水样中氯化铵含量约 100 mg/L。

【固定剂】—

【保存方法】4℃避光冷藏保存。

【保存期】14 d。

【采样量】—

【容器洗涤】—

【检出限】2 μg/L。

【质量保证和质量控制】

校准：初次校准曲线的相关系数应≥0.995，否则应查找原因重新绘制校准曲线。每 20 个样品应测定一次校准曲线中间浓度点标准溶液，测定结果与初始校准的相对误差应在±30%之内。

内标：若校准曲线不是初次校准时，内标峰面积应在初次校准时内标峰面积的±50 以内，否则需重新校准。

空白实验：每批次样品应至少做一个全程序空白和实验室空白，目标化合物测定结果应低于方法检出限。

平行样：每批次样品至少做不少于 10%的平行双样，样品量少于 10 个时，至少测定一个平行双样。平行双样测定结果的相对偏差应≤30%。

加标回收：每批样品至少做 1 次基体加标回收率的测定，实际样品加标平均回收率应在 70%～130%。

替代物加标回收：每个样品和空白中均应加入替代物，按与样品同样步骤分析，每种替代物的平均回收率应在 70%～130%。

281. 一溴二氯甲烷

水质　挥发性卤代烃的测定　顶空气相色谱法（HJ 620—2011）

【适用范围】地表水、地下水、饮用水、海水、工业废水和生活污水。

【采样容器】有聚四氟乙烯衬垫的棕色螺口玻璃瓶或 40 mL 硬质棕色玻璃瓶（带聚四氟乙烯瓶盖）。

【采样方法】采样时样品沿瓶壁注入，防止气泡产生，水样充满后不留液上空间。所有样品均采集平行样。

【固定剂】抗坏血酸或硫代硫酸钠。

【保存方法】如果水样含有余氯，向采样瓶中加入 0.3～0.5 g 抗坏血酸或硫代硫酸钠。0～5℃冷藏。

【保存期】7 d。

【采样量】40 mL。

【容器洗涤】—

【检出限】0.02 μg/L。

【质量保证和质量控制】所有样品均采集平行样。平行样品：每分析一批（20 个）样品至少做 10%的平行样品测定，平行样品相对偏差在 30%以内。

水质　挥发性有机物的测定　吹扫捕集/气相色谱-质谱法（HJ 639—2012）

【适用范围】海水、地下水、地表水、生活污水和工业废水。

【采样容器】有聚四氟乙烯衬垫的棕色螺口玻璃瓶或硬质棕色玻璃瓶（带聚四氟乙烯瓶盖）。

【采样方法】采样时不需用样品进行荡洗，水样在样品瓶中溢流而不留空间。取样时应尽量避免或减少样品在空气中暴露。所有样品均采集平行双样，每批样品带一个全程序空白和一个运输空白。

【固定剂】抗坏血酸+盐酸。

【保存方法】（1）每 40 mL 样品需加入 25 mg 的抗坏血酸；若样品中总余氯的量超过 5 mg/L，总余氯每超过 5 mg/L，需要多加 25 mg 的抗坏血酸。采样时，水样呈中性时向每个样品瓶中加入 0.5 mL 盐酸溶液，拧紧瓶盖；水样呈碱性时应加入适量盐酸溶液使样品 pH≤2，4℃保存。（2）当水样加盐酸溶液后产生大量气泡时，应弃去该样品，重新采集样品。重新采集的样品不应加盐酸溶液，样品标签上应注明未酸化，4℃保存。

【保存期】12 h。

【采样量】1 L。

【容器洗涤】样品瓶应在采样前用甲醇清洗。

【检出限】全扫描方式：1.5 μg/L；选择离子方式：0.3 μg/L。

【质量保证和质量控制】所有样品均采集平行双样，每批样品至少应采集一个运输空白和全程序空白样品。空白中目标化合物浓度应小于下列条件的最大值：（1）方法检出限；（2）相关环保标准限值的 5%；（3）样品分析结果的 5%。若空白试验未满足以上要求，则应采取措施排除污染并重新分析同批样品。

水质　挥发性有机物的测定　顶空/气相色谱-质谱法（HJ 810—2016）

【适用范围】地表水、地下水、生活污水、工业废水和海水。

【采样容器】有聚四氟乙烯衬垫的棕色螺口玻璃瓶或硬质棕色玻璃瓶（带聚四氟乙烯瓶盖）。

【采样方法】采集样品时，不宜用水样进行荡洗，应使水样在样品瓶中溢流且不留空间。

【固定剂】抗坏血酸+盐酸。

【保存方法】（1）若水样中含有余氯，采样前，应向 40 mL 棕色采样瓶中加入 25 mg 的抗坏血酸。若水样中余氯含量超过 5 mg/L，应按比例增加抗坏血酸的加入量，余氯含量每增加 5 mg/L，则应多加入 25 mg 的抗坏血酸。样品采集后，应立即加入适量盐酸溶液，使样品 pH≤2，拧紧瓶盖，4℃以下冷藏，避光和密封保存。（2）当水样加盐酸溶液后有气泡产生，须重新采样，重新采集的样品不加盐酸溶液保存，样品标签上应注明未酸化。

【保存期】12 h。

【采样量】1 L。

【容器洗涤】—

【检出限】全扫描方式：3 μg/L；选择离子方式：0.6 μg/L。

【质量保证和质量控制】所有样品均采集平行双样。每批样品应至少做一个全程序空白：按照分析步骤，在实验室将一份实验用水放入样品瓶中密封，将其带到采样现场，与采样的样品瓶同时开盖和密封，之后随样品运回实验室。

282. 一溴二氯乙酸

水质　卤代乙酸类化合物的测定　气相色谱法（HJ 758—2015）

【适用范围】地表水、地下水、生活污水和工业废水中一氯乙酸、一溴乙酸、二氯乙酸、三氯乙酸、一溴一氯乙酸、一溴二氯乙酸、二溴乙酸、一氯二溴乙酸和三溴乙酸共九种卤代乙酸类化合物的测定。

【采样容器】100 mL 棕色玻璃瓶。

【采样方法】每 100 mL 水样加 1.0 mL 氯化铵溶液，使水样中氯化铵含量约 100 mg/L。

【固定剂】—

【保存方法】4℃避光冷藏保存。

【保存期】14 d。

【采样量】—

【容器洗涤】—

【检出限】2 μg/L。

【质量保证和质量控制】

校准：初次校准曲线的相关系数应≥0.995，否则应查找原因重新绘制校准曲线。每 20 个样品应测定一次校准曲线中间浓度点标准溶液，测定结果与初始校准的相对误差应在±30%之内。

内标：若校准曲线不是初次校准时，内标峰面积应在初次校准时内标峰面积的±50 以内，否则需重新校准。

空白实验：每批次样品应至少做一个全程序空白和实验室空白，目标化合物测定结果应低于方法检出限。

平行样：每批次样品至少做不少于 10%的平行双样，样品量少于 10 个时，至少测定一个平行双样。平行双样测定结果的相对偏差应≤30%。

加标回收：每批样品至少做 1 次基体加标回收率的测定，实际样品加标平均回收率应在 70%～130%。

替代物加标回收：每个样品和空白中均应加入替代物，按与样品同样步骤分析，每种替代物的平均回收率应在 70%～130%。

283. 一溴一氯乙酸

水质　卤代乙酸类化合物的测定　气相色谱法（HJ 758—2015）

【适用范围】地表水、地下水、生活污水和工业废水中一氯乙酸、一溴乙酸、二氯乙酸、三氯乙酸、一溴一氯乙酸、一溴二氯乙酸、二溴乙酸、一氯二溴乙酸和三溴乙酸共九种卤代乙酸类化合物的测定。

【采样容器】100 mL 棕色玻璃瓶。

【采样方法】每 100 mL 水样加 1.0 mL 氯化铵溶液，使水样中氯化铵含量约 100 mg/L。

【固定剂】—

【保存方法】4℃避光冷藏保存。

【保存期】14 d。

【采样量】—

【容器洗涤】—

【检出限】2 μg/L。

【质量保证和质量控制】

校准：初次校准曲线的相关系数应≥0.995，否则应查找原因重新绘制校准曲线。每 20 个样品应测定一次校准曲线中间浓度点标准溶液，测定结果与初始校准的相对误差应在±30%之内。

内标：若校准曲线不是初次校准时，内标峰面积应在初次校准时内标峰面积的±50 以内，否则需重新校准。

空白实验：每批次样品应至少做一个全程序空白和实验室空白，目标化合物测定结果应低于方法检出限。

平行样：每批次样品至少做不少于 10%的平行双样，样品量少于 10 个时，至少测定一个平行双样。平行双样测定结果的相对偏差应≤30%。

加标回收：每批样品至少做 1 次基体加标回收率的测定，实际样品加标平均回收率应在 70%～130%。

替代物加标回收：每个样品和空白中均应加入替代物，按与样品同样步骤分析，每种替代物的平均回收率应在 70%～130%。

284. 一溴乙酸

水质 卤代乙酸类化合物的测定 气相色谱法（HJ 758—2015）

【适用范围】地表水、地下水、生活污水和工业废水中一氯乙酸、一溴乙酸、二氯乙酸、三氯乙酸、一溴一氯乙酸、一溴二氯乙酸、二溴乙酸、一氯二溴乙酸和三溴乙酸共九种卤代乙酸类化合物的测定。

【采样容器】100 mL 棕色玻璃瓶。

【采样方法】每 100 mL 水样加 1.0 mL 氯化铵溶液，使水样中氯化铵含量约 100 mg/L。

【固定剂】—

【保存方法】4℃避光冷藏保存。

【保存期】14 d。

【采样量】—

【容器洗涤】—

【检出限】2 μg/L。

【质量保证和质量控制】

校准：初次校准曲线的相关系数应≥0.995，否则应查找原因重新绘制校准曲线。每 20 个样品应测定一次校准曲线中间浓度点标准溶液，测定结果与初始校准的相对误差应在±30%之内。

内标：若校准曲线不是初次校准时，内标峰面积应在初次校准时内标峰面积的±50 以内，否则需重新校准。

空白实验：每批次样品应至少做一个全程序空白和实验室空白，目标化合物测定结果应低于方法检出限。

平行样：每批次样品至少做不少于 10%的平行双样，样品量少于 10 个时，至少测定一个平行双样。平行双样测定结果的相对偏差应≤30%。

加标回收：每批样品至少做 1 次基体加标回收率的测定，实际样品加标平均回收率应在 70%～130%。

替代物加标回收：每个样品和空白中均应加入替代物，按与样品同样步骤分析，每种替代物的平均回收率应在 70%～130%。

285. 乙苯

水质 苯系物的测定 气相色谱法（GB/T 11890—1989）

【适用范围】工业废水及地表水。

【采样容器】玻璃瓶采集样品。

【采样方法】样品应充满瓶子，并加盖瓶子。

【固定剂】—

【保存方法】应尽快分析，如不能及时分析，在 0～5℃冷藏保存。

【保存期】14 d。

【采样量】—

【容器洗涤】—

【检出限】0.05 mg/L。

【质量保证和质量控制】—

水质　挥发性有机物的测定　吹扫捕集/气相色谱-质谱法（HJ 639—2012）

【适用范围】海水、地下水、地表水、生活污水和工业废水。

【采样容器】有聚四氟乙烯衬垫的棕色螺口玻璃瓶或硬质棕色玻璃瓶（带聚四氟乙烯瓶盖）。

【采样方法】采样时不需用样品进行荡洗，水样在样品瓶中溢流而不留空间。取样时应尽量避免或减少样品在空气中暴露。所有样品均采集平行双样，每批样品带一个全程序空白和一个运输空白。

【固定剂】抗坏血酸+盐酸。

【保存方法】（1）每 40 mL 样品需加入 25 mg 的抗坏血酸；若样品中总余氯的量超过 5 mg/L，总余氯每超过 5 mg/L，需要多加 25 mg 的抗坏血酸。采样时，水样呈中性时向每个样品瓶中加入 0.5 mL 盐酸溶液，拧紧瓶盖；水样呈碱性时应加入适量盐酸溶液使样品 pH≤2，4℃保存。（2）当水样加盐酸溶液后产生大量气泡时，应弃去该样品，重新采集样品。重新采集的样品不应加盐酸溶液，样品标签上应注明未酸化，4℃保存。

【保存期】12 h。

【采样量】1 L。

【容器洗涤】样品瓶应在采样前用甲醇清洗。

【检出限】全扫描方式：0.8 μg/L；选择离子方式：0.3 μg/L。

【质量保证和质量控制】所有样品均采集平行双样，每批样品至少应采集一个运输空白和全程序空白样品。空白中目标化合物浓度应小于下列条件的最大值：（1）方法检出限；（2）相关环保标准限值的 5%；（3）样品分析结果的 5%。若空白试验未满足以上要求，则应采取措施排除污染并重新分析同批样品。

水质　挥发性有机物的测定　吹扫捕集/气相色谱法（HJ 686—2014）

【适用范围】地表水、地下水、生活污水和工业废水中挥发性有机物的测定。

【采样容器】有聚四氟乙烯衬垫的棕色螺口玻璃瓶或硬质棕色玻璃瓶（带聚四氟乙烯瓶盖）。

【采样方法】样品采集时不需用水样荡洗。所有样品均采集平行双样，每批样品带一个全程序空白和一个运输空白。

【固定剂】无余氯样品：盐酸溶液；有余氯样品：抗坏血酸+盐酸。

【保存方法】无余氯样品：0.5 mL 盐酸溶液，4℃保存；有余氯样品：加入约 25 mg 抗坏血酸，再加 0.5 mL 盐酸溶液，4℃保存。

【保存期】12 h。

【采样量】1 L。

【容器洗涤】采样瓶应在采样前充分清洗。

【检出限】0.1 μg/L。

【质量保证和质量控制】

所有样品均采集平行双样，每批样品带一个全程序空白和一个运输空白。

（1）空白分析

①运输空白。采样前在实验室将一份空白试剂水放入样品瓶中密封，将其带到现场。采样时对其瓶盖一直处于密封状态，随样品运回实验室，按与样品相同的分析步骤进行处理和测定，用于检查样品运输过程中是否受到污染。

②全程序空白。采样前在实验室将一份空白试剂水放入样品瓶中密封，将其带到现场。与采样的样品瓶同时开盖和密封，随样品运回实验室，按与样品相同的分析步骤进行处理和测定，用于检查样品采集到分析全过程是否受到污染。

如全程序空白中目标化合物高于检出限时，不能从样品结果中扣除空白值。应检查所有可能对全程序空白产生影响的环节，仔细查找干扰源。如果确实发现采样、运输或保存过程存在影响分析结果的干扰，需对出现问题批次的样品进行重新采样分析。

（2）平行样品的测定

虽然每个样品均采集平行双样，一般每 10 个样品或每批次（少于 10 个样品/批）分析一个平行样，平行样品测定结果的相对偏差小于 20%。

水质　挥发性有机物的测定　顶空/气相色谱-质谱法（HJ 810—2016）

【适用范围】地表水、地下水、生活污水、工业废水和海水。

【采样容器】有聚四氟乙烯衬垫的棕色螺口玻璃瓶或硬质棕色玻璃瓶（带聚四氟乙烯瓶盖）。

【采样方法】采集样品时，不宜用水样进行荡洗，应使水样在样品瓶中溢流且不留空间。

【固定剂】抗坏血酸+盐酸。

【保存方法】（1）若水样中含有余氯，采样前，应向 40 mL 棕色采样瓶中加入 25 mg 的抗坏血酸。若水样中余氯含量超过 5 mg/L，应按比例增加抗坏血酸的加入量，余氯含量每增加 5 mg/L，则应多加入 25 mg 的抗坏血酸。样品采集后，应立即加入适量盐酸溶液，使样品 pH≤2，拧紧瓶盖，4℃以下冷藏，避光和密封保存。（2）当水样加盐酸溶液后有气泡产生，须重新采样，重新采集的样品不加盐酸溶液保存，样品标签上应注明未酸化。

【保存期】12 h。

【采样量】1 L。

【容器洗涤】—

【检出限】全扫描方式：4 μg/L；选择离子方式：1.0 μg/L。

【质量保证和质量控制】所有样品均采集平行双样。每批样品应至少做一个全程序空白：按照分析步骤，在实验室将一份实验用水放入样品瓶中密封，将其带到采样现场，与采样的样品瓶同时开盖和密封，之后随样品运回实验室。

286. 乙撑硫脲

水质　乙撑硫脲的测定　液相色谱法（HJ 849—2017）

【适用范围】地表水、地下水、工业废水和生活污水中乙撑硫脲的测定。

【采样容器】100 mL 具磨口塞的棕色玻璃细口瓶。

【采样方法】水样满瓶采集。

【固定剂】—

【保存方法】4℃避光冷藏保存。

【保存期】30 d。

【采样量】—

【容器洗涤】—

【检出限】3 μg/L。

【质量保证和质量控制】

校准：初始校准曲线相关系数≥0.995。每 20 个样品或每批次需进行 1 次连续校准，测定结果与初始校准的相对偏差应在±15%之内。

空白实验：每 20 个样品或每批次样品（少于 20 个样品）至少做一个实验室空白，目标化合物测定结果应低于方法检出限。

平行样：每 10 个样品或每批次样品（少于 10 个样品）至少做一个平行样，平行样测定结果的相对标准偏差应≤15%。

加标回收：每 20 个样品或每批次样品（少于 20 个样品）需做一个基体加标样，加标回收率应在 70%～130%。

287. 乙基汞

水质　烷基汞的测定　气相色谱法（GB/T 14204—1993）

【适用范围】地面水及污水中烷基汞的测定。

【采样容器】2.5 L 塑料瓶。

【采样方法】样品瓶中预先加每升水 1 g 硫酸铜溶液。

【固定剂】—

【保存方法】2～5℃。

【保存期】—

【采样量】—

【容器洗涤】—

【检出限】20 ng/L。

【质量保证和质量控制】全部样品的 10%做加标分析。

水质　烷基汞的测定　吹扫捕集/气相色谱法-冷原子荧光光谱法（HJ 977—2018）

【适用范围】地表水、地下水、海水、工业废水和生活污水中烷基汞（甲基汞、乙基汞）的测定。

【采样容器】500 mL 或 1 L 具螺口的高密度聚乙烯瓶、硼硅玻璃瓶或氟化聚乙烯瓶。

【采样方法】加盐酸使 pH 值在 1～2，加 2 mL 饱和硫酸铜溶液。

【固定剂】—

【保存方法】4℃避光冷藏保存。

【保存期】3 d。

【采样量】—

【容器洗涤】—

【检出限】0.02 ng/L。

【质量保证和质量控制】

校准：每次样品分析前应建立校准曲线，校准曲线相关系数≥0.996。每天需进行 1 次曲线中间点校准，测定结果与标准值的相对偏差应在±20%之内。

空白实验：每 20 个样品或每批次样品（少于 20 个样品）至少做一个实验室空白，目标化合物测定结果应低于方法检出限。

平行样：每 20 个样品或每批次样品（少于 20 个样品）至少做一个平行样，平行样测定结果的相对标准偏差应≤20%。

加标回收：每 20 个样品或每批次样品（少于 20 个样品）需做一个基体加标样，加标回收率应在 70%～120%。

288. 乙腈

水质　乙腈的测定　吹扫捕集/气相色谱法（HJ/T 788—2016）

【适用范围】地表水、地下水、工业废水和生活污水。

【采样容器】硬质棕色玻璃瓶（带聚四氟乙烯瓶盖）。

【采样方法】采集样品应充满采样瓶并加盖密封。每批次样品应至少带一个全程序空白。

【固定剂】—

【保存方法】4℃以下冷藏、避光和密封保存。

【保存期】6 d。

【采样量】40 mL。

【容器洗涤】—

【检出限】FID 检测器：0.1 mg/L；NPD 检测器：0.009 mg/L。

【质量保证和质量控制】空白实验：每批次样品应至少带一个全程序空白，空白中乙腈的测定结果应低于方法检出限。

水质　乙腈的测定　直接进样/气相色谱法（HJ/T 789—2016）

【适用范围】地表水、地下水、工业废水和生活污水。

【采样容器】硬质棕色玻璃瓶（带聚四氟乙烯瓶盖）。

【采样方法】采集样品应充满采样瓶并加盖密封。每批次样品应至少带一个全程序空白。

【固定剂】—

【保存方法】4℃以下冷藏、避光和密封保存。

【保存期】6 d。

【采样量】40 mL。

【容器洗涤】—

【检出限】0.04 mg/L。

【质量保证和质量控制】空白实验：每批次样品应至少带一个全程序空白，空白中乙腈的测定结果应低于方法检出限。

289. 乙体六六六

水质 有机氯农药和氯苯类化合物的测定 气相色谱-质谱法（HJ 699—2014）

【适用范围】地表水、地下水、生活污水、工业废水和海水。

【采样容器】具有玻璃塞的棕色磨口瓶或具有聚四氟乙烯衬垫的棕色螺口玻璃瓶。

【采样方法】加入 0.01～0.02 g 抗坏血酸去除余氯。

【固定剂】抗坏血酸。

【保存方法】0～5℃避光保存。

【保存期】24 h。

【采样量】1 L。

【容器洗涤】—

【检出限】液液萃取法：0.037 μg/L；固相萃取法：0.034 μg/L。

【质量保证和质量控制】空白试验：每批样品至少做一个空白试验，即全程序空白试验。如果目标化合物有检查，应查明原因。

290. 异丙苯

水质 挥发性有机物的测定 吹扫捕集/气相色谱-质谱法（HJ 639—2012）

【适用范围】海水、地下水、地表水、生活污水和工业废水。

【采样容器】有聚四氟乙烯衬垫的棕色螺口玻璃瓶或硬质棕色玻璃瓶（带聚四氟乙烯瓶盖）。

【采样方法】采样时不需用样品进行荡洗，水样在样品瓶中溢流而不留空间。取样时应尽量避免或减少样品在空气中暴露。所有样品均采集平行双样，每批样品带一个全程序空白和一个运输空白。

【固定剂】抗坏血酸+盐酸。

【保存方法】（1）每 40 mL 样品需加入 25 mg 的抗坏血酸；若样品中总余氯的量超过 5 mg/L，总余氯每超过 5 mg/L，需要多加 25 mg 的抗坏血酸。采样时，水样呈中性时向每个样品瓶中加入 0.5 mL 盐酸溶液，拧紧瓶盖；水样呈碱性时应加入适量盐酸溶液使样品 pH≤2，4℃保存。（2）当水样加盐酸溶液后产生大量气泡时，应弃去该样品，重新采集样品。重新采集的样品不应加盐酸溶液，样品标签上应注明未酸化，4℃保存。

【保存期】12 h。

【采样量】1 L。

【容器洗涤】样品瓶应在采样前用甲醇清洗。

【检出限】全扫描方式：0.7 μg/L；选择离子方式：0.3 μg/L。

【质量保证和质量控制】所有样品均采集平行双样，每批样品至少应采集一个运输空白和全程序空白样品。空白中目标化合物浓度应小于下列条件的最大值：（1）方法检出限；（2）相关环保标准限值的 5%；（3）样品分析结果的 5%。若空白试验未满足以上要求，则应采取措施排除污染并重新分析同批样品。

水质 挥发性有机物的测定 吹扫捕集/气相色谱法（HJ 686—2014）

【适用范围】地表水、地下水、生活污水和工业废水中挥发性有机物的测定。

【采样容器】有聚四氟乙烯衬垫的棕色螺口玻璃瓶或硬质棕色玻璃瓶（带聚四氟乙烯瓶盖）。

【采样方法】样品采集时不需用水样荡洗。所有样品均采集平行双样，每批样品带一个全程序空白和一个运输空白。

【固定剂】无余氯样品：盐酸溶液；有余氯样品：抗坏血酸+盐酸。

【保存方法】无余氯样品：0.5 mL 盐酸溶液，4℃保存；有余氯样品：加入约 25 mg 抗坏血酸，再加 0.5 mL 盐酸溶液，4℃保存。

【保存期】12 h。

【采样量】1 L。

【容器洗涤】采样瓶应在采样前充分清洗。

【检出限】0.1 μg/L。

【质量保证和质量控制】

所有样品均采集平行双样，每批样品带一个全程序空白和一个运输空白。

（1）空白分析

①运输空白。采样前在实验室将一份空白试剂水放入样品瓶中密封，将其带到现场。采样时对其瓶盖一直处于密封状态，随样品运回实验室，按与样品相同的分析步骤进行处理和测定，用于检查样品运输过程中是否受到污染。

②全程序空白。采样前在实验室将一份空白试剂水放入样品瓶中密封，将其带到现场。与采样的样品瓶同时开盖和密封，随样品运回实验室，按与样品相同的分析步骤进行处理和测定，用于检查样品采集到分析全过程是否受到污染。

如全程序空白中目标化合物高于检出限时，不能从样品结果中扣除空白值。应检查所有可能对全程序空白产生影响的环节，仔细查找干扰源。如果确实发现采样、运输或保存过程存在影响分析结果的干扰，需对出现问题批次的样品进行重新采样分析。

（2）平行样品的测定

虽然每个样品均采集平行双样，一般每 10 个样品或每批次（少于 10 个样品/批）分析一个平行样，平行样品测定结果的相对偏差小于 20%。

水质　挥发性有机物的测定　顶空/气相色谱-质谱法（HJ 810—2016）

【适用范围】地表水、地下水、生活污水、工业废水和海水。

【采样容器】有聚四氟乙烯衬垫的棕色螺口玻璃瓶或硬质棕色玻璃瓶（带聚四氟乙烯瓶盖）。

【采样方法】采集样品时，不宜用水样进行荡洗，应使水样在样品瓶中溢流且不留空间。

【固定剂】抗坏血酸+盐酸。

【保存方法】（1）若水样中含有余氯，采样前，应向 40 mL 棕色采样瓶中加入 25 mg 的抗坏血酸。若水样中余氯含量超过 5 mg/L，应按比例增加抗坏血酸的加入量，余氯含量每增加 5 mg/L，则应多加入 25 mg 的抗坏血酸。样品采集后，应立即加入适量盐酸溶液，使样品 pH≤2，拧紧瓶盖，4℃以下冷藏，避光和密封保存。（2）当水样加盐酸溶液后有气泡产生，须重新采样，重新采集的样品不加盐酸溶液保存，样品标签上应注明未酸化。

【保存期】12 h。

【采样量】1 L。

【容器洗涤】—

【检出限】全扫描方式：3 μg/L；选择离子方式：0.9 μg/L。

【质量保证和质量控制】所有样品均采集平行双样。每批样品应至少做一个全程序空白：按照分析步骤，在实验室将一份实验用水放入样品瓶中密封，将其带到采样现场，与采样的样品瓶同时开盖和密封，之后随样品运回实验室。

水质　苯系物的测定　气相色谱法（GB/T 11890—1989）

【适用范围】工业废水及地表水。

【采样容器】玻璃瓶采集样品。

【采样方法】样品应充满瓶子，并加盖瓶子。

【固定剂】—

【保存方法】应尽快分析，如不能及时分析，在 0～5℃冷藏保存。

【保存期】14 d。

【采样量】—

【容器洗涤】—

【检出限】0.05 mg/L。

【质量保证和质量控制】—

291. 异丙威

水质　氨基甲酸酯类农药的测定　超高效液相色谱-三重四极杆质谱法（HJ 827—2017）

【适用范围】地表水、地下水、工业废水和生活污水中 15 种氨基甲酸酯类农药的测定。

【采样容器】250 mL 具磨口塞的棕色玻璃瓶。

【采样方法】加入 0.01～0.02 g 抗坏血酸去除余氯。

【固定剂】抗坏血酸。

【保存方法】0～5℃避光保存。

【保存期】24 h。

【采样量】1 L。

【容器洗涤】—

【检出限】直接进样法：0.2 μg/L；固相萃取法：0.003 μg/L。

【质量保证和质量控制】

校准：每批样品应绘制校准曲线，相关系数应≥0.995。每 20 个样品或每批次需进行 1 次曲线中间浓度点测定，测定结果与该点浓度的相对偏差应在±20%之内。

空白实验：每次分析应至少做一个实验室空白，目标化合物测定结果应低于方法检出限。

平行样：每 20 个样品或每批次样品（少于 20 个样品）应做一个平行双样，平行样测定结果的相对标准偏差应≤20%。

加标回收：每 20 个样品或每批次样品（少于 20 个样品）需做一个基体加标样，直接进样法加标回收率应在 70%～115%，固相萃取法加标回收率应在 60%～120%。

292. 异狄式剂

水质　有机氯农药和氯苯类化合物的测定　气相色谱-质谱法（HJ 699—2014）

【适用范围】地表水、地下水、生活污水、工业废水和海水中有机氯农药和氯苯类化合物的测定。

【采样容器】具有玻璃塞的棕色磨口瓶或具有聚四氟乙烯衬垫的棕色螺口玻璃瓶。

【采样方法】加入 0.01～0.02 g 抗坏血酸去除余氯。

【固定剂】抗坏血酸。

【保存方法】0～5℃避光保存。

【保存期】24 h。

【采样量】1 L。

【容器洗涤】—

【检出限】液液萃取法（取样量 100 mL）：0.046 μg/L；固相萃取法（取样量 200 mL）：0.056 μg/L。

【质量保证和质量控制】

仪器性能检查：样品分析前及每运行 12 h 需进行仪器性能检查。

校准：校准曲线的相关系数应≥0.995。每 12 h 应测定一次校准曲线中间浓度点标准溶液，测定结果与该点浓度的相对偏差应在±20%之内。内标在样品中特征离子的峰面积与校准曲线中的峰面积偏差在−50%～100%，内标在样品中的保留时间与校准曲线中的保留时间偏差在±30 s 以内。

空白实验：每批次样品应至少做一个全程序空白，目标化合物测定结果应低于方法检出限。

平行样：每批次样品至少做不少于 10%的平行双样，样品量少于 10 个时，至少测定一个平行双样。当测定结果≤10 倍检出限时，平行双样测定结果的相对偏差应≤50%，当测定结果＞10 倍检出限时，平行双样测定结果的相对偏差应≤20%。

加标回收：每批样品至少做一次加标回收率的测定，实际样品加标平均回收率应在允许范围内。

替代物加标回收：每个样品和空白中均应加入替代物，按与样品同样步骤分析，每种替代物的平均回收率应在允许范围内。

293. 异狄式剂醛

水质　有机氯农药和氯苯类化合物的测定　气相色谱-质谱法（HJ 699—2014）

【适用范围】地表水、地下水、生活污水、工业废水和海水中有机氯农药和氯苯类化合物的测定。

【采样容器】具有玻璃塞的棕色磨口瓶或具有聚四氟乙烯衬垫的棕色螺口玻璃瓶。

【采样方法】加入 0.01～0.02 g 抗坏血酸去除余氯。

【固定剂】抗坏血酸。

【保存方法】0～5℃避光保存。

【保存期】24 h。

【采样量】1 L。

【容器洗涤】—

【检出限】液液萃取法（取样量 100 mL）：0.051 μg/L；固相萃取法（取样量 200 mL）：0.029 μg/L。

【质量保证和质量控制】

仪器性能检查：样品分析前及每运行 12 h 需进行仪器性能检查。

校准：校准曲线的相关系数应≥0.995。每 12 h 应测定一次校准曲线中间浓度点标准溶液，测定结果与该点浓度的相对偏差应在±20%之内。内标在样品中特征离子的峰面积与校准曲线中的峰面积偏差在−50%～100%，内标在样品中的保留时间与校准曲线中的保留时间偏差在±30 s 以内。

空白实验：每批次样品应至少做一个全程序空白，目标化合物测定结果应低于方法检出限。

平行样：每批次样品至少做不少于 10%的平行双样，样品量少于 10 个时，至少测定一个平行双样。当测定结果≤10 倍检出限时，平行双样测定结果的相对偏差应≤50%，当测定结果＞10 倍检出限时，平行双样测定结果的相对偏差应≤20%。

加标回收：每批样品至少做一次加标回收率的测定，实际样品加标平均回收率应在允许范围内。

替代物加标回收：每个样品和空白中均应加入替代物，按与样品同样步骤分析，每种替代物的平均回收率应在允许范围内。

294. 异狄式剂酮

水质　有机氯农药和氯苯类化合物的测定　气相色谱-质谱法（HJ 699—2014）

【适用范围】地表水、地下水、生活污水、工业废水和海水中有机氯农药和氯苯类化合物的测定。

【采样容器】具有玻璃塞的棕色磨口瓶或具有聚四氟乙烯衬垫的棕色螺口玻璃瓶。

【采样方法】加入 0.01～0.02 g 抗坏血酸去除余氯。

【固定剂】抗坏血酸。

【保存方法】0～5℃避光保存。

【保存期】24 h。

【采样量】1 L。

【容器洗涤】—

【检出限】液液萃取法（取样量 100 mL）：0.046 μg/L；固相萃取法（取样量 200 mL）：0.031 μg/L。

【质量保证和质量控制】

仪器性能检查：样品分析前及每运行 12 h 需进行仪器性能检查。

校准：校准曲线的相关系数应≥0.995。每 12 h 应测定一次校准曲线中间浓度点标准溶液，测定结果与该点浓度的相对偏差应在±20%之内。内标在样品中特征离子的峰面积与校准曲线中的峰面积偏差在−50%～100%，内标在样品中的保留时间与校准曲线中的保留时间偏差在±30 s 以内。

空白实验：每批次样品应至少做一个全程序空白，目标化合物测定结果应低于方法检出限。

平行样：每批次样品至少做不少于 10%的平行双样，样品量少于 10 个时，至少测定一个平行双样。当测定结果≤10 倍检出限时，平行双样测定结果的相对偏差应≤50%，当测定结果＞10 倍检出限时，平行双样测定结果的相对偏差应≤20%。

加标回收：每批样品至少做一次加标回收率的测定，实际样品加标平均回收率应在允许范围内。

替代物加标回收：每个样品和空白中均应加入替代物，按与样品同样步骤分析，每种替代物的平均回收率应在允许范围内。

295. 茚并[1,2,3-*c*,*d*]芘

水质　多环芳烃的测定　液液萃取和固相萃取高效液相色谱法（HJ 478—2009）

【适用范围】饮用水、地下水、地表水、海水、工业废水及生活污水。

【采样容器】具磨口塞的棕色玻璃细口瓶。

【采样方法】采样前不能用水样预洗采样瓶，以防止样品的沾染或吸附。采样瓶要完全注满，不留气泡。

【固定剂】硫代硫酸钠（有残余氯存在）。

【保存方法】若水中有残余氯存在，要在每升水中加入 80 g 硫代硫酸钠除氯。样品采集后应避光于 0～5℃冷藏。

【保存期】在 7 d 内萃取，萃取后 40 d 内分析完毕。

【采样量】500 mL。

【容器洗涤】样品必须采集在预先洗净烘干的采样瓶中。

【检出限】荧光检测器：0.003 μg/L；紫外检测器：0.005 μg/L。

【质量保证和质量控制】—

296. 荧蒽

水质　多环芳烃的测定　液液萃取和固相萃取高效液相色谱法（HJ 478—2009）

【适用范围】饮用水、地下水、地表水、海水、工业废水及生活污水。

【采样容器】具磨口塞的棕色玻璃细口瓶。

【采样方法】采样前不能用水样预洗采样瓶，以防止样品的沾染或吸附。采样瓶要完全注满，不留气泡。

【固定剂】硫代硫酸钠（有残余氯存在）。

【保存方法】若水中有残余氯存在，要在每升水中加入 80 g 硫代硫酸钠除氯。样品采集后应避光于 0～5℃冷藏。

【保存期】在 7 d 内萃取，萃取后 40 d 内分析完毕。

【采样量】500 mL。

【容器洗涤】样品必须采集在预先洗净烘干的采样瓶中。

【检出限】荧光检测器：0.002 μg/L；紫外检测器：0.005 μg/L。

【质量保证和质量控制】—

297. 正丙苯

水质　挥发性有机物的测定　吹扫捕集/气相色谱-质谱法（HJ 639—2012）

【适用范围】海水、地下水、地表水、生活污水和工业废水。

【采样容器】有聚四氟乙烯衬垫的棕色螺口玻璃瓶或硬质棕色玻璃瓶（带聚四氟乙烯瓶盖）。

【采样方法】采样时不需用样品进行荡洗。水样在样品瓶中溢流而不留空间。取样时应尽量避免或减少样品在空气中暴露。所有样品均采集平行双样，每批样品带一个全程序空白和一个运输空白。

【固定剂】抗坏血酸+盐酸。

【保存方法】（1）每 40 mL 样品需加入 25 mg 的抗坏血酸；若样品中总余氯的量超过 5 mg/L，总余氯每超过 5 mg/L，需要多加 25 mg 的抗坏血酸。采样时，水样呈中性时向每个样品瓶中加入 0.5 mL 盐酸溶液，拧紧瓶盖；水样呈碱性时应加入适量盐酸溶液使样品 pH≤2，4℃保存。（2）当水样加盐酸溶液后产生大量气泡时，应弃去该样品，重新采集样品。重新采集的样品不应加盐酸溶液，样品标签上应注明未酸化，4℃保存。

【保存期】12 h。

【采样量】1 L。

【容器洗涤】样品瓶应在采样前用甲醇清洗。

【检出限】全扫描方式：0.8 μg/L；选择离子方式：0.2 μg/L。

【质量保证和质量控制】所有样品均采集平行双样，每批样品至少应采集一个运输空白和全程序空白样品。空白中目标化合物浓度应小于下列条件的最大值：（1）方法检出限；（2）相关环保标准限值的 5%；（3）样品分析结果的 5%。若空白试验未满足以上要求，则应采取措施排除污染并重新分析同批样品。

水质　挥发性有机物的测定　顶空/气相色谱-质谱法（HJ 810—2016）

【适用范围】地表水、地下水、生活污水、工业废水和海水。

【采样容器】有聚四氟乙烯衬垫的棕色螺口玻璃瓶或硬质棕色玻璃瓶（带聚四氟乙烯瓶盖）。

【采样方法】采集样品时，不宜用水样进行荡洗，应使水样在样品瓶中溢流且不留空间。

【固定剂】抗坏血酸+盐酸。

【保存方法】（1）若水样中含有余氯，采样前，应向 40 mL 棕色采样瓶中加入 25 mg 的抗坏血酸。若水样中余氯含量超过 5 mg/L，应按比例增加抗坏血酸的加入量，余氯含量每增加 5 mg/L，则应多加入 25 mg 的抗坏血酸。样品采集后，应立即加入适量盐酸溶液，使样品 pH≤2，拧紧瓶盖，4℃以下冷藏，避光和密封保存。（2）当水样加盐酸溶液后有气泡产生，须重新采样，重新采集的样品不加盐酸溶液保存，样品标签上应注明未酸化。

【保存期】12 h。

【采样量】1 L。

【容器洗涤】—

【检出限】全扫描方式：4 μg/L；选择离子方式：0.7 μg/L。

【质量保证和质量控制】所有样品均采集平行双样。每批样品应至少做一个全程序空白：按照分析步骤，在实验室将一份实验用水放入样品瓶中密封，将其带到采样现场，与采样的样品瓶同时开盖和密封，之后随样品运回实验室。

298. 正丁基苯

水质　挥发性有机物的测定　吹扫捕集/气相色谱-质谱法（HJ 639—2012）

【适用范围】海水、地下水、地表水、生活污水和工业废水。

【采样容器】有聚四氟乙烯衬垫的棕色螺口玻璃瓶或硬质棕色玻璃瓶（带聚四氟乙烯瓶盖）。

【采样方法】采样时不需用样品进行荡洗。水样在样品瓶中溢流而不留空间。取样时应尽量避免或减少样品在空气中暴露。所有样品均采集平行双样，每批样品带一个全程序空白和一个运输空白。

【固定剂】抗坏血酸+盐酸。

【保存方法】(1）每 40 mL 样品需加入 25 mg 的抗坏血酸；若样品中总余氯的量超过 5 mg/L，总余氯每超过 5 mg/L，需要多加 25 mg 的抗坏血酸。采样时，水样呈中性时向每个样品瓶中加入 0.5 mL 盐酸溶液，拧紧瓶盖；水样呈碱性时应加入适量盐酸溶液使样品 pH≤2，4℃保存。(2）当水样加盐酸溶液后产生大量气泡时，应弃去该样品，重新采集样品。重新采集的样品不应加盐酸溶液，样品标签上应注明未酸化，4℃保存。

【保存期】12 h。

【采样量】1 L。

【容器洗涤】样品瓶应在采样前用甲醇清洗。

【检出限】全扫描方式：1.0 μg/L；选择离子方式：0.3 μg/L。

【质量保证和质量控制】所有样品均采集平行双样，每批样品至少应采集一个运输空白和全程序空白样品。空白中目标化合物浓度应小于下列条件的最大值：(1）方法检出限；(2）相关环保标准限值的 5%；(3）样品分析结果的 5%。若空白试验未满足以上要求，则应采取措施排除污染并重新分析同批样品。

水质　挥发性有机物的测定　顶空/气相色谱-质谱法（HJ 810—2016）

【适用范围】地表水、地下水、生活污水、工业废水和海水。

【采样容器】40 mL 有聚四氟乙烯衬垫的棕色螺口玻璃瓶或硬质棕色玻璃瓶（带聚四氟乙烯瓶盖）。

【采样方法】采集样品时，不宜用水样进行荡洗，应使水样在样品瓶中溢流且不留空间。

【固定剂】抗坏血酸+盐酸。

【保存方法】(1）若水样中含有余氯，采样前，应向 40 mL 棕色采样瓶中加入 25 mg 的抗坏血酸。若水样中余氯含量超过 5 mg/L，应按比例增加抗坏血酸的加入量，余氯含量每增加 5 mg/L，则应多加入 25 mg 的抗坏血酸。样品采集后，应立即加入适量盐酸溶液，使样品 pH≤2，拧紧瓶盖，4℃以下冷藏，避光和密封保存。(2）当水样加盐酸溶液后有气泡产生，须重新采样，重新采集的样品不加盐酸溶液保存，样品标签上应注明未酸化。

【保存期】12 h。

【采样量】1 L。

【容器洗涤】—

【检出限】全扫描方式：3 μg/L；选择离子方式：0.6 μg/L。

【质量保证和质量控制】所有样品均采集平行双样。每批样品应至少做一个全程序空白：按照分析步骤，在实验室将一份实验用水放入样品瓶中密封，将其带到采样现场，与采样的样品瓶同时开盖和密封，之后随样品运回实验室。

299. 仲丁基苯

水质　挥发性有机物的测定　吹扫捕集/气相色谱-质谱法（HJ 639—2012）

【适用范围】海水、地下水、地表水、生活污水和工业废水。

【采样容器】有聚四氟乙烯衬垫的棕色螺口玻璃瓶或硬质棕色玻璃瓶（带聚四氟乙烯瓶盖）。

【采样方法】采样时不需用样品进行荡洗。水样在样品瓶中溢流而不留空间。取样时应尽量避免或减少样品在空气中暴露。所有样品均采集平行双样，每批样品带一个全程序空白和一个运输空白。

【固定剂】抗坏血酸+盐酸。

【保存方法】（1）每 40 mL 样品需加入 25 mg 的抗坏血酸；若样品中总余氯的量超过 5 mg/L，总余氯每超过 5 mg/L，需要多加 25 mg 的抗坏血酸。采样时，水样呈中性时向每个样品瓶中加入 0.5 mL 盐酸溶液，拧紧瓶盖；水样呈碱性时应加入适量盐酸溶液使样品 pH≤2，4℃保存。（2）当水样加盐酸溶液后产生大量气泡时，应弃去该样品，重新采集样品。重新采集的样品不应加盐酸溶液，样品标签上应注明未酸化，4℃保存。

【保存期】12 h。

【采样量】1 L。

【容器洗涤】样品瓶应在采样前用甲醇清洗。

【检出限】全扫描方式：1.0 μg/L；选择离子方式：0.3 μg/L。

【质量保证和质量控制】所有样品均采集平行双样，每批样品至少应采集一个运输空白和全程序空白样品。空白中目标化合物浓度应小于下列条件的最大值：（1）方法检出限；（2）相关环保标准限值的 5%；（3）样品分析结果的 5%。若空白试验未满足以上要求，则应采取措施排除污染并重新分析同批样品。

水质　挥发性有机物的测定　顶空/气相色谱-质谱法（HJ 810—2016）

【适用范围】地表水、地下水、生活污水、工业废水和海水。

【采样容器】有聚四氟乙烯衬垫的棕色螺口玻璃瓶或硬质棕色玻璃瓶（带聚四氟乙烯瓶盖）。

【采样方法】采集样品时，不宜用水样进行荡洗，应使水样在样品瓶中溢流且不留空间。

【固定剂】抗坏血酸+盐酸。

【保存方法】（1）若水样中含有余氯，采样前，应向 40 mL 棕色采样瓶中加入 25 mg 的抗坏血酸。若水样中余氯含量超过 5 mg/L，应按比例增加抗坏血酸的加入量，余氯含量每增加 5 mg/L，则应多加入 25 mg 的抗坏血酸。样品采集后，应立即加入适量盐酸溶液，使样品 pH≤2，拧紧瓶盖，4℃以下冷藏，避光和密封保存。（2）当水样加盐酸溶液后有气泡产生，须重新采样，重新采集的样品不加盐酸溶液保存，样品标签上应注明未酸化。

【保存期】12 h。

【采样量】1 L。

【容器洗涤】—

【检出限】全扫描方式：4 μg/L；选择离子方式：0.6 μg/L。

【质量保证和质量控制】所有样品均采集平行双样。每批样品应至少做一个全程序空白：按照分析步骤，在实验室将一份实验用水放入样品瓶中密封，将其带到采样现场，与采样的样品瓶同时开盖和密封，之后随样品运回实验室。

300. 仲丁威

水质 氨基甲酸酯类农药的测定 超高效液相色谱-三重四极杆质谱法（HJ 827—2017）

【适用范围】地表水、地下水、工业废水和生活污水中 15 种氨基甲酸酯类农药的测定。

【采样容器】250 mL 具磨口塞的棕色玻璃瓶。

【采样方法】加入 0.01～0.02 g 抗坏血酸去除余氯。

【固定剂】抗坏血酸。

【保存方法】0～5℃避光保存。

【保存期】24 h。

【采样量】1 L。

【容器洗涤】—

【检出限】直接进样法：0.2 μg/L；固相萃取法：0.007 μg/L。

【质量保证和质量控制】

校准：每批样品应绘制校准曲线，相关系数应≥0.995。每 20 个样品或每批次需进行 1 次曲线中间浓度点测定，测定结果与该点浓度的相对偏差应在±20%之内。

空白实验：每次分析应至少做一个实验室空白，目标化合物测定结果应低于方法检出限。

平行样：每 20 个样品或每批次样品（少于 20 个样品）应做一个平行双样，平行样测定结果的相对标准偏差应≤20%。

加标回收：每 20 个样品或每批次样品（少于 20 个样品）需做一个基体加标样，直接进样法加标回收率应在 70%～115%，固相萃取法加标回收率应在 60%～120%。

（三）生物项目

1. 大肠埃希氏菌

水质 总大肠菌群、粪大肠菌群和大肠埃希氏菌的测定 酶底物法（HJ 1001—2018）

【适用范围】地表水、地下水、生活污水和工业废水。

【采样容器】具螺旋帽或磨口塞的 100 mL、250 mL、500 mL 经过灭菌的广口玻璃瓶。

【固定剂】—

【保存方法】样品采集完毕后，迅速扎上无菌包装纸。采样后应 2 h 内检测，否则，应在 10℃以下冷藏，但不得超过 6 h。

【保存期】实验室接样后，不能立即开展检测的，将样品于 4℃以下冷藏并 2 h 内检测。

【采样量】一般为采样瓶容量的 80%左右。

【容器洗涤】—

【检出限】10 MPN/L。

【质量保证和质量控制】每批样品进行空白对照测定。每 20 个样品或每批次样品（≤20 个/批）测定一个平行双样。

【结果表示】测定结果保留两位有效数字，当测定结果≥100 MPN/L 时，以科学计数法表示；若 97 孔均为阴性，可报告为未检出或＜10 MPN/L。

2. 粪大肠菌群

水质　粪大肠菌群的测定　滤膜法（HJ 347.1—2018）

【适用范围】地表水、地下水、生活污水和工业废水。

【采样容器】玻璃瓶。

【采样方法】采样前灭菌，采样时不得用样品洗涤。

【固定剂】硫代硫酸钠、EDTA。

【保存方法】10℃保存。每 125 mL 容积加入 0.1 mL 的硫代硫酸钠溶液去除活性氯，每 125 mL 容积加入 0.3 mL 的 EDTA 去除重金属。

【保存期】10℃以下冷藏不超过 6 h。

【采样量】不少于 250 mL。

【容器洗涤】121℃高压蒸汽灭菌 20 min 备用。

【检出限】接种量 100 mL 时为 10 CFU/L，接种量 500 mL 时为 2 CFU/L。

【质量保证和质量控制】—

【结果表示】以 CFU/L 表示。

水质　粪大肠菌群的测定　多管发酵法（HJ 347.2—2018）

【适用范围】地表水、地下水、生活污水和工业废水。

【采样容器】玻璃瓶。

【采样方法】采样前灭菌，采样时不得用样品洗涤。

【固定剂】硫代硫酸钠、EDTA。

【保存方法】10℃保存。每 125 mL 容积加入 0.1 mL 的硫代硫酸钠溶液去除活性氯，每 125 mL 容积加入 0.3 mL 的 EDTA 去除重金属。

【保存期】10℃以下冷藏不超过 6 h。

【采样量】不少于 250 mL。

【容器洗涤】121℃高压蒸汽灭菌 20 min 备用。

【检出限】15 管法 20 MPN/L，12 管法 3 MPN/L。

【质量保证和质量控制】—

【结果表示】以 MPN/L 表示。

水质　总大肠菌群、粪大肠菌群和大肠埃希氏菌的测定　酶底物法（HJ 1001—2018）

【适用范围】地表水、地下水、生活污水和工业废水。

【采样容器】玻璃瓶。

【采样方法】采样前灭菌，采样时不得用样品洗涤。

【固定剂】硫代硫酸钠、EDTA。

【保存方法】10℃保存。每 125 mL 容积加入 0.1 mL 的硫代硫酸钠溶液去除活性氯，每 125 mL 容积加入 0.3 mL 的 EDTA 去除重金属。

【保存期】10℃以下冷藏不超过 6 h。

【采样量】不少于 250 mL。

【容器洗涤】121℃高压蒸汽灭菌 20 min 备用。

【检出限】10 MPN/L。

【质量保证和质量控制】—

【结果表示】以 MPN/L 表示。

水质　总大肠菌群和粪大肠菌群的测定　纸片快速法（HJ 755—2015）

【适用范围】地表水、地下水和废水。

【采样容器】玻璃瓶。

【采样方法】采样前灭菌，采样时不得用样品洗涤。

【固定剂】硫代硫酸钠、EDTA。

【保存方法】10℃保存。0.10 g/mL 硫代硫酸钠溶液 0.2 mL 去除活性氯，0.15 g/mL EDTA 0.6 mL 去除重金属。

【保存期】10℃以下冷藏不超过 6 h。

【采样量】200 mL。

【容器洗涤】—

【检出限】20 MPN/L。

【质量保证和质量控制】—

【结果表示】以 MPN/L 表示。

医疗机构污水和污泥中粪大肠菌群的检验方法（GB 18466—2005）

【适用范围】医疗污水、污泥。

【采样容器】—

【采样方法】—

【固定剂】—

【保存方法】—

【保存期】—

【采样量】污水 200 mL，污泥 200 g。

【容器洗涤】—

【检出限】—

【质量保证和质量控制】—

【结果表示】以 MPN/L 表示。

污水监测技术规范（HJ 91.1—2019）

【适用范围】采用手工方法对排污单位污水进行监测。

【采样容器】玻璃瓶（灭菌）或无菌袋。

【采样方法】与其他项目一同采样时，先单独采集微生物样品，不预洗采样瓶，样品采集至采样瓶体积的 80%左右。

【固定剂】硫代硫酸钠。

【保存方法】0～5℃冷藏、避光保存，如水样中有余氯，每 1 L 样品中加入 80 mg 硫代硫酸钠。

【保存期】6 h。

【采样量】250 mL。

【容器洗涤】—

【检出限】—

【质量保证和质量控制】—

3. 蛔虫卵

水质　蛔虫卵的测定　沉淀集卵法（HJ 775—2015）

【适用范围】地表水和废水。

【采样容器】塑料桶。

【固定剂】—

【保存方法】常温下运回实验室。立即进行过渡和沉淀，处理后的悬浮液可置于 0～4℃冷藏保存。

【保存期】处理后的悬浮液 1 周内检测完毕。

【采样量】10 L 以上。

【容器洗涤】—

【检出限】当取样体积为 10 L 时，检出限为 5 个/10 L。

【质量保证和质量控制】每批次样品至少做 1 个全程序空白试验，并取 10%的样品进行平行样测定。

【结果表示】取整表示，以“个/10L”为单位。

4. 急性毒性

水质　急性毒性的测定　发光细菌法（GB/T 15441—1995）

【适用范围】工业废水、纳污水体及实验室条件下可溶性化学物质的水质急性毒性。

【采样容器】带有聚四氟乙烯衬垫的玻璃瓶。

【采样方法】不留空气，采样后塑胶带封口。

【固定剂】—

【保存方法】2～5℃保存。

【保存期】不超过 24 h。

【采样量】—

【容器洗涤】—

【检出限】—

【质量保证和质量控制】—

【结果表示】EC_{50}值或相对发光度及相当的氯化汞浓度。

水质　物质对蚤类（大型蚤）急性毒性测定方法（GB/T 13266—1991）

【适用范围】在试验条件下可溶的化学物质、工业废水、生活污水、地表水、地下水。

【采样容器】—

【采样方法】不留空气。

【固定剂】—
【保存方法】0～4℃。
【保存期】尽可能短。
【采样量】—
【容器洗涤】—
【检出限】—
【质量保证和质量控制】—
【结果表示】24 h-EC_{50}值或 48 h-EC_{50}值，24 h-LC_{50}值或 48 h-LC_{50}值。

水质　物质对淡水鱼（斑马鱼）急性毒性测定方法（GB/T 13267—1991）
【适用范围】水中单一化学物质和工业废水的毒性测定。
【采样容器】—
【采样方法】—
【固定剂】—
【保存方法】—
【保存期】—
【采样量】—
【容器洗涤】—
【检出限】—
【质量保证和质量控制】—
【结果表示】24 h-LC_{50}值、48 h-LC_{50}值、72 h-LC_{50}值、96 h-LC_{50}值。

5. 结核杆菌

医疗机构污水和污泥中结核杆菌的检验方法（GB 18466—2005 附录 E）
【适用范围】医疗机构污水、污水处理站产生污泥及废气。
【采样容器】—
【采样方法】—
【固定剂】—
【保存方法】—
【保存期】—
【采样量】—
【容器洗涤】—
【检出限】—
【质量保证和质量控制】—
【结果表示】报告一定体积的样品中存在或不存在结核杆菌。

6. 沙门氏菌

医疗机构污水和污泥中沙门氏菌的检验方法（GB 18466—2005 附录 B）

【适用范围】医疗机构污水、污水处理站产生污泥及废气。

【采样容器】—

【采样方法】—

【固定剂】—

【保存方法】—

【保存期】—

【采样量】—

【容器洗涤】—

【检出限】—

【质量保证和质量控制】—

【结果表示】报告一定体积的样品中存在或不存在沙门氏菌。

污水监测技术规范（HJ 91.1—2019）

【适用范围】采用手工方法对排污单位污水进行监测。

【采样容器】玻璃瓶（灭菌）或无菌袋。

【采样方法】与其他项目一同采样时，先单独采集微生物样品，不预洗采样瓶，样品采集至采样瓶体积的 80%左右。

【固定剂】硫代硫酸钠。

【保存方法】0～5℃冷藏、避光保存。如水样中有余氯，每 1 L 样品中加入 80 mg 硫代硫酸钠。

【保存期】6 h。

【采样量】250 mL。

【容器洗涤】—

【检出限】—

【质量保证和质量控制】—

7. 细菌总数

水质　细菌总数的测定　平皿计数法（HJ 1000—2018）

【适用范围】地表水、地下水、生活污水和工业废水。

【采样容器】玻璃瓶。

【采样方法】采样前灭菌，采样时不得用样品洗涤。

【固定剂】硫代硫酸钠、EDTA。

【保存方法】10℃保存。每 125 mL 容积加入 0.1 mL 的硫代硫酸钠溶液去除活性氯，每 125 mL 容积加入 0.3 mL 的 EDTA 去除重金属。

【保存期】10℃以下冷藏不超过 6 h。

【采样量】不少于 250 mL。

【容器洗涤】121℃高压蒸汽灭菌 20 min 备用。

【检出限】10 MPN/L。

【质量保证和质量控制】—

【结果表示】以 CFU/mL 表示。

污水监测技术规范（HJ 91.1—2019）

【适用范围】采用手工方法对排污单位污水进行监测。

【采样容器】玻璃瓶（灭菌）或无菌袋。

【采样方法】与其他项目一同采样时，先单独采集微生物样品，不预洗采样瓶，样品采集至采样瓶体积的 80%左右。

【固定剂】硫代硫酸钠。

【保存方法】0～5℃冷藏、避光保存。如水样中有余氯，每 1 L 样品中加入 80 mg 硫代硫酸钠。

【保存期】6 h。

【采样量】250 mL。

【容器洗涤】—

【检出限】—

【质量保证和质量控制】—

8. 志贺氏菌

医疗机构污水和污泥中志贺氏菌的检验方法（GB 18466—2005 附录 C）

【适用范围】医疗机构污水、污水处理站产生污泥及废气。

【采样容器】—

【采样方法】—

【固定剂】—

【保存方法】—

【保存期】—

【采样量】—

【容器洗涤】—

【检出限】—

【质量保证和质量控制】—

【结果表示】报告一定体积的样品中存在或不存在志贺氏菌。

污水监测技术规范（HJ/T 91.1—2019）

【适用范围】采用手工方法对排污单位污水进行监测。

【采样容器】玻璃瓶（灭菌）或无菌袋。

【采样方法】与其他项目一同采样时，先单独采集微生物样品，不预洗采样瓶，样品采集至采样瓶体积的 80%左右。

【固定剂】硫代硫酸钠。

【保存方法】0～5℃冷藏、避光保存。如水样中有余氯，每 1 L 样品中加入 80 mg 硫代硫酸钠。

【保存期】6 h。

【采样量】250 mL。

【容器洗涤】—

【检出限】—

【质量保证和质量控制】—

9. 致突变性

水质　致突变性的鉴别 蚕豆根尖微核试验法（HJ 1016—2019）

【适用范围】地表水、地下水、生活污水和工业废水。

【采样容器】棕色玻璃瓶或聚丙烯、聚四氟乙烯、聚乙烯材质容器。

【采样方法】不留空气。

【固定剂】—

【保存方法】8℃、−18℃。

【保存期】8℃不超过 48 h，−18℃不超过 2 个月。

【采样量】1 000 mL 及以上。

【容器洗涤】—

【检出限】—

【质量保证和质量控制】—

【结果表示】MCN。

10. 总大肠菌群

水质　总大肠菌群和粪大肠菌群的测定　纸片快速法（HJ 755—2015）

【适用范围】地表水、地下水和废水。

【采样容器】玻璃瓶。

【采样方法】采样前灭菌，采样时不得用样品洗涤。

【固定剂】硫代硫酸钠、EDTA。

【保存方法】10℃保存。0.10 g/mL 硫代硫酸钠溶液 0.2 mL 去除活性氯，0.15 g/mL EDTA0.6 mL 去除重金属。

【保存期】10℃以下冷藏不超过 6 h。

【采样量】200 mL。

【容器洗涤】—

【检出限】20 MPN/L。

【质量保证和质量控制】—

【结果表示】以 MPN/L 表示。

水质　总大肠菌群、粪大肠菌群和大肠埃希氏菌的测定　酶底物法（HJ 1001—2018）

【适用范围】地表水、地下水、生活污水和工业废水。

【采样容器】玻璃瓶。

【采样方法】采样前灭菌，采样时不得用样品洗涤。

【固定剂】硫代硫酸钠、EDTA。

【保存方法】10℃保存。每 125 mL 容积加入 0.1 mL 的硫代硫酸钠溶液去除活性氯，每 125 mL 容积加入 0.3 mL 的 EDTA 去除重金属。

【保存期】10℃以下冷藏不超过 6 h。

【采样量】不少于 250 mL。

【容器洗涤】121℃高压蒸汽灭菌 20 min 备用。

【检出限】10 MPN/L。

【质量保证和质量控制】—

【结果表示】以 MPN/L 表示。

污水监测技术规范（HJ 91.1—2019）

【适用范围】采用手工方法对排污单位污水进行监测。

【采样容器】玻璃瓶（灭菌）或无菌袋。

【采样方法】与其他项目一同采样时，先单独采集微生物样品，不预洗采样瓶，样品采集至采样瓶体积的 80%左右。

【固定剂】硫代硫酸钠。

【保存方法】0～5℃冷藏、避光保存，如水样中有余氯，每 1 L 样品中加入 80 mg 硫代硫酸钠。

【保存期】6 h。

【采样量】250 mL。

【容器洗涤】—

【检出限】—

【质量保证和质量控制】—